住房城乡建设部土建类学科专业“十三五”规划教材

高 等 学 校 工 程 管 理 专 业 系 列 教 材

建筑施工安全与环境保护

廖奇云　李兴苏　主编

中国建筑工业出版社

图书在版编目（CIP）数据

建筑施工安全与环境保护 / 廖奇云，李兴苏主编
. — 北京 ：中国建筑工业出版社，2021.10（2024.2 重印）
住房城乡建设部土建类学科专业“十三五”规划教材
高等学校工程管理专业系列教材
ISBN 978-7-112-26758-3

Ⅰ. ①建… Ⅱ. ①廖… ②李… Ⅲ. ①建筑工程－工程施工－安全管理－高等学校－教材②建筑工程－环境保护－高等学校－教材 Ⅳ. ①TU714②X799.1

中国版本图书馆 CIP 数据核字（2021）第 211081 号

本教材由安全管理与文明施工篇和施工安全技术篇两部分组成。“安全管理与文明施工”篇主要介绍了建筑施工安全生产管理与环境保护概述，安全生产与环境保护相关法律法规，建筑施工安全教育，建筑施工安全检查，建筑施工安全事故管理，文明施工、绿色施工与职业健康安全管理，建筑施工现场安全资料管理等内容。“施工安全技术”篇主要介绍了土方与基础工程施工安全技术，结构与装饰装修工程施工安全技术，建筑施工现场临时用电安全技术，特种作业人员安全管理，建筑施工现场消防管理，高处作业安全技术，脚手架安全技术，危险性较大的分部分项工程安全管理，建筑施工环境保护与管理，案例分析等内容。本教材注重理论与实践应用相结合，可操作性强、通俗易懂。

本教材可作为工程管理、土木工程等相关专业的教学参考书，也可供建设工程领域的安全技术与管理人员学习与培训使用。

为更好地支持相应课程的教学，我们向采用本书作为教材的教师提供教学课件，有需要者可与出版社联系，邮箱：jckj@cabp.com.cn，电话：(010)58337285，建工书院 https：//edu.cabplink.com(PC 端)。

责任编辑：张　晶　牟琳琳
责任校对：赵　菲

住房城乡建设部土建类学科专业“十三五”规划教材
高等学校工程管理专业系列教材
建筑施工安全与环境保护
廖奇云　李兴苏　主编
*
中国建筑工业出版社出版、发行（北京海淀三里河路 9 号）
各地新华书店、建筑书店经销
北京红光制版公司制版
廊坊市海涛印刷有限公司印刷
*
开本：787 毫米×1092 毫米　1/16　印张：21¼　字数：527 千字
2022 年 1 月第一版　　2024 年 2 月第四次印刷
定价：**56.00** 元（赠教师课件）
ISBN 978-7-112-26758-3
（38577）

序　　言

全国高等学校工程管理和工程造价学科专业指导委员会（以下简称专指委），是受教育部委托，由住房城乡建设部组建和管理的专家组织，其主要工作职责是在教育部、住房城乡建设部、高等学校土建学科教学指导委员会的领导下，负责高等学校工程管理和工程造价类学科专业的建设与发展、人才培养、教育教学、课程与教材建设等方面的研究、指导、咨询和服务工作。在住房城乡建设部的领导下，专指委根据不同时期建设领域人才培养的目标要求，组织和富有成效地实施了工程管理和工程造价类学科专业的教材建设工作。经过多年的努力，建设完成了一批既满足高等院校工程管理和工程造价专业教育教学标准和人才培养目标要求，又有效反映相关专业领域理论研究和实践发展最新成果的优秀教材。

根据住房城乡建设部人事司《关于申报高等教育、职业教育土建类学科专业“十三五”规划教材的通知》（建人专函〔2016〕3 号），专指委于 2016 年 1 月起在全国高等学校范围内进行了工程管理和工程造价专业普通高等教育“十三五”规划教材的选题申报工作，并按照高等学校土建学科教学指导委员会制定的《土建类专业“十三五”规划教材评审标准及办法》以及“科学、合理、公开、公正”的原则，组织专业相关专家对申报选题教材进行了严谨细致地审查、评选和推荐。这些教材选题涵盖了工程管理和工程造价专业主要的专业基础课和核心课程。2016 年 12 月，住房城乡建设部发布《关于印发高等教育　职业教育土建类学科专业“十三五”规划教材选题的通知》（建人函〔2016〕293 号），审批通过了 25 种（含 48 册）教材入选住房城乡建设部土建类学科专业“十三五”规划教材。

这批入选规划教材的主要特点是创新性、实践性和应用性强，内容新颖，密切结合建设领域发展实际，符合当代大学生学习习惯。教材的内容、结构和编排满足高等学校工程管理和工程造价专业相关课程的教学要求。我们希望这批教材的出版，有助于进一步提高国内高等学校工程管理和工程造价本科专业的教育教学质量和人才培养成效，促进工程管理和工程造价本科专业的教育教学改革与创新。

高等学校工程管理和工程造价学科专业指导委员会

前　言

国家提出，坚持安全第一、预防为主，建立大安全大应急框架，完善公共安全体系，推动公共安全治理模式向事前预防转型。

在我国社会经济高速发展的大背景下，建筑行业迎来了前所未有的机遇。建筑行业自身的特点决定了安全始终是这一行业发展过程中需要密切重视和高度关注的问题。《中华人民共和国建筑法》《中华人民共和国安全生产法》《建设工程安全生产管理条例》等一系列法律法规的实施，对建筑业各种生产行为不断规范，建筑施工安全生产责任也逐步落实到位。随着建筑行业整体安全意识的提高，全国建筑施工安全事故死亡人数不断下降，但是施工安全生产形势依然严峻，重特大施工安全事故仍然反复出现，反映出现阶段我国建筑施工安全生产管理仍存在着不足。与此同时，加强对建筑施工现场的环境保护，也与有效降低施工安全事故、提高施工安全生产管理效率有着密切关系。通过切实有效的建筑施工安全生产管理与环境保护，能够减轻对生态环境的污染和破坏、促进人类社会健康可持续的发展。

本教材内容包括建筑施工安全生产管理与环境保护概述，安全生产与环境保护相关法律法规，建筑施工安全教育，建筑施工安全检查，建筑施工安全事故管理，文明施工、绿色施工和职业健康安全管理，建筑施工现场安全资料管理，土方与基础工程施工安全技术，结构与装饰装修工程施工安全技术，建筑施工现场临时用电安全技术，特种作业人员安全管理，建筑施工现场消防管理，高处作业安全技术，脚手架安全技术，危险性较大的分部分项工程安全管理，建筑施工环境保护与管理，案例分析等。

本教材内容全面翔实，图、表及案例资料丰富，注重理论与实践应用相结合，通俗易懂，可读性强。本教材可作为工程管理、土木工程等相关建筑类专业的教学参考用书，也可作为建筑施工企业及相关培训机构的培训教材，以及建筑施工安全技术与管理人员的学习参考用书。

本教材由重庆大学廖奇云、李兴苏主编。编写分工为：第 8、9、10、14、17 章由廖奇云编写；第 1、2、4、5、13、15 章由李兴苏编写；第 7 章由重庆大学黄雅雯编写；第 6 章由重庆市大足区住房和城乡建设委员会王雪梅编写；第 11 章由重庆市建设岗位培训中心曹斌编写；第 16 章由重庆市大足区住房和城乡建设委员会徐世富编写；第 3、12 章由中铁城建集团有限公司廖于乐编写。

此教材的顺利完成得到了众多专家及同行的支持与协助。在编写此书时，参考了相关的教材及资料，谨表谢意！最后向中国建筑工业出版社及提供帮助的相关人士表示衷心的感谢！

由于本教材编者水平有限，不妥之处在所难免，欢迎广大读者同行批评指正。

编　者

2021 年 8 月

目　录

第1篇　安全管理与文明施工

第2篇　施工安全技术

第 1 篇　安全管理与文明施工

1　建筑施工安全生产管理与环境保护概述

2　安全生产与环境保护相关法律法规

3　建筑施工安全教育

4　建筑施工安全检查

5　建筑施工安全事故管理

6　文明施工、绿色施工和职业健康安全管理

7　建筑施工现场安全资料管理

1 建筑施工安全生产管理与环境保护概述

1.1 安全生产管理概述

1.1.1 安全生产方针

安全生产方针是政府对安全生产工作总的要求，是安全生产工作的方向，更是长期进行安全生产实践活动的经验和总结。安全生产工作应当以人为本，坚持人民至上、生命至上，把保护人民生命安全摆在首位，树牢安全发展理念，坚持安全第一、预防为主、综合治理的方针，从源头上防范化解重大安全风险。

1. 安全第一

安全第一是强调安全、突出安全、优先安全，指出安全与生产、安全与效益及其他活动的关系，强调在从事生产经营活动中抓好安全的重要性。当安全工作与生产建设发生冲突与矛盾时，安全应始终放在第一位，不得以牺牲人的生命、健康和财产损失为代价换取发展和效益，做到环境不安全不生产、隐患不处理不生产、措施不落实不生产。

2. 预防为主

预防为主是对“安全第一”思想的深化。预防工作强调重视事前控制、提高思想重视程度、遵守客观规律、运用科学的安全原理与方法，采用有效的事前控制措施，尽可能把隐患和事故消灭在萌芽阶段。

3. 综合治理

随着社会经济的快速发展，生产经营活动日益错综复杂，稍有疏忽就会酿成事故，且事故破坏性也越来越大。综合治理将对安全生产的认识上升到一个新的高度，是贯彻落实科学发展观的具体体现。综合治理秉承安全生产与发展的理念，从遵循和适应安全生产的规律出发，综合运用法律、经济、行政、技术等手段，充分发挥社会、职工、舆论的监督作用，从责任、制度、培训等多方面着力，形成标本兼治、齐抓共管的安全生产综合治理格局。

作为开展安全生产管理工作总的指导方针，“安全第一、预防为主、综合治理”相辅相成、辩证统一。“安全第一”是原则，“预防为主”是手段，“综合治理”是方法。“安全第一”是“预防为主”和“综合治理”的“统帅”和灵魂；“预防为主”是实现“安全第一”的根本途径，将安全生产的重点放在建立事故预防体系上，提前采取措施，才能有效防止和减少事故；“综合治理”强调人、机、物和环境的安全统一治理，实现了本质安全，真正将“安全第一”和“预防为主”落到实处。

1.1.2 安全生产管理体制

根据《中华人民共和国安全生产法》，安全生产工作实行管行业必须管安全、管业务必须管安全、管生产经营必须管安全，强化和落实生产经营单位主体责任与政府监管责任，建立生产经营单位负责、职工参与、政府监管、行业自律和社会监督的机制。

1. 生产经营单位负责

生产经营单位必须遵守本法和其他有关安全生产的法律、法规，加强安全生产管理，建立健全全员安全生产责任制和安全生产规章制度，加大对安全生产资金、物资、技术、人员的投入保障力度，改善安全生产条件，加强安全生产标准化、信息化建设，构建安全风险分级管控和隐患排查治理双重预防机制，健全风险防范化解机制，提高安全生产水平，确保安全生产。生产经营单位的主要负责人是本单位安全生产第一责任人，对本单位的安全生产工作全面负责。其他负责人对职责范围内的安全生产工作负责。生产经营单位应建立企业内部安全调控与监督检查机制，正确处理好安全与生产、安全与效益、安全与进度、安全与管理、安全与技术等关系，并接受国家安全监察机构的监督检查、行业主管部门的管理和群众监督。

2. 工会与职工的参与

（1）工会参与

工会作为职工团体根本利益的代表，对安全生产实施监督，对危害职工安全健康的现象有抵制、纠正以至控告的权利。《劳动保护监督检查员工作条例》指出：工会组织依法履行劳动保护监督检查职责，建立劳动保护监督检查制度，对安全生产工作实行群众监督，维护职工的合法权益。《中华人民共和国安全生产法》规定：工会依法对安全生产工作进行监督。生产经营单位的工会依法组织职工参加本单位安全生产工作的民主管理和民主监督，维护职工在安全生产方面的合法权益。生产经营单位制定或者修改有关安全生产的规章制度，应当听取工会的意见。

（2）职工参与

生产经营单位的从业人员对本单位的安全生产工作的监督有权参与。《中华人民共和国安全生产法》规定：生产经营单位的从业人员有依法获得安全生产保障的权利，并应当依法履行安全生产方面的义务。生产经营单位的从业人员有权了解其作业场所和工作岗位存在的危险因素、防范措施及事故应急措施，有权对本单位的安全生产工作提出建议。从业人员有权对本单位安全生产工作中存在的问题提出批评、检举、控告，有权拒绝违章指挥和强令冒险作业。《中华人民共和国劳动法》也规定：劳动者对用人单位管理人员违章指挥、强令冒险作业，有权拒绝执行；对危害生命安全和身体健康的行为，有权提出批评、检举和控告。

3. 政府监管

政府监管通常由法律授权的有关政府部门代表国家并根据国家有关法律法规对安全生产工作进行监督管理。

国务院和县级以上地方各级人民政府应当根据国民经济和社会发展规划制定安全生产规划，并组织实施。安全生产规划应当与国土空间规划等相关规划相衔接。各级人民政府应当加强安全生产基础设施建设和安全生产监管能力建设，所需经费列入本级预算。县级以上地方各级人民政府应当组织有关部门建立完善安全风险评估与论证机制，按照安全风险管控要求，进行产业规划和空间布局，并对位置相邻、行业相近、业态相似的生产经营单位实施重大安全风险联防联控。

国务院和县级以上地方各级人民政府应当加强对安全生产工作的领导，建立健全安全生产工作协调机制，支持、督促各有关部门依法履行安全生产监督管理职责，及时协调、解决安全生产监督管理中存在的重大问题。乡镇人民政府和街道办事处，以及开发区、工业园区、港区、风景区等应当明确负责安全生产监督管理的有关工作机构及其职责，加强安全生产监管力量建设，按照职责对本行政区域或者管理区域内生产经营单位安全生产状况进行监督检查，协助人民政府有关部门或者按照授权依法履行安全生产监督管理职责。

国务院应急管理部门对全国安全生产工作实施综合监督管理；县级以上地方各级人民政府应急管理部门对本行政区域内安全生产工作实施综合监督管理。国务院交通运输、住房和城乡建设、水利、民航等有关部门依照有关规定，在各自的职责范围内对有关行业、领域的安全生产工作实施监督管理；县级以上地方各级人民政府有关部门在各自的职责范围内对有关行业、领域的安全生产工作实施监督管理。对新兴行业、领域的安全生产监督管理职责不明确的，由县级以上地方各级人民政府按照业务相近的原则确定监督管理部门。

4. 行业自律

有关协会组织依照法律、行政法规和章程，为生产经营单位提供安全生产方面的信息、培训等服务，发挥自律作用，促进生产经营单位加强安全生产管理。

行业协会的作用包括保护行业利益、保障成员权利、沟通行业信息、交流经验成果、制定技术标准、规范合同文本、认定专业资格，维护职业道德，协调内部业务等。行业协会通过贯彻章程条例和行为规范，承担行业活动的管理职能，协助政府进行行业管理，促进安全生产的发展。

5. 社会监督

社会监督是来自全社会对安全生产监管的重要力量。任何单位或者个人对事故隐患或者安全生产违法行为，均有权向负有安全生产监督管理职责的部门报告或者举报。居民委员会、村民委员会发现其所在区域内的生产经营单位存在事故隐患或者安全生产违法行为时，应向当地人民政府或者有关部门报告。县级以上各级人民政府及其有关部门对报告重大事故隐患或者举报安全生产违法行为的有功人员，给予奖励。具体奖励办法由国务院安全生产监督管理部门会同国务院财政部门制定。同时，新闻、出版、广播、电影、电视等单位有进行安全生产公益宣传教育的义务，有对违反安全生产法律、法规的行为进行舆论监督的权利。

负有安全生产监督管理职责的部门应建立安全生产违法行为信息库，如实记录生产经营单位的安全生产违法行为信息；对违法行为情节严重的生产经营单位，应向社会公告，并通报行业主管部门、投资主管部门、国土资源主管部门、证券监督管理机构以及有关金融机构。

1.1.3　国外安全生产管理现状

1. 美国安全生产管理现状

（1）美国安全生产管理机构

美国安全生产管理机构主要包括职业安全健康管理局、矿山安全与健康管理局、国家职业安全与健康研究所以及职业安全与健康审查委员会等部门。

美国职业安全健康管理局（OSHA）隶属于美国劳工部，是依据《职业安全与健康法》建立的负责全美安全生产管理的政府机构，负责美国工人的安全生产与健康的保障执法监察工作，对美国各种企业进行安全生产评估，保证工人时刻处于安全生产的环境中。矿山安全与健康管理局（MSHA）是从事矿山安全管理的部门，主要保护在矿山工作的劳动者的安全和健康，适用于美国所有的煤矿开采和加工过程。国家职业安全与健康研究所（NIOSH）主要进行安全生产与健康方面的科学研究，确认工作场所或工作条件是否安全、健康，对工人提供信息、教育与培训，通过干预和建议来改善工作场所的安全与卫生状况。职业安全与健康审查委员会（OSHRC）是美国政府行政部门的一个独立机构，其主要职责是对OSHA的工作进行检查、监督，负责评判在强制安全卫生监察过程中与雇主产生的矛盾。

（2）美国安全生产管理法规及标准

美国安全生产管理法律法规体系主要以《职业安全与健康法》为主体法，以《矿山安全和健康法》及其他法律法规为补充。1970年颁布的《职业安全与健康法》是美国职业安全与健康管理的核心法律。该法律主要目的是向劳动者提供全面的福利设施，保证劳动者的劳动条件尽可能的安全与健康，比如每个雇主都必须为每个雇员提供没有被认为对雇员造成或可能造成死亡或严重生理伤害危险的工作和工作场所，以及必须遵守根据本法令颁布的职业安全卫生标准等。该法律明确了雇主、雇员、国会、劳工部、各州职业安全健康复查委员会、咨询委员会、工人补偿全国委员会、卫生教育和福利部等各个机构在安全生产管理中的责任与权利。该法律还规定了风险的紧急处理和雇员的教育培训。《职业安全与健康法》既有严格的职业安全与健康标准规定，又注重实际执法中的调研与信息反馈，并为此提供了有利的司法程序保障，最大限度地保障了各方的权利及义务。

除了以上主要的安全生产管理法律，美国职业安全健康管理局（OSHA）还制定有职业安全与健康标准，包括“安全”标准和“健康”标准两大类。安全标准旨在保护工人在工作场所避免受到人身伤害，而健康标准涉及有毒物质以及有害的物质，保护工人免受职业病的侵害。安全与健康标准涉及的领域为一般工业标准、海事业标准、建筑业标准以及农业标准。这些标准对涉及领域的工作条件、采取或使用必要恰当的预防措施和程序提出明确的要求。

（3）美国安全生产管理实施方法

美国安全生产管理采取强制性和非强制性两种措施。强制性措施包括制订标准、监督检查和实施处罚。强制性措施的实施往往比较简单、直接，能够发挥较大作用，但也可能给企业带来较高的管理成本。

非强制性措施主要分为引导性措施和合作性措施。引导性措施包括：①帮助企业确认和消除具体的危险，调查工作地点的危险，评估及完善企业现有的安全与健康管理制度；②为官员、咨询师、雇主以及雇员提供生产安全培训和教育；③通过网络提供颁布的有关法规、措施、告示以及网上投诉等。合作性措施则是相关政府安全管理机构与企业、雇员以及工会之间建立的合作关系，各方平等共享资源，共同为安全生产而努力。

2. 日本安全生产管理现状

日本负责监督实施安全卫生法的最高权力机关是劳动省。20世纪60年代日本处于经济的高速发展时期，生产事故呈现“井喷”状态。1947年以来，日本劳动省先后颁布了《劳动基准法》《劳动安全健康法》《劳动安全卫生规则》等法律。日本安全生产监察对企业进行安全健康监察的内容包括：①企业的安全健康管理体制；②保护工人安全健康措施；③机械设备安全及有害物质处理措施；④对工人就业指导措施；⑤健康管理；⑥安全健康改进计划。

1973年日本中央劳动灾害防止协会倡导开展零事故活动，得到日本劳动省的大力支持。开展零事故活动的前提是让员工认识到每一个人都是无可替代的。不允许单位的任何一个人受伤、确保全体员工的安全和健康是零事故活动的出发点。零事故活动包括三项基本原则：生产事故为零、安全和健康第一以及全员参与。零事故活动通过全体成员的参与，建立积极、主动、和谐的工作环境。

零事故活动的实施方法包括危险预知训练（KYT）和手指口唱。

(1) 危险预知训练（Kiken Yochi Trainning，KYT）

1974年日本住友金属工业株式会社开发危险预知训练。危险预知训练的实施包括四个阶段：第一阶段是预测危险，第二阶段是确定危险重点，第三阶段是对所有的危险提出对策，第四阶段是重点实施解决问题。零事故活动以危险预知训练为主，通过提高员工在工作现场短时间内应对危险的积极性消除危险。

(2) 手指口唱

手指口唱是对工作程序中的关键环节进行确认。确认时操作人员手指目标物并出声确认。例如，工人在按动某开关前，首先对选择开关的正确性进行确认，指着要按动的开关说“X号（X色）开，好”，经确认无误后再按动开关。操作人员通过手指口唱，提升注意力，避免出现操作失误。

3. 德国安全生产管理现状

德国的安全生产教育分为学徒培训和成人培训。培训方式包括专门的学校培训和现场培训（由专业技术人员现场操作示范进行讲解）。青年学生部分时间在企业接受职业技能培训，部分时间在职业学校接受文化知识和专业理论，将企业与学校、理论知识与实践技能紧密结合起来，为行业输送高素质的专业技术人才。

德国建立以保险托底的安全管理体系，其工伤保险制度建立至今已有百余年历史。德国民法规定，所有雇员的安全健康必须进行保险，因此德国所有企业职工均需参加强制性工伤保险，每个企业都必须加入所在地区的联合会，成为联合会成员。政府授权的行业事故保险联合会是一个半官半民的组织，以工伤保险事故为核心，开展制定安全生产行政与技术法规、组织培训教育、事故调查统计、工伤疾病保险等工作。凡承揽建设工程的承包商雇主，必须按照雇佣人数和工种的危险程度向联合会缴纳各种保险费，由联合会负责承担保险责任。

1.2　建筑施工安全生产管理概述

1.2.1　建筑施工安全生产管理基本目标

建筑业存在着作业环境复杂、人员流动性大、整体素质偏低、交叉作业多等特点，使得建筑业成为危险性较大、事故发生率较高的行业之一。随着建设工程体量加大、造型多样化以及新材料、新工艺、新设备、新技术的不断涌现，对建筑施工安全生产提出了更高的要求。近年来全国建设工程施工的伤亡事故和死亡人数虽有所下降，但建筑业依然是除交通运输业和煤炭行业之外事故伤亡人数最多的行业。随着国家有关行政主管部门不断完善相关法律法规，我国建筑施工安全生产现状有一定的改善，但建筑业安全事故频发的情况依旧不容乐观。

建筑施工安全生产的基本目标应围绕“以人为本”。人的生命安全与健康保障是各种生产经营活动最重要、最基本的前提。安全是人们生命与健康的基本保证。所有劳动者的安全与健康得到保障是社会公正、文明与可持续发展的基本标志之一，也是保持社会安定团结和经济持续、稳定、健康发展的重要条件。只有为每位劳动者提供一个安全健康的工作环境，才能构建社会主义和谐社会。作为建筑安全管理的主体，负有建设工程安全管理主体责任的各个单位和管理部门，应做好建筑安全生产管理工作，保障广大人民群众的生命和财产安全，力争实现零事故的各项建设活动。

1.2.2 建筑施工安全生产管理状况

1. 环境管理水平较落后

在环境管理的方式上，目前我国大多数建筑企业采用较为传统的污染防治模式，只关注是否达到了国家规定的标准而忽视生产过程中各环节的污染控制，企业的环境管理处于较低水平。

2. 从业人员整体素质较低

建筑业从业人员安全培训工作不到位、环境保护意识差，尤其是进城务工的农民工、临时工的安全教育与培训工作，往往是安全管理的薄弱环节。安全教育及培训不严格、环境保护培训缺失，导致建筑业从业人员在安全方面自我保护意识差，法律意识淡薄，违章作业严重，是出现各种不安全行为的主要原因之一。

3. 安全管理与环境保护资金的投入不足

安全管理与环境保护资金的投入严重不足，施工安全、文明施工成本支出得不到保障。施工企业对工程安全施工环境保护所必需的投入不足，特别是安全生产资金。建筑安全施工需要有一定职业资格的施工人员，合格的施工设备，符合标准的加工对象和能源、动力，成熟的施工工艺技术及完备的安全保护措施等。

4. 施工企业自身对安全的重视程度不够

为了追求利益最大化，部分企业最大化地减少必要的安全投入资金，安全检查及自控的工作形式化。企业分配到一线的安全管理人员数量不足，质安部工作专职岗位少、兼职岗位多，现场项目部专职安全员配置严重不足。

5. 生产安全事故应急救援机制有效运行性较差

部分施工企业未能建立有效的生产安全事故应急救援机制，或应急救援机制未能有效运行，使得发生施工生产安全事故后，不能及时有效地开展救援工作，导致安全事故扩大化。

1.3 建筑施工环境保护概述

建筑施工环境是建筑业有关人员从事生产管理的第一现场，对建筑施工环境的保护不仅能够减轻对周边生态环境的污染和破坏、促进人类社会健康可持续发展，更能够有效降低各种工伤事故，提高建筑施工安全生产管理的效率。

1.3.1　建筑施工环境影响

建筑施工现场是施工人员的作业场所，是建设工程的建造地点和为工程建设提供生产服务的场所。施工现场的环境因素是指在施工现场生产及管理活动中与环境发生相互作用的要素。环境因素给环境造成两种影响：有益的影响和有害的影响。有害的环境影响是产生环境污染的根源，包括：

1. 大气污染

建设工程项目有关材料和设备的运输、装卸、施工现场场地的平整、道路的开挖等多种施工活动都会产生不同程度的扬尘，造成施工现场及附近一定范围的大气污染。施工中常见的大气污染包括施工扬尘、施工工艺扬尘、道路扬尘等。其中，施工扬尘是施工现场因为各种作业、车辆运行、地面风蚀等原因扩散到空中的各类粉尘；施工工艺扬尘是指生产过程中使用各种施工工艺造成的扬尘，如土方的回填、建筑材料的筛选；道路扬尘指各种运输车辆行驶所引起的扬尘。

2. 土壤和水污染

建设工程施工过程中现场施工人员的生活污水以及由于施工现场的地面冲洗水、降雨所造成的地表径流和流失的废旧原料、物品、化工原料、废电池等进入土壤和水体中，也会造成土壤污染、水体恶化，使得周围环境被污染。

3. 噪声污染

建设工程在施工过程中通常会使用到各种机械设备，比如压路机、挖土机、拖拉机、卡车、混凝土搅拌机、吊车、起重机、卷扬机、钢筋切断机、电焊机等，各种设备在使用过程中，产生的噪声可能对周围居民的生活和健康产生较大的影响。

4. 固体废弃物污染

建设工程施工过程中产生的固体废弃物主要包括各种建筑垃圾如碎石、砖块、塑料、废弃包装材料等。

5. 光污染

建设工程的夜间施工现象较为普遍，大功率照明设备形成的光污染对周围居民的休息造成严重的影响。此外，建设工程中引发的有害气体、放射性物质等也对环境有着一定的影响。

1.3.2　建筑施工环境保护

建筑施工环境保护主要是指保护和改善建设项目施工现场的整体环境。企业应按照国家和地方的相关法律法规以及行业和企业自身的要求，采取措施控制施工现场的各种粉尘、废水、废气、固体废弃物以及噪声、振动对现场及周边环境的污染和危害，注意对资源的节约和避免资源的浪费，保护生态环境，促进社会经济发展与人类生存环境互相协调。

建筑施工环境保护通过一系列法律法规和制度加以落实。

建筑施工环境保护相关法律法规包括《中华人民共和国安全生产法》《安全生产许可证条例》《建设工程安全生产管理条例》《建筑施工企业安全生产许可证管理规定》《中华人民共和国环境保护法》《建筑施工现场环境与卫生标准》等。

建筑施工环境保护相关制度包括环境影响评价制度、“三同时”制度（即建设项目中防治污染的措施，必须与主体工程同时设计、同时施工、同时投产使用）、排污许可制度等。这些制度之间相互呼应、相互配合，在保护施工现场及周边环境方面发挥了重要作用。

建筑施工环境保护的基本规定包括：

（1）建设工程总承包单位应对施工现场的环境与卫生负总责，分包单位应服从总承包单位的管理。参建单位及现场人员应有维护施工现场环境与卫生的责任和义务。

（2）建设工程的环境与卫生管理应纳入施工组织设计或编制专项方案，应明确环境与卫生管理的目标和措施。

（3）施工现场应建立环境与卫生制度，落实管理责任制，应定期检查并记录。

（4）建设工程的参与建设单位应根据法律的规定，针对可能发生的环境、卫生等突发事件建立应急管理体系，制定相应的应急预案并组织演练。

（5）当施工现场发生有关环境、卫生等突发事件时，应按相关规定及时向施工现场所在地建设行政主管部门和相关部门报告，并应配合提出处置意见。

（6）施工人员的教育培训、考核应包括环境与卫生等有关内容。

在保证建设项目施工安全生产的基本前提下，施工单位应通过科学管理和技术进步，最大限度地节约资源与减少对环境负面影响的施工活动，实现节能、节地、节水、节材和环境保护。

思考题

1. 我国安全生产管理体制的内容及具体要求是什么？
2. 国际劳工组织的基本原则是什么？它如何促进社会公正和国际公认的人权和劳工权益？
3. 现阶段我国施工安全与环境保护存在哪些主要问题？采取的措施有哪些？
4. 当前建设工程领域安全事故频发的原因是什么？

2 安全生产与环境保护相关法律法规

2.1 安全生产与环境保护相关法律法规

2.1.1 《中华人民共和国安全生产法》

《中华人民共和国安全生产法》（以下简称《安全生产法》）是为了加强安全生产工作，防止和减少生产安全事故，保障人民群众生命和财产安全，促进经济社会持续健康发展而制定。《安全生产法》由中华人民共和国第九届全国人民代表大会常务委员会第二十八次会议于2002年6月29日通过公布，自2002年11月1日起施行；2021年6月10日第十三届全国人民代表大会常务委员会第二十九次会议通过全国人民代表大会常务委员会关于修改《中华人民共和国安全生产法》的决定，自2021年9月1日起施行。

《安全生产法》包括生产经营单位的安全生产保障、从业人员的安全生产权利义务、安全生产的监督管理、生产安全事故的应急救援与调查处理以及法律责任等内容。在中华人民共和国领域内从事生产经营活动的单位的安全生产，适用《安全生产法》。有关法律、行政法规对消防安全和道路交通安全、铁路交通安全、水上交通安全、民用航空安全以及核与辐射安全、特种设备安全另有规定的，适用其规定。

安全生产工作坚持中国共产党的领导。安全生产工作应当以人为本，坚持人民至上、生命至上，把保护人民生命安全摆在首位，树牢安全发展理念，坚持安全第一、预防为主、综合治理的方针，从源头上防范化解重大安全风险。

安全生产工作实行管行业必须管安全、管业务必须管安全、管生产经营必须管安全，强化和落实生产经营单位主体责任与政府监管责任，建立生产经营单位负责、职工参与、政府监管、行业自律和社会监督的机制。

2.1.2 《安全生产许可证条例》

为了严格规范安全生产条件，进一步加强安全生产监督管理，防止和减少生产安全事故，根据《中华人民共和国安全生产法》的有关规定，制定《安全生产许可证条例》。该条例于2004年1月7日国务院第34次常务会议通过，2004年1月13日公布施行。

1. 安全生产许可证的颁发和管理

《安全生产许可证条例》第二条规定：国家对矿山企业、建筑施工企业和危险化学品、烟花爆竹、民用爆炸物品生产企业实行安全生产许可制度。企业未取得安全生产许可证的，不得从事生产活动。

国务院建设主管部门负责中央管理的建筑施工企业安全生产许可证的颁发和管理。省、自治区、直辖市人民政府建设主管部门负责中央管理的建筑施工企业以外的其他建筑施工企业安全生产许可证的颁发和管理，并接受国务院建设主管部门的指导和监督。

2. 安全生产许可证的取得

企业取得安全生产许可证，应具备下列安全生产条件：

(1) 建立、健全安全生产责任制，制定完备的安全生产规章制度和操作规程；

(2) 安全投入符合安全生产要求；

(3) 设置安全生产管理机构，配备专职安全生产管理人员；

(4) 主要负责人和安全生产管理人员经考核合格；

(5) 特种作业人员经有关业务主管部门考核合格，取得特种作业操作资格证书；

(6) 从业人员经安全生产教育和培训合格；

(7) 依法参加工伤保险，为从业人员缴纳保险费；

(8) 厂房、作业场所和安全设施、设备、工艺符合有关安全生产法律、法规、标准和规程的要求；

(9) 有职业危害防治措施，并为从业人员配备符合国家标准或者行业标准的劳动防护用品；

(10) 依法进行安全评价；

(11) 有重大危险源检测、评估、监控措施和应急预案；

(12) 有生产安全事故应急救援预案、应急救援组织或者应急救援人员，配备必要的应急救援器材、设备；

(13) 法律、法规规定的其他条件。

3. 安全生产许可证的有效期

安全生产许可证的有效期为3年。安全生产许可证有效期满需要延期的，企业应于期满前3个月向原安全生产许可证颁发管理机关办理延期手续。

企业在安全生产许可证有效期内，严格遵守有关安全生产的法律法规，未发生死亡事故的，安全生产许可证有效期届满时，经原安全生产许可证颁发管理机关同意，不再审查，安全生产许可证有效期延期3年。

2.1.3 《建设工程安全生产管理条例》

为了加强建设工程安全生产监督管理，保障人民群众生命和财产安全，根据《中华人民共和国建筑法》《安全生产法》制定《建设工程安全生产管理条例》。

在中华人民共和国境内从事建设工程的新建、扩建、改建和拆除等有关活动及实施对建设工程安全生产的监督管理，必须遵守该条例。本条例所称建设工程，是指土木工程、建设工程、线路管道和设备安装工程及装修工程。

1. 建设工程安全生产管理基本原则

建设工程安全生产管理，坚持安全第一、预防为主的方针。建设单位、勘察单位、设计单位、施工单位、工程监理单位及其他与建设工程安全生产有关的单位，必须遵守安全生产法律、法规的规定，保证建设工程安全生产，依法承担建设工程安全生产责任。

2. 建设工程安全生产监督管理

国务院负责安全生产监督管理的部门依照《安全生产法》的规定，对全国建设工程安全生产工作实施综合监督管理。县级以上地方人民政府负责安全生产监督管理的部门依照《中华人民共和国安全生产法》的规定，对本行政区域内建设工程安全生产工作实施综合监督管理。

国务院铁路、交通、水利等有关部门按照国务院规定的职责分工，负责有关专业建设工程安全生产的监督管理。县级以上地方人民政府交通、水利等有关部门在各自的职责范围内，负责本行政区域内的专业建设工程安全生产的监督管理。

建设行政主管部门在审核发放施工许可证时，应对建设工程是否有安全施工措施进行审查，对没有安全施工措施的，不得颁发施工许可证。建设行政主管部门或者其他有关部门对建设工程是否有安全施工措施进行审查时，不得收取费用。国家对严重危及施工安全的工艺、设备、材料实行淘汰制度。

县级以上人民政府负有建设工程安全生产监督管理职责的部门在各自的职责范围内履行安全监督检查职责时，有权采取下列措施：

（1）要求被检查单位提供有关建设工程安全生产的文件和资料；

（2）进入被检查单位施工现场进行检查；

（3）纠正施工中违反安全生产要求的行为；

（4）对检查中发现的安全事故隐患，责令立即排除；重大安全事故隐患排除前或者排除过程中无法保证安全的，责令从危险区域内撤出作业人员或者暂时停止施工。

3. 建设工程生产安全事故的应急救援和调查处理

县级以上地方人民政府建设行政主管部门应根据本级人民政府的要求，制定本行政区域内建设工程特大生产安全事故应急救援预案。施工单位应制定本单位生产安全事故应急救援预案，建立应急救援组织或者配备应急救援人员，配备必要的应急救援器材、设备，并定期组织演练。

施工单位发生生产安全事故，应按照国家有关伤亡事故报告和调查处理的规定，及时、如实地向负责安全生产监督管理的部门、建设行政主管部门或者其他有关部门报告；特种设备发生事故的，还应同时向特种设备安全监督管理部门报告。接到报告的部门应按照国家有关规定，如实上报。

发生生产安全事故后，施工单位应采取措施防止事故扩大，保护事故现场。需要移动现场物品时，应做出标记和书面记录，妥善保管有关证物。

2.1.4 《建筑施工企业安全生产许可证管理规定》

为了严格规范建筑施工企业安全生产条件，进一步加强安全生产监督管理，防止和减少生产安全事故，根据《安全生产许可证条例》《建设工程安全生产管理条例》等有关行政法规，制定《建筑施工企业安全生产许可证管理规定》。该条例于2004年6月29日建设部第37次部常务会议讨论通过，2004年7月5日公布施行。《安全生产许可证条例》实施范围包括矿山企业、建筑施工企业和危险化学品、烟花爆竹、民用爆炸物品生产企业，而《建筑施工企业安全生产许可证管理规定》是国家对建筑施工企业实行的安全生产许可制度规定。

1. 建筑施工企业安全生产许可证的取得

建筑施工企业取得安全生产许可证，应具备下列安全生产条件：

（1）建立、健全安全生产责任制，制定完备的安全生产规章制度和操作规程；

（2）保证本单位安全生产条件所需资金的投入；

（3）设置安全生产管理机构，按照国家有关规定配备专职安全生产管理人员；

（4）主要负责人、项目负责人、专职安全生产管理人员经建设主管部门或者其他有关部门考核合格；

(5) 特种作业人员经有关业务主管部门考核合格，取得特种作业操作资格证书；

(6) 管理人员和作业人员每年至少进行一次安全生产教育培训并考核合格；

(7) 依法参加工伤保险，依法为施工现场从事危险作业的人员办理意外伤害保险，为从业人员交纳保险费；

(8) 施工现场的办公、生活区及作业场所和安全防护用具、机械设备、施工机具及配件符合有关安全生产法律、法规、标准和规程的要求；

(9) 有职业危害防治措施，并为作业人员配备符合国家标准或者行业标准的安全防护用具和安全防护服装；

(10) 有对危险性较大的分部分项工程及施工现场易发生重大事故的部位、环节的预防、监控措施和应急预案；

(11) 有生产安全事故应急救援预案、应急救援组织或者应急救援人员，配备必要的应急救援器材、设备；

(12) 法律、法规规定的其他条件。

2. 建筑施工企业安全生产许可证的申领

根据《建筑施工企业安全生产许可证管理规定》的规定，建筑施工企业从事建筑施工活动前，应依照本规定向省级以上建设主管部门申请领取安全生产许可证。

中央管理的建筑施工企业（集团公司、总公司）应向国务院建设主管部门申请领取安全生产许可证，以外的其他建筑施工企业，包括中央管理的建筑施工企业（集团公司、总公司）下属的建筑施工企业，应向企业注册所在地省、自治区、直辖市人民政府建设主管部门申请领取安全生产许可证。

建筑施工企业申请安全生产许可证时，应向建设主管部门提供下列材料：

(1) 建筑施工企业安全生产许可证申请表；

(2) 企业法人营业执照；

(3) 企业具备安全生产条件的相关文件、材料。

建筑施工企业申请安全生产许可证，应对申请材料实质内容的真实性负责，不得隐瞒有关情况或者提供虚假材料。

建设主管部门应自受理建筑施工企业的申请之日起 45 日内审查完毕；经审查符合安全生产条件的，颁发安全生产许可证；不符合安全生产条件的，不予颁发安全生产许可证，书面通知企业并说明理由。企业自接到通知之日起应进行整改，整改合格后方可再次提出申请。建设主管部门审查建筑施工企业安全生产许可证申请，涉及铁路、交通、水利等有关专业工程时，可以征求铁路、交通、水利等有关部门的意见。

安全生产许可证颁发管理机关应建立、健全安全生产许可证档案管理制度，定期向社会公布企业取得安全生产许可证的情况，每年向同级安全生产监督管理部门通报建筑施工企业安全生产许可证颁发和管理情况。

3. 建筑施工企业安全生产许可证的有效期

建筑施工企业安全生产许可证的有效期为 3 年。安全生产许可证有效期满需要延期的，企业应于期满前 3 个月向原安全生产许可证颁发管理机关申请办理延期手续。企业在安全生产许可证有效期内，严格遵守有关安全生产的法律法规，未发生死亡事故的，安全生产许可证有效期届满时，经原安全生产许可证颁发管理机关同意，不再审查，安全生产许可证有效期延期3年。

建筑施工企业破产、倒闭、撤销的，应将安全生产许可证交回原安全生产许可证颁发管理机关予以注销。

建筑施工企业取得安全生产许可证后，不得降低安全生产条件，并应加强日常安全生产管理，接受建设主管部门的监督检查。安全生产许可证颁发管理机关发现企业不再具备安全生产条件的，应暂扣或者吊销安全生产许可证。

安全生产许可证颁发管理机关应加强对取得安全生产许可证的企业的监督检查，发现其不再具备本条例规定的安全生产条件的，应暂扣或者吊销安全生产许可证。

2.1.5 《中华人民共和国环境保护法》

《中华人民共和国环境保护法》（以下简称《环境保护法》）是为保护和改善环境，防治污染和其他公害，保障公众健康，推进生态文明建设，促进经济社会可持续发展制定的国家法律。《环境保护法》由中华人民共和国第十二届全国人民代表大会常务委员会第八次会议于2014年4月24日修订通过，自2015年1月1日起施行。

保护环境是国家的基本国策。环境保护应坚持保护优先、预防为主、综合治理、公众参与、损害担责的原则。在《环境保护法》中，与建设项目相关的规定包括：

1. 污染防治

《环境保护法》规定：建设项目中防治污染的设施，应与主体工程同时设计、同时施工、同时投产使用。防治污染的设施应符合经批准的环境影响评价文件的要求，不得擅自拆除或者闲置。

与此同时，排放污染物的企业事业单位和其他生产经营者，应采取措施，防治在生产建设或者其他活动中产生的废气、废水、废渣、医疗废物、粉尘、恶臭气体、放射性物质以及噪声、振动、光辐射、电磁辐射等对环境的污染和危害。排放污染物的企业事业单位，应建立环境保护责任制度，明确单位负责人和相关人员的责任。重点排污单位应按照国家有关规定和监测规范安装使用监测设备，保证监测设备正常运行，保存原始监测记录。严禁通过暗管、渗井、渗坑、灌注或者篡改、伪造监测数据，或者不正常运行防治污染设施等逃避监管的方式违法排放污染物。

2. 监督管理

国家建立和健全环境监测制度。国务院环境保护主管部门制定监测规范，会同有关部门组织监测网络，统一规划国家环境质量监测站（点）的设置，建立监测数据共享机制，加强对环境监测的管理。

建设项目对环境有影响的项目，应依法进行环境影响评价。未依法进行环境影响评价的开发利用规划，不得组织实施；未依法进行环境影响评价的建设项目，不得开工建设。

3. 法律责任

企业事业单位和其他生产经营者违法排放污染物，受到罚款处罚，被责令改正，拒不改正的，依法作出处罚决定的行政机关可以自责令改正之日的次日起，按照原处罚数额按日连续处罚。企业事业单位和其他生产经营者超过污染物排放标准或者超过重点污染物排放总量控制指标排放污染物的，县级以上人民政府环境保护主管部门可以责令其采取限制生产、停产整治等措施；情节严重的，报经有批准权的人民政府批准，责令停业、关闭。

建设单位未依法提交建设项目环境影响评价文件或者环境影响评价文件未经批准，擅自开工建设的，由负有环境保护监督管理职责的部门责令停止建设，处以罚款，并可以责令恢复原状。

2.2 建筑施工安全生产各方责任

2.2.1 建设单位安全责任

建设单位的安全责任包括：

（1）建设单位应向施工单位提供施工现场及毗邻区域内供水、排水、供电、供气、供热、通信、广播电视等地下管线资料，气象和水文观测资料，相邻建筑物和构筑物、地下工程的有关资料，并保证资料的真实、准确、完整。

建设单位因建设工程需要，向有关部门或者单位查询前款规定的资料时，有关部门或者单位应及时提供。

（2）建设单位不得对勘察、设计、施工、工程监理等单位提出不符合建设工程安全生产法律、法规和强制性标准规定的要求，不得压缩合同约定的工期。

（3）建设单位在编制工程概算时，应确定建设工程安全作业环境及安全施工措施所需费用。

（4）建设单位不得明示或者暗示施工单位购买、租赁、使用不符合安全施工要求的安全防护用具、机械设备、施工机具及配件、消防设施和器材。

（5）建设单位在申请领取施工许可证时，应提供建设工程有关安全施工措施的资料。

依法批准开工报告的建设工程，建设单位应自开工报告批准之日起 15 日内，将保证安全施工的措施报送建设工程所在地的县级以上地方人民政府建设行政主管部门或者其他有关部门备案。

（6）建设单位应将拆除工程发包给具有相应资质等级的施工单位。建设单位应在拆除工程施工 15 日前将下列资料报送建设工程所在地的县级以上地方人民政府建设行政主管部门或者其他有关部门备案：

1）施工单位资质等级证明；

2）拟拆除建筑物、构筑物及可能危及毗邻建筑的说明；

3）拆除施工组织方案；

4）堆放、清除废弃物的措施。

实施爆破作业的，应遵守国家有关民用爆炸物品管理的规定。

2.2.2 施工单位安全责任

施工单位的安全责任包括：

（1）施工单位从事建设工程的新建、扩建、改建和拆除等活动，应具备国家规定的注册资本、专业技术人员、技术装备和安全生产等条件，依法取得相应等级的资质证书，并在其资质等级许可的范围内承揽工程。

（2）施工单位主要负责人依法对本单位的安全生产工作全面负责。施工单位应建立健全安全生产责任制度和安全生产教育培训制度，制定安全生产规章制度和操作规程，保证本单位安全生产条件所需资金的投入，对所承担的建设工程进行定期和专项安全检查，并做好安全检查记录。

施工单位的项目负责人应由取得相应执业资格的人员担任，对建设工程项目的安全施工负责，落实安全生产责任制度、安全生产规章制度和操作规程，确保安全生产费用的有效使用，并根据工程的特点组织制定安全施工措施，消除安全事故隐患，及时、如实报告生产安全事故。

（3）施工单位对列入建设工程概算的安全作业环境及安全施工措施所需费用，应用于施工安全防护用具及设施的采购和更新、安全施工措施的落实、安全生产条件的改善，不得挪作他用。

（4）施工单位应设立安全生产管理机构，配备专职安全生产管理人员。

专职安全生产管理人员负责对安全生产进行现场监督检查。发现安全事故隐患，应及时向项目负责人和安全生产管理机构报告；对违章指挥、违章操作的，应立即制止。

专职安全生产管理人员的配备办法由国务院建设行政主管部门会同国务院其他有关部门制定。

（5）建设工程实行施工总承包的，由总承包单位对施工现场的安全生产负总责。

总承包单位应自行完成建设工程主体结构的施工。总承包单位依法将建设工程分包给其他单位的，分包合同中应明确各自的安全生产方面的权利、义务。总承包单位和分包单位对分包工程的安全生产承担连带责任。

分包单位应服从总承包单位的安全生产管理，分包单位不服从管理导致生产安全事故的，由分包单位承担主要责任。

（6）垂直运输机械作业人员、安装拆卸工、爆破作业人员、起重信号工、登高架设作业人员等特种作业人员，必须按照国家有关规定经过专门的安全作业培训，并取得特种作业操作资格证书后，方可上岗作业。

（7）施工单位应在施工组织设计中编制安全技术措施和施工现场临时用电方案，对达到一定规模的危险性较大的分部分项工程编制专项施工方案，并附安全验算结果，经施工单位技术负责人、总监理工程师签字后实施，由专职安全生产管理人员进行现场监督。

（8）建设工程施工前，施工单位负责项目管理的技术人员应对有关安全施工的技术要求向施工作业班组、作业人员列出详细说明，并由双方签字确认。

（9）施工单位应在施工现场入口处、施工起重机械、临时用电设施、脚手架、出入通道口、楼梯口、电梯井口、孔洞口、桥梁口、隧道口、基坑边沿、爆破物及有害危险气体和液体存放处等危险部位，设置明显的安全警示标志。安全警示标志必须符合国家标准。

施工单位应根据不同施工阶段和周围环境及季节、气候的变化，在施工现场采取相应的安全施工措施。施工现场暂时停止施工的，施工单位应做好现场防护，所需费用由责任方承担，或者按照合同约定执行。

（10）施工单位应将施工现场的办公、生活区与作业区分开设置，并保持安全距离；办公、生活区的选址应符合安全性要求。职工的膳食、饮水、休息场所等应符合卫生标准。施工单位不得在尚未竣工的建筑物内设置员工集体宿舍。

施工现场临时搭建的建筑物应符合安全使用要求。施工现场使用的装配式活动房屋应具有产品合格证。

（11）施工单位对因建设工程施工可能造成损害的毗邻建筑物、构筑物和地下管线等，应采取专项防护措施。

施工单位应遵守有关环境保护法律、法规的规定，在施工现场采取措施，防止或者减少粉尘、废气、废水、固体废物、噪声、振动和施工照明对人和环境的危害和污染。

在城市市区内的建设工程，施工单位应对施工现场实行封闭围挡。

(12) 施工单位应在施工现场建立消防安全责任制度，确定消防安全责任人，制定用火、用电、使用易燃易爆材料等各项消防安全管理制度和操作规程，设置消防通道、消防水源，配备消防设施和灭火器材，并在施工现场入口处设置明显标志。

(13) 施工单位应向作业人员提供安全防护用具和安全防护服装，并书面告知危险岗位的操作规程和违章操作的危害。

作业人员有权对施工现场的作业条件、作业程序和作业方式中存在的安全问题提出批评、检举和控告，有权拒绝违章指挥和强令冒险作业。

在施工中发生危及人身安全的紧急情况时，作业人员有权立即停止作业或者在采取必要的应急措施后撤离危险区域。

(14) 作业人员应遵守安全施工的强制性标准、规章制度和操作规程，正确使用安全防护用具、机械设备等。

(15) 施工单位采购、租赁的安全防护用具、机械设备、施工机具及配件，应具有生产（制造）许可证、产品合格证，并在进入施工现场前进行查验。

施工现场的安全防护用具、机械设备、施工机具及配件必须由专人管理，定期进行检查、维修和保养，建立相应的资料档案，并按照国家有关规定及时报废。

(16) 施工单位在使用施工起重机械和整体提升脚手架、模板等自升式架设设施前，应组织有关单位进行验收，也可以委托具有相应资质的检验检测机构进行验收；使用承租的机械设备和施工机具及配件的，由施工总承包单位、分包单位、出租单位和安装单位共同进行验收。验收合格的方可使用。

《特种设备安全监察条例》规定的施工起重机械，在验收前应经有相应资质的检验检测机构监督检验合格。

施工单位应自施工起重机械和整体提升脚手架、模板等自升式架设设施验收合格之日起30日内，向建设行政主管部门或者其他有关部门登记。登记标志应置于或者附着于该设备的显著位置。

(17) 施工单位的主要负责人、项目负责人、专职安全生产管理人员应经建设行政主管部门或者其他有关部门考核合格后方可任职。

施工单位应对管理人员和作业人员每年至少进行一次安全生产教育培训，其教育培训情况记入个人工作档案。安全生产教育培训考核不合格的人员，不得上岗。

(18) 作业人员进入新的岗位或者新的施工现场前，应接受安全生产教育培训。未经教育培训或者教育培训考核不合格的人员，不得上岗作业。

施工单位在采用新技术、新工艺、新设备、新材料时，应对作业人员进行相应的安全生产教育培训。

(19) 施工单位应为施工现场从事危险作业的人员办理意外伤害保险。

意外伤害保险费由施工单位支付。实行施工总承包的，由总承包单位支付意外伤害保险费。意外伤害保险期限自建设工程开工之日起至竣工验收合格止。

2.2.3　工程监理单位安全责任

工程监理单位应审查施工组织设计中的安全技术措施或者专项施工方案是否符合工程建设强制性标准。

工程监理单位在实施监理过程中，发现存在安全事故隐患的，应要求施工单位整改；情况严重的，应要求施工单位暂时停止施工，并及时报告建设单位。施工单位拒不整改或者不停止施工的，工程监理单位应及时向有关主管部门报告。

工程监理单位和监理工程师应按照法律、法规和工程建设强制性标准实施监理，并对建设工程安全生产承担监理责任。

2.2.4　设计与勘察单位安全责任

勘察单位应按照法律、法规和工程建设强制性标准进行勘察，提供的勘察文件应真实、准确，满足建设工程安全生产的需要。勘察单位在勘察作业时，应严格执行操作规程，采取措施保证各类管线、设施和周边建筑物、构筑物的安全。

设计单位应按照法律、法规和工程建设强制性标准进行设计，防止因设计不合理导致生产安全事故的发生。

设计单位应考虑施工安全操作和防护的需要，对涉及施工安全的重点部位和环节在设计文件中注明，并对防范生产安全事故提出指导意见。

采用新结构、新材料、新工艺的建设工程和特殊结构的建设工程，设计单位应在设计中提出保障施工作业人员安全和预防生产安全事故的措施建议。

设计单位和注册建筑师等注册执业人员应对其设计负责。

2.2.5　其他有关单位安全责任

其他有关单位的安全责任包括：

（1）为建设工程提供机械设备和配件的单位，应按照安全施工的要求配备齐全有效的保险、限位等安全设施和装置。

（2）出租的机械设备和施工机具及配件，应具有生产（制造）许可证、产品合格证。

出租单位应对出租的机械设备和施工机具及配件的安全性能进行检测，在签订租赁协议时，应出具检测合格证明。禁止出租检测不合格的机械设备和施工机具及配件。

（3）在施工现场安装、拆卸施工起重机械和整体提升脚手架、模板等自升式架设设施，必须由具有相应资质的单位承担。

安装、拆卸施工起重机械和整体提升脚手架、模板等自升式架设设施，应编制拆装方案、制定安全施工措施，并由专业技术人员现场监督。施工起重机械和整体提升脚手架、模板等自升式架设设施安装完毕后，安装单位应自检，出具自检合格证明，并向施工单位进行安全使用说明，办理验收手续并签字。

（4）施工起重机械和整体提升脚手架、模板等自升式架设设施的使用达到国家规定的检验检测期限的，必须经具有专业资质的检验检测机构检测。经检测不合格的，不得继续使用。

（5）检验检测机构对检测合格的施工起重机械和整体提升脚手架、模板等自升式架设设施，应出具安全合格证明文件，并对检测结果负责。

思　考　题

1. 简述建筑业企业取得安全生产许可证应具备的基本安全条件。未取得安产生产许可证擅自生产，又该承担怎样的法律责任？

2. 企事业单位和其他生产经营者需主要防治的排放污染物有哪些？

3. 简述施工过程中施工单位的安全责任。

4. 建设单位应向施工单位提供的现场及毗邻区域的资料包括哪些？

练 习 题

某市政桥梁设计为 3 跨（跨度为 25m），采用双室现浇预应力钢筋混凝土箱梁，箱梁高度为 1700mm，腹板梁最大尺寸为 700mm×1700mm，箱梁板厚最大为 500mm，模板高度为 12m，采用盘扣钢管支架，施工单位编制了高大模板工程安全专项施工方案，由于建设单位赶工期，经公司技术负责人审核后即开始施工箱梁，在混凝土浇筑完成一半时，支撑架体突然坍塌，造成 2 人死亡，3 人重伤。经调查，部分立杆位于未知的污水沟盖板上发生沉陷，且架体搭设参数与方案不吻合。请回答以下问题：

（1）施工单位做法是否妥当？简述原因。

（2）在此案例中，监理单位有何责任？简述原因。

（3）在此案例中，建设单位有何责任？简述原因。

（4）简述安全事故发生的原因。

参 考 答 案

（1）施工单位编制了箱梁高大模板工程安全专项施工方案，经公司技术负责人审核后即开始施工箱梁不妥。箱梁模板体系属于超过一定规模的危险性较大的分部分项工程，方案经施工单位公司技术负责人审核后，应经监理单位审核，并由施工单位组织专家论证且修改后方可实施。

（2）监理单位责任如下：

1）未审核施工单位的箱梁高大模板安全专项施工方案。监理单位应审核施工单位的危大工程安全专项施工方案。

2）未能发现支撑架体搭设存在的问题，并要求及时整改。

3）施工单位擅自施工危大工程，监理单位未能有效阻止。施工单位擅自施工，监理单位应予以阻止，并可报告建设行政部门。

（3）建设单位责任如下：

1）盲目追赶工期。建设单位不得任意压缩工期，以保证施工安全。

2）未提供准确的地下管网资料。建设单位应提供准确的地下管网等资料。

（4）安全事故发生的原因：

1）部分立杆落在未知的沟盖板上，该盖板承载力不足。

2）未按方案搭设支撑架体。

3）施工单位管理不到位，对存在的安全隐患未能发现并整改。

3 建筑施工安全教育

3.1 建筑施工安全教育对象和时间

根据建设部《建筑业企业职工安全培训教育暂行规定》，建筑业企业职工必须定期接受安全培训教育，坚持先培训、后上岗的制度。建筑业企业职工每年必须接受一次专门的安全培训，包括：

(1) 企业法定代表人、项目经理每年接受安全培训的时间，不得少于 30 学时；

(2) 企业专职安全管理人员除需取得岗位合格证书并持证上岗外，每年还必须接受安全专业技术业务培训，时间不得少于 40 学时；

(3) 企业其他管理人员和技术人员每年接受安全培训的时间，不得少于 20 学时；

(4) 企业特殊工种（包括电工、焊工、架子工、司炉工、爆破工、机械操作工、起重工、塔吊司机及指挥人员、人货两用电梯司机等）在通过专业技术培训并取得岗位操作证后，每年仍须接受有针对性的安全培训，时间不得少于 20 学时；

(5) 企业其他职工每年接受安全培训的时间，不得少于 15 学时；

(6) 企业待岗、转岗、换岗的职工，在重新上岗前必须接受一次安全培训，时间不得少于 20 学时；

(7) 企业新进场的员工，必须接受公司、项目、班组的三级安全培训教育，经考核合格后，方能上岗。其中，公司安全培训教育时间不得少于 15 学时；项目安全培训教育时间不得少于 15 学时；班组安全培训教育时间不得少于 20 学时。

未接受安全培训教育的职工，不得在施工现场从事作业或者管理活动。

3.2 建筑施工安全教育内容与形式

3.2.1 施工企业管理人员的安全教育

施工企业管理人员包括企业主要负责人、项目负责人和专职安全生产管理人员。建筑施工企业主要负责人，是指对本企业日常生产经营活动和安全生产工作全面负责，有生产经营决策权的人员，包括企业法定代表人、经理、企业分管安全生产工作的副总经理等。建筑施工企业项目负责人，是指由企业法定代表人授权，负责建设工程项目管理的负责人等。建筑施工企业专职安全生产管理人员，是指在企业专职从事安全生产管理工程的人员，包括企业安全生产管理机构的负责人及其工作人员和施工现场专职安全生产管理人员。

通过对企业管理人员的安全培训教育，全面提高管理人员的安全管理水平，使其能真正从思想上树立起安全生产意识，增强安全生产责任心，摆正安全与生产、安全与进度、安全与效益的关系，为进一步实现安全生产和文明施工打下基础。施工企业管理人员安全教育的主要内容包括：

（1）国家有关安全生产的方针政策、法律法规、部门规章、标准及有关规范性文件；

（2）本地区有关安全生产的法规、规章、标准及有关规范性文件；

（3）建筑施工企业安全生产管理的基本知识和相关专业知识；

（4）重、特大事故防范、应急救援措施，报告制度及调查处理方法；

（5）企业安全生产责任制和安全生产规章制度的内容、制定方法；

（6）施工现场安全生产监督检查的内容和方法；

（7）国内外安全生产管理经验；

（8）典型事故案例分析。

3.2.2 特种作业人员的安全教育

《建设工程安全生产管理条例》规定，垂直运输机械作业人员、安装拆卸工、爆破作业人员、起重信号工、登高架设作业人员，必须按照国家有关规定经过专门的安全作业培训，并取得特种作业操作资格证书后，方可上岗作业。建筑施工特种作业人员的考核内容应包括安全技术理论和实际操作。安全技术理论不合格的，不得参加安全操作技能考核。安全技术理论考试和实际操作技能均合格的，为考核合格。

3.2.3 新入场员工的三级安全教育

建筑业企业新进场的员工必须接受公司、项目（或工区、工程处、施工队，下同）、班组的三级安全培训教育，经考核合格后，方能上岗。

1. 公司安全培训教育的主要内容

国家和地方有关安全生产的方针、政策、法规、标准、规范、规程和企业的安全规章制度等。

2. 项目安全培训教育的主要内容

（1）建筑施工生产的特点，施工现场的一般安全管理规定、要求；

（2）施工现场主要事故类别，常见多发性事故的特点、规律、预防措施及事故教训；

（3）本项目的基本情况（工程类型、施工阶段、作业特点等），施工中应注意的安全事项等。

3. 班组安全培训教育的主要内容

（1）本岗位的安全操作规程、事故案例剖析、劳动纪律；

（2）本岗位在施工过程中，所使用的各种生产设备、设施、电气设备、机械、工具的性能、作用、操作要求、安全防护要求；

（3）发生伤亡及其他事故应采取的措施要求。

思考题

1. 什么是三级安全教育？

2. 建筑业企业新进场工人的三级安全教育中，公司、项目及班组的安全培训教育的主要内容有哪些？

3. 特种作业人员的专业培训教育的合格要求是什么？

4. 施工企业管理人员安全培训教育的对象，以及主要培训内容有哪些？

4 建筑施工安全检查

4.1 建筑施工安全检查制度与流程

4.1.1 施工安全检查制度

建筑施工项目部应建立安全检查制度。安全检查应由项目负责人组织，专职安全员以及相关专业人员参加，定期进行安全检查并填写检查记录。对检查中发现的事故隐患应下达隐患整改通知单，定人、定时间、定措施进行整改，重大事故隐患整改后，应由相关部门组织复查。

1. 全面检查

树立全面检查的思想。安全检查可采取月检查、不定期巡回检查及专业性检查相结合的手段，从安全思想、制度、领导、安全技术措施等方面进行全面检查。

2. 自检与巡检

采取自检与巡检相结合的方法，对定期与不定期安全检查下达的隐患整改通知单进行跟踪整改，重点抓施工队及班组的安全管理、文明施工及安全生产。

3. 检查分工

安全检查组成员应做到分工明确，对检查出的施工隐患及时认真落实整改。

4. 班中检查

施工队、班组应坚持班中检查，主要检查作业点中存在的不安全因素，对存在的事故隐患，要做到“四个落实”，即落实人员、落实时间、落实措施和落实经费，并认真整改。

5. 季节性检查和专业检查

坚持开展冬季防火，夏季防洪防爆、防暑降温以及危险场所、部位的专业检查。

6. 节假日检查

针对节假日前后职工思想松懈而进行的安全检查。

7. 检查记录

安全检查要做好各项检查记录，检查后要认真进行总结，并将总结情况逐级上报。

4.1.2 施工安全检查的流程

1. 安全检查准备

(1) 确定检查对象、目的和任务；

(2) 掌握有关的法律、标准、规程的要求；

(3) 了解检查对象的相关安全要求；

(4) 制定检查计划，安排检查内容、方法及步骤；

(5) 准备必要的测量工具、仪器和记录本等；

(6) 挑选和训练检查人员进行必要的分工。

2. 安全检查实施

实施安全检查是通过访谈、查阅文件和记录、现场观察、仪器测量等方式获取检查信息。

(1) 访谈

访谈是通过与有关人员的谈话来检查其安全意识和对规章制度的执行情况。

(2) 查阅文件和记录

查阅文件和记录包括检查相关的设计文件、作业规程、责任制度、操作规程等是否完备以及是否被有效执行。

(3) 现场观察

现场观察包括对施工作业现场的生产设备、安全防护措施、作业环境、人员操作等进行观察，查找不安全因素、不安全状态以及不安全行为等。

(4) 仪器测量

对施工现场涉及的不安全隐患需要采用仪器进行测量时，必须精确测量，减少可能的事故。

3. 安全检查综合分析

经过实施安全检查的一系列措施，检查人员对检查情况进行综合分析，提出安全检查的结论和改进意见。

4.2 建筑施工安全检查内容及方式方法

"安全第一，预防为主，综合治理"是安全生产工作的重要组成部分，安全生产应依靠群众，发动群众，贯彻执行党和国家的安全生产方针和政策，寻找生产过程中存在的不安全因素，明确整改重点，落实整改措施，确保安全生产。

4.2.1 施工安全检查内容

施工安全检查内容包括：

(1) 安全目标的实现程度；

(2) 安全生产职责的落实情况；

(3) 各项安全管理制度的执行情况；

(4) 施工现场安全隐患排查和安全防护情况；

(5) 生产安全事故、未遂事故和其他违规违法事件的调查、处理情况；

(6) 安全生产法律法规、标准规范和其他要求的执行情况。

4.2.2 施工安全检查方式

1. 按检查频次划分

按检查频次划分，施工安全检查可分为日常巡查、专项检查和季节性检查等。

(1) 日常巡查

根据项目建筑施工进度情况，施工班组应进行每日检查，坚持"三上岗"制度，检查本班组作业环境及周围环境是否安全，设备、设施是否处于安全状况。出现不安全状况且施工班组无法解决的，要及时汇报上级有关部门。

同时，总承包工程项目部应组织各分包单位每周进行安全检查。每月一次的检查是重点掌握安全措施的落实情况、现场安全生产情况以及文明生产是否符合标准化、制度化和规范化。

（2）专项检查

企业或项目部组织有关专业人员有针对性地进行安全检查，针对检查中发现的问题、安全生产状况较差的工程项目，应组织专项检查。安全管理小组、职能部门人员、专职安全员和专业技术人员应对机械设备、脚手架、高处作业、施工用电、吊装设备等专业分包、劳务用工进行专项安全检查。对塔机等起重设备、门子架、脚手架、电气设备、吊篮，现浇混凝土模板及支撑等设施设备在安装搭设完成后应进行专项安全检查验收。

（3）季节性检查

企业应针对承建工程所在地区的气候与环境特点，组织季节性的安全检查。季节性安全检查是针对施工所在地的气候特点，考虑可能给施工带来的危害而组织的安全检查，如雨期的防汛、冬期的防冻等。每次安全检查应由主管生产的领导或技术负责人员带队，由相关的部门联合组织检查。

2. 按组织形式划分

按组织形式划分，施工安全检查可分为自检、互检和交接检查等。

（1）自检

班组作业前、后对自身所处的环境和工作程序要进行自我安全检查，随时消除隐患。

（2）互检

班组之间开展的安全检查，应该做到互相监督，共同守纪。

（3）交接检查

上道工序完毕，交给下道工序使用和操作前，工地负责人组织施工员、安全员、班组长及其他有关人员进行安全检查和验收，确认无安全隐患，达到合格要求后，方能交给下道工序使用或操作。

4.2.3　施工安全检查方法

施工安全检查方法包括：

1. 常规检查

常规检查是由安全管理人员到施工作业场所现场，通过感观或借助一定的简单工具、仪表等，对作业人员的行为、作业场所的环境条件、生产设备设施等进行检查，及时发现施工现场存在的安全隐患并采取措施予以消除，纠正施工人员的不安全行为。常规检查依靠安全检查人员的经验和能力，对安全检查人员的个人素质要求较高。

2. 安全检查表法

安全检查表是对系统进行剖析，列出各层次所有可能会导致事故的不安全因素，确定检查项目，把需要检查的项目按系统的组成顺序编制成表，进行检查或评审。安全检查表能够有力地进行全面安全检查，发现和查明各种危险和隐患，监督各项安全规章制度的实施，及时发现事故隐患并制止违章行为。每张安全检查表均需注明检查时间、检查者、直接负责人等，以便分清责任。

3. 仪器检查法

机器、设备内部的缺陷及作业环境条件的真实信息或定量数据，只能通过仪器检查法进行检验与测量，才能发现安全隐患，为后续的整改提供信息。由于被检查的对象不同，检查所用的仪器和手段也不同。

4.3 建筑施工安全检查验收及有关标准

4.3.1 施工安全检查验收

施工安全检查验收应坚持“验收合格才能使用”的原则。

1. 施工安全检查验收的范围

(1) 各类脚手架；

(2) 临时设施及沟槽支撑与支护；

(3) 支搭好的水平安全网和立网；

(4) 暂设电气工程设施；

(5) 各种起重机械、施工用电梯及其他中小型机械设备；

(6) 安全帽、安全带等个人防护用品。

2. 施工安全检查验收人员

(1) 脚手架杆件、扣件、安全帽、安全网、安全带以及其他个人防护用品，必须有出厂证明或验收合格的单据，由项目经理、项目技术负责人和专职员共同审验。

(2) 各类脚手架、上料平台、门子架和支搭的安全网、立网由项目经理或项目技术负责人申报支搭方案，并牵头会同工程部和安全主管进行检查验收。

(3) 暂设电气工程设施，由安全主管牵头，会同电气工程师、项目经理、项目技术负责人、工程技术人员进行检查验收。

(4) 起重机械、施工电梯由安装单位和使用单位的项目负责人牵头，会同有关部门检查验收。

(5) 工地使用的中小型机械设备，由工地技术负责人和施工项目负责人牵头，会同工程部检查验收。

(6) 所有验收必须办理书面验收手续，否则无效。

4.3.2 施工安全检查标准

为科学评价建筑施工现场安全生产，预防生产安全事故的发生，保障施工人员的安全和健康，提高施工管理水平，实现安全检查工作的标准化，发布实施了《建筑施工安全检查标准》JGJ 59—2011。该标准适用于房屋建设工程施工现场安全生产的检查评定。建筑施工安全检查标准的内容见表 4-1～表 4-20。

建筑施工安全检查评分汇总表 **表 4-1**

企业名称： 资质等级： 年 月 日

单位工程（施工现场）名 称	建筑面积（m^2）	结构类型	总计得分（满分分值100分）	项目名称及分值									
				安全管理（满分10分）	文明施工（满分15分）	脚手架（满分10分）	基坑工程（满分10分）	模板支架（满分10分）	高处作业（满分10分）	施工用电（满分10分）	物料提升机与施工升降机（满分10分）	塔式起重机与起重吊装（满分10分）	施工机具（满分5分）

评语：

检查单位		负责人		受检项目		项目经理	

安全管理检查评分表　　表 4-2

序号	检查项目		扣分标准	应得分数	扣减分数	实得分数
1	保证项目	安全生产责任制	未建立安全生产责任制扣 10 分； 安全生产责任制未经责任人签字确认扣 3 分； 未制定各工种安全技术操作规程扣 10 分； 未按规定配备专职安全员扣 10 分； 工程项目部承包合同中未明确安全生产考核指标扣 8 分； 未制定安全资金保障制度扣 5 分； 未编制安全资金使用计划及实施扣 2～5 分； 未制定安全生产管理目标（伤亡控制、安全达标、文明施工）扣 5 分； 未进行安全责任目标分解的扣 5 分； 未建立安全生产责任制、责任目标考核制度扣 5 分； 未按考核制度对管理人员定期考核扣 2～5 分	10		
2		施工组织设计	施工组织设计中未制定安全措施扣 10 分； 危险性较大的分部分项工程未编制安全专项施工方案，扣 3～8 分； 未按规定对专项方案进行专家论证扣 10 分； 施工组织设计、专项方案未经审批扣 10 分； 安全措施、专项方案无针对性或缺少设计计算扣 6～8 分； 未按方案组织实施扣 5～10 分	10		
3		安全技术交底	未采取书面安全技术交底扣 10 分； 交底未做到分部分项扣 5 分； 交底内容针对性不强扣 3～5 分； 交底内容不全面扣 4 分； 交底未履行签字手续扣 2～4 分	10		
4		安全检查	未建立安全检查（定期、季节性）制度扣 5 分； 未留有定期、季节性安全检查记录扣 5 分； 事故隐患的整改未做到定人、定时间、定措施扣 2～6 分； 对重大事故隐患整改通知书所列项目未按期整改和复查扣 8 分	10		
5		安全教育	未建立安全培训、教育制度扣 10 分； 新入场工人未进行三级安全教育和考核扣 10 分； 未明确具体安全教育内容扣 6～8 分； 变换工种时未进行安全教育扣 10 分； 施工管理人员、专职安全员未按规定进行年度培训考核扣 5 分	10		
6		应急预案	未制定安全生产应急预案扣 10 分； 未建立应急救援组织、配备救援人员扣 3～6 分； 未配置应急救援器材扣 5 分； 未进行应急救援演练扣 5 分	10		
		小计		60		

续表

序号	检查项目		扣分标准	应得分数	扣减分数	实得分数
7	一般项目	分包单位安全管理	分包单位资质、资格、分包手续不全或失效扣10分； 未签订安全生产协议书扣5分； 分包合同、安全协议书，签字盖章手续不全扣2～6分； 分包单位未按规定建立安全组织、配备安全员扣3分	10		
8		特种作业持证上岗	一人未经培训从事特种作业扣4分； 一人特种作业人员资格证书未延期复核扣4分； 一人未持操作证上岗扣2分	10		
9		生产安全事故处理	生产安全事故未按规定报告扣3～5分； 生产安全事故未按规定进行调查分析处理，制定防范措施扣10分； 未办理工伤保险扣5分	10		
10		安全标志	主要施工区域、危险部位、设施未按规定悬挂安全标志扣5分； 未绘制现场安全标志布置总平面图扣5分； 未按部位和现场设施的改变调整安全标志设置扣5分	10		
		小计		40		
检查项目合计				100		

文明施工检查评分表　　**表 4-3**

序号	检查项目		扣分标准	应得分数	扣减分数	实得分数
1	保证项目	现场围挡	在市区主要路段的工地周围未设置高于2.5m的封闭围挡扣10分； 一般路段的工地周围未设置高于1.8m的封闭围挡扣10分； 围挡材料不坚固、不稳定、不整洁、不美观扣5～7分； 围挡没有沿工地四周连续设置扣3～5分	10		
2		封闭管理	施工现场出入口未设置大门扣3分； 未设置门卫室扣2分； 未设门卫或未建立门卫制度扣3分； 进入施工现场不佩戴工作卡扣3分； 施工现场出入口未标有企业名称或标识，且未设置车辆冲洗设施扣3分	10		
3		施工场地	现场主要道路未进行硬化处理扣5分； 现场道路不畅通、路面不平整坚实扣5分； 现场作业、运输、存放材料等采取的防尘措施不齐全、不合理扣5分； 排水设施不齐全或排水不通畅、有积水扣4分； 未采取防止泥浆、污水、废水外流或堵塞下水道和排水河道措施扣3分； 未设置吸烟处、随意吸烟扣2分； 温暖季节未进行绿化布置扣3分	10		

续表

序号	检查项目		扣分标准	应得分数	扣减分数	实得分数
4	保证项目	现场材料	建筑材料、构件、料具不按总平面布局码放扣4分； 材料布局不合理、堆放不整齐、未标明名称、规格扣2分； 建筑物内施工垃圾的清运，未采用合理器具或随意凌空抛掷扣5分； 未做到工完场地清扣3分； 易燃易爆物品未采取防护措施或未进行分类存放扣4分	10		
5		现场住宿	在建工程、伙房、库房兼做住宿扣8分； 施工作业区、材料存放区与办公区、生活区不能明显划分扣6分； 宿舍未设置可开启式窗户扣4分； 未设置床铺、床铺超过2层、使用通铺、未设置通道或人员超编扣6分； 宿舍未采取保暖和防煤气中毒措施扣5分； 宿舍未采取消暑和防蚊蝇措施扣5分； 生活用品摆放混乱、环境不卫生扣3分	10		
6		现场防火	未制定消防措施、制度或未配备灭火器材扣10分； 现场临时设施的材质和选址不符合环保、消防要求扣8分； 易燃材料随意码放、灭火器材布局、配置不合理或灭火器材失效扣5分； 未设置消防水源（高层建筑）或不能满足消防要求扣8分； 未办理动火审批手续或无动火监护人员扣5分	10		
		小计		60		
7	一般项目	治安综合治理	生活区未给作业人员设置学习和娱乐场所扣4分； 未建立治安保卫制度、责任未分解到人扣3～5分； 治安防范措施不利，常发生失盗事件扣3～5分	8		
8		施工现场标牌	大门口处设置的“五牌一图”内容不全、缺一项扣2分； 标牌不规范、不整齐扣3分； 未张挂安全标语扣5分； 未设置宣传栏、读报栏、黑板报扣4分	8		
9		生活设施	食堂与厕所、垃圾站、有毒有害场所距离较近扣6分； 食堂未办理卫生许可证或未办理炊事人员健康证扣5分； 食堂使用的燃气罐未单独设置存放间或存放间通风条件不好扣4分； 食堂的卫生环境差、未配备排风、冷藏、隔油池、防鼠等设施扣4分； 厕所的数量或布局不满足现场人员需求扣6分； 厕所不符合卫生要求扣4分； 不能保证现场人员卫生饮水扣8分； 未设置淋浴室或淋浴室不能满足现场人员需求扣4分； 未建立卫生责任制度、生活垃圾未装容器或未及时清理扣3～5分	8		
10		保健急救	现场未制定相应的应急预案，或预案实际操作性差扣6分； 未设置经培训的急救人员或未设置急救器材扣4分； 未开展卫生防病宣传教育，或未提供必备防护用品扣4分； 未设置保健医药箱扣5分	8		

续表

序号	检查项目		扣分标准	应得分数	扣减分数	实得分数
11	一般项目	社区服务	夜间未经许可施工扣 8 分； 施工现场焚烧各类废弃物扣 8 分； 未采取防粉尘、防噪声、防光污染措施扣 5 分； 未建立施工不扰民措施扣 5 分	8		
		小计		40		
检查项目合计				100		

扣件式钢管脚手架检查评分表 **表 4-4**

序号	检查项目		扣分标准	应得分数	扣减分数	实得分数
1	保证项目	施工方案	架体搭设未编制施工方案或搭设高度超过 24m 未编制专项施工方案扣 10 分； 架体搭设高度超过 24m，未进行设计计算或未按规定审核、审批扣 10 分； 架体搭设高度超过 50m，专项施工方案未按规定组织专家论证或未按专家论证意见组织实施扣 10 分； 施工方案不完整或不能指导施工作业扣 5～8 分	10		
2		立杆基础	立杆基础不平、不实、不符合方案设计要求扣 10 分； 立杆底部底座、垫板或垫板的规格不符合规范要求每一处扣 2 分； 未按规范要求设置纵、横向扫地杆扣 5～10 分； 扫地杆的设置和固定不符合规范要求扣 5 分； 未设置排水措施扣 8 分	10		
3		架体与建筑结构拉结	架体与建筑结构拉结不符合规范要求每处扣 2 分； 连墙件距主节点距离不符合规范要求每处扣 4 分； 架体底层第一步纵向水平杆处未按规定设置连墙件或未采用其他可靠措施固定每处扣 2 分； 搭设高度超过 24m 的双排脚手架，未采用刚性连墙件与建筑结构可靠连接扣 10 分	10		
4		杆件间距与剪刀撑	立杆、纵向水平杆、横向水平杆间距超过规范要求每处扣 2 分； 未按规定设置纵向剪刀撑或横向斜撑每处扣 5 分； 剪刀撑未沿脚手架高度连续设置或角度不符合要求扣 5 分； 剪刀撑斜杆的接长或剪刀撑斜杆与架体杆件固定不符合要求每处扣 2 分	10		
5		脚手板与防护栏杆	脚手板未满铺或铺设不牢、不稳扣 7～10 分； 脚手板规格或材质不符合要求扣 7～10 分； 每有一处探头板扣 2 分； 架体外侧未设置密目式安全网封闭或网间不严扣 7～10 分； 作业层未在高度 1.2m 和 0.6m 处设置上、中两道防护栏杆扣 5 分； 作业层未设置高度不小于 180mm 的挡脚板扣 5 分	10		

续表

序号	检查项目		扣分标准	应得分数	扣减分数	实得分数
6	保证项目	交底与验　收	架体搭设前未进行交底或交底未留有记录扣5分； 架体分段搭设、分段使用，未办理分段验收扣5分； 架体搭设完毕未办理验收手续扣10分； 未记录量化的验收内容扣5分	10		
		小计		60		
7	一般项目	横向水平杆设置	未在立杆与纵向水平杆交点处设置横向水平杆每处扣2分； 未按脚手板铺设的需要增加设置横向水平杆每处扣2分； 横向水平杆只固定端每处扣1分； 单排脚手架横向水平杆插入墙内小于18cm每处扣2分	10		
8		杆件搭接	纵向水平杆搭接长度小于1m或固定不符合要求每处扣2分； 立杆除顶层顶步外采用搭接每处扣4分	10		
9		架体防护	作业层未用安全平网双层兜底，且以下每隔10m未用安全平网封闭扣10分； 作业层与建筑物之间未进行封闭扣10分	10		
10		脚手架材　质	钢管直径、壁厚、材质不符合要求扣5分； 钢管弯曲、变形、锈蚀严重扣4～5分； 扣件未进行复试或技术性能不符合标准扣5分	5		
11		通道	未设置人员上下专用通道扣5分； 通道设置不符合要求扣1～3分	5		
		小计		40		
检查项目合计				100		

悬挑式脚手架检查评分表　　**表4-5**

序号	检查项目		扣分标准	应得分数	扣减分数	实得分数
1	保证项目	施工方案	未编制专项施工方案或未进行设计计算扣10分； 专项施工方案未经审核、审批或架体搭设高度超过20m扣10分； 未按规定组织进行专家论证扣10分	10		
2		悬挑钢梁	钢梁截面高度未按设计确定或截面高度小于160mm扣10分； 钢梁固定段长度小于悬挑段长度的1.25倍扣10分； 钢梁外端未设置钢丝绳或钢拉杆与上一层建筑结构拉结每处扣2分； 钢梁与建筑结构锚固措施不符合规范要求每处扣5分； 钢梁间距未按悬挑架体立杆纵距设置扣6分	10		
3		架体稳定	立杆底部与钢梁连接处未设置可靠固定措施每处扣2分； 承插式立杆接长未采取螺栓或销钉固定每处扣2分； 未在架体外侧设置连续式剪刀撑扣10分； 未按规定在架体内侧设置横向斜撑扣5分； 架体未按规定与建筑结构拉结每处扣5分	10		

续表

序号	检查项目		扣分标准	应得分数	扣减分数	实得分数
4	保证项目	脚手板	脚手板规格、材质不符合要求扣7～10分； 脚手板未满铺或铺设不严、不牢、不稳扣7～10分； 每处探头板扣2分	10		
5		荷　载	架体施工荷载超过设计规定扣10分； 施工荷载堆放不均匀每处扣5分	10		
6		交底与验　收	架体搭设前未进行交底或交底未留有记录扣5分； 架体分段搭设、分段使用，未办理分段验收扣7～10分； 架体搭设完毕未保留验收资料或未记录量化的验收内容扣5分	10		
		小　计		60		
7	一般项目	杆件间距	立杆间距超过规范要求，或立杆底部未固定在钢梁上每处扣2分； 纵向水平杆步距超过规范要求扣5分； 未在立杆与纵向水平杆交点处设置横向水平杆每处扣1分	10		
8		架体防护	作业层外侧未在高度1.2m和0.6m处设置上、中两道防护栏杆扣5分； 作业层未设置高度不小于180mm的挡脚板扣5分； 架体外侧未采用密目式安全网封闭或网间不严扣7～10分	10		
9		层间防护	作业层未用安全平网双层兜底，且以下每隔10m未用安全平网封闭扣10分； 架体底层未进行封闭或封闭不严扣10分	10		
10		脚手架材质	型钢、钢管、构配件规格及材质不符合规范要求扣7～10分； 型钢、钢管弯曲、变形、锈蚀严重扣7～10分	10		
		小　计		40		
检查项目各计				100		

门式钢管脚手架检查评分表 **表 4-6**

序号	检查项目		扣分标准	应得分数	扣减分数	实得分数
1	保证项目	施工方案	未编制专项施工方案或未进行设计计算扣10分； 专项施工方案未按规定审核、审批或架体搭设高度超过50m未按规定组织专家论证扣10分	10		
2		架体基础	架体基础不平、不实、不符合专项施工方案要求扣10分； 架体底部未设垫板或垫板底部的规格不符合要求扣10分； 架体底部未按规范要求设置底座每处扣1分； 架体底部未按规范要求设置扫地杆扣5分； 未设置排水措施扣8分	10		
3		架体稳定	未按规定间距与结构拉结每处扣5分； 未按规范要求设置剪刀撑扣10分； 未按规范要求高度做整体加固扣5分； 架体立杆垂直偏差超过规定扣5分	10		

续表

序号	检查项目		扣分标准	应得分数	扣减分数	实得分数
4	保证项目	杆件锁件	未按说明书规定组装，或漏装杆件、锁件扣6分； 未按规范要求设置纵向水平加固杆扣10分； 架体组装不牢或紧固不符合要求每处扣1分； 使用的扣件与连接的杆件参数不匹配每处扣1分	10		
5		脚手板	脚手板未满铺或铺设不牢、不稳扣5分； 脚手板规格或材质不符合要求的扣5分； 采用钢脚手板时挂钩未挂扣在水平杆上或挂钩未处于锁住状态每处扣2分	10		
6		交底与验收	脚手架搭设前未进行交底或交底未留有记录扣6分； 脚手架分段搭设、分段使用，未办理分段验收扣6分； 脚手架搭设完毕未办理验收手续扣6分； 未记录量化的验收内容扣5分	10		
		小计		60		
7	一般项目	架体防护	作业层脚手架外侧未在1.2m和0.6m高度设置上、中两道防护栏杆扣10分； 作业层未设置高度不小于180mm的挡脚板扣3分； 脚手架外侧未设置密目式安全网封闭或网间不严扣7～10分； 作业层未用安全平网双层兜底，且以下每隔10m未用安全平网封闭扣5分	10		
8		材质	杆件变形、锈蚀严重扣10分； 门架局部开焊扣10分； 构配件的规格、型号、材质或产品质量不符合规范要求扣10分	10		
9		荷载	施工荷载超过设计规定扣10分； 荷载堆放不均匀每处扣5分	10		
10		通道	未设置人员上下专用通道扣10分； 通道设置不符合要求扣5分	10		
		小计		40		
检查项目合计				100		

碗扣式钢管脚手架检查评分表 **表4-7**

序号	检查项目		扣分标准	应得分数	扣减分数	实得分数
1	保证项目	施工方案	未编制专项施工方案或未进行设计计算扣10分； 专项施工方案未按规定审核、审批或架体高度超过50m未按规定组织专家论证扣10分	10		
2		架体基础	架体基础不平、不实，不符合专项施工方案要求扣10分； 架体底部未设置垫板或垫板的规格不符合要求扣10分； 架体底部未按规范要求设置底座每处扣1分； 架体底部未按规范要求设置扫地杆扣5分； 未设置排水措施扣8分	10		

续表

序号	检查项目		扣分标准	应得分数	扣减分数	实得分数
3	保证项目	架体稳定	架体与建筑结构未按规范要求拉结每处扣 2 分； 架体底层第一步水平杆处未按规范要求设置连墙件或未采用其他可靠措施固定每处扣 2 分； 连墙件未采用刚性杆件扣 10 分； 未按规范要求设置竖向专用斜杆或八字形斜撑扣 5 分； 竖向专用斜杆两端未固定在纵、横向水平杆与立杆汇交的碗扣节点处每处扣 2 分； 竖向专用斜杆或八字形斜撑未沿脚手架高度连续设置或角度不符合要求扣 5 分	10		
4	保证项目	杆件锁件	立杆间距、水平杆步距超过规范要求扣 10 分； 未按专项施工方案设计的步距在立杆连接碗扣结点处设置纵、横向水平杆扣 10 分； 架体搭设高度超过 24m 时，顶部 24m 以下的连墙件层未按规定设置水平斜杆扣 10 分； 架体组装不牢或上碗扣紧固不符合要求每处扣 1 分	10		
5	保证项目	脚手板	脚手板未满铺或铺设不牢、不稳扣 7～10 分； 脚手板规格或材质不符合要求扣 7～10 分； 采用钢脚手板时挂钩未挂扣在横向水平杆上或挂钩未处于锁住状态每处扣 2 分	10		
6	保证项目	交底与验收	架体搭设前未进行交底或交底未留有记录扣 6 分； 架体分段搭设、分段使用，未办理分段验收扣 6 分； 架体搭设完毕未办理验收手续扣 6 分； 未记录量化的验收内容扣 5 分	10		
	保证项目	小计		60		
7	一般项目	架体防护	架体外侧未设置密目式安全网封闭或网间不严扣 7～10 分； 作业层未在外侧立杆的 1.2m 和 0.6m 的碗扣结点设置上、中两道防护栏杆扣 5 分； 作业层外侧未设置高度不小于 180mm 的挡脚板扣 3 分； 作业层未用安全平网双层兜底，且以下每隔 10m 未用安全平网封闭扣 5 分	10		
8	一般项目	材质	杆件弯曲、变形、锈蚀严重扣 10 分； 钢管、构配件的规格、型号、材质或产品质量不符合规范要求扣 10 分	10		
9	一般项目	荷载	施工荷载超过设计规定扣 10 分； 荷载堆放不均匀每处扣 5 分	10		
10	一般项目	通道	未设置人员上下专用通道扣 10 分； 通道设置不符合要求扣 5 分	10		
	一般项目	小计		40		
检查项目合计				100		

附着式升降脚手架检查评分表　　　　**表 4-8**

序号	检查项目		扣分标准	应得分数	扣减分数	实得分数
1	保证项目	施工方案	未编制专项施工方案或未进行设计计算扣 10 分； 专项施工方案未按规定审核、审批扣 10 分； 脚手架提升高度超过 150m，专项施工方案未按规定组织专家论证扣 10 分	10		
2		安全装置	未采用机械式的全自动防坠落装置或技术性能不符合规范要求扣 10 分； 防坠落装置与升降设备未分别独立固定在建筑结构处扣 10 分； 防坠落装置未设置在竖向主框架处与建筑结构附着扣 10 分； 未安装防倾覆装置或防倾覆装置不符合规范要求扣 10 分； 在升降或使用工况下，最上和最下两个防倾装置之间的最小间距不符合规范要求扣 10 分； 未安装同步控制或荷载控制装置扣 10 分； 同步控制或荷载控制误差不符合规范要求扣 10 分	10		
3		架体构造	架体高度大于 5 倍楼层高扣 10 分； 架体宽度大于 1.2m 扣 10 分； 直线布置的架体支承跨度大于 7m，或折线、曲线布置的架体支撑跨度的架体外侧距离大于 5.4m 扣 10 分； 架体的水平悬挑长度大于 2m 或水平悬挑长度未大于 2m 但大于跨度 1/2 扣 10 分； 架体悬臂高度大于架体高度 2/5 或悬臂高度大于 6m 扣 10 分； 架体全高与支撑跨度的乘积大于 $110m^2$ 扣 10 分	10		
4		附着支座	未按竖向主框架所覆盖的每个楼层设置一道附着支座扣 10 分； 在使用工况时，未将竖向主框架与附着支座固定扣 10 分； 在升降工况时，未将防倾、导向的结构装置设置在附着支座处扣 10 分； 附着支座与建筑结构连接固定方式不符合规范要求扣 10 分	10		
5		架体安装	主框架和水平支撑桁架的结点未采用焊接或螺栓连接或各杆件轴线未交汇于主节点扣 10 分； 内外两片水平支承桁架的上弦和下弦之间设置的水平支撑杆件未采用焊接或螺栓连接扣 5 分； 架体立杆底端未设置在水平支撑桁架上弦各杆件汇交结点处扣 10 分； 与墙面垂直的定型竖向主框架组装高度低于架体高度扣 5 分； 架体外立面设置的连续式剪刀撑未将竖向主框架、水平支撑桁架和架体构架连成一体扣 8 分	10		
6		架体升降	两跨以上架体同时整体升降采用手动升降设备扣 10 分； 升降工况时附着支座在建筑结构连接处混凝土强度未达到设计要求或小于 C10 扣 10 分； 升降工况时架体上有施工荷载或有人员停留扣 10 分	10		
		小计		60		

续表

序号	检查项目		扣分标准	应得分数	扣减分数	实得分数
7	一般项目	检查验收	构配件进场未办理验收扣6分； 分段安装、分段使用，未办理分段验收扣8分； 架体安装完毕未履行验收程序或验收表未经责任人签字扣10分； 每次提升前未留有具体检查记录扣6分； 每次提升后、使用前未履行验收手续或资料不全扣7分	10		
8		脚手板	脚手板未满铺或铺设不严、不牢扣3～5分； 作业层与建筑结构之间空隙封闭不严扣3～5分； 脚手板规格、材质不符合要求扣5～8分	10		
9		防护	脚手架外侧未采用密目式安全网封闭或网间不严扣10分； 作业层未在高度1.2m和0.6m处设置上、中两道防护栏杆扣5分； 作业层未设置高度不小于180mm的挡脚板扣5分	10		
10		操作	操作前未向有关技术人员和作业人员进行安全技术交底扣10分； 作业人员未经培训或未定岗定责扣7～10分； 安装拆除单位资质不符合要求或特种作业人员未持证上岗扣7～10分； 安装、升降、拆除时未采取安全警戒扣10分； 荷载不均匀或超载扣5～10分	10		
		小计		40		
检查项目合计				100		

承插型盘扣式钢管支架检查评分表 **表4-9**

序号	检查项目		扣分标准	应得分数	扣减分数	实得分数
1	保证项目	施工方案	未编制专项施工方案或搭设高度超过24m未另行专门设计和计算扣10分； 专项施工方案未按规定审核、审批扣10分	10		
2		架体基础	架体基础不平、不实、不符合方案设计要求扣10分； 架体立杆底部缺少垫板或垫板的规格不符合规范要求每处扣2分； 架体立杆底部未按要求设置底座每处扣1分； 未按规范要求设置纵、横向扫地杆扣5～10分； 未设置排水措施扣8分	10		
3		架体稳定	架体与建筑结构未按规范要求拉结每处扣2分； 架体底层第一步水平杆处未按规范要求设置连墙件或未采用其他可靠措施固定每处扣2分； 连墙件未采用刚性杆件扣10分； 未按规范要求设置竖向斜杆或剪刀撑扣5分； 竖向斜杆两端未固定在纵、横向水平杆与立杆汇交的盘扣节点处每处扣2分； 斜杆或剪刀撑未沿脚手架高度连续设置或角度不符合要求扣5分	10		

续表

<table>
<tr><th>序号</th><th colspan="2">检查项目</th><th>扣分标准</th><th>应得分数</th><th>扣减分数</th><th>实得分数</th></tr>
<tr><td>4</td><td rowspan="4">保证项目</td><td>杆件</td><td>架体立杆间距、水平杆步距超过规范要求扣2分；
未按专项施工方案设计的步距在立杆连接盘处设置纵、横向水平杆扣10分；
双排脚手架的每步水平杆层，当无挂扣钢脚手板时未按规范要求设置水平斜杆扣5～10分</td><td>10</td><td></td><td></td></tr>
<tr><td>5</td><td>脚手板</td><td>脚手板不满铺或铺设不牢、不稳扣7～10分；
脚手板规格或材质不符合要求扣7～10分；
采用钢脚手板时挂钩未挂扣在水平杆上或挂钩未处于锁住状态每处扣2分</td><td>10</td><td></td><td></td></tr>
<tr><td>6</td><td>交底与验收</td><td>脚手架搭设前未进行交底或未留有交底记录扣5分；
脚手架分段搭设、分段使用，未办理分段验收扣10分；
脚手架搭设完毕未办理验收手续扣10分；
未记录量化的验收内容扣5分</td><td>10</td><td></td><td></td></tr>
<tr><td></td><td>小计</td><td></td><td>60</td><td></td><td></td></tr>
<tr><td>7</td><td rowspan="6">一般项目</td><td>架体防护</td><td>架体外侧未设置密目式安全网封闭或网间不严扣7～10分；
作业层未在外侧立杆的1m和0.5m的盘扣节点处设置上、中两道水平防护栏杆扣5分；
作业层外侧未设置高度不小于180mm的挡脚板扣3分</td><td>10</td><td></td><td></td></tr>
<tr><td>8</td><td>杆件接长</td><td>立杆竖向接长位置不符合要求扣5分；
搭设悬挑脚手架时，立杆的承插接长部位未采用螺栓作为立杆连接件固定扣7～10分；
剪刀撑的斜杆接长不符合要求扣5～8分</td><td>10</td><td></td><td></td></tr>
<tr><td>9</td><td>架体内封闭</td><td>作业层未用安全平网双层兜底，且以下每隔10m未用安全平网封闭扣7～10分；
作业层与主体结构间的空隙未封闭扣5～8分</td><td>10</td><td></td><td></td></tr>
<tr><td>10</td><td>材质</td><td>钢管、构配件的规格、型号、材质或产品质量不符合规范要求扣5分；
钢管弯曲、变形、锈蚀严重扣5分</td><td>5</td><td></td><td></td></tr>
<tr><td>11</td><td>通道</td><td>未设置人员上下专用通道扣5分；
通道设置不符合要求扣3分</td><td>5</td><td></td><td></td></tr>
<tr><td></td><td>小计</td><td></td><td>40</td><td></td><td></td></tr>
<tr><td colspan="3">检查项目合计</td><td></td><td>100</td><td></td><td></td></tr>
</table>

高处作业吊篮检查评分表　　**表4-10**

<table>
<tr><th>序号</th><th colspan="2">检查项目</th><th>扣分标准</th><th>应得分数</th><th>扣减分数</th><th>实得分数</th></tr>
<tr><td>1</td><td>保证项目</td><td>施工方案</td><td>未编制专项施工方案或未对吊篮支架支撑处结构的承载力进行验算扣10分；
专项施工方案未按规定审核、审批扣10分</td><td>10</td><td></td><td></td></tr>
</table>

续表

序号	检查项目		扣分标准	应得分数	扣减分数	实得分数
2	保证项目	安全装置	未安装安全锁或安全锁失灵扣10分； 安全锁超过标定期限仍在使用扣10分； 未设置挂设安全带专用安全绳及安全锁扣，或安全绳未固定在建筑物可靠位置扣10分； 吊篮未安装上限位装置或限位装置失灵扣10分	10		
3		悬挂机构	悬挂机构前支架支撑在建筑物女儿墙上或挑檐边缘扣10分； 前梁外伸长度不符合产品说明书规定扣10分； 前支架与支撑面不垂直或脚轮受力扣10分； 前支架调节杆未固定在上支架与悬挑梁连接的结点处扣10分； 使用破损的配重件或采用其他替代物扣10分； 配重件的重量不符合设计规定扣10分	10		
4		钢丝绳	钢丝绳磨损、断丝、变形、锈蚀达到报废标准扣10分； 安全绳规格、型号与工作钢丝绳不相同或未独立悬挂每处扣5分； 安全绳不悬垂扣10分； 利用吊篮进行电焊作业未对钢丝绳采取保护措施扣6～10分	10		
5		安装	使用未经检测或检测不合格的提升机扣10分； 吊篮平台组装长度不符合规范要求扣10分； 吊篮组装的构配件不是同一生产厂家的产品扣5～10分	10		
6		升降操作	操作升降人员未经培训合格扣10分； 吊篮内作业人员数量超过2人扣10分； 吊篮内作业人员未将安全带使用安全锁扣正确挂置在独立设置的专用安全绳上扣10分； 吊篮正常使用，人员未从地面进入篮内扣10分	10		
		小计		60		
7	一般项目	交底与验收	未履行验收程序或验收表未经责任人签字扣10分； 每天班前、班后未进行检查扣5～10分； 吊篮安装、使用前未进行交底扣5～10分	10		
8		防护	吊篮平台周边的防护栏杆或挡脚板的设置不符合规范要求扣5～10分； 多层作业未设置防护顶板扣7～10分	10		
9		吊篮稳定	吊篮作业未采取防摆动措施扣10分； 吊篮钢丝绳不垂直或吊篮距建筑物空隙过大扣10分	10		
10		荷载	施工荷载超过设计规定扣5分； 荷载堆放不均匀扣10分； 利用吊篮作为垂直运输设备扣10分	10		
		小 计		40		
检查项目合计				100		

满堂式脚手架检查评分表 **表 4-11**

序号	检查项目		扣分标准	应得分数	扣减分数	实得分数
1	保证项目	施工方案	未编制专项施工方案或未进行设计计算扣 10 分； 专项施工方案未按规定审核、审批扣 10 分	10		
2		架体基础	架体基础不平、不实、不符合专项施工方案要求扣 10 分； 架体底部未设置垫木或垫木的规格不符合要求扣 10 分； 架体底部未按规范要求设置底座每处扣 1 分； 架体底部未按规范要求设置扫地杆扣 5 分； 未设置排水措施扣 5 分	10		
3		架体稳定	架体四周与中间未按规范要求设置竖向剪刀撑或专用斜杆扣 10 分； 未按规范要求设置水平剪刀撑或专用水平斜杆扣 10 分； 架体高宽比大于 2 时未按要求采取与结构刚性连结或扩大架体底脚等措施扣 10 分	10		
4		杆件锁件	架体搭设高度超过规范或设计要求扣 10 分； 架体立杆间距水平杆步距超过规范要求扣 10 分； 杆件接长不符合要求每处扣 2 分； 架体搭设不牢或杆件结点紧固不符合要求每处扣 1 分	10		
5		脚手板	脚手板不满铺或铺设不牢、不稳扣 5 分； 脚手板规格或材质不符合要求扣 5 分； 采用钢脚手板时挂钩未挂扣在水平杆上或挂钩未处于锁住状态每处扣 2 分	10		
6		交底与验收	架体搭设前未进行交底或交底未留有记录扣 6 分； 架体分段搭设、分段使用，未办理分段验收扣 6 分； 架体搭设完毕未办理验收手续扣 6 分； 未记录量化的验收内容扣 5 分	10		
		小计		60		
7	一般项目	架体防护	作业层脚手架周边，未在高度 1.2m 和 0.6m 处设置上、中两道防护栏杆扣 10 分； 作业层外侧未设置 180mm 高挡脚板扣 5 分； 作业层未用安全平网双层兜底，且以下每隔 10m 未用安全平网封闭扣 5 分	10		
8		材质	钢管、构配件的规格、型号、材质或产品质量不符合规范要求扣 10 分； 杆件弯曲、变形、锈蚀严重扣 10 分	10		
9		荷载	施工荷载超过设计规定扣 10 分； 荷载堆放不均匀每处扣 5 分	10		
10		通道	未设置人员上下专用通道扣 10 分； 通道设置不符合要求扣 5 分	10		
		小计		40		
检查项目合计				100		

基坑支护、土方作业检查评分表 表 4-12

序号	检查项目		扣分标准	应得分数	扣减分数	实得分数
1	保证项目	施工方案	深基坑施工未编制支护方案扣 20 分； 基坑深度超过 5m 未编制专项支护设计扣 20 分； 开挖深度 3m 及以上未编制专项方案扣 20 分； 开挖深度 5m 及以上专项方案未经过专家论证扣 20 分； 支护设计及土方开挖方案未经审批扣 15 分； 施工方案针对性差不能指导施工扣 12～15 分	20		
2		临边防护	深度超过 2m 的基坑施工未采取临边防护措施扣 10 分； 临边及其他防护不符合要求扣 5 分	10		
3		基坑支护及支撑拆除	坑槽开挖设置安全边坡不符合安全要求扣 10 分； 特殊支护的做法不符合设计方案扣 5～8 分； 支护设施已产生局部变形又未采取措施调整扣 6 分； 混凝土支护结构未达到设计强度提前开挖，超挖扣 10 分； 支撑拆除没有拆除方案扣 10 分； 未按拆除方案施工扣 5～8 分； 用专业方法拆除支撑，施工队伍没有专业资质扣 10 分	10		
4		基坑降排水	高水位地区深基坑内未设置有效降水措施扣 10 分； 深基坑边界周围地面未设置排水沟扣 10 分； 基坑施工未设置有效排水措施扣 10 分； 深基础施工采用坑外降水，未采取防止临近建筑和管线沉降措施扣 10 分	10		
5		坑边荷载	积土、料具堆放距槽边距离小于设计规定扣 10 分； 机械设备施工与槽边距离不符合要求且未采取措施扣 10 分	10		
		小计		60		
6	一般项目	上下通道	人员上下未设置专用通道扣 10 分； 设置的通道不符合要求扣 6 分	10		
7		土方开挖	施工机械进场未经验收扣 5 分； 挖土机作业时，有人员进入挖土机作业半径内扣 6 分； 挖土机作业位置不牢、不安全扣 10 分； 司机无证作业扣 10 分； 未按规定程序挖土或超挖扣 10 分	10		
8		基坑支护变形监测	未按规定进行基坑工程监测扣 10 分； 未按规定对毗邻建筑物和重要管线和道路进行沉降观测扣 10 分	10		
9		作业环境	基坑内作业人员缺少安全作业面扣 10 分； 垂直作业上下未采取隔离防护措施扣 10 分； 光线不足，未设置足够照明扣 5 分	10		
		小计		40		
检查项目合计				100		

模板支架检查评分表　　**表 4-13**

序号	检查项目		扣分标准	应得分数	扣减分数	实得分数
1	保证项目	施工方案	未按规定编制专项施工方案或结构设计未经设计计算扣 15 分； 专项施工方案未经审核、审批扣 15 分； 超过一定规模的模板支架，专项施工方案未按规定组织专家论证扣 15 分； 专项施工方案未明确混凝土浇筑方式扣 10 分	15		
2		立杆基础	立杆基础承载力不符合设计要求扣 10 分； 基础未设排水设施扣 8 分； 立杆底部未设置底座、垫板或垫板规格不符合规范要求每处扣 3 分	10		
3		支架稳定	支架高宽比大于规定值时，未按规定要求设置连墙杆扣 15 分； 连墙杆设置不符合规范要求每处扣 5 分； 未按规定设置纵、横向及水平剪刀撑扣 15 分； 纵、横向及水平剪刀撑设置不符合规范要求扣 5～10 分	15		
4		施工荷载	施工均布荷载超过规定值扣 10 分； 施工荷载不均匀，集中荷载超过规定值扣 10 分	10		
5		交底与验收	支架搭设（拆除）前未进行交底或无交底记录扣 10 分； 支架搭设完毕未办理验收手续扣 10 分； 验收无量化内容扣 5 分	10		
		小计		60		
6	一般项目	立杆设置	立杆间距不符合设计要求扣 10 分； 立杆未采用对接连接每处扣 5 分； 立杆伸出顶层水平杆中心线至支撑点的长度大于规定值每处扣 2 分	10		
7		水平杆设置	未按规定设置纵、横向扫地杆或设置不符合规范要求每处扣 5 分； 纵、横向水平杆间距不符合规范要求每处扣 5 分； 纵、横向水平杆件连接不符合规范要求每处扣 5 分	10		
8		支架拆除	混凝土强度未达到规定值，拆除模板支架扣 10 分； 未按规定设置警戒区或未设置专人监护扣 8 分	10		
9		支架材质	杆件弯曲、变形、锈蚀超标扣 10 分； 构配件材质不符合规范要求扣 10 分； 钢管壁厚不符合要求扣 10 分	10		
		小计		40		
检查项目合计				100		

“三宝、四口”及临边防护检查评分表　　**表 4-14**

序号	检查项目	扣分标准	应得分数	扣减分数	实得分数
1	安全帽	作业人员不戴安全帽每人扣 2 分； 作业人员未按规定佩戴安全帽每人扣 1 分； 安全帽不符合标准每顶扣 1 分	10		

续表

序号	检查项目	扣分标准	应得分数	扣减分数	实得分数
2	安全网	在建工程外侧未采用密目式安全网封闭或网间不严扣 10 分； 安全网规格、材质不符合要求扣 10 分	10		
3	安全带	作业人员未系挂安全带每人扣 5 分； 作业人员未按规定系挂安全带每人扣 3 分； 安全带不符合标准每条扣 2 分	10		
4	临边防护	工作面临边无防护每处扣 5 分； 临边防护不严或不符合规范要求每处扣 5 分； 防护设施未形成定型化、工具化扣 5 分	10		
5	洞口防护	在建工程的预留洞口、楼梯口、电梯井口，未采取防护措施每处扣 3 分； 防护措施、设施不符合要求或不严密每处扣 3 分； 防护设施未形成定型化、工具化扣 5 分； 电梯井内每隔两层（不大于 10m）未按设置安全平网每处扣 5 分	10		
6	通道口防护	未搭设防护棚或防护不严、不牢固可靠每处扣 5 分； 防护棚两侧未进行防护每处扣 6 分； 防护棚宽度不大于通道口宽度每处扣 4 分； 防护棚长度不符合要求每处扣 6 分； 建筑物高度超过 30m，防护棚顶未采用双层防护每处扣 5 分； 防护棚的材质不符合要求每处扣 5 分	10		
7	攀登作业	移动式梯子的梯脚底部垫高使用每处扣 5 分； 折梯使用未有可靠拉撑装置每处扣 5 分； 梯子的制作质量或材质不符合要求每处扣 5 分	5		
8	悬空作业	悬空作业处未设置防护栏杆或其他可靠的安全设施每处扣 5 分； 悬空作业所用的索具、吊具、料具等设备，未经过技术鉴定或验证、验收每处扣 5 分	5		
9	移动式操作平台	操作平台的面积超过 10m² 或高度超过 5m 扣 6 分； 移动式操作平台，轮子与平台的连接不牢固可靠或立柱底端距离地面超过 80mm 扣 10 分； 操作平台的组装不符合要求扣 10 分； 平台台面铺板不严扣 10 分； 操作平台四周未按规定设置防护栏杆或未设置登高扶梯扣 10 分； 操作平台的材质不符合要求扣 10 分	10		
10	物料平台	物料平台未编制专项施工方案或未经设计计算扣 10 分； 物料平台搭设不符合专项方案要求扣 10 分； 物料平台支撑架未与工程结构连接或连接不符合要求扣 8 分； 平台台面铺板不严或台面层下方未按要求设置安全平网扣 10 分； 材质不符合要求扣 10 分； 物料平台未在明显处设置限定荷载标牌扣 3 分	10		

续表

序号	检查项目	扣分标准	应得分数	扣减分数	实得分数
11	悬挑式钢平台	悬挑式钢平台未编制专项施工方案或未经设计计算扣10分； 悬挑式钢平台的搁支点与上部拉结点，未设置在建筑物结构上扣10分； 斜拉杆或钢丝绳，未按要求在平台两边各设置两道扣10分； 钢平台未按要求设置固定的防护栏杆和挡脚板或栏板扣10分； 钢平台台面铺板不严，或钢平台与建筑结构之间铺板不严扣10分； 平台上未在明显处设置限定荷载标牌扣6分	10		
检查项目合计			100		

施工用电检查评分表　　表4-15

序号	检查项目		扣分标准	应得分数	扣减分数	实得分数
1	保证项目	外电防护	外电线路与在建工程（含脚手架）、高大施工设备、场内机动车道之间小于安全距离且未采取防护措施扣10分； 防护设施和绝缘隔离措施不符合规范扣5～10分； 在外电架空线路正下方施工、建造临时设施或堆放材料物品扣10分	10		
2		接地与接零保护系统	施工现场专用变压器配电系统未采用TN-S接零保护方式扣20分； 配电系统未采用同一保护方式扣10～20分； 保护零线引出位置不符合规范扣10～20分； 保护零线装设开关、熔断器或与工作零线混接扣10～20分； 保护零线材质、规格及颜色标记不符合规范每处扣3分； 电气设备未接保护零线每处扣3分； 工作接地与重复接地的设置和安装不符合规范扣10～20分； 工作接地电阻大于4Ω，重复接地电阻大于10Ω扣10～20分； 施工现场防雷措施不符合规范扣5～10分	20		
3		配电线路	线路老化破损，接头处理不当扣10分； 线路未设短路、过载保护扣5～10分； 线路截面不能满足负荷电流每处扣2分； 线路架设或埋设不符合规范扣5～10分； 电缆沿地面明敷扣10分； 使用四芯电缆外加一根线替代五芯电缆扣10分； 电杆、横担、支架不符合要求每处扣2分	10		
4		配电箱与开关箱	配电系统未按“三级配电、二级漏电保护”设置扣10～20分； 用电设备违反“一机、一闸、一漏、一箱”每处扣5分； 配电箱与开关箱结构设计、电器设置不符合规范扣10～20； 总配电箱与开关箱未安装漏电保护器每处扣5分； 漏电保护器参数不匹配或失灵每处扣3分； 配电箱与开关箱内闸具损坏每处扣3分； 配电箱与开关箱进线和出线混乱每处扣3分； 配电箱与开关箱内未绘制系统接线图和分路标记每处扣3分； 配电箱与开关箱未设门锁、未采取防雨措施每处扣3分； 配电箱与开关箱安装位置不当、周围杂物多等不便操作每处扣3分； 分配电箱与开关箱的距离、开关箱与用电设备的距离不符合规范每处扣3分	20		
		小计		60		

续表

序号	检查项目		扣分标准	应得分数	扣减分数	实得分数
5	一般项目	配电室与配电装置	配电室建筑耐火等级低于3级扣15分； 配电室未配备合格的消防器材扣3～5分； 配电室、配电装置布设不符合规范扣5～10分； 配电装置中的仪表、电器元件设置不符合规范或损坏、失效扣5～10分； 备用发电机组未与外电线路进行连锁扣15分； 配电室未采取防雨雪和小动物侵入的措施扣10分； 配电室未设警示标志、工地供电平面图和系统图扣3～5分	15		
6		现场照明	照明用电与动力用电混用每处扣3分； 特殊场所未使用36V及以下安全电压扣15分； 手持照明灯未使用36V以下电源供电扣10分； 照明变压器未使用双绕组安全隔离变压器扣15分； 照明专用回路未安装漏电保护器每处扣3分； 灯具金属外壳未接保护零线每处扣3分； 灯具与地面、易燃物之间小于安全距离每处扣3分； 照明线路接线混乱和安全电压线路接头处未使用绝缘布包扎扣10分	15		
7		用电档案	未制定专项用电施工组织设计或设计缺乏针对性扣5～10分； 专项用电施工组织设计未履行审批程序，实施后未组织验收扣5～10分； 接地电阻、绝缘电阻和漏电保护器检测记录未填写或填写不真实扣3分； 安全技术交底、设备设施验收记录未填写或填写不真实扣3分； 定期巡视检查、隐患整改记录未填写或填写不真实扣3分； 档案资料不齐全、未设专人管理扣5分	10		
		小计		40		
检查项目合计				100		

物料提升机检查评分表 **表4-16**

序号	检查项目		扣分标准	应得分数	扣减分数	实得分数
1	保证项目	安全装置	未安装起重量限制器、防坠安全器扣15分； 起重量限制器、防坠安全器不灵敏扣15分； 安全停层装置不符合规范要求，未达到定型化扣10分； 未安装上限位开关的扣15分； 上限位开关不灵敏、安全越程不符合规范要求的扣10分； 物料提升机安装高度超过30m，未安装渐进式防坠安全器、自动停层、语音及影像信号装置每项扣5分	15		
2		防护设施	未设置防护围栏或设置不符合规范要求扣5分； 未设置进料口防护棚或设置不符合规范要求扣5～10分； 停层平台两侧未设置防护栏杆、挡脚板每处扣5分，设置不符合规范要求每处扣2分； 停层平台脚手板铺设不严、不牢每处扣2分； 未安装平台门或平台门不起作用每处扣5分，平台门安装不符合规范要求、未达到定型化每处扣2分； 吊笼门不符合规范要求扣10分	15		

续表

序号	检查项目		扣分标准	应得分数	扣减分数	实得分数
3	保证项目	附墙架与缆风绳	附墙架结构、材质、间距不符合规范要求扣10分； 附墙架未与建筑结构连接或附墙架与脚手架连接扣10分； 缆风绳设置数量、位置不符合规范扣5分； 缆风绳未使用钢丝绳或未与地锚连接每处扣10分； 钢丝绳直径小于8mm扣4分，角度不符合45°～60°要求每处扣4分； 安装高度30m的物料提升机使用缆风绳扣10分； 地锚设置不符合规范要求每处扣5分	10		
4		钢丝绳	钢丝绳磨损、变形、锈蚀达到报废标准扣10分； 钢丝绳夹设置不符合规范要求每处扣5分； 吊笼处于最低位置，卷筒上钢丝绳少于3圈扣10分； 未设置钢丝绳过路保护或钢丝绳拖地扣5分	10		
5		安装与验收	安装单位未取得相应资质或特种作业人员未持证上岗扣10分； 未制定安装（拆卸）安全专项方案扣10分，内容不符合规范要求扣5分； 未履行验收程序或验收表未经责任人签字扣5分； 验收表填写不符合规范要求每项扣2分	10		
		小计		60		
6	一般项目	导轨架	基础设置不符合规范扣10分； 导轨架垂直度偏差大于0.15%扣5分； 导轨结合面阶差大于1.5mm扣2分； 井架停层平台通道处未进行结构加强的扣5分	10		
7		动力与传动	卷扬机、曳引机安装不牢固扣10分； 卷筒与导轨架底部导向轮的距离小于20倍卷筒宽度，未设置排绳器扣5分； 钢丝绳在卷筒上排列不整齐扣5分； 滑轮与导轨架、吊笼未采用刚性连接扣10分； 滑轮与钢丝绳不匹配扣10分； 卷筒、滑轮未设置防止钢丝绳脱出装置扣5分； 曳引钢丝绳为2根及以上时，未设置曳引力平衡装置扣5分	10		
8		通信装置	未按规范要求设置通信装置扣5分； 通信装置未设置语音和影像显示扣3分	5		
9		卷扬机操作棚	卷扬机未设置操作棚的扣10分； 操作棚不符合规范要求的扣5～10分	10		
10		避雷装置	防雷保护范围以外未设置避雷装置的扣5分； 避雷装置不符合规范要求的扣3分	5		
		小计		40		
检查项目合计				100		

施工升降机检查评分表　　表 4-17

<table>
<tr><th>序号</th><th colspan="2">检查项目</th><th>扣分标准</th><th>应得分数</th><th>扣减分数</th><th>实得分数</th></tr>
<tr><td>1</td><td rowspan="7">保证项目</td><td>安全装置</td><td>未安装起重量限制器或不灵敏扣 10 分；
未安装渐进式防坠安全器或不灵敏扣 10 分；
防坠安全器超过有效标定期限扣 10 分；
对重钢丝绳未安装防松绳装置或不灵敏扣 6 分；
未安装急停开关扣 5 分，急停开关不符合规范要求扣 3～5 分；
未安装吊笼和对重用的缓冲器扣 5 分；
未安装安全钩扣 5 分</td><td>10</td><td></td><td></td></tr>
<tr><td>2</td><td>限位装置</td><td>未安装极限开关或极限开关不灵敏扣 10 分；
未安装上限位开关或上限位开关不灵敏扣 10 分；
未安装下限位开关或下限位开关不灵敏扣 8 分；
极限开关与上限位开关安全越程不符合规范要求的扣 5 分；
极限限位器与上、下限位开关共用一个触发元件扣 4 分；
未安装吊笼门机电连锁装置或不灵敏扣 8 分；
未安装吊笼顶窗电气安全开关或不灵敏扣 4 分</td><td>10</td><td></td><td></td></tr>
<tr><td>3</td><td>防护设施</td><td>未设置防护围栏或设置不符合规范要求扣 8～1 分；
未安装防护围栏门连锁保护装置或连锁保护装置不灵敏扣 8 分；
未设置出入口防护棚或设置不符合规范要求扣 6～10 分；
停层平台搭设不符合规范要求扣 5～8 分；
未安装平台门或平台门不起作用每一处扣 4 分，平台门不符合规范要求、未达到定型化每一处扣 2～4 分</td><td>10</td><td></td><td></td></tr>
<tr><td>4</td><td>附着</td><td>附墙架未采用配套标准产品扣 8～10 分；
附墙架与建筑结构连接方式、角度不符合说明书要求扣 6～10 分；
附墙架间距、最高附着点以上导轨架的自由高度超过说明书要求扣 8～10 分</td><td>10</td><td></td><td></td></tr>
<tr><td>5</td><td>钢丝绳、滑轮与对重</td><td>对重钢丝绳绳数少于 2 根或未相对独立扣 10 分；
钢丝绳磨损、变形、锈蚀达到报废标准扣 6～10 分；
钢丝绳的规格、固定、缠绕不符合说明书及规范要求扣 5～8 分；
滑轮未安装钢丝绳防脱装置或不符合规范要求扣 4 分；
对重重量、固定、导轨不符合说明书及规范要求扣 6～10 分；
对重未安装防脱轨保护装置扣 5 分</td><td>10</td><td></td><td></td></tr>
<tr><td>6</td><td>安装、拆卸与验收</td><td>安装、拆卸单位无资质扣 10 分；
未制定安装、拆卸专项方案扣 10 分，方案无审批或内容不符合规范要求扣 5～8 分；
未履行验收程序或验收表无责任人签字扣 5～8 分；
验收表填写不符合规范要求每一项扣 2～4 分；
特种作业人员未持证上岗扣 10 分</td><td>10</td><td></td><td></td></tr>
<tr><td></td><td>小计</td><td></td><td>60</td><td></td><td></td></tr>
</table>

续表

序号	检查项目		扣分标准	应得分数	扣减分数	实得分数
7	一般项目	导轨架	导轨架垂直度不符合规范要求扣 7～10 分； 标准节腐蚀、磨损、开焊、变形超过说明书及规范要求扣 7～10 分； 标准节结合面偏差不符合规范要求扣 4～6 分； 齿条结合面偏差不符合规范要求扣 4～6 分	10		
8		基础	基础制作、验收不符合说明书及规范要求扣 8～10 分； 特殊基础未编制制作方案及验收扣 8～10 分； 基础未设置排水设施扣 4 分	10		
9		电气安全	施工升降机与架空线路小于安全距离又未采取防护措施扣 10 分； 防护措施不符合要求扣 4～6 分； 电缆使用不符合规范要求扣 4～ 6 分； 电缆导向架未按规定设置扣 4 分； 防雷保护范围以外未设置避雷装置扣 10 分； 避雷装置不符合规范要求扣 5 分	10		
10		通信装置	未安装楼层联络信号扣 10 分； 楼层联络信号不灵敏扣 4～6 分	10		
		小计		40		
检查项目合计				100		

塔式起重机检查评分表　　　　表 4-18

序号	检查项目		扣分标准	应得分数	扣减分数	实得分数
1	保证项目	载荷限制装置	未安装起重量限制器或不灵敏扣 10 分； 未安装力矩限制器或不灵敏扣 10 分	10		
2		行程限位装置	未安装起升高度限位器或不灵敏扣 10 分； 未安装幅度限位器或不灵敏扣 6 分； 回转不设集电器的塔式起重机未安装回转限位器或不灵敏扣 6 分； 行走式塔式起重机未安装行走限位器或不灵敏扣 8 分	10		
3		保护装置	小车变幅的塔式起重机未安装断绳保护及断轴保护装置或不符合规范要求扣 8～10 分； 行走及小车变幅的轨道行程末端未安装缓冲器及止挡装置或不符合规范要求扣 6～10 分； 起重臂根部绞点高度大于 50m 的塔式起重机未安装风速仪或不灵敏扣 4 分； 塔式起重机顶部高度大于 30m 且高于周围建筑物未安装障碍指示灯扣 4 分	10		
4		吊钩、滑轮、卷筒与钢丝绳	吊钩未安装钢丝绳防脱钩装置或不符合规范要求扣 8 分； 吊钩磨损、变形、疲劳裂纹达到报废标准扣 10 分； 滑轮、卷筒未安装钢丝绳防脱装置或不符合规范要求扣 4 分； 滑轮及卷筒的裂纹、磨损达到报废标准扣 6～8 分； 钢丝绳磨损、变形、锈蚀达到报废标准扣 6～10 分； 钢丝绳的规格、固定、缠绕不符合说明书及规范要求扣 5～8 分	10		

续表

序号	检查项目		扣分标准	应得分数	扣减分数	实得分数
5	保证项目	多塔作业	多塔作业未制定专项施工方案扣10分，施工方案未经审批或方案针对性不强扣6～10分； 任意两台塔式起重机之间的最小架设距离不符合规范要求扣10分	10		
6		安装、拆卸与验收	安装、拆卸单位未取得相应资质扣10分； 未制定安装、拆卸专项方案扣10分，方案未经审批或内容不符合规范要求扣5～8分； 未履行验收程序或验收表未经责任人签字扣5～8分； 验收表填写不符合规范要求每项扣2～4分； 特种作业人员未持证上岗扣10分； 未采取有效联络信号扣7～10分	10		
		小计		60		
7	一般项目	附着	塔式起重机高度超过规定不安装附着装置扣10分； 附着装置水平距离或间距不满足说明书要求而未进行设计计算和审批的扣6～8分； 安装内爬式塔式起重机的建筑承载结构未进行受力计算扣8分； 附着装置安装不符合说明书及规范要求扣6～10分； 附着后塔身垂直度不符合规范要求扣8～10分	10		
8		基础与轨道	基础未按说明书及有关规定设计、检测、验收扣8～10分； 基础未设置排水措施扣4分； 路基箱或枕木铺设不符合说明书及规范要求扣4～8分； 轨道铺设不符合说明书及规范要求扣4～8分	10		
9		结构设施	主要结构件的变形、开焊、裂纹、锈蚀超过规范要求扣8～10分； 平台、走道、梯子、栏杆等不符合规范要求扣4～8分； 主要受力构件高强螺栓使用不符合规范要求扣6分； 销轴联接不符合规范要求扣2～6分	10		
10		电气安全	未采用TN-S接零保护系统供电扣10分； 塔式起重机与架空线路小于安全距离又未采取防护措施扣10分； 防护措施不符合要求扣4～6分； 防雷保护范围以外未设置避雷装置的扣10分； 避雷装置不符合规范要求扣5分； 电缆使用不符合规范要求扣4～6分	10		
		小计		40		
检查项目合计				100		

起重吊装检查评分表 **表4-19**

序号	检查项目		扣分标准	应得分数	扣减分数	实得分数
1	保证项目	施工方案	为未编制专项施工方案或专项施工方案未经审核扣10分； 采用起重拔杆或起吊重量超过100kN及以上专项方案未按规定组织专家论证扣10分	10		

续表

<table>
<tr><th>序号</th><th colspan="3">检查项目</th><th>扣分标准</th><th>应得分数</th><th>扣减分数</th><th>实得分数</th></tr>
<tr><td rowspan="2">2</td><td rowspan="9">保证项目</td><td rowspan="2">起重机械</td><td>起重机</td><td>未安装荷载限制装置或不灵敏扣 20 分；
未安装行程限位装置或不灵敏扣 20 分；
吊钩未设置钢丝绳防脱钩装置或不符合规范要求扣 8 分</td><td rowspan="2">20</td><td rowspan="2"></td><td rowspan="2"></td></tr>
<tr><td>起重拔杆</td><td>未按规定安装荷载、行程限制装置每项扣 10 分；
起重拔杆组装不符合设计要求扣 10～20 分；
起重拔杆组装后未履行验收程序或验收表无责任人签字扣 10 分</td></tr>
<tr><td>3</td><td colspan="2">钢丝绳与地锚</td><td>钢丝绳磨损、断丝、变形、锈蚀达到报废标准扣 10 分；
钢丝绳索具安全系数小于规定值扣 10 分；
卷筒、滑轮磨损、裂纹达到报废标准扣 10 分；
卷筒、滑轮未安装钢丝绳防脱装置扣 5 分；
地锚设置不符合设计要求扣 8 分</td><td>10</td><td></td><td></td></tr>
<tr><td>4</td><td colspan="2">作业环境</td><td>起重机作业处地面承载能力不符合规定或未采用有效措施扣 10 分；
起重机与架空线路安全距离不符合规范要求扣 10 分</td><td>10</td><td></td><td></td></tr>
<tr><td>5</td><td colspan="2">作业人员</td><td>起重吊装作业单位未取得相应资质或特种作业人员未持证上岗扣 10 分；
未按规定进行技术交底或技术交底未留有记录扣 5 分</td><td>10</td><td></td><td></td></tr>
<tr><td></td><td colspan="2">小计</td><td></td><td>60</td><td></td><td></td></tr>
<tr><td>6</td><td rowspan="5"></td><td colspan="2">高处作业</td><td>未按规定设置高处作业平台扣 10 分；
高处作业平台设置不符合规范要求扣 10 分；
未按规定设置爬梯或爬梯的强度、构造不符合规定扣 8 分；
未按规定设置安全带悬挂点扣 10 分</td><td>10</td><td></td><td></td></tr>
<tr><td>7</td><td colspan="2">构件码放</td><td>构件码放超过作业面承载能力扣 10 分；
构件堆放高度超过规定要求扣 4 分；
大型构件码放未采取稳定措施扣 8 分</td><td>10</td><td></td><td></td></tr>
<tr><td>8</td><td colspan="2">信号指挥</td><td>未设置信号指挥人员扣 10 分；
信号传递不清晰、不准确扣 10 分</td><td>10</td><td></td><td></td></tr>
<tr><td>9</td><td colspan="2">警戒监护</td><td>未按规定设置作业警戒区扣 10 分；
警戒区未设专人监护扣 8 分</td><td>10</td><td></td><td></td></tr>
<tr><td></td><td colspan="2">小计</td><td></td><td>40</td><td></td><td></td></tr>
<tr><td colspan="4">检查项目合计</td><td></td><td>100</td><td></td><td></td></tr>
</table>

施工机具检查评分表　　**表 4-20**

序号	检查项目	扣分标准	应得分数	扣减分数	实得分数
1	平刨	平刨安装后未进行验收合格手续扣 3 分； 未设置护手安全装置扣 3 分； 传动部位未设置防护罩扣 3 分； 未做保护接零、未设置漏电保护器每处扣 3 分； 未设置安全防护棚扣 3 分； 无人操作时未切断电源扣 3 分； 使用平刨和圆盘锯合用一台电机的多功能木工机具，平刨和圆盘锯两项扣 12 分	12		

续表

序号	检查项目	扣分标准	应得分数	扣减分数	实得分数
2	圆盘锯	电锯安装后未留有验收合格手续扣3分； 未设置锯盘护罩、分料器、防护挡板安全装置和传动部位未进行防护，每缺一项扣3分； 未做保护接零、未设置漏电保护器每处扣3分； 未设置安全防护棚扣3分； 无人操作时未切断电源扣3分	10		
3	手持电动工具	Ⅰ类手持电动工具未采取保护接零或漏电保护器扣8分； 使用Ⅰ类手持电动工具不按规定穿戴绝缘用品扣4分； 使用手持电动工具随意接长电源线或更换插头扣4分	8		
4	钢筋机械	机械安装后未留有验收合格手续扣5分； 未做保护接零、未设置漏电保护器每处扣5分； 钢筋加工区无防护棚，钢筋对焊作业区未采取防止火花飞溅措施，冷拉作业区未设置防护栏每处扣5分； 传动部位未设置防护罩或限位失灵每处扣3分	10		
5	电焊机	电焊机安装后未留有验收合格手续扣3分； 未做保护接零、未设置漏电保护器每处扣3分； 未设置二次空载降压保护器或二次侧漏电保护器每处扣3分； 一次线长度超过规定或不穿管保护扣3分； 二次线长度超过规定或未采用防水橡皮护套铜芯软电缆扣3分； 电源不使用自动开关扣2分； 二次线接头超过3处或绝缘层老化每处扣3分； 电焊机未设置防雨罩、接线柱未设置防护罩每处扣3分	8		
6	搅拌机	搅拌机安装后未留有验收合格手续扣4分； 未做保护接零、未设置漏电保护器每处扣4分； 离合器、制动器、钢丝绳达不到要求每项扣2分； 操作手柄未设置保险装置扣3分； 未设置安全防护棚和作业台不安全扣4分； 上料斗未设置安全挂钩或挂钩不使用扣3分； 传动部位未设置防护罩扣4分； 限位不灵敏扣4分； 作业平台不平稳扣3分	8		
7	气瓶	氧气瓶未安装减压器扣5分； 各种气瓶未标明标准色标扣2分； 气瓶间距小于5m、距明火小于10m又未采取隔离措施每处扣2分； 乙炔瓶使用或存放时平放扣3分； 气瓶存放不符合要求扣3分； 气瓶未设置防震圈和防护帽每处扣2分	8		
8	翻斗车	翻斗车制动装置不灵敏扣5分； 无证司机驾车扣5分； 行车载人或违章行车扣5分	8		

续表

序号	检查项目	扣分标准	应得分数	扣减分数	实得分数
9	潜水泵	未做保护接零、未设置漏电保护器每处扣 3 分； 漏电动作电流大于 15mA、负荷线未使用专用防水橡皮电缆每处扣 3 分	6		
10	振捣器具	未使用移动式配电箱扣 4 分； 电缆长度超过 30m 扣 4 分； 操作人员未穿戴好绝缘防护用品扣 4 分	8		
11	桩工机械	机械安装后未留有验收合格手续扣 3 分； 桩工机械未设置安全保护装置扣 3 分； 机械行走路线地耐力不符合说明书要求扣 3 分； 施工作业未编制方案扣 3 分； 桩工机械作业违反操作规程扣 3 分	6		
12	泵送机械	机械安装后未留有验收合格手续扣 4 分； 未做保护接零、未设置漏电保护器每处扣 4 分； 固定式混凝土输送泵未制作良好的设备基础扣 4 分； 移动式混凝土输送泵车未安装在平坦坚实的地坪上扣 4 分； 机械周围排水不通畅的扣 3 分、积灰扣 2 分； 机械产生的噪声超过《建筑施工场界环境噪声排放标准》GB 12523—2011 扣 3 分； 整机不清洁、漏油、漏水每发现一处扣 2 分	8		
检查项目合计			100		

4.3.3　施工安全检查评定等级

建筑施工安全检查评定的等级划分及满足条件应符合以下规定：

1. 优良

分项检查评分表无零分，汇总表得分值应在 80 分及以上。

2. 合格

分项检查评分表无零分，汇总表得分值应在 80 分以下，70 分及以上。

3. 不合格

当汇总表得分值不足 70 分时或者当有一分项检查评分表得零分时，评定为不合格。建筑施工安全检查评定的等级为不合格时，必须限期整改达到合格。

施工安全检查的主体不仅包括施工单位，还包括政府建设行政部门和建设单位。当前，随着政府服务机制改革，政府逐步开始委托第三方对施工安全进行检查，同时一些建设单位为了客观公正地评价所管理的施工项目，也委托第三方对施工安全检查和评价。

【案例 4-1】某综合大楼建筑面积为 23200m^2，地上 26 层，地下 2 层，采用现浇钢筋混凝土框架剪力墙结构，基础为筏板基础加灌注桩，混凝土为 C40、C30，主要受力钢筋为 HRB400 级。结构施工到 10 层楼时，公司按照《建筑施工安全检查标准》JGJ 59—2011 对现场施工安全进行了检查，结果如下：

（1）安全管理分表应得分为 90 分，实得分为 81 分，则在总表的得分是多少？

（2）检查表总分应得分为 90 分，打分得 72 分，如分项检查评分表无零分，则安全评定标准为什么？

【解析】

（1）安全管理分表在总表的得分为：(81/90）×100=90分。

（2）检查表总分实得分为：(72/90）×100=80分，分项检查评分表无零分，则安全评定标准为优。

【案例4-2】某综合楼建筑面积为19200m²，地上10层，地下1层，主体为框架剪力墙结构，基础为独立基础和桩基础。建设单位委托第三方对该项目进行施工安全巡检。巡检报告中发现的问题及处理意见如下：

	问题： 脚手架拉结不规范，违反《建筑施工扣件式钢管脚手架安全技术规范》JGJ 130—2011 第 6.4.3 条规定。 处理建议： 应将水平连墙件延伸至外主节点，距离不超过 300mm
	问题： 外脚手架悬挑工字钢锚环设置不规范，违反《建筑施工扣件式钢管脚手架安全技术规范》JGJ 130—2011 第 6.10 条规定。 处理建议： 前支座应增设锚环或采取其他固定措施
	问题： 卸料平台支座设置不规范，违反《建筑施工高处作业安全技术规范》JGJ 80—2016 第 5.12 条规定。 处理建议： 应将支座锚入锚环内

	问题： 塔吊未设置防雷接地保护，违反《电气装置安装工程接地装置施工及验收规范》GB 50169—2016。 处理建议： 立即增设防雷措施
	问题： 施工通道未设置相关标志，违反《建筑施工安全检查标准》JGJ 59—2011 第 3.2.2 条规定。 处理建议： 立即增设施工通道的相关标志
	问题： 建筑渣土堆放凌乱，距离桩基础孔口过近，存在物体打击等安全隐患。 改善建议： 应指定堆放点，集中堆放，并及时运走
	问题： 梁下立杆为独立杆，且数量偏少，违反《建筑施工扣件式钢管脚手架安全技术规范》JGJ 130—2011。扫地杆严重缺失，违反《建筑施工扣件式钢管脚手架安全技术规范》JGJ 130—2011 第 6.3.2 条规定。 处理建议： 增加纵横水平杆级扫地杆将梁下立杆与模板支撑架形成整体

	问题： 1. 人工挖孔桩提升支架搭设不规范，提升架呈平面布置，处于可变体系状态，容易倾覆。 2. 锁口高度过低，容易导致物体打击等伤亡事故。 改善建议： 1. 增设立杆，形成稳定的支架体系。 2. 锁扣高度应高于地面 200mm

思 考 题

1. 建筑施工安全检查的流程是怎样的?
2. 建筑施工安全检查的内容有哪些?
3. 建筑施工安全检查的方式有哪些?
4. 安全管理检查评定一般应包括哪些项目?
5. 建筑施工安全检查评定的等级如何划分的?

5 建筑施工安全事故管理

5.1 危险和有害因素的分类与辨识

5.1.1 危险和有害因素的分类

根据《生产过程危险和有害因素分类与代码》GB/T 13861—2009 规定，按可能导致生产过程中危险和有害因素的性质进行分类，生产过程危险和有害因素共分为四类，分别是“人的因素”“物的因素”“环境因素”“管理因素”。

该标准的代码为层次码，用 6 位数字表示，共分四层，第一、二层分别用一位数字表示大类、中类；第三、四层分别用两位数字表示小类、细类。代码结构如图 5-1 所示。

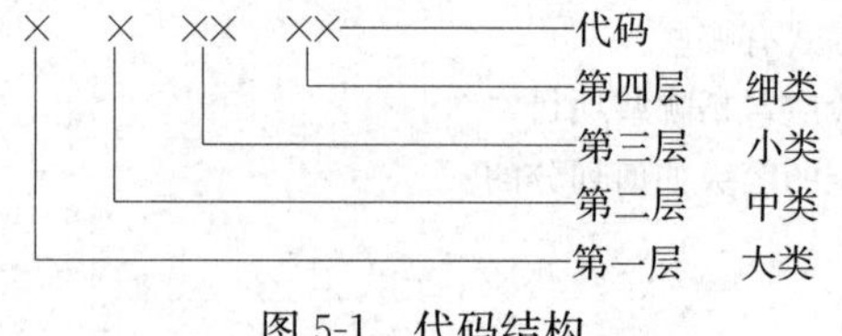

图 5-1 代码结构

5.1.2 危险和有害因素的辨识

生产过程中危险和有害因素的分类与代码见表 5-1。

危险和有害因素的分类与代码表 **表 5-1**

代 码	危险和有害因素	说 明
1	**人的因素**	
11	**心理、生理性危险和有害因素**	
1101	负荷超限	
110101	体力负荷超限	指易引起疲劳、劳损、伤害等的负荷超限
110102	听力负荷超限	
110103	视力负荷超限	
110199	其他负荷超限	
1102	健康状况异常	指伤、病期等
1103	从事禁忌作业	
1104	心理异常	
110401	情绪异常	
110402	冒险心理	
110403	过度紧张	
110499	其他心理异常	

续表

代 码	危险和有害因素	说 明
1105	辨识功能缺陷	
110501	感知延迟	
110512	辨识错误	
110599	其他辨识功能缺陷	
1199	其他心理、生理性危险和有害因素	
12	**行为性危险和有害因素**	
1201	指挥错误	
120101	指挥失误	包括与生产环节有关的各级管理人员的指挥
120102	违章指挥	
120199	其他指挥错误	
1202	操作错误	
120201	误操作	
120202	违章作业	
120299	其他操作错误	
1203	监护失误	
1299	其他行为性危险和有害因素	包括脱岗等违反劳动纪律行为
2	**物的因素**	
21	**物理性危险和有害因素**	
2101	设备、设施、工具、附件缺陷	
210101	强度不够	
210102	刚度不够	
210103	稳定性差	抗倾覆、抗位移能力不够。包括重心过高、底座不稳定、支承不正确等
210104	密封不良	指密封件、密封介质、设备辅件、加工精度、装配工艺等缺陷以及磨损、变形、气蚀等造成的密封不良
210105	耐腐蚀性差	指设备、设施表面的尖角利棱和不应有的凹凸部分等
210106	应力集中	
210107	外形缺陷	
210108	外露运动件	指人员易触及的运动件
210109	操纵器缺陷	指结构、尺寸、形状、位置、操纵力不合理及操纵器失灵、损坏等
210110	制动器缺陷	
210111	控制器缺陷	
210199	设备、设施、工具、附件其他缺陷	
2102	防护缺陷	
210201	无防护	

续表

代 码	危险和有害因素	说 明
210202	防护装置、设施缺陷	指防护装置、设施本身安全性、可靠性差，包括防护装置、设施、防护用品损坏、失效、失灵等
210203	防护不当	指防护装置、设施和防护用品不符合要求、使用不当。不包括防护距离不够
210204	支撑不当	包括矿井、建筑施工支护不符合要求
210205	防护距离不够	指设备布置、机械、电气、防火、防爆等安全距离不够和卫生防护距离不够等
210299	其他防护缺陷	
2103	电伤害	
210301	带电部位裸露	指人员易触及的裸露带电部位
210302	漏电	
210303	静电和杂散电流	
210304	电火花	
210399	其他电伤害	
2104	噪声	
210401	机械性噪声	
210402	电磁性噪声	
210403	流体动力性噪声	
210499	其他噪声	
2105	振动危害	
210501	机械性振动	
210502	电磁性振动	
210503	流体动力性振动	
210599	其他振动危害	
2106	电离辐射	
2107	非电离辐射	包括X射线、γ射线、α粒子、β粒子、中子、质子、高能电子束等
210701	紫外辐射	
210702	激光辐射	
210703	微波辐射	
210704	超高频辐射	
210705	高频电磁场	
210706	工频电场	
2108	运动物伤害	
210801	抛射物	
210802	飞溅物	

续表

代 码	危险和有害因素	说 明
210803	坠落物	
210804	反弹物	
210805	土、岩滑动	
210806	料堆（垛）滑动	
210807	气流卷动	
210899	其他运动物伤害	
2109	明火	
2110	高温物质	
211001	高温气体	
211002	高温液体	
211003	高温固体	
211099	其他高温物质	
2111	低温物质	
211101	低温气体	
211102	低温液体	
211103	低温固体	
211199	其他低温物质	
2112	信号缺陷	
211201	无信号设施	指应设信号设施处无信号，如无紧急撤离信号等
211202	信号选用不当	
211203	信号位置不当	
211204	信号不清	指信号量不足，如响度、亮度、对比度、信号维持时间不够等
211205	信号显示不准	包括信号显示错误、显示滞后或超前等
211299	其他信号缺陷	
2113	标志缺陷	
211301	无标志	
211302	标志不清晰	
211303	标志不规范	
211304	标志选用不当	
211305	标志位置缺陷	
211399	其他标志缺陷	
2114	有害光照	包括直射光、反射光、眩光、频闪效应等
2199	其他物理性危险和有害因素	
22	**化学性危险和有害因素**	
2201	爆炸品	

续表

代 码	危险和有害因素	说 明
2202	压缩气体和液化气体	
2203	易燃液体	
2204	易燃固体、自燃物品和遇湿易燃物品	
2205	氧化剂和有机过氧化物	
2206	有毒品	
2207	腐蚀品	
2208	粉尘与气溶胶	
2299	其他化学性危险和有害因素	
23	**生物性危险和有害因素**	
2301	致病微生物	
230101	细菌	
230102	病毒	
230103	真菌	
230199	其他致病微生物	
2302	传染病媒介物	
2303	致害动物	
2304	致害植物	
2399	其他生物性危险和有害因素	
3	**环境因素**	包括室内、室外、地上、地下（如隧道、矿井）、水上、水下等作业（施工）环境
31	**室内作业场所环境不良**	
3101	室内地面滑	指室内地面、通道、楼梯被任何液体、熔融物质润湿，结冰或有其他易滑物等
3102	室内作业场所狭窄	
3103	室内作业场所杂乱	
3104	室内地面不平	
3105	室内梯架缺陷	包括楼梯、阶梯、电动梯和活动梯架，以及这些设施的扶手、扶栏和护栏、护网等
3106	地面、墙和顶棚上的开口缺陷	包括电梯井、修车坑、门窗开口、检修孔、排水沟等
3107	房屋基础下沉	
3108	室内安全通道缺陷	包括无安全通道，安全通道狭窄、不畅等
3109	房屋安全出口缺陷	包括无安全出口、设置不合理等
3110	采光照明不良	指照度不足或过强、烟尘弥漫影响照明等
3111	作业场所空气不良	指自然通风差、无强制通风、风量不足或气流过大、缺氧或有害气体超限等
3112	室内温度、湿度、气压不适	

续表

代 码	危险和有害因素	说 明
3113	室内给水排水不良	
3114	室内涌水	
3199	其他室内作业场所环境不良	
32	**室外作业场地环境不良**	
3201	恶劣气候与环境	包括风、极端的温度、雷电、大雾、冰雹、暴雨雪、洪水、浪涌、泥石流、地震、海啸等
3202	作业场地和交通设施湿滑	包括铺设好的地面区域、阶梯、通道、道路、小路等被任何液体、熔融物质润湿，冰雪覆盖或有其他易滑物等
3203	作业场地狭窄	
3204	作业场地杂乱	
3205	作业场地不平	包括不平坦的地面和路面，有铺设的、未铺设的、草地、小鹅卵石或碎石地面和路面
3206	航道狭窄、有暗礁或险滩	
3207	脚手架、阶梯和活动梯架缺陷	包括这些设施的扶手、扶栏和护栏、护网等
3208	地面开口缺陷	包括升降梯井、修车坑、水沟、水渠等
3209	建筑物和其他结构缺陷	包括建筑中或拆毁中的墙壁、桥梁、建筑物；筒仓、固定式粮仓、固定的槽罐和容器；屋顶、塔楼等
3210	门和围栏缺陷	包括大门、栅栏、畜栏和铁丝网等
3211	作业场地基础下沉	
3212	作业场地安全通道缺陷	包括无安全通道，安全通道狭窄、不畅等
3213	作业场地安全出口缺陷	包括无安全出口、设置不合理等
3214	作业场地光照不良	指光照不足或过强、烟尘弥漫影响光照等
3215	作业场地空气不良	指自然通风差或气流过大、作业场地缺氧或有害气体超限等
3216	作业场地温度、湿度、气压不适	
3217	作业场地涌水	
3299	其他室外作业场地环境不良	
33	**地下（含水下）作业环境不良**	不包括以上室内室外作业环境已列出的有害因素
3301	隧道/矿井顶面缺陷	
3302	隧道/矿井正面或侧壁缺陷	
3303	隧道/矿井地面缺陷	
3304	地下作业面空气不良	包括通风差或气流过大、缺氧或有害气体超限等
3305	地下火	
3306	冲击地压	指井巷（采场）周围的岩体（如煤体）在外载作用下产生的变形能，当力学平衡状态受到破坏时，瞬间释放，将岩体急剧、猛烈抛（喷）出造成严重破坏的一种井下动力现象

续表

代　码	危险和有害因素	说　明
3307	地下水	
3308	水下作业供氧不当	
3399	其他地下作业环境不良	
39	**其他作业环境不良**	
3901	强迫体位	指生产设备、设施的设计或作业位置不符合人类工效学要求而易引起作业人员疲劳、劳损或事故的一种作业姿势
3902	综合性作业环境不良	显示有两种以上致害因素且不能分清主次的情况
3999	以上未包括的其他作业环境不良	
4	**管理因素**	
41	**职业安全卫生组织机构不健全**	包括安全组织机构的设置和人员的配置
42	**职业安全卫生责任制未落实**	
43	**职业安全卫生管理规章制度不完善**	
4301	建设项目“三同时”制度未落实	
4302	操作规程不规范	
4303	事故应急预案及响应缺陷	
4304	培训制度不完善	
4399	其他职业安全卫生管理规章制度不健全	包括隐患管理、事故调查处理等制度不健全
44	**职业安全卫生投入不足**	
45	**职业健康管理不完善**	包括职业健康体检及其档案管理等不完善
49	**其他管理因素缺陷**	

5.2　安全事故产生的原因与预防措施

5.2.1　安全事故产生的原因

1. 直接原因

(1) 人的不安全行为

人的不安全行为是指能造成事故的人为错误，是人为的无意或过失造成的使系统发生故障或者发生性能不良的事件，是违背设计和操作规程的错误行为。人的不安全行为种类见表5-2。

人的不安全行为种类　　**表5-2**

种　类	
操作错误、忽视安全、忽视警告	包括：①未经许可开动、关停、移动机器；②开动、关停机器时未给信号；③开关未锁紧，造成意外转动；④忘记关闭设备；⑤忽视警告标志、警告信号；⑥操作错误，供料或送料速度过快；⑦机械超速运转；⑧冲压机作业时手伸进冲模；⑨违章驾驶机动车；⑩工件刀具紧固不牢；⑪用压缩空气吹铁屑等

续表

种　类	
使用不安全设备	临时使用不牢固的设施，如工作梯，使用无安全装置的设备，拉临时线不符合安全要求等
机械运转时加油、修理、检查、调整焊接或清扫，造成安全装置失效	
拆除了安全装置，安全装置失去作用，调整错误造成安全装置失效	
用手代替工具操作	用手代替手动工具，用手清理切屑，不用夹具固定，用手拿工件进行机械加工等
攀、坐不安全位置	如平台护栏、吊车吊钩等
物体存放不当	
不按要求进行着装	如在有旋转零部件的设备旁作业时穿着过于肥大、宽松的服装，操纵带有旋转零部件的设备时戴手套，穿高跟鞋、凉鞋或拖鞋进入车间
在必须使用个人防护用品的作业场所中，没有使用个人防护用品或未按要求使用防护用品	
无意或为排除故障而接近危险部位	如在无防护罩的两个相对运动零部件之间清理卡住物时，造成挤伤、夹断、切断、压碎或人的肢体被卷进而造成严重伤害

(2) 物的不安全状态

物的不安全状态是指导致事故发生的物质条件，包括机械设备、工具等物质或环境所存在的不安全因素，见表 5-3。

物的不安全状态种类　　表 5-3

种类	
防护、保险、信号等装置缺乏或有缺陷	包括：①无防护。无防护罩，无安全保险装置，无报警装置，无安全标志，无护栏或护栏损坏，设备电气未接地，绝缘不良，噪声大，无限位装置等；②防护不当。防护罩没有安装在适当位置，防护装置调整不当，安全距离不够，电气装置带电部分裸露等
设备、设施、工具、附件有缺陷	包括：①设备在非正常状态下运行。如设备带“病”运转，超负荷运转等；②维修、调整不良。如设备失修，保养不当，设备失灵，未加润滑油等；③强度不够。如机械强度不够，绝缘强度不够，起吊重物的绳索不符合安全要求等；④设计不当。如结构不符合安全要求，制动装置有缺陷，安全间距不够，工件上有锋利毛刺、毛边，设备上有锋利倒棱等
防护用品缺陷	个人防护用品、用具、防护服、手套、护目镜及面罩、呼吸器官护具、安全带、安全帽、安全鞋等缺少或有缺陷。包括：①所用防护用品、用具不符合安全要求；②无个人防护用品、用具
生产场地环境不良	包括：①通风不良。无通风，或通风系统效率低等；②照明光线不良。包括照度不足，作业场所烟雾灰尘弥漫、视物不清，光线过强，有眩光等；③作业场地杂乱。工具、制品、材料堆放不安全；④作业场所狭窄；⑤操作工序设计或配置不安全，交叉作业过多；⑥地面打滑。地面有油或其他液体，有冰雪，地面有易滑物，如圆柱形管子、料头、滚珠等；⑦交通线路的配置不安全；⑧储存方法不安全，堆放过高、不稳

2. 间接原因

间接原因包括技术上和设计上有缺陷、教育培训不够、劳动组织不合理、对现场工作缺乏检查或指导错误、没有安全操作规程和规程不健全、没有或不认真实施事故防范措施、对事故隐患整改不力等。

5.2.2　事故预防措施

为了实现安全生产，预防各类事故的发生，必须要有全面的综合性措施，实现系统安全，预防事故和控制受伤程度应该遵循相应的原则：

(1) 消除潜在危险的原则；

(2) 降低、控制潜在危险数值的原则；

(3) 提高安全系数、增加安全余量的坚固原则；

(4) 代替作业者的原则；

(5) 距离防护原则；

(6) 个人防护原则等。

事故预防就是要消除人和物的不安全因素，实现作业行为和作业条件安全化。事故预防措施包括：

(1) 消除人的不安全行为，实现作业行为安全化；

(2) 消除物的不安全行为，实现作业条件安全化；

(3) 实现安全措施必须加强安全管理；

(4) 意外伤害保险。建筑施工企业应为施工现场从事施工作业和管理的人员，在施工活动过程中发生的人身意外伤亡事故提供保障，办理建筑意外伤害保险、支付保险费。该保险期限应该涵盖工程项目开工之日到工程竣工验收合格日。

5.3　安全事故应急救援预案

5.3.1　安全事故应急救援程序

安全事故应急救援的相应程序按过程可以分为接警与响应级别确定、应急启动、救援行动、应急恢复和应急结束等。

1. 接警与响应级别确定

接到事故报警后，按照工作程序，对警情作出判断，初步确定相应的响应级别。如果事故不足以启动应急救援体系的最低响应级别，响应关闭。

2. 应急启动

应急响应级别确定后，按所确定的响应级别启动应急程序，如通知应急中心有关人员到位、开通信息与通信网络、通知调配救援所需的应急资源（包括应急队伍和物资、装备等)、成立现场指挥部等。

3. 救援行动

有关应急队伍进入事故现场后，迅速开展事故侦测、警戒、疏散、人员救助、工程抢险等有关应急救援工作，专家组为救援决策提供建议和技术支持。当事态超出相应级别无法得到有效控制时，向应急中心请求实施更高级别的应急响应。

4. 应急恢复

该阶段主要包括现场清理、人员清点和撤离、警戒解除、善后处理和事故调查等。

5. 应急结束

执行应急关闭程序，由事故总指挥宣布应急结束。

6. 针对多发性安全事故制定相应的应急救援措施。

5.3.2 多发性安全事故应急处置措施

1. 高处坠落、物体打击、坍塌、起重伤害等事故的应急处置措施

发生高处坠落、物体打击、坍塌、起重伤害等事故，应马上组织挽救，观察伤者的受伤情况、部位、伤害性质。如伤员发生休克，应先处理休克。处于休克状态的伤员要让其安静、保暖、平卧、少动，并将下肢抬高约 20cm 左右，尽快送医院进行抢救治疗。如遇呼吸、心跳停止者，应立即进行人工呼吸，胸外心脏按压。

出现颅脑损伤时，必须维持呼吸道畅通。昏迷者应平卧，面部转向一侧，以防舌根下坠或分泌物、呕吐物吸入，发生喉阻塞。有骨折者，应初步固定后再搬运。遇有凹陷骨折、严重的颅底骨折及严重的脑损伤症状出现，创伤处用消毒的纱布或清洁布等覆盖伤口，用绷带或布条包扎后，及时送往就近有条件的医院治疗。

发现脊椎受伤者，创伤处用消毒的纱布或清洁布等覆盖伤口，用绷带或布条包扎，搬运时，将伤者平卧放在帆布担架或硬板上，以免受伤的脊椎移位、断裂造成截瘫，招致死亡。抢救脊椎受伤者，搬运过程中，严禁只抬伤者的两肩与两腿或单肩背运。

发现伤者手足骨折者，不要盲目搬动伤者。应在骨折部位用夹板把受伤的位置临时固定，使断端不再移位或刺伤肌肉、神经或血管。固定方法：以固定骨折处上下关节为原则，可就地取材，用木板、竹子等，在无材料的情况下，上肢可固定在身侧，下肢与健康侧下肢缚在一起。

遇有创伤性出血的伤员，应迅速包扎止血，使伤员保持在头低脚高的卧位，并注意保暖。现场止血处理措施包括一般伤口的止血法、加压包扎止血法和止血带止血法。

2. 触电事故的应急处置措施

触电事故发生后要尽快使触电者脱离电源，然后根据触电者的具体症状进行对症施救。

（1）脱离电源的基本方法

1）将出事附近电源开关刀拉掉或将电源插头拔掉，以切断电源。

2）用干燥的绝缘木棒、竹竿、布带等物将电源线从触电者身上剥离或者将触电者剥离电源。

3）必要时可用绝缘工具（如带有绝缘柄的电工钳和木柄斧头）切断电源线。

4）救护人员可戴上手套或在手上包缠干燥的衣服、围巾、帽子等绝缘物品拖拽触电者，使之脱离电源。

5）如果触电者由于痉挛手指紧握导线缠绕在身上，救护人员可先用干燥的木板塞进触电者身下使其与地绝缘来隔断人地电源，然后再采取其他办法把电源切断。

6）如果触电者触及断落在地上的带电高压导线，且尚未确认线路无电之前，救护人员不可进入断线落地点 8～10m 的范围内，以防止跨步电压触电。进入该范围的救护人员应穿上绝缘靴或临时双脚并拢跳跃地接近触电者。触电者脱离带电导线后应迅速将其带至

8～10m以外立即开始触电急救。只有在确认线路已经无电，才可在触电者离开触电导线后就地急救。

（2）使触电者脱离电源的注意事项

1）未采取绝缘措施前，救护人员不得直接触及触电者的皮肤和潮湿的衣服。

2）严禁救护人员直接用手推、拉和触摸触电者；救护人员不得采用金属或其他绝缘性能较差的物体（如潮湿木棒、布带等）作为救护工具。

3）在拉拽触电者脱离电源的过程中，救护人员宜用单手操作，这样对救护人比较安全。

4）当触电者位于高位时，应采取措施预防触电者在脱离电源后坠地摔伤或摔死。

5）夜间发生触电事故时，应考虑切断电源后的临时照明问题，以利救护。

（3）触电者未失去知觉的救护措施

应让触电者在比较干燥、通风暖和的地方静卧休息，并派人严密观察；同时请医生前来或送往医院诊治。

（4）触电者已失去知觉但尚有心跳和呼吸的抢救措施

应使其舒适地平卧着，解开衣服以利呼吸，四周不要围人，保持空气流通，冷天应注意保暖，同时请医生前来或送往医院诊治。若发现触电者呼吸困难或心跳停止，应立即施行人工呼吸及胸外心脏按压。

（5）对“假死”者的急救措施

当判定触电者呼吸和心跳停止时，应立即按心肺复苏法就地抢救，急救措施包括：通畅气道、口对口（鼻）人工呼吸、胸外心脏按压等。

3. 中暑事故的应急处置措施

发生中暑事故后，应立即将病人扶（抬）至通风良好且阴凉的地方，采取适当的降温措施，并服下解暑药。对重症中暑者，除按上述条件施救外，还应对病人进行严密观察，并及时将病人送往就近有条件的医院进行治疗。

4. 中毒事故的应急处置措施

发生中毒事故后，现场人员应立即将现场情况报告现场管理人员，同时立即暂停现场的生产活动，保护好事故现场，并按规定立即向上级有关部门上报。现场应切断毒物来源，使患者立即停止接触毒物，对中毒地点进行送风输氧处理，安排有经验的救护人员佩戴防毒器具进入事故地点，将患者移至空气流通处；在对患者进行紧急抢救处理后送至医院救护。

处于休克状态的伤员应让其安静、保暖、平卧、少动，并将下肢抬高约20°；遇呼吸、心跳停止者，应立即进行人工呼吸及胸外心脏按压，并尽快送往医院进行抢救治疗。同时，组织人员对出事地点范围进行现场保护并安排人员警戒。

5. 火灾事故的应急处置措施

火灾发生初期，是扑救的最佳时机，发生火灾部位的人员要及时采取措施扑灭火源，拨打“119”电话报警，并及时向上级有关部门及领导报告。在现场的消防安全管理人员，应立即指挥员工撤离火场附近的可燃物，避免火灾区域扩大。同时应指挥、引导员工按预定的线路、方法疏散，撤离事故区域；发生员工伤亡，要马上进行施救，将伤员撤离危险区域并进行救治。事故发生后应组织有关人员对事故区域进行保护。

6. 车辆及机械伤害事故应急处置措施

发生机械伤害事故时，应立即切断事故现场电源或移出机械。对车辆及机械伤害事故造成的人员伤亡，医疗救护组应立即对人员进行固定、包扎、止血、紧急救护等。遇到伤势严重、呼吸中断或心脏停止跳动的情况，医疗救护组人员应立即进行人工呼吸和胸外挤压急救。根据伤情情况、救护组依照先重后轻的原则分批送往指定医院进行救治。

5.4 建筑施工安全事故的分类与调查处理

5.4.1 施工安全事故类别

1. 施工安全事故伤害

建筑施工伤害包括物体打击、车辆伤害、机械伤害、起重伤害、触电、淹溺、灼烫、火灾、高处坠落、坍塌、冒顶片帮、透水、放炮、火药爆炸、瓦斯爆炸、锅炉爆炸、容器爆炸、其他爆炸、中毒和窒息、其他伤害等。

2. 施工安全事故伤害程度

(1) 轻伤

轻伤指员工受伤后损失工作日低于105个工作日的失能伤害。

(2) 重伤

重伤指员工受伤后损失工作日等于和超过105个工作日的失能伤害。

(3) 死亡

死亡指造成员工死亡的事故，其损失工作日为6000个工作日。

3. 施工安全事故等级划分

根据《生产安全事故报告和调查处理条例》规定，按生产安全事故造成的人员伤亡或者直接经济损失，施工安全事故划分为4个等级：

(1) 特别重大事故

特别重大事故指造成30人以上死亡，或者100人以上重伤（包括急性工业中毒，下同），或者1亿元以上直接经济损失的事故。

(2) 重大事故

重大事故指造成10人以上30人以下死亡，或者50人以上100人以下重伤，或者5000万元以上1亿元以下直接经济损失的事故。

(3) 较大事故

较大事故指造成3人以上10人以下死亡，或者10人以上50人以下重伤，或者1000万元以上5000万元以下直接经济损失的事故。

(4) 一般事故

一般事故指造成3人以下死亡，或者10人以下重伤，或者1000万元以下直接经济损失的事故。

5.4.2 施工安全事故报告

施工安全事故报告应及时、准确、完整，任何单位和个人对事故不得迟报、漏报、谎报或者瞒报。事故发生后，事故现场有关人员应立即向本单位负责人报告。单位负责人接到报告后，应于1h内向事故发生地县级以上人民政府安全生产监督管理部门和负有安全生产监督管理职责的有关部门报告。

情况紧急时，事故现场有关人员可以直接向事故发生地县级以上人民政府安全生产监督管理部门和负有安全生产监督管理职责的有关部门报告。事故上报规定如下：

(1) 特别重大事故、重大事故逐级上报至国务院安全生产监督管理部门和负有安全生产监督管理职责的有关部门；

(2) 较大事故逐级上报至省、自治区、直辖市人民政府安全生产监督管理部门和负有安全生产监督管理职责的有关部门；

(3) 一般事故上报至设区的市级人民政府安全生产监督管理部门和负有安全生产监督管理职责的有关部门。

安全生产监督管理部门和负有安全生产监督管理职责的有关部门依照前款规定上报事故情况，应同时报告本级人民政府。国务院安全生产监督管理部门和负有安全生产监督管理职责的有关部门以及省级人民政府接到发生特别重大事故、重大事故的报告后，应立即报告国务院。必要时，安全生产监督管理部门和负有安全生产监督管理职责的有关部门可以越级上报事故情况。

安全生产监督管理部门和负有安全生产监督管理职责的有关部门逐级上报事故情况，每级上报的时间不得超过2h。

报告事故应包括以下内容：

(1) 事故发生单位概况；

(2) 事故发生的时间、地点以及事故现场情况；

(3) 事故的简要经过；

(4) 事故已经造成或者可能造成的伤亡人数（包括下落不明的人数）和初步估计的直接经济损失；

(5) 已经采取的措施；

(6) 其他应报告的情况。

事故报告后出现新情况的，应及时补报。自事故发生之日起30日内，事故造成的伤亡人数发生变化的，应及时补报。道路交通事故、火灾事故自发生之日起7日内，事故造成的伤亡人数发生变化的，应及时补报。

5.4.3 施工安全事故调查

建筑施工安全事故调查包括以下步骤：

1. 事故现场保护

(1) 事故发生后，事故发生单位应立即采取有效措施，首先抢救伤员和排除险情，制止事故蔓延扩大，稳定施工人员情绪，做到有组织、有指挥。

(2) 严格保护事故现场，因抢救伤员、疏导交通、排除险情等原因，需要移动现场物件时，应作出标志，绘制现场简图并作出书面记录。

(3) 妥善保存现场重要痕迹、物证，有条件的可以拍照或摄像保持原来状态，采取一切必要和可能的措施严加保护，防止人为或自然因素的破坏。

(4) 清理事故现场，应在调查组确认无可取证，并充分记录及经有关部门同意后，方能进行，任何人不得借口恢复生产，擅自清理现场，掩盖事故真相。

2. 组织事故调查小组

事故调查组的组成应遵循精简、效能的原则。事故调查组成员应具有事故调查所需要的知识和专长，并与所调查的事故没有直接利害关系。事故调查组可以聘请有关专家参与调查。

根据事故的具体情况，事故调查组由有关人民政府、安全生产监督管理部门、负有安全生产监督管理职责的有关部门、监察机关、公安机关以及工会派人组成，并应邀请人民检察院派人参加。事故调查组组长由负责事故调查的人民政府指定。事故调查组组长主持事故调查组的工作。

3. 现场勘查

事故发生后，调查组应迅速到现场进行及时、全面、准确和客观的勘查，包括现场笔录、现场拍照和现场绘图。

4. 分析事故原因

通过调查分析，查明事情经过，按受伤部位、受伤性质、起因物、致害物、伤害方法、不安全状态、不安全行为等，查清事故原因，包括人、物、生产管理和技术管理等方面的原因。通过直接和间接地分析，确定事故的直接责任人、间接责任人和主要责任人。

5. 制定预防措施

根据事故原因分析，制定防止类似事故再次发生的预防措施。根据事故后果和事故责任者的责任提出处理意见。

6. 提交事故调查报告

事故调查组应自事故发生之日起 60 日内提交事故调查报告；特殊情况下，经负责事故调查的人民政府批准，提交事故调查报告的期限可以适当延长，但延长的期限最长不超过 60 日。

事故调查报告应包括下列内容：

(1) 事故发生单位概况；

(2) 事故发生经过和事故救援情况；

(3) 事故造成的人员伤亡和直接经济损失；

(4) 事故发生的原因和事故性质；

(5) 事故责任的认定以及对事故责任者的处理建议；

(6) 事故防范和整改措施。

7. 事故的审理和结案

重大事故、较大事故、一般事故，负责事故调查的人民政府应自收到事故调查报告之日起 15d 内作出批复；特别重大事故，30 日内作出批复，特殊情况下，批复时间可以适当延长，但延长的时间最长不超过 30 日。

5.4.4 施工安全事故处理

一旦事故发生，通过应急预案的实施，尽可能防止事态的扩大和减少事故的损失。通过事故处理程序，查明原因，制定相应的纠正和预防措施，避免类似事故的再次发生。

事故处理要遵循“四不放过”原则，包括：事故原因未查清不放过、事故责任人未经处理不放过、事故责任人和周围群众没有受到教育不放过、事故没有制定切实可行的整改措施不放过。

事故发生单位对事故发生负有责任的，由有关部门依法暂扣或者吊销其有关证照。对事故发生单位负有事故责任的有关人员，依法暂停或者撤销其与安全生产有关的执业资格、岗位证书。事故发生单位主要负责人受到刑事处罚或者撤职处分的，自刑罚执行完毕或者受处分之日起，5年内不得担任任何生产经营单位的主要负责人。

为发生事故的单位提供虚假证明的中介机构，由有关部门依法暂扣或者吊销其有关证照及其相关人员的执业资格；构成犯罪的，依法追究刑事责任。事故处理的情况由负责事故调查的人民政府或者其授权的有关部门、机构向社会公布，依法应保密的除外。

思考题

1. 建筑施工安全事故分为哪几个等级？
2. 建筑施工安全事故报告的主要内容有哪些？
3. 建筑伤亡事故按照伤害方式划分分为哪几种？
4. 建筑施工安全事故产生的原因有哪些？
5. 怎样预防安全事故的发生？

练习题

某办公大楼建筑面积为18200m^2，地上8层，地下2层，主体结构采用钢筋混凝土框架剪力墙，基础采用独立基础和人工挖孔桩，基坑标高为－5.60m。场地土层为第四系人工填土、粉质黏土，下伏基岩为侏罗系中统沙溪庙组泥岩和砂岩。基坑边坡支护为桩板挡墙和土钉墙等，基坑和基础施工正值夏季。另外，建筑在一楼设计有大堂，高度9m。请回答以下问题：

（1）本工程存在哪些潜在的伤亡事故？

（2）如何预防所辨识的伤亡事故？

（3）针对本工程的伤亡事故，如何做好应急处置措施？

参考答案

（1）本工程存在以下潜在伤亡事故：

物体打击、起重伤害、机械伤害、车辆伤害、淹溺、中毒和窒息、触电、中暑、坍塌等。

（2）略。

（3）略。

6 文明施工、绿色施工和职业健康安全管理

6.1 文 明 施 工

文明施工是指工程建设施工过程中，保持施工现场良好的作业环境、卫生环境和工作秩序，从而规范、标准、整洁、有序、科学地开展建筑施工生产活动。

6.1.1 文明施工管理

文明施工管理包含文明施工组织管理和文明施工现场管理。

1. 文明施工组织管理

（1）建立健全管理组织

建立以项目经理为组长，以项目总工程师、栋号负责人以及技术、质量、安全、消防等管理人员为成员的施工现场文明施工管理组织。施工现场分包单位应服从总包单位的统一管理，接受总包单位的监督检查，并负责本单位的文明施工工作。

（2）构建各项管理制度

1）个人岗位责任制。文明施工管理应按专业、岗位、区卡、栋号等分片包干，分别建立岗位责任制度。

2）经济责任制。把文明施工与单位经济承包责任挂钩，一同参与检查与考核。

3）检查制度。施工现场文明施工检查是一项经常性的管理工作，可采取综合检查与专业检查相结合，定期检查与随时抽查相结合，集体检查与个人检查相结合等方法。

4）奖惩制度。文明施工管理实行奖惩制度。要制定奖、罚细则，坚持奖、惩兑现。

5）持证上岗制度。施工现场实行持证上岗制度，进入现场作业的所有机械司机、信号工、架子工、起重工、爆破工、电工、焊工等特殊工种施工人员，都必须持证上岗。

6）会议制度。施工现场应坚持文明施工会议制度，定期分析文明施工情况，针对实际制定措施，协调解决文明施工问题。

7）各项专业管理制度。文明施工除文明施工综合管理制度外，还应建立健全质量、安全、消防、保卫、机械、场容、卫生、料具、环保、民工管理等专业管理制度，比如，仓库五项管理制度、保管员岗位责任制、仓库收发料制度等。

（3）完善资料管理

1）关于文明施工的标准、规定、法律法规等资料应齐全。

2）施工组织设计（方案）中应有质量、安全、保卫、消防、环境保护技术措施和对文明施工、环境卫生、材料节约等管理的要求，并有施工各阶段施工现场的平面布置图和季节性施工方案。

3）施工现场应有施工安全日志。

4）文明施工自检材料应完整，填写内容符合要求，签字手续齐全。

5）文明施工教育、培训、考核记录均应有计划、资料。

6）文明施工活动记录，如会议记录、检查记录等。

7）施工管理各方面专业资料。

(4) 加强教育培训工作

在坚持岗位训练的基础上，采取请进派出、短期培训、专题讲座、黑板报、广播、观看录像和电视等方法加强教育培训工作。应特别注意对施工人员的岗前培训教育。专业管理人员应熟悉掌握文明施工标准。

2. 文明施工现场管理

文明施工现场管理包括施工现场“6S”管理和施工现场环境保护管理。

(1) 施工现场“6S”管理

“6S”管理是指对建筑施工现场开展以整理（SEIRI）、整顿（SEITON）、清扫（SEISO）、清洁（SEIKETSU）、素养（SHITSUKE）和安全（SECURITY）为内容的管理活动。“6S”管理强调企业现场管理的规范化流程运作，提高总体管理水平。

1）整理

对施工现场现实存在的人、事、物进行调查分析，按照有关要求把施工现场不需要和不合理的人、事、物及时处理，从而腾出空间，防止误用，营造干净清爽的工作场所。

2）整顿

整顿就是合理安置和摆放。通过整理工作把施工现场所需要的人、机、物、料等按照施工现场平面布置图规定的位置，科学合理地安排布置和堆放，实现人、物、场所在空间上的最佳组合，达到科学施工，文明安全生产，提高效率和质量的目的。

3）清扫

清扫是对施工现场的设备、场地、物品勤加维护打扫，保持现场环境卫生，干净整齐，无垃圾，无污染，稳定品质，保持设备正常运转。

4）清洁

清洁是整理、整顿、清扫活动的继续、深入和保持，并形成制度化，从而消除发生安全事故的根源，使施工现场保持良好的环境和施工秩序，维持整理、整顿、清扫活动的成果。

5）素养

素养是努力提高施工现场全体成员的素质，养成良好习惯，遵守规则做事，遵纪守法，文明施工。素养是开展“6S”活动的核心和精髓。

6）安全

安全旨在培养施工现场全体成员的安全意识和安全习惯，建立安全生产的环境，保证所有工作建立在安全的前提下。

开展“6S”管理活动，要注意调动全体职工的积极性，自觉管理，自我实施，自我控制，贯穿施工全过程。管理者必须重视“6S”活动，将“6S”管理活动纳入岗位责任制，并按照文明施工标准进行相应检查、评比和考核。

(2) 施工现场环境保护管理

1）实行环保目标责任制

环保指标以责任书的形式层层分解到有关单位和个人，列入承包合同和岗位责任制，建立一支懂行善管的环保自我监控体系。项目经理是环保工作的第一责任人，是施工现场环境保护自我监控体系的领导者和责任人。

2）加强检查和监控工作

要加强检查工作，以及对施工现场粉尘、噪声、废气的监测和监控工作。要与文明职工现场管理一起检查、考核、奖罚，及时采取措施消除粉尘、废气和污水的污染。

3）保护和改善施工现场的环境，进行综合治理

综合治理有赖于多方合作。一方面，施工单位要采取有效措施控制人为噪声、粉尘的污染和采取技术措施控制烟尘、污水和噪声污染；另一方面，建设单位应该负责协调外部工作，同当地居委会、村委会、派出所、居民、环保部门加强联系。

4）制定环境保护技术措施，严格执行国家相关法律法规

在编制施工组织设计时，必须制定环境保护的技术措施。在施工现场平面布置和组织施工过程中都必须执行国家、地区、行业和企业有关防治空气污染、水源污染、噪声污染等环境保护的法律、法规和规章制度。

5）采取措施防止大气污染。

① 施工现场垃圾渣土应及时清理出场。高层建筑物和多层建筑物清理施工垃圾时，应搭设封闭式专用垃圾道或采用袋装清运，严禁高空随意抛撒。

② 运输粉状材料过程中，应采取遮盖措施，防止沿途遗撒、扬尘。卸运时，应采取措施，以减少扬尘。存放散粒材料时，应设封闭式存库存放，并具备可靠的防扬尘措施。

③ 车辆不带泥沙出现场。可在现场入口硬化一段道路；做一段水沟冲刷车轮；人工拍土，清扫车轮、车帮；挖土装车不超装；车辆行驶不猛拐，不急刹车防止洒土，卸土后注意关好车厢门；场区和场外安排人清扫洒水，基本做到不洒土、不扬尘，减少对周围环境污染。

④ 禁止在施工现场焚烧油毡、橡胶、树叶、枯草以及其他会产生有毒、有害烟尘和恶臭气体的物质。

⑤ 现场若需要设置搅拌站，除尘是治理的重点。

⑥ 拆除原有建筑物时，应适当洒水，防止扬尘。

6）防止水源污染措施

① 禁止将有毒有害废弃物作土方回填。

② 施工现场搅拌站废水，冲洗车辆的污水等须经沉淀后，再排入城市污水管道或河流。污水未经处理不得直接排入城市污水管道或河流中。

③ 施工现场的临时食堂，污水排放时应设置简易有效的隔油池，定期掏油和杂物，防止污染。

④ 工地临时厕所，化粪池应采取防渗漏措施。中心城市施工现场的临时厕所，可采取水冲式，蹲坑上加盖，并有防蝇、灭蛆措施，防止污染水体和环境。

⑤ 化学药品、外加剂等要妥善保管，库内存放，防止污染环境。

7）防止噪声污染措施

① 严格控制人为噪声，进入施工现场不得高声喊叫、无故甩打钢管、模板、乱吹哨，限制高音喇叭的使用，最大限度地减少噪声扰民。

② 凡在人口稠密区进行噪声作业时，必须严格控制作业时间。一般晚 22：00 点到次

日早6：00点之间应停止噪声作业。确系特殊情况必须昼夜施工时，需办理相关施工许可证，并提前告知有关部门，争取其理解和支持，同时树立公告牌，向居民做好解释工作，求得群众谅解。

③ 从声源上降低噪声，尽量选用低噪声设备，或安装消声器进行消声。

6.1.2　创建文明施工现场

创建文明施工现场应做到以下几点：

1. 组建现场文明施工组织管理机构

建立工程现场文明工地创建领导小组，由项目经理担任文明工地创建领导小组组长，将文明工地创建的责任落实到每个岗位的人员。文明工地创建领导小组每周对工地创建活动进行检查，并对存在问题及时制定整改措施，确保整改措施得到按期整改。

2. 文明施工现场应具备的一般条件

（1）项目部的工程开工必须具备开工条件及各种开工手续，否则不得擅自开工；

（2）工程开工后，项目经理及时签订“安全文明施工管理目标责任书”。施工现场文明管理奖罚分明，施工期内杜绝死亡、重伤及重大设备事故，保证既定的安全文明施工考核达标；

（3）项目部成立安全文明施工领导小组，施工现场按工程规模配备专职安全员；

（4）项目经理、专职安全员等必须经安全管理培训，持培训合格证上岗，特种作业人员全部持证上岗；

（5）施工现场使用的安全防护用具、机械设备、电缆、电气产品等凡属于国家实行工业产品生产许可证管理的，必须是依法取得工业产品生产许可证的企业生产的合格产品。

3. 施工现场文明施工管理标准化

（1）按施工现场标准化要求落实现场各项设施。比如大门口处设警卫室，警卫室张挂门卫制度；分设车辆和人员出入口，车辆出入口应设置车辆冲洗设施，人员出入口应设置出入口闸机等。

（2）工地现场实行封闭施工，四周设置围挡，生活区砌围墙及大门，确保工地和生活区整洁。施工场地周边围挡应连续设置，且坚固、美观、整洁；路段围挡高度一般不得低于1.8m，市区主要路段围挡高度不得低于2.5m。

（3）工地大门设置七牌一图，即：工程责任人牌、工程概况牌、管理人员名单及监督电话牌、安全生产牌、文明施工和环境保护牌、工程创优牌、消防保卫牌和施工现场总平面布置图。标牌的制作、挂置必须符合标准。工地其他图牌、栏都要做到统一、美观、大方。施工人员均需佩戴胸牌，胸牌以工作部门、单位为依据，按一定规则统一编号。所有施工人员必须佩戴安全帽并统一着装。

（4）项目经理部应根据施工条件，按照施工总平面图、施工方案和施工进度计划要求，进行所负责区域的施工平面图的规划、设计、布置、使用和管理。

（5）施工现场的主要机械设备、脚手架、密目式安全网、围挡、模板料具、施工临时液各种管线、施工材料制品堆场及仓库、土方及建筑垃圾堆放区、变配电间、消防栓以及施工现场的办公、生产和临时设施的布置与搭设，均应符合施工平面图及相关规定要求。

（6）施工现场的临时用房应选址合理，并符合安全、消防要求和国家有关规定。

（7）施工现场的施工区域应与办公、生活区域划分清晰，并应采取相应的隔离防护措施。在建工程内、厨房、库房不得兼作宿舍。宿舍必须设置可开启式外窗，床铺不得超过2层，通道宽度不得小于0.9m，宿舍室内净高不得小于2.5m，住宿人员人均面积不得小于2.5m^2，每间宿舍居住人员不得超过16人。

(8) 施工现场设置的办公室、宿舍、食堂、厕所、淋浴间、开水房、文体活动室、密闭式垃圾站或容器、盥洗设施等所用建筑材料应符合环保和消防要求。

(9) 施工现场应建立防火制度和火灾应急响应机制，落实防火措施，配备防火器材。明火作业应严格执行动火审批手续和动火监护制度。高层建筑应设置专用的消防水源和消防立管，每层留设消防水源接口。

4. 施工现场文明卫生管理

(1) 明确专职人员，负责对工地门前及施工影响的道路门前“三包”，做到工地大门和围墙外公路清洁，做到围墙内无垃圾，场地内无积水。

(2) 施工现场应设置畅通的排水沟渠系统，保持场地道路干燥坚实，泥浆和污水未经处理不得直接排放。施工场地应硬化处理，有条件时可对施工现场进行适当绿化布置。工地大门处设清洗池，并按标准设污水排放沟，车辆进出必须冲洗干净，严禁运输车辆跑、冒、滴、漏行为，确保场区及公路清洁。

(3) 施工现场的污水应做到有组织排放，化粪池设盖板，污水经沉淀池沉淀后排入管网。生活区卫生间应定期专人清扫，定期进行化粪池清运工作。

(4) 施工作业环境应做到整齐干净，建筑垃圾及时规整外运，物料堆放整齐，不乱倒生活垃圾。

(5) 按项目部要求做好场容场貌管理工作，建筑材料按区域整齐堆放，施工区域内做到“工完料尽场地清”。

(6) 易燃、易爆、有毒物品必须分类存放登记，应有隔离防护措施。

(7) 保持场地整洁、干净，保持施工区域卫生文明，做好办公、生活区域卫生工作。

5. 治安综合治理

(1) 治安保卫工作直接影响施工现场的安全及社会所需，现场应建立治安保卫制度并将责任分解到人。

(2) 施工现场的职工、劳务工、临时工应有花名册，做到“三证”（身份证、劳务许可证或技术等级证、暂住证）齐全，并建立用工档案。

(3) 生活区应设有职工学习和娱乐的场地和设施。

6. 保健急救

(1) 施工现场应设有保健急救医药箱及一般常用药品。

(2) 施工现场必须开展卫生防病宣传教育工作，制定急救措施，培训急救人员，便于及时抢救，减少不必要损失。

7. 社区服务

(1) 施工现场应制定避免施工扰民措施及防灰尘、防噪声措施；

(2) 夜间施工必须办理夜间施工许可证，做好施工现场周围住户工作；

(3) 施工现场严禁焚烧有毒有害物体，遇有实际需要按有关规定进行处理。

6.1.3 文明施工安全检查

文明施工安全检查包括：

1. 现场围挡

(1) 市区主要路段的工地应设置高度不小于2.5m的封闭围挡；

(2) 一般路段的工地应设置高度不小于1.8m的封闭围挡；

(3) 围挡应坚固、稳定、整洁、美观。

2. 封闭管理

(1) 施工现场进出口应设置大门，并应设置门卫值班室；

(2) 应建立门卫职守管理制度，并应配备门卫职守人员；

(3) 施工人员进入施工现场应佩戴工作卡；

(4) 施工现场出入口应标有企业名称或标识，并应设置车辆冲洗设施。

3. 施工现场

(1) 施工现场的主要道路及材料加工区地面应进行硬化处理；

(2) 施工现场道路应畅通，路面应平整坚实；

(3) 施工现场应有防止扬尘措施；

(4) 施工现场应设置排水设施，且排水通畅无积水；

(5) 施工现场应有防止泥浆、污水、废水污染环境的措施；

(6) 施工现场应设置专门的吸烟处，严禁随意吸烟；

(7) 温暖季节应有绿化布置。

4. 材料管理

(1) 建筑材料、构件、料具应按总平面布局进行码放；

(2) 材料应码放整齐，并应标明名称、规格等；

(3) 施工现场材料码放应采取防火、防锈蚀、防雨等措施；

(4) 建筑物内施工垃圾的清运，应采用器具或管道运输，严禁随意抛掷；

(5) 易燃易爆物品应分类储藏在专用库房内，并应制定防火措施。

5. 现场办公与住宿

(1) 施工作业、材料存放区与办公、生活区应划分清晰，并应采取相应的隔离措施；

(2) 在施工程、伙房、库房不得兼做宿舍；

(3) 宿舍、办公用房的防火等级应符合规范要求；

(4) 宿舍应设置可开启式窗户，床铺不得超过2层，通道宽度不应小于0.9m；

(5) 宿舍内住宿人员人均面积不应小于2.5m^2，且不得超过16人；

(6) 冬季宿舍内应有采暖和防一氧化碳中毒措施；

(7) 夏季宿舍内应有防暑降温和防蚊蝇措施；

(8) 生活用品应摆放整齐，环境卫生应良好。

6. 现场防火

(1) 施工现场应建立消防安全管理制度、制定消防措施；

(2) 施工现场临时用房和作业场所的防火设计应符合规范要求；

(3) 施工现场应设置消防通道、消防水源，并应符合规范要求；

(4) 施工现场灭火器材应保证可靠有效，布局配置应符合规范要求；

(5) 明火作业应履行动火审批手续，配备动火监护人员。

6.1.4 施工现场安全标示管理

1. 施工现场安全警示标志牌的类别

安全警示标志分为禁止标志、警告标志、指令标志和提示标志四大类型，如图 6-1 所示。

图 6-1 安全警示标志牌

（1）禁止标志是禁止不安全行为的图形标志。基本形式为红色带斜杠的圆边框，图形为黑色，背景为白色。

（2）警告标志是对周围环境提醒注意、以避免发生危险的图形标志。基本形式是黑色正三角形边框，图形是黑色，背景为黄色。

（3）指令标志是强制必须做出某种动作或必须采取一定防范措施的图形标志。基本形式是黑色圆形边框，图形为白色，背景为蓝色。

（4）提示标志是提供目标所在位置与方向性信息的图形标志。基本形式是矩形边框，图形文字是白色，背景是所提供的标志，为绿色。其中消防设施提示标志用红色。

2. 施工现场安全警示标志牌的设置原则

施工现场安全警示标志牌的设置应遵循“标准、安全、醒目、便利、协调、合理”的原则。

（1）“标准”是指图形、尺寸、色彩、材质应符合标准。

（2）“安全”是指设置后其本身不能存在潜在危险，应保证安全。

（3）“醒目”是指设置的位置应醒目。

（4）“便利”是指设置的位置和角度应便于人们观察和捕获信息。

（5）“协调”是指统一场所设置的各种标志牌之间应尽量保持其高度、尺寸及与周围环境的协调统一。

（6）“合理”是指尽量用适量的安全标志反映出必要的安全信息，避免漏设和滥设。

3. 安全警示标志牌的使用要求

（1）现场存在安全风险的重要部位和关键岗位必须设置能够提供安全信息的安全警示

牌。根据相关规定，现场出入口、施工起重机械、临时用电设施、脚手架、通道口、楼梯口、电梯井口、孔洞、基坑边沿、爆炸物及有毒物质存放处等属于存在安全风险的重要部位，应设置明显的安全警示标志牌。

(2) 安全警示标志牌应设置在所涉及的相应危险地点或设备附近的最容易被观察到的地方。

(3) 安全警示标志牌应设置在明亮的、光线充分的环境中，如在应设置标志牌的位置比较暗，则应考虑增加辅助光源。

(4) 安全警示标志牌应牢固地固定在依附物上，不能产生倾斜、卷翘、摆动等现象，高度应尽量与人眼睛的视线高度相一致。

(5) 安全警示标志牌不得设置在门、窗、架等可移动的物体上，警示牌的正面或其邻近不得有妨碍视读的固定障碍物，并尽量避免经常被其他临时性物体遮挡。

(6) 多个安全警示标志牌在一起布置时，应按警告、禁止、指令、提示类型的顺序，先左后右、先上后下进行排列。各标志牌之间的距离至少应为标志牌尺寸的0.2倍。

(7) 有触电危险的场所，应选用由绝缘材料制成的安全警示标志牌。

(8) 室外露天场所设置的消防安全标志宜选用由反光材料或自发光材料制成的警示标志牌。

(9) 对有防火要求的场所，应选用由不燃材料制成的安全警示标志牌。

(10) 施工现场布置的安全警示标志牌应进行登记造册，并绘制安全警示布置总平面图，按图进行布置，如布置的点位发生变化，应及时保持更新。

(11) 施工现场布置的安全警示标志牌未经允许，任何人不得私自进行挪动、移位、拆除或拆换。

(12) 施工现场应加强对安全警示标志牌布置情况的检查。发现有破损、变形、褪色等情况时应及时进行修整或更换。

6.2 绿色施工

6.2.1 绿色施工概念及评价

绿色施工是指在保证质量、安全等基本要求的前提下，通过切实、有效的管理制度和绿色技术，最大限度地节约资源，减少施工活动对环境的负面影响，实现“四节一环保”（节能、节材、节水、节地和环境保护）的可持续的建设工程施工活动。

绿色施工评价框架体系由评价阶段、评价要素、评价指标、评价等级等几部分组成。评价阶段分为地基与基础工程、结构工程、装饰装修与机电安装工程等阶段。评价要素包括环境保护、节材与材料资源利用、节水与水资源利用、节能与能源利用与节地与土地资源保护五个要素。评价指标由控制项、一般项、优选项三类指标组成。评价等级分为不合格、合格和优良。具体评价方法如下：

1. 评价次数

绿色施工项目自我评价次数每月不应少于1次，且每阶段不应少于1次。

2. 评价指标

(1) 控制项指标

控制项指标必须全部满足要求，具体内容见表 6-1。

控制项指标 **表 6-1**

评分要求	结论	说明
措施到位，全部满足考评指标要求	符合要求	进入评分流程
措施不到位，不满足考评指标要求	不符合要求	一票否决，为非绿色施工项目

（2）一般项指标

一般项指标应根据实际发生项执行的情况计分，见表 6-2。

一般项指标 **表 6-2**

评分要求	评分
措施到位，满足考评指标要求	2
措施基本到位，部分满足考评指标要求	1
措施不到位，不满足考评指标要求	0

（3）优选项指标

优选项指标应根据实际发生项执行情况加分，见表 6-3。

优选项指标 **表 6-3**

评分要求	评 分
措施到位，满足考评指标要求	1
措施基本到位，部分满足考评指标要求	0.5
措施不到位，不满足考评指标要求	0

3. 要素评价得分规定

（1）一般项得分按百分制折算，并按式（6-1）进行计算：

$$A = (B/C) \times 100 \tag{6-1}$$

式中 A——折算分；

B——实际发生项条目实得分之和；

C——实际发生项条目应得分之和。

（2）优选项加分应按优选项实际发生条目加分求和 D；

（3）要素评价得分：要素评价得分 F=一般项折算分 A+优选项加分 D。

4. 批次评价得分评价标准

（1）权重的确定，见表 6-4。

批次评价要素权重系数表 **表 6-4**

评价要素	地基与基础、结构工程、装饰装修与机电安装
环境保护	0.3
节材与材料资源利用	0.2
节水与水资源利用	0.2
节能与能源利用	0.2
节地与施工用地保护	0.2

（2）批次评价得分 $E=\Sigma$（要素评价得分 $F\times$权重系数）

5. 阶段评价得分

阶段评价得分（G）$=\Sigma$批次评价得分（E）/ 评价批次数

6. 单位工程绿色评价得分标准

（1）要素权重确定见表 6-5。

单位工程要素权重系数表 **表 6-5**

评价阶段	权重系数
地基与基础	0.3
结构工程	0.5
装饰装修与机电安装	0.2

（2）单位工程评价得分：

单位工程评价得分 $W=\Sigma$阶段评价得分 $G\times$权重系数

7. 单位工程绿色施工等级按下列规定进行评定

（1）有下列情况之一者为不合格：

1）控制项不满足要求；

2）单位工程总得分<60 分；

3）结构工程阶段得分<60 分。

（2）满足以下条件者为合格：

1）控制项全部满足要求；

2）单位工程总得分 60 分$\leqslant W<$80 分，结构工程得分$\geqslant$60 分；

3）至少每个评价要素各有一项优选项得分，优选项总分$\geqslant$5 分。

（3）满足以下条件者为优良：

1）控制项全部满足要求；

2）单位工程总得分 $W\geqslant$80 分，结构工程得分$\geqslant$80 分；

3）至少每个评价要素中有两项优选项得分。优选项总分$\geqslant$10 分。

具体内容见表 6-6～表 6-9。

绿色施工要素评价表 **表 6-6**

<table>
<tr><td colspan="2" rowspan="2">工程名称</td><td colspan="2" rowspan="2"></td><td>编号</td><td colspan="2"></td></tr>
<tr><td>填表日期</td><td colspan="2"></td></tr>
<tr><td colspan="2">施工单位</td><td colspan="2"></td><td>施工阶段</td><td colspan="2"></td></tr>
<tr><td colspan="2">评价指标</td><td colspan="2"></td><td>施工部位</td><td colspan="2"></td></tr>
<tr><td rowspan="4">控制项</td><td colspan="4">标准编号及标准要求</td><td colspan="2">评价结论</td></tr>
<tr><td colspan="4"></td><td colspan="2"></td></tr>
<tr><td colspan="4"></td><td colspan="2"></td></tr>
<tr><td colspan="4"></td><td colspan="2"></td></tr>
<tr><td rowspan="4">一般项</td><td colspan="2">标准标号及标准要求</td><td colspan="2">计分标准</td><td>应得分</td><td>实得分</td></tr>
<tr><td colspan="2"></td><td colspan="2"></td><td></td><td></td></tr>
<tr><td colspan="2"></td><td colspan="2"></td><td></td><td></td></tr>
<tr><td colspan="2"></td><td colspan="2"></td><td></td><td></td></tr>
</table>

续表

	标准标号及标准要求	计分标准	应得分	实得分
优选项				
评价结果				
签字栏	建设单位	监理单位	施工单位	

绿色施工批次评价汇总表 表 6-7

工程名称		编号	
		填表日期	
评价阶段			
评价要素	评价得分	权重系数	实得分
环境保护		0.3	
节材与材料资源利用		0.2	
节水与水资源利用		0.2	
节能与能源利用		0.2	
节能与施工用地保护		0.1	
合计		1	
评价结论	1. 控制项 2. 评价得分 3. 优选项 结论：		
签字栏	建设单位	监理单位	施工单位

绿色施工阶段评价汇总表 表 6-8

工程名称		编号	
		填表日期	
评价阶段			
评价批次	批次得分	评价批次	批次得分
1		9	
2		10	
3		11	

续表

评价批次	批次得分	评价批次	批次得分
4		12	
5		13	
6		14	
7		15	
8		…	
小计			
签字栏	建设单位	监理单位	施工单位

单位工程绿色施工评价汇总表　　**表 6-9**

工程名称		编号	
		填表日期	
评价阶段	阶段评分	权重系数	实得分
地基与基础		0.3	
结构工程		0.5	
装饰装修与机电安装		0.2	
合计		1	
评价结论			
签字盖章栏	建设单位（章）	监理单位（章）	施工单位（章）

6.2.2　绿色施工管理案例

【案例 6-1】某住宅项目绿色施工管理

1. 工程概况

某地块占地面积大约 180 亩，总建筑面积 344378m²，1～9 号楼为板式高层住宅，建筑层数为地下 2 层，地上 29～33 层，各主楼附带 2～3 层裙房。建筑高度最大为 99m，两层裙房层高分别为 4.5m、5.5m，标准层层高 2.85m。基础结构形式为柱下独立基础、墙下条形基础及局部筏板基础。结构类型为钢筋混凝土框架-剪力墙结构。

其中 6 号楼总建筑面积 40277m²，地下 2 层，地上 33 层，裙房 2 层，总高度 99.9m。3 号楼总建筑面积 31613m²，地下 2 层，地上 33 层，裙房 3 层，总高度 99.9m。

建设单位与施工单位签订了施工总承包合同。合同约定的施工目标为创建国家级绿色施工示范工地。

2. 编制依据

(1) 设计施工图纸；

（2）设计变更；

（3）建设工程施工合同；

（4）《全国建筑业绿色施工示范工程管理办法》；

（5）《绿色施工导则》；

（6）《集团股份公司质量、环境和职业健康安全管理体系程序文件汇编》。

3. 组织管理

制定相应的绿色施工管理制度与目标。

施工单位施工管理部门及主要职责见表 6-10。

施工单位施工管理部门及主要职责　　表 6-10

绿色施工内容	负责部门（人员）	主要职责
	指挥部	总体指挥、调度
环境保护措施	环保部	制定环境管理计划及应急救援预案，采取有效措施，降低环境负荷，保护地下设施和文物等资源
节材措施	材料部	进行施工方案的节材优化，建筑垃圾减量化，尽量利用可循环材料等
节水措施	水资源部	实施节水措施，保证节水措施的落实
节能措施	能源部	实施、落实节能措施
节地与施工用地保护措施	土地资源部	实施、落实节地与施工用地保护措施

4. 绿色施工方案要点

（1）环境保护措施

1）扬尘控制

① 运送土方、垃圾、设备及建筑材料阶段。运送土方、垃圾等易散落、飞扬物料的车辆，必须用篷布对车厢加以覆盖，封闭严密。混凝土罐车出料口下端放置料兜，防止混凝土撒漏。施工现场出口设置洗车槽及高压水枪，随时对车辆进行清洗，保证车辆清洁。出口处设置棉毡或草垫并保持湿润，防止车辆轮胎将泥土带出污染路面。

② 土方作业阶段。采取洒水喷水、覆盖等措施，达到作业区目测扬尘高度小于1.5m，不扩散到场区外。土石方爆破时必须做好炮孔的覆盖防护、飞石的隔离防护以及附近建筑物、构筑物的近体防护，严格控制炸药量。爆破完毕及时洒水以防止扬尘扩散。装载土方时挖掘机应将土方轻放，避免扬尘。开挖至设计标高后，不能及时进行下部施工的区域用密目网进行覆盖，场区其余裸露地表亦用密目网进行覆盖。

基坑支护采用桩板（带锚杆）挡墙，土方施工须与边坡支护施工穿插进行，“分层开挖，严禁超挖”。土方采用盆式挖土方法，即沿基坑周边挖土，宽度为 4.5m 左右，为支护施工作业创造工作面，然后挖运中心土方。做到开挖一层，支护一层，防止因开挖面积、深度过大，造成大面积扬尘，如图 6-2 所示。

③ 结构施工、安装装饰装修阶段。作业区目测扬尘高度小于 0.5m。对砂、石等易产生扬尘的堆放材料用密目网覆盖。对水泥、滑石粉、腻子、干混砂浆等材料在现场设置仓库存放并加以覆盖。水泥等可能引起扬尘的材料及建筑垃圾清运时应洒水并及时清扫现场。对混凝土泵车、砂浆搅拌机等设备搭设机棚。浇注混凝土前，清理模板内灰尘及垃圾

图6-2　基坑开挖图

时，需配备吸尘器进行清理。装饰装修阶段楼内建筑垃圾清运时实行垃圾袋装化并采用吊罐吊装，塔吊配合施工。严禁从楼内直接将建筑垃圾抛洒到楼外。

④ 施工现场非作业区应达到目测无扬尘要求。场区道路、加工区、材料堆放区进行地面硬化，施工现场周边采用彩钢板围挡，堆土区全部用密目网覆盖。现场配备一台洒水专用车，对施工现场内及周边道路定时洒水润湿，防止扬尘。

2）噪声与振动控制

① 施工现场噪声排放不得超过国家标准《建筑施工场界环境噪声排放标准》GB 12523—2011的规定。建筑施工场界噪声限值见表6-11。

建筑施工场界噪声限值表　　**表6-11**

施工阶段	主要噪声源	噪声限值（dB）	
		昼间	夜间
土石方	推土机、挖掘机等	75	55
打桩	各种打桩机等	85	禁止施工
结构	振捣棒、电锯等	70	55
装修	吊车、升降机等	65	55

② 定期在施工场界对噪声进行监测与控制。

③ 使用低噪声、低振动的振捣棒等机具，采取隔声与隔振措施，避免或减少施工噪声和振动。振捣混凝土时，振捣棒不得与钢筋、模板等直接接触。振捣棒在不使用时应关闭电源，避免空转产生噪声。混凝土泵车周围设置机棚，减少噪声。尽量避免夜间施工，噪声扰民。使用切割机、无齿锯等高噪声机具时，周围用木板围挡。

3）光污染控制

尽量避免夜间施工，如因施工需要进行夜间施工时，照明灯应加设灯罩，透光方向应集中在施工范围。减少照明灯具数量，满足施工需要即可。电焊作业尽量安排在室内，如需在室外作业时，周围三面用铁皮隔挡，避免电焊弧光外泄。

4）水污染控制

施工现场污水排放达到国家标准《污水综合排放标准》GB 8978—1996 的要求。现场大门出口洗车池设置沉淀池，厨房污水排放处设置隔油池，厕所外设置化粪池。

施工现场排放污水应委托有资质的单位进行废水水质检测，并提供相应污水检测报告。为保护地下水环境，施工现场边坡支护应设置泄水孔，纵横方向每隔 2m 设置泄水孔，材料为管径 50mm 的 PVC 管。

对于油漆等有毒有害物质，使用后及时封闭贮存，废料不得直接倒于地上或水体中，以免污染水体。应统一收集，封闭贮存，并交由有资质单位处理。

5）土壤保护

因施工造成的地表裸土，及时用砂石覆盖。有条件的进行硬化。沉淀池、隔油池、化粪池等内外墙体应用 1∶3 防水水泥砂浆抹灰严密，防止污水渗漏；池内污物及时清理，防止冒溢。边坡分层开挖后及时支护，坡顶上返至地面 1m 范围内做混凝土护坡。在现场设置有毒有害废弃物回收池，以回收电池、墨盒、废油漆、废涂料等，分类回收后交由有资质的单位处理，不得随意丢弃。

6）建筑垃圾控制

应减少建筑垃圾的产生，每万平方米产生的建筑垃圾不超过 400t。

7）地下设施、文物和资源保护

经地质勘查部门勘探，本工程地下无地下设施及文物。

（2）节材措施

1）节材措施

① 领料制度，模板、木材、钢筋等按照施工总平面布置实行集中加工。加强新技术、新工艺的应用，钢筋直径大于 18mm 的用套筒连接，减少搭接，直径小于 18mm 的尽量采用焊接。尽可能采用高强钢筋。

② 施工进度、库存情况合理安排材料的采购、进场时间和批次，减少库存。因本工程三大主材为甲方供料，应根据甲方的要求按时提供所需材料的计划。

③ 现场材料要根据施工现场总平面布置图的安排堆放有序。储存环境适宜，措施得当。保管制度健全，责任落实。

④ 材料运输工具适宜，装卸方法得当，防止损坏和遗洒。根据现场平面布置情况就近卸载，避免和减少二次搬运。

⑤ 采取技术和管理措施提高模板、脚手架等的周转次数。本工程模板支撑体系拟采用轮扣式快拆模板结构体系；剪力墙模板采用钢框竹胶板体系；外脚手架采用悬挑脚手架，从转换层顶开始，每六层悬挑一次，加快钢管的周转率。柱墙模板在混凝土达到初凝时即可拆除，梁板模板在达到规范规定的强度后及时拆除（高支模则在混凝土强度达到设计强度标准值 100％方可拆模）。

⑥对安装工程的预留、预埋、管线路径等进行深化设计，减少材料用量。

⑦就地取材，施工现场 500km 以内生产的建筑材料用量占建筑材料总重量的 70％以上。混凝土、模板等材料在城市范围内采购，钢筋等在省范围内采购，减少大宗材料的运距。

2）结构材料

本工程混凝土全部采用商品混凝土，砌块用砂浆推广采用商品砂浆。准确计算采购数量、供应频率、施工速度等，在施工过程中动态控制。

使用高强钢筋和高性能混凝土，减少资源消耗。本工程钢筋除部分箍筋及少量板筋外，全部采用HRB400钢筋。柱墙、梁板混凝土采用C30、C40（转换层采用C50）混凝土。钢筋加工在现场集中加工。

3）围护材料

所有外墙窗均为双层中空隔热铝合金玻璃窗，外墙为200mm厚加气混凝土块，屋面结构为钢筋混凝土结构。

外窗及阳台门气密性等级，不低于《建筑外窗气密、水密、抗风压性能分级及检测方法》GB/T 7106—2008规定的6级水平，单位缝长空气渗透量为$1.0<q_1\leqslant1.5[m^3/(m\cdot h)]$。单位面积空气渗透量为$3.0<q_2\leqslant4.5[m^3/(m^2\cdot h)]$。

4）装饰装修材料

本工程室内为粗装修，仅在住宅走廊（包括防烟楼梯间外阳台）铺8～10mm厚防滑铺地砖；楼梯间楼面、候梯厅铺20mm厚磨光花岗岩板；住宅入口门厅为石膏板吊顶。此类材料在施工前，应进行总体排版策划，减少非整块材的数量。

防水卷材、壁纸、油漆及各类涂料基层必须符合要求，避免起皮、脱落。各类油漆及胶粘剂应随用随开启，不用时及时封闭。

5）周转材料

选用耐用、维护与拆卸方便的周转材料和机具。本工程模板支撑体系拟采用快拆模板结构体系；剪力墙模板采用钢框竹胶板体系；梁板模板采用12mm厚竹胶板。

外脚手架采用悬挑脚手架，从转换层顶开始，每六层悬挑一次，加快钢管的周转率。

（3）节水措施

1）提高用水效率

施工中采用先进的节水施工工艺：现场用水量较大的工作为混凝土的养护用水，后期砌体砂浆的拌制等。对此，柱墙混凝土的养护采用养护液，平板混凝土的养护应定时，不能无节制浇水。冬期施工应在混凝土表面覆盖塑料薄膜并加盖棉毡。砂浆拌制要严格按照配合比加水，控制用水量，设置水表。

施工现场喷洒路面、绿化浇灌不宜使用市政自来水。尽量利用收集到的雨水喷洒。

施工现场供水管网应根据用水量设计布置，管径合理、管路简捷，采取有效措施减少管网和用水器具的漏损。

现场机具、设备、车辆冲洗用水设立循环用水装置。在现场大门洗车槽处设置沉砂池，与水池相连，以收集污水。水池内设自吸泵，将收集到的水输送到水罐中。车辆冲洗时用高压水枪，以减少用水量。

办公、生活区采用节水型水龙头、便器。现场及生活区供水系统设置水表计量并做好用水统计。办公、生活区设置雨水收集罐。

2）用水安全

对收集到的雨水及循环水，应安排专人放置漂白粉消毒，并送至有资质的机构进行检测，检测合格后方准使用。

（4）节能措施

1）技术措施

制订合理施工能耗指标，提高施工能源利用率。

优先使用国家、行业推荐的节能、高效、环保的施工设备和机具。

施工现场分别设定生产、生活、办公和施工设备的用电控制指标，在供电线路上设置电表，定期进行计量、核算、对比分析。

合理安排施工顺序、工作面，以减少作业区域的机具数量，相邻作业区充分利用共有的机具资源。安排施工工艺时，应优先考虑耗用电能的或其他能耗较少的施工工艺。避免设备额定功率远大于使用功率或超负荷使用设备的现象。

充分利用太阳能等可再生能源。生活区淋浴室设置太阳能热水器，利用太阳能进行水加热，减少能源消耗。

2）机械设备与机具

建立施工机械设备管理制度，开展用电、用油计量，完善设备档案，及时做好维修保养工作，使机械设备保持低耗、高效的状态。

选择功率与负载相匹配的施工机械设备，避免大功率施工机械设备低负载长时间运行。

合理安排工序，提高各种机械的使用率和满载率，降低各种设备的单位耗能。

3）生产、生活及办公临时设施

利用场地自然条件，合理设计生产、生活及办公临时设施的体形、朝向、间距和窗墙面积比，使其获得良好的日照、通风和采光。

临时设施宜采用节能材料，墙体、屋面使用隔热性能好的材料。

合理配置风扇等数量，规定使用时间，实行分段分时使用，节约用电。生活区在工人下班时准许使用，上班后关掉电源。

4）施工用电及照明

临时用电优先选用节能电线和节能灯具，临电线路合理设计、布置。

(5) 节地与施工用地保护措施

1）临时用地指标

现场平面布置合理、紧凑，在满足环境、职业健康与安全及文明施工要求的前提下尽可能减少废弃地和死角，临时设施占地面积有效利用率大于90%。

2）临时用地保护

对深基坑施工方案进行优化，减少土方开挖和回填量，最大限度地减少对土地的扰动，保护周边自然生态环境。本工程地质情况较好，持力层为微风化岩，边坡情况稳定。因此边坡开挖放坡系数为1∶0.3，临近道路一侧则采用桩板挡墙以减少开挖量和回填量。

红线外临时占地应尽量使用荒地、废地，少占用农田和耕地。工程完工后，及时对红线外占地恢复原地形、地貌，使施工活动对周边环境的影响降至最低。本工程为拆迁安置工程，红线外为以拆迁旧房空地，无农田和耕地。

保护施工用地范围内原有绿色植被。对于施工周期较长的现场，可按建筑永久绿化的要求，安排场地新建绿化。本工程完工后，由开发单位按照政府统一规划及设计图纸，邀请专业单位进行场区的绿化施工。

3）施工总平面布置

施工总平面布置应做到科学、合理，充分利用原有建筑物、构筑物、道路、管线为施工服务。本工程为拆迁安置工程，场地范围内无原有建筑物等可利用。

施工现场搅拌站、仓库、加工厂、作业棚、材料堆场等布置应尽量靠近已有交通线路或即将修建的正式或临时交通线路，缩短运输距离。

临时办公和生活用房采用经济、美观、占地面积小、对周边地貌环境影响较小，且适合于施工平面布置动态调整的多层轻钢活动板房标准化装配式结构。生活区与生产区应分开布置，并设置标准的分隔设施。

施工现场围墙采用连续封闭的预制装配式活动围挡，减少建筑垃圾，保护土地。

【案例 6-2】美国 LEED 认证在绿色施工管理中的应用

目前我国正处于加快推进工业化、城镇化、新农村建设的关键时期，发展绿色建筑不仅有利于转变城镇的建筑模式，促进新兴产业发展，还能够有力地应对能源危机，落实可持续发展观，因此发展绿色建筑是必然趋势。

绿色建筑必须充分利用资源，节约材料、用水、用电及用地，最大程度地减少对环境的破坏。不断引进新技术、新材料、新方法及新设备，使得施工过程更科学、更合理、更节约、更高效。对于绿色建筑的评估，不同国家制定了多种评估体系，比如：美国的 LEED 认证系统，英国的 BREEAM 认证系统，日本的 CASBEE 认证系统等。其中美国的 LEED（Leadership in Energy and Environmental Design）认证系统被认为是最具影响力且公认的绿色建筑评估体系。LEED 由美国绿色建筑协会建立并于 2003 年开始推行，在美国部分州和一些国家已被列为法定强制标准。

LEED 认证过程对于施工阶段的要求是比较严格的，主要包含以下几方面内容：

1. 水土保持和泥沙淤积控制

施工中土石方开挖形成的废弃渣土应运到指定弃土场堆放，对于有毒有害的渣土还应运到有毒有害废弃物中心进行消纳。对确定的弃土应及时做好环保设计，及时平整绿化，做好排水设施，防止水土流失及泥水冲刷、淤积周围农田和施工场地。合理布置施工场地，生产、生活设施尽量少占农田，施工尽量不破坏原有植被，不损坏用地范围外的树木、绿化、堰塘、道路及其他建、构筑物设施，保护自然环境，采取避免水土流失的措施，如种植适宜的植物固土等。

2. 减少施工过程中对生态环境的破坏

调查施工场地范围内的水资源、土壤条件、生态系统、野生动走廊、植被分布和绿化情况，分析和评估施工可能对自然环境造成危害的因素。采取环境保护措施，尽量减少项目开发对现有自然和非自然系统可能产生的负面影响。

运输卡车必须装载适量，严禁沿途漏洒和污染路面。运送易被风吹落的粉状料时进行必要的覆盖，雨期必须保持车辆轮胎卫生，以免污染道路。在施工过程中，使用节水设施节约用水并严格监管水资源的浪费问题。施工过程产生的污水，严禁直接排放，需妥善收集，回收再利用或者经过水处理达标后才能排放。同时施工中还会产生噪声，严重影响周围居民的生活，应采取措施，如设置隔声板或者安装消声设备、改变工序等以降低噪声。

3. 施工废弃物管理

制定并实施废弃物管理计划，明确适宜的回收方法、可回收物品运输和加工单位以及加工后的产品的潜在市场。设临时堆放场，对纸质、木质、金属和玻璃类垃圾实行分类管理，以便回收再利用或送废品收购站；对于有毒有害物质，应运输到专门的有毒有害废弃物中心进行消纳和处理。

4. 施工期间及入住前室内空气质量管理

在施工合同总则中应明确室内污染物监测，包括甲醛、苯、氨、总挥发性有机化合物（TVOC）等气体浓度的监测要求，在施工前制定详细的室内空气质量（Indoor Air Quality，IAQ）管理计划，在施工期间保护通风系统各组件，在完工后清洁受污染的组件。室内污染物检测合格后方可投入使用。

【案例 6-3】 中国绿色建筑评价标准与 LEED 标准

LEED（Leadership in Energy and Environmental Design）是评价绿色建筑的工具。自 2003 年 LEED 标准进入中国市场以来，中国已经成为 LEED 认证的全球第二大国，仅次于美国。中国国内几经修订完成的国家标准《绿色建筑评价标准》GB/T 50378—2019 自 2019 年 8 月 1 日起正式实施。

1. 适用的建筑类型

中国绿色建筑评价标准以单栋建筑或建筑群为评价对象，适用的建筑类型为各类民用建筑。LEED 标准适用的建筑类型包括五类，分别为：新建建筑设计及施工（LEED BD+C)、既有建筑运营及维护（LEED O+M)、室内装修设计及施工（LEED ID+C)、住宅建筑（LEED HOMES)、社区开发（LEED ND)。其中 LEED BD+C 又分为新建建筑（LEED NC)、核心与外壳（LEED CS)、学校、零售、数据中心等。

2. 评价指标体系

中国绿色建筑评价标准指标体系由“控制项基础分值”“安全耐久”“健康舒适”“生活便利”“资源节约”“环境宜居”“提高与创新加分项”7 类指标组成。控制项必须满足，总共 400 分，满分值最高 1100 分，总得分应按照加权后得分，满分 110 分，见表 6-12。

绿色建筑评价分值 **表 6-12**

	控制项基础分值	评价指标评分项满分值					提高与创新加分项满分值
		安全耐久	健康舒适	生活便利	资源节约	环境宜居	
预评价分值	400	100	100	70	200	100	100
评价分值	400	100	100	100	200	100	100

LEED 标准对建筑物进行绿色评估从“选址与交通”“可持续场地”“节水”“能源与大气”“材料与资源”“室内环境质量”“创新”“区域优先”等八个方面进行考察，含有 12 个先决条件（必须满足)，43 个得分点，满分 110 分。

3. 评价等级划分

中国绿色建筑等级划分包括：基本级、一星级、二星级、三星级 4 个等级。绿色建筑星级等级的确定标准为：

（1）一星级、二星级、三星级 3 个等级的绿色建筑均应满足本标准全部控制项的要求，且每类指标的评分项得分不应小于其评分项满分值的 30%；

（2）一星级、二星级、三星级 3 个等级的绿色建筑均应进行全装修，全装修工程质量、选用材料及产品质量应符合国家现行有关标准的规定；

（3）当总得分分别达到 60 分、70 分、85 分且应满足有关技术要求时，绿色建筑等级分别为一星级、二星级、三星级。

LEED标准划定的绿色建筑等级从低到高分别为：认证级、银级、金级及铂金级。

4. 认证流程

中国绿色建筑星级认证流程包括：递交申报材料，形式审查，专业评价及反馈、专家评审及反馈、公示与公告、获得认证。

LEED标准流程包括：注册、网上提交申报文件，审核申请文件及反馈、获得认证。

5. 证书有效期

中国绿色建筑评价标准星级认证证书有效期分为“设计标识”和“运行标识”。其中，“设计标识”有效期二年，“运行标识”有效期三年。LEED认证为终身有效（LEED EB除外）。

6.3　建筑行业职业健康安全管理

6.3.1　建筑行业职业健康与职业病

1. 职业健康与职业病

健康是人类生存和发展的基础，是家庭幸福与社会和谐进步的基础。如果没有健康的身体，不仅个人要经受疾病的折磨，影响工作生活，还会给家庭、社会带来负担。

1950年由国际劳工组织（ILO）和世界卫生组织（WHO）的联合职业健康委员会定义的职业健康是指：以促进并维持各行业职工的生理、心理及社交处在最好状态为目的，并防止职工的健康受工作环境影响，保护职工不受健康危害因素伤害，并将职工安排在适合他们的生理和心理的工作环境中。

职业病则是指劳动者在职业活动中，因接触粉尘、放射性物质或其他有毒、有害物质等引起的疾病。

2. 建筑行业职业健康要求的一般规定

（1）在接触性毒物场所进行作业时，应限制毒物浓度，并符合国家标准；

（2）有毒有害物质的存放。应使用通风良好的专用库房；不与其他材料混放；库房与其他建筑之间应保持安全距离。

（3）沥青的存放。应为不受阳光直射和不易溶化的场所。

（4）挥发性油料的储存。应装入密闭容器内，并妥善保管。

（5）散发有害气体和粉尘的设备。应进行密封或安装通风、吸尘和净化装置；并尽可能采用湿作业。

（6）有害作业场所。应保持通风良好及场内清洁卫生。

（7）废弃物的处理。不得以危害健康的方式在工地销毁和处理废弃物。

（8）个人卫生和防护。应按规定使用防护品，进行每日个人清洁维护；定期进行身体检查；不适于有害作业的病患者应及时调换工作岗位。

6.3.2　建筑行业的职业病危害

建筑行业职业病危害因素来源多，施工工艺、施工环境以及施工过程都有可能产生危害因素。

1. 建筑业职业危害的来源

（1）施工工艺过程中产生的有害因素

1）化学有害因素。比如铅苯汞、有机磷农药等：生产性粉尘，如煤尘有机粉尘等。

2）物理有害因素。比如异常高温、潮湿、噪声、振动、紫外线、X射线等。

3）生物有害因素。比如附着在皮肤上的炭疽杆菌、布氏杆菌等。

（2）生产劳动过程中产生的有害因素

1）生产劳动组织和休息制度不合理。比如劳动时间过长、轮班制度不合理等。

2）生产劳动过程中精神（心理）过度紧张。

3）劳动强度过大或劳动安排不当。比如安排的作业与劳动者的生理状况不相适应、超负荷加班加点等。

4）机体过度疲劳、光线不足引起的视力疲劳等。

5）长时间处于某种不良体位或使用不合理的工具等。

（3）生产环境中存在的有害因素

1）生产场所设计不符合卫生标准或要求。比如有毒和无毒安排在一起等。

2）缺乏必要的卫生技术设施。比如没有通风换气、防尘、防毒、防噪声等设备。

3）安全防护设备和个人防护用品装备不全。

2. 建筑业职业危害的种类

（1）粉尘危害

水泥搬运、石材加工、喷砂除锈、破桩作业以及建筑物的拆除等施工活动均会产生大量的矿物性粉尘，长期吸入可导致硅肺病。

（2）辐射危害

建筑施工过程中一些仪器仪表的使用、电焊作业活动等可能产生天然或人为的辐射，使有关人员受到辐射伤害。

（3）有毒物品危害

建筑施工过程中接触到的多种有机溶剂，如防水施工中接触到的苯、甲苯、二甲苯、苯乙烯；喷漆作业接触到的苯、苯系物以及醋酸乙酯、氨类、甲苯二氰酸等，在使用过程中挥发至一定浓度后，容易发生急性中毒和死亡事故。

（4）金属烟雾危害

在焊接作业时可能产生多种含有害物质的烟雾，如电气焊时使用锰焊条产生锰尘、锰烟、氟化物、臭氧及一氧化碳等，可导致作业人员患尘肺及慢性中毒。

（5）生产性噪声和局部振动危害

建筑行业施工中使用机械工具会产生较强的噪声和局部的振动，长期接触噪声会损害听力，严重时造成耳聋。长期接触振动则容易损害手的功能，造成振动危害。

（6）高温作业危害

长期高温作业可引起人体水电解质紊乱，损害中枢神经系统，造成人体虚脱，昏迷甚至休克，造成意外事故。

3. 建筑业常见职业病

2013年，国家卫生计生委、人力资源社会保障部、安全监管总局、全国总工会联合印发《职业病分类和目录》，将职业病分为职业性尘肺病及其他呼吸系统疾病、职业性皮肤病、职业性眼病、职业性耳鼻喉口腔疾病、职业性化学中毒、物理因素所致职业病、职业性放射性疾病、职业性传染病、职业性肿瘤、其他职业病等10类132种。

职业病中与建筑行业有关的职业病主要有职业中毒、尘肺、物理因素所致职业病、职业性皮肤病、职业性眼病、职业性耳鼻喉口腔疾病、职业性肿瘤和其他职业病。建筑业比较常见的职业病有：

（1）尘肺病

1）矽肺。如碎石装运作业喷浆作业。

2）水泥尘肺。如水泥搬运、投料拌和、浇捣作业。

3）电焊尘肺。如手工电弧焊、气焊作业。

（2）职业中毒

1）锰及其化合物中毒。如手工电弧焊作业。

2）氮氧化合物以及一氧化碳中毒。如手工电弧焊、电渣焊、气割、气焊作业。

3）苯中毒、甲苯中毒、二甲苯中毒。如油漆作业可能导致上述的中毒情况发生。

4）五氯酚中毒。如装饰装修作业。

6.3.3　建筑行业职业病防护与管理

1. 建筑行业职业病控制原则

建筑行业职业病控制措施原则上可以分为三级防控措施。

（1）一级预防。包括建设项目职业危害三同时审查、工程技术控制措施、对施工作业人员的宣传教育培训、岗前体检和个体防护、管理部门的监督检查等。

（2）二级预防。包括岗中、离岗职业健康体检，发现职业禁忌症要及时调离岗位，做到早期发现早期治疗。

（3）三级预防。包括发现职业病患者后进行及时治疗，减少伤残和死亡。

2. 建筑行业职业病防护与管理

（1）职业卫生防护与管理的基本要求

1）工作场所职业卫生防护与管理的基本要求

① 危害因素的强度或者浓度应符合国家职业卫生标准。

② 有与职业病危害防护相适应的设施。

③ 现场施工布局合理，应符合有害与无害作业分开的原则。

④ 应有配套的卫生保健设施。

⑤ 设备、工具、用具等设施符合保护劳动者生理、心理健康的要求。

⑥ 法律、法规和国务院卫生行政主管部门关于保护劳动者健康的其他要求。

2）生产过程职业卫生防护与管理的基本要求

① 建立健全职业病防治管理制度。

② 采取有效的职业病防护设施，为劳动者提供个人使用的职业病防护用具、用品，防护用具、用品必须符合防治职业病的要求，不符合要求的不得使用。

③ 应优先采用有利于防治职业病和保护劳动者健康的新技术、新工艺、新材料、新设备，不得使用国家明令禁止使用的可能产生职业病危害的设备或材料。

④ 应书面告知劳动者工作场所或工作岗位所产生或者可能产生的职业病危害因素的危害后果和应采取的职业病防护措施。

⑤ 应对劳动者进行上岗前的职业卫生培训和在岗期间的定期职业卫生培训。

⑥ 对从事接触职业病危害作业的劳动者，应组织上岗前、在岗期间和离岗时的职业

健康检查。

⑦ 不得安排未经上岗前职业健康检查的劳动者从事接触职业病危害的作业，不得安排有职业禁忌的劳动者从事其所禁忌的作业。

⑧ 不得安排未成年工从事接触职业病危害的作业，不得安排孕期、哺乳期的女职工从事对本人和胎儿、婴儿有危害的作业。

⑨ 用于预防和治理职业病危害、工作场所卫生检测、健康监护和职业卫生培训等费用，按照国家有关规定，应在生产成本中据实列支，专款专用。

（2）建筑行业职业病基本防护与管理

1）施工单位应根据法律、法规的规定，制定施工现场的公共卫生突发事件应急预案。

2）施工现场应配备常用药品及绷带、止血带、颈托、担架等急救器材。

3）施工现场应结合季节特点，做好作业人员的饮食卫生和防暑降温、防寒取暖、防煤气中毒、防疫等各项工作。

4）施工现场应设保洁员，负责现场日常的卫生清扫和保洁工作。

5）施工现场办公室内布局应合理，文件资料宜归类存放，保持室内清洁卫生。

6）施工现场生活区内应设置开水炉、电热水器或饮用水保温桶，施工区应配备流动保温水桶，水质应符合饮用水安全卫生要求。

7）炊事人员上岗时应穿戴干净的工作服、工作帽及口罩，保持个人卫生。

思 考 题

1. 建筑文明施工有哪些措施？
2. 怎样建立文明工地？
3. 文明施工安全检查中包含哪些项目？
4. 什么是绿色施工？
5. 施工现场主要职业危害有哪些？怎样防治？

7 建筑施工现场安全资料管理

7.1 建筑施工现场安全资料管理

7.1.1 施工现场安全资料管理工作内容

建筑施工安全资料管理是工程项目施工管理的重要组成部分，是预防安全生产事故和提高文明施工管理的有效措施。

施工安全资料管理工作内容包括：

(1) 设专职或兼职安全资料员。安全资料员持证上岗，保证资料管理责任的落实。安全资料员应及时收集、整理安全资料，督促建档工作，促进企业安全管理上台阶。

(2) 安全资料的整理应做到现场实物与记录相符，行为与记录相吻合，能够反映施工现场安全管理工作全貌。

(3) 建立定期、不定期的安全资料检查与审核制度，及时查找问题，及时整改。

(4) 安全资料实行按岗位职责分工编写，及时归档并定期装订成册的管理办法。

(5) 建立借阅台账，及时登记，及时追回，收回时做好检查工作，确认是否有损坏以及资料丢失现象发生。

7.1.2 施工现场安全管理资料的归类与保管

建筑施工安全相关资料的搜集、整理、归档，应按照《建设工程施工现场安全资料管理规程》CECS 266—2009 的规定进行，包括：

(1) 应按单位工程分别进行整理和组卷。

(2) 应按资料形成的参与单位进行组卷。一卷为建设单位形成的资料；二卷为监理单位形成的资料；三卷为施工单位形成的资料。各分包单位形成的资料单独组成为第三卷内的独立卷。

(3) 每卷资料的排列顺序为封面、目录、资料及封底。封面应包括工程名称、案卷名称、编制单位、编制人员及编制日期。案卷页号应以独立卷为单位顺序编写。

施工现场安全资料的保管工作包括：

(1) 施工现场安全资料按篇及编号分别装订成册，装入档案盒内。

(2) 施工现场安全资料集中存放于资料库内，加锁，由专人负责管理以防丢失、损坏。

(3) 工程竣工后，安全资料上交公司档案室储存、保管、备查。

7.2 建筑施工现场安全资料的分类管理

建设工程施工现场安全资料分为安全生产保证体系文件和安全记录两大类，是建设单位、监理单位和施工单位对建设工程施工项目进行规范化、标准化、制度化管理过程中所形成的文件资料和工作记录。

7.2.1 施工现场安全生产保证体系文件

建设工程施工现场安全生产保证体系文件包括：

(1) 施工现场安全生产保证计划，比如建设项目生产安全保证计划。

(2) 项目工程施工组织设计，比如项目工程施工现场安全施工组织设计、施工现场临时用电施工组织设计等。

(3) 分部分项工程专项施工方案，比如基坑支护施工方案、土方开挖施工方案、模板施工专项技术措施等。

(4) 各类程序文件，比如分包控制程序文件、文件控制程序文件等。

(5) 各类安全管理制度，比如安全教育培训制度、安全检查验收制度、安全事故管理制度等。

(6) 各类安全生产作业指导书，比如各施工机械或各岗位工种安全操作规程、各类应急预案等。

7.2.2 施工现场安全记录

建设工程施工现场安全管理记录包括：

(1) 与策划活动有关的记录，比如现场危险源及不利环境因素辨识与评价记录、安全技术文件审批记录等。

(2) 与实施活动有关的记录，比如各类安全技术交底记录、班前讲话记录等。

(3) 与检查活动有关的记录，比如施工现场安全检查评分记录等。

(4) 与改进活动有关的记录，比如事故隐患整改记录等。

7.2.3 施工现场各类安全资料

1. 安全控制管理资料

(1) 施工现场安全生产管理概况表

施工现场安全生产管理概况表包括工程基本信息、相关单位情况和施工现场安全管理组织及主要安全管理人员情况。

(2) 施工现场重大危险源识别汇总表

项目经理应依据项目重大危险源控制措施的内容，对施工现场存在的重大危险源进行汇总，按要求逐项填写，并由项目技术负责人批准发布。

(3) 施工现场重大危险源控制措施表

项目经理部应根据项目施工的特点，对作业过程中可能出现的重大危险源进行识别和评价，确定重大危险源控制措施，并按要求要求进行记录，每张表格只能记录一种危险源。

(4) 施工现场危险性较大的分部分项工程专项施工方案表

危险性较大的分部分项工程应编制专项施工方案。专项施工方案的编制内容包括工程概况、编制依据、施工计划、施工工艺技术、施工安全保证措施、劳力计划、计算书及相关图纸。

(5) 施工现场超过一定规模危险性较大的分部分项工程专家论证表

按照国务院建设行政主管部门或其他部门规定，必须编制专项施工方案的危险性较大的分部分项工程和其他必须经过专家论证的危险性较大的分部分项工程，项目经理应在汇总表中进行记录。专家组应按照论证的内容提出书面论证审查报告，并作为安全专项施工方案的附件。

(6) 施工现场安全生产检查表汇总表

项目经理部和项目监理部每月至少一次对施工现场安全生产状况进行联合检查，检查内容应按照《建筑施工安全检查标准》的现场检查表的要求进行，对安全管理、文明施工、脚手架、基坑工程、模板支架、高处作业、施工用电、物料提升架与施工升降机、塔式起重机与起重吊装、施工机具等十项内容进行评价。对所发现的问题在表中应有记录，并履行整改复查手续。

(7) 施工现场安全技术交底表及汇总表

分部分项工程施工前及有特殊风险项目作业前，应由项目技术负责人对施工作业人员进行书面安全技术交底，并填写施工现场安全技术交底表。同时，项目经理部应将各项安全技术交底按照作业内容及施工先后顺序依次汇总，存放施工现场，以备查验。

(8) 施工现场作业人员安全教育记录表

项目经理部对新入场、转场及变换工种的施工人员必须进行安全教育，经考试合格后方准上岗作业；同时应对施工人员每年至少进行两次安全生产培训，并对被教育人员、教育内容、教育时间等基本情况进行记录。

(9) 施工现场安全事故原因调查表

施工现场凡发生生产安全事故的，应按照施工现场安全事故原因调查表的要求进行原因调查与分析并记录。

(10) 施工现场特种作业人员登记表

电工、焊（割）工、架子工、起重机械作业工（包括司机、安装/拆卸、信号指挥等）、场内机动车驾驶等特种作业人员上岗前，项目经理部应审查特种作业人员的操作证，核对资格证原件后在复印件上盖章并由项目经理部存档，并填入登记表。

(11) 施工现场地上、地下管线保护措施验收记录表

施工现场应在平整场地、槽、坑、沟土方开挖前，编制地上、地下管线保护措施，由项目技术负责人组织相关人员进行审查，填写验收记录表。

(12) 施工现场安全防护用品合格证及检测资料登记表

项目经理部对采购和租赁的安全防护用品和涉及施工现场安全的重要物资应认真审核生产许可证、产品合格证、检测报告等相关文件，进行登记存档。

(13) 施工现场施工安全日志表

施工安全日志应由专职安全员按照日常安全活动和安全检查情况，逐日记录。施工安全日志应装订成册（防拆的）。页次、日期应连续，不得缺页缺日，填写错可划“×”作废，但不能撕掉。工程项目部安全负责人应定期对安全日志进行检查，并签名以示负责。

(14) 施工现场班（组）班前讲话记录表

各作业班（组）长于每班工作开始前必须对本班（组）全体人员进行班前安全交底，并填写讲话记录表。本表可以班（组）为单位或工程项目为单位装订成册。由安全员将班（组）活动记录，以天装订，然后按日期顺序成册。

(15）施工现场安全检查隐患整改记录表

项目安全负责人组织检查过程中，针对存在的安全隐患填写安全检查隐患整改记录表。其中应包括检查情况及安全隐患、整改要求、整改后复查情况等内容，并签字负责。

(16）监理通知回复单

项目负责人接到监理通知后应积极组织整改，整改自行检查符合要求后，填写此表，报项目监理部复查。

(17）施工现场安全生产责任制

项目经理部应将现场安全机构设置、制度、生产安全目标、管理责任书形成文字，并公布在施工现场。

(18）施工现场总分包安全管理协议书

总分包应签订安全管理协议书，落实有关安全事项，并形成文件。

(19）施工现场施工组织设计及专项安全技术措施

项目经理部应针对工程项目编制施工组织设计及专项安全技术措施。

(20）施工现场冬雨风期施工方案

项目经理部应对冬雨期、台风季节施工的项目，制订针对性的专项施工方案，即冬期施工方案、雨期防雨防涝方案、防台风方案等，并应有检查记录，以保证工程质量和施工正常进行。

(21）施工现场安全资金投入记录

项目经理部应在工程开工前编制安全资金投入计划，取得项目监理部的认可，并以月为单位对项目安全资金使用情况进行小结。

(22）施工现场生产安全事故应急预案

项目经理部应编制生产安全事故应急预案，成立应急救援组织，配备必要的应急救援器材和物资。对全体施工人员进行培训，定期组织演练，并有相应的记录。

(23）施工现场安全标识

施工现场各类安全标识发放、使用情况应进行登记。现场安全标识设置应与施工现场安全标识布置平面图相符，使安全标识起到应有的效果。

(24）施工现场自身检查违章处理记录

施工现场的违章作业、违章指挥及处理整改情况应及时进行记录，建立违章处理记录台账。

(25）本单位上级管理部门、政府主管部门检查记录

本单位上级管理部门、政府主管部门来施工现场检查的有关情况，检查出的不足之处，整改建议等。

2. 施工现场保卫消防资料

(1）施工现场消防重点部位登记表

项目经理部应根据防火制度要求对施工现场消防重点部位进行登记。

(2）施工现场用火作业审批表

一级动火由项目负责人组织编制防火安全技术方案，填写动火申请表，报企业安全管理部门审查批准后，方可动火。

二级动火由项目责任工程师组织拟定防火安全技术措施，填写动火申请表，报项目安全管理部门和项目负责人审查批准后，方可动火。

三级动火由所在班组填写动火申请表，经项目责任工程师和项目安全管理部审查批准后，方可动火。

动火证当日有效，如动火地点发生变化，则需重新办理动火审批手续。

(3) 施工现场消防保卫定期检查记录

施工现场安全负责人应根据有关要求，定期组织对施工现场消防、保卫设施的检查并进行记录。

(4) 施工现场居民来访记录

(5) 施工现场消防设备平面图

施工现场消防设施、器材平面图应明确现场各类消防设施、器材的布置位置和数量。

(6) 施工现场保卫消防制度及应急预案

项目经理部应制定施工现场的保卫消防制度、现场保卫消防管理方案、重大事件、重大节日管理方案、现场火灾应急救援预案等相关技术文件，并将文件对相关人员进行交底。

(7) 施工现场保卫消防协议

建设单位与总承包单位、总承包单位与分包单位必须签订现场保卫消防协议，明确各方相关责任，协议必须履行签字、盖章手续。

(8) 施工现场保卫消防组织机构及活动记录

施工现场应设立保卫消防组织机构，成立义务消防队，定期组织教育培训和消防演练，各项活动应有文字和图片记录。

(9) 施工现场消防审批手续

项目经理部应将消防安全许可证存档，以备查验。

(10) 施工现场消防设施、器材维修记录

施工现场各类消防设施、器材的生产单位应具有公安部门颁发的生产许可证、各类设施、器材的相关技术资料项目经理部应进行存档。项目经理部应定期对消防设施、器材检查，按使用年限及时更换、补充、维修，验收、维修等工作应有文字记录。

(11) 施工现场防火等高温作业施工安全措施及交底

施工现场防火等高温作业施工时，应制定相关的防中暑、防火灾的安全防范技术措施，并对所有参与防火作业的施工人员进行书面交底，所有被交底人必须履行签字手续。

(12) 施工现场警卫人员值班、巡查工作记录

施工现场警卫人员应在每班作业后填写警卫人员值班、巡查工作记录，对当班期间主要事项进行登记。

3. 施工现场脚手架资料

(1) 脚手架、卸料平台和支撑体系设计及施工方案

落地式钢管扣件脚手架、工具式脚手架、卸料平台及支撑体系等应在施工前编制相应专项施工方案。

（2）钢管扣件式支撑体系验收表

水平混凝土构件模板或钢结构安装使用的钢管扣件式支撑体系搭设完成后，工程项目部应依据相关规范、施工组织设计、施工方案及相关技术交底文件，由项目经理组织质量、安全部门的人员和搭设、使用单位进行验收，填写钢管扣件式支撑体系验收表，项目监理部对验收资料及实物进行检查并签署意见。对于超过一定规模的危险性较大的分部分项工程的高大模板，验收人员包括：

1）总承包单位和分包单位技术负责人或授权委派的专业技术人员、项目负责人、项目技术负责人、专项施工方案编制人员、项目专职安全生产管理人员及相关人员；

2）监理单位项目总监理工程师及专业监理工程师；

3）有关勘察、设计和监测单位项目技术负责人。

必需时也可邀请专家参加。

（3）落地式（悬挑）脚手架搭设验收表

落地式或悬挑脚手架应根据实际情况分段、分部位，由工程项目经理组织质量、安全及作业班组负责人等人员，按照以下阶段进行验收：

1）基础完工后即脚手架搭设前；

2）作业层上施加荷载前；

3）每搭设 6～8m 高度后；

4）达到设计高度后；

5）遇有 6 级以上大风或大雨后、停用超过一个月。

每次验收项目监理部对验收资料及实物进行检查并签署意见，合格后方可使用。

（4）工具式脚手架安装验收表

外挂脚手架、吊篮脚手架、附着式升降脚手架、卸料平台等搭设完成后，应由项目经理组织有关单位按规定的内容进行验收，合格后方可使用，验收时可根据进度分段、分部位进行。每次验收时项目监理部对验收资料及实物进行检查并签署意见。

4. 基坑支护与模板工程安全管理资料

（1）基坑、土方及护坡方案、模板施工方案

基坑、土方、护坡和模板施工必须按有关规定做到有方案、有审批。模板工程还应有设计计算书。

（2）基坑支护验收表和模板工程验收表

基坑支护和模板工程完成后施工单位应组织相关单位按照设计文件、施工组织设计、施工专项方案及相关规范进行验收，验收内容应按表进行。

（3）基坑支护沉降观测记录表、基坑支护水平位移观测记录表

总承包单位和专业承包单位应按有关规定对支护结构进行监测，并按要求进行记录，项目监理部对监测的程序进行审核并签署意见。如发现监测数据异常的，应立即督促项目经理部采取必要的措施。

（4）人工挖孔桩防护检查表

项目经理部应每天派专人对人工挖孔桩作业进行安全检查，项目监理部对检查表及实物进行检查并签署意见。

（5）特殊部位气体检测记录

对人工挖孔桩和密闭空间施工，应在每班作业前进行气体检测，确保施工人员安全，并将检测结果记录到表。

5.“三宝”“四口”及“临边”防护安全管理资料

(1) 施工现场“三宝”“四口”及“临边”防护检查记录

施工现场“三宝”“四口”及“临边”防护应按当地建设行政主管部门的规定定期进行检查。当地没有具体规定的，每周至少应检查一次。凡出现风、雨天气过后及每升高一层施工时，都应及时进行检查。

(2) 施工现场“三宝”“四口”及“临边”防护措施方案

项目经理部应在施工组织设计或有关专项安全技术方案中对“三宝”“四口”及“临边”防护作出详细规定，包括材料器具的品种、规格、数量、安装方式、质量要求及安装时间、责任人等。

6. 施工现场临时用电安全管理资料

(1) 临时用电施工组织设计及变更资料

临时用电设备在5台及5台以上或设备总容量在50kW或50kW以上者，均应编制临时用电施工组织设计，并按照《施工现场临时用电安全技术规范（附条文说明)》JGJ 46—2005的要求进行相关审核、审批手续。

(2) 施工现场临时用电验收表

施工现场临时用电工程必须由总包单位组织验收，合格后方可使用，验收时可根据施工进度分项、分回路进行，并填写施工现场临时用电验收表。项目监理部对验收资料及实物进行检查并签署意见。

(3) 总、分包临电安全管理协议

总包单位、分包单位必须订立临时用电管理协议，明确各方相关责任，协议必须履行签字、盖章手续。

(4) 电气设备测试、调试技术记录

电气设备的测试、检验凭单和调试记录应由设备生产者或专业维修者提供，项目经理部应将相关技术资料存档。

(5) 电气线路绝缘强度测试记录

电气线路绝缘强度测试记录主要包括临时用电动力、照明线路及其他必须进行的绝缘电阻测试，工程项目应将测量结果按系统回路填入电气线路绝缘强度测试记录表后报项目监理部审核。

(6) 临时用电接地电阻测试记录表

临时用电接地电阻测试记录表主要包括临时用电系统、设备的重复接地、防雷接地、保护接地以及设计有要求的接电阻测试，工程项目应将测量结果填入表后，报项目监理部审核。

(7) 电工巡检维修记录

施工现场电工应按有关要求进行巡检维修，并由值班电工每日填写，每月送交项目安全管理部门存档。

7. 施工升降机安全管理资料

(1) 施工现场施工升降机安装/拆卸任务书

施工升降机械安装/拆卸均应有明确的任务书，以保证安装质量和落实安装/拆卸的安全责任。

(2) 施工现场施工升降机安装/拆卸安全和技术交底记录

施工升降机安装/拆卸任务书下达后，安装/拆卸单位安全负责人、技术负责人应对升降机安装/拆卸的安全、技术措施进行详细的安全技术交底，以保证安装/拆卸质量和安全。

(3) 施工现场施工升降机基础验收表

施工升降机基础验收应根据升降机安装技术要求的承载力、强度、基础尺寸、底脚螺栓规格数量等进行。基础完工后达到一定强度，升降机安装前应进行全面验收。

(4) 施工现场施工升降机安装/拆卸过程记录

施工升降机安装/拆卸施工中，应对各安装/拆卸环节情况进行记录，包括各项工作的分工，每个施工人员的工作内容以及周围环境安装/拆卸过程中的一些情况，以便验收时了解安装/拆卸全过程的情况。

(5) 施工现场施工升降机安装验收记录

施工升降机安装验收是在升降机安装完毕，由安装单位组织有关单位负责人进行全面验收，判定是否符合标准。特别是试运行及坠落实验以及安全装置，应经过实地实验和检查。

(6) 施工现场施工升降机接高验收记录

施工升降机每次接高都应经过验收后才能运行使用。在接高过程中应进行记录，接高完成后应进行检查验收记录。

(7) 施工现场施工升降机运行记录

施工升降机在使用过程中，每日应对运行情况进行记录，并对发生的事项详细记录。

(8) 施工现场施工升降机维修保养记录

施工升降机应由产权单位负责定期维修保养。

(9) 施工现场机械租赁、使用、安装/拆卸安全管理协议书。

出租和承租双方应签订租赁合同和安全管理协议书，明确双方安全责任和义务。

(10) 施工现场施工升降机安装/拆卸方案

施工升降机安装前，应编制设备的安装/拆卸方案，经安装/拆卸单位技术负责人审核批准后方可进行作业。

(11) 施工现场施工升降机安装/拆卸报审报告

施工升降机安装/拆卸报审报告，按当地建设行政主管部门规定执行。

(12) 施工现场施工升降机使用登记台账

施工单位应建立施工升降机使用台账，每台机械使用情况应详细记录。

(13) 施工现场施工升降机登记备案记录

内容有设备登记编号、使用情况登记资料、安装告知手续等。

8. 施工现场塔式起重机、起重吊装资料

(1) 塔式起重机租赁、使用、拆装的管理资料

对施工现场租赁的塔式起重机，出租和承租双方应签订租赁合同，并签订安全管理协议书，明确双方责任和义务。委托安装单位拆装塔式起重机时，还应签订拆装合同。塔式

起重机的拆装单位资质、相关人员的资格证等材料及设备统一编号、检测报告等应一并存档。

（2）塔式起重机拆装统一检查验收表格

塔式起重机安装过程中，安装单位或施工单位应根据施工进度分别认真填写表的有关内容。塔式起重机安装完毕后，应由施工总承包单位、分包单位、出租单位和安装单位共同进行验收。塔式起重机每次顶升、锚固时，均应填写记录。

塔式起重机安装验收完毕、使用前，还应经有相应资质的检验检测机构检测，检测合格后，总承包单位应按照要求报项目监理部。

塔式起重机拆卸时，拆装单位应填写记录。

（3）起重机械拆装方案及群塔作业方案、起重吊装作业的专项施工方案

塔式起重机安装与拆除、起重吊装作业等必须编制专项施工方案，涉及群塔（2台及2台以上）作业时必须制定相应的方案和措施。群塔作业时，总承包单位应根据方案要求，合理布置塔式起重机的位置，确保各相邻塔式起重机之间的安全距离，并绘制平面布置图。

（4）对塔机组和信号工安全技术交底

塔式起重机使用前，总承包单位与机械出租单位应共同对塔机组人员和信号工进行联合安全技术交底，对塔式起重机性能、安全使用、施工现场注意事项等内容对相关人员做出安全技术交底，并做好记录。

（5）施工起重机械运行记录

塔式起重机、施工电梯、移动式起重机、物料提升机等起重机械操作人员应在每班作业后填写施工起重机械运行记录，运行中如发现设备有异常情况，应立即停机检查报修，排除故障后方可继续运行，同时将情况填入记录。起重机械运行记录每本填写完后送交设备产权单位存档。

9. 施工现场机械安全管理资料

（1）机械租赁合同、出租、承租双方安全管理协议书

对施工现场租赁的机械设备，出租和承租双方应签订租赁合同和安全管理协议书，明确双方责任和义务。

（2）物料提升机、施工升降机、电动吊篮拆装方案

施工现场物料提升机、施工升降机、电动吊篮安装前，应编制设备的安装、拆除方案，经审核、审批后方可进行安装与拆卸工作。

（3）施工升降机拆装统一检查验收表格

施工升降机安装过程中，安装单位或施工单位应根据施工进度分别填写有关内容。施工升降机安装完毕后，应由施工总承包单位、分包单位、出租单位和安装单位共同进行验收，验收合格后方可使用。施工升降机每次接高时，均应填写记录。

施工升降机拆卸时，拆装单位应填写记录。

（4）施工机械检查验收表（电动吊篮）

电动吊篮安装完成后，应由项目经理部组织分包单位、安装单位、出租单位相关人员对设备进行安装验收，并填写记录表。

（5）施工机械检查验收表

施工现场各类机械进场安装或组装完毕后，项目经理部应按照要求组织相关单位进行验收，并将相关资料报送项目监理部。

(6) 机械设备检查维修保养记录

项目经理部应建立机械设备的检查、维修和保养制度，编制设备保修计划。对设备的检查维修保养情况应有文字记录。

10. 施工现场安全管理资料（现场料具堆放、生活区）

(1) 现场生活区卫生设施布置图

现场生活区卫生设施布置图应明确各个区域、设施及卫生责任人。

(2) 办公室、生活区、食堂等各项卫生管理制度

办公室、生活区、食堂等各类场所应制定相应的卫生管理制度。

(3) 应急药品、器材的登记及使用记录

应配备必要的急救药品和器材，并对药品、器材的使用情况进行登记。

(4) 施工现场急性职业中毒应急预案

必须编制急性中毒应急预案，发生中毒事故时，应能有效启动。

(5) 食堂及炊事人员的证件

施工现场设置食堂时，必须办理卫生许可证和炊事人员的健康合格证，并将相关证件在食堂明示，复印件存档备案。

(6) 各阶段现场存放材料堆放平面图及责任划分

施工现场应绘制材料堆放平面图，现场内各种材料应按照平面图统一布置，明确各责任区的划分，确定责任人。

(7) 施工现场材料保存、保管制度

施工现场应根据各种材料特性建立材料保存、保管制度和措施，制定材料保存、领取、使用的各项制度。

(8) 施工现场成品保护措施

施工现场应制定各类成品、半成品的保护措施，并将措施落实到相关管理和作业人员。项目经理部应对垃圾、建筑渣土运输和处理单位的相关资料进行备案。

11. 施工现场环境保护资料

(1) 项目环境管理方案

应根据项目施工特点，对作业过程中可能出现的环境危害因素进行识别和评价，确定环境污染控制措施，编制项目环境保护管理措施。

(2) 环境保护管理机构及职责划分

应成立由项目经理负责的环境保护管理机构，制定相关责任制度，明确责任人。

(3) 施工噪声监测记录

施工现场作业过程中，各类设备产生的噪声在场界边缘应符合国家有关标准，项目经理部应定期在施工场地边界对噪声进行监测，并将结果记入施工噪声监测记录。

(4) 施工现场各种垃圾存放、消纳管理制度

项目经理部应对施工现场的垃圾、建筑渣土建立处理制度，并对处理结果进行检查，并及时对运输和处理情况进行记录。

12. 其他资料

(1) 安全技术交底表

分部分项工程施工前及有特殊风险项目作业前，应对施工作业人员进行书面安全技术交底，其内容应按照施工方案的要求，讲明操作者的安全注意事项，保证操作者的人身安全并按分部分项工程和针对作业条件的变化具体进行。项目经理部应将安全技术交底按照交底内容分类存档。

(2) 应知应会考核表登记及试卷

施工现场各类管理人员、作业人员必须对其所从事工作安全生产知识进行必要的培训教育，考核合格后方可上岗，项目经理部应将考核情况造表登记，并按照考核内容分类存档。

(3) 施工现场安全日志

施工现场安全日志应由专职安全管理人员按照日常检查情况逐日记载，单独组卷，其内容应包括每日检查内容和安全隐患处理情况。

(4) 班组班前讲话记录

各作业班组长于每班工作开始前必须对本班组全体人员进行班前安全活动交底，其内容应包括：本班组安全生产须知和个人应承担的责任；本班组作业中的危险点和采取的措施。

(5) 工程项目安全检查隐患整改记录

工程项目安全检查人员在检查过程中，针对存在的安全隐患应填写工程项目安全检查隐患整改记录。其中应包括检查情况及安全隐患、整改要求、整改后复查情况等内容，并履行签字手续。

思 考 题

1. 施工安全资料归档应如何进行管理？
2. 施工现场安全资料的分类包括哪些？
3. 施工单位施工现场安全资料包括哪些资料？
4. 工程项目环境保护、脚手架、施工用电、机械的资料分别包含哪些内容？
5. 某高层建筑地上18层，地下1层，建筑面积为18300m^2，现浇框架剪力墙结构，在2层结构设置转换层，框支梁最大尺寸为800mm×1800mm，楼板厚度为180mm，混凝土为C40。简述高大模板安全专项施工方案的安全技术交底内容。

第2篇 施工安全技术

8 土方与基础工程施工安全技术

8.1 土方工程施工安全技术

8.1.1 土方工程施工中的危险因素及其产生的危害

土方工程包括场地平整、基坑（槽）开挖、基坑回填土等。土方工程施工中的存在的潜在安全事故主要有：坍塌、物体打击、机械伤害、高处坠落、触电、淹溺等。

1. 坍塌

土方坍塌可能会造成施工人员被埋入土中并窒息死亡。由于施救困难，一旦发生坍塌事故，危害性较严重。土方坍塌的主要原因有：

(1) 不按岩土特性放坡或加设支撑。

(2) 岩土分布不均匀。

(3) 边坡坡顶超载。坡顶堆放土石方或物料，或车辆靠边行驶，而边坡支护设计中又未考虑这些因素影响。

(4) 沟槽内积水。沟槽内积水导致土壤中含水量增加，土的抗剪强度降低，使土坡稳定性变差。

(5) 振动引起土坡失稳。如在场地附近有打桩机等重型机械装置作业，或实施爆破作业，也容易使边坡失稳坍塌。

(6) 雨水冲刷或浸泡。雨水将使土壤中的含水量增加，降低了土壤的内聚力，造成边坡支护失效，从而造成塌方。

(7) 采用的边坡支护措施不当。若所选用的支撑方式与土的类型、环境工况不相适应(如松散的土壤未采用连续支撑)，则起不到支撑作用。施工顺序错误也会引起土坡失稳，如锚杆挡墙未按逆作法施工。

2. 物体打击

物体打击主要原因有：沟槽上方建筑物或设施上的意外坠落物造成下方作业人员打击伤害；放置在沟边的工具或设备不稳定，坠落到坑内造成人员伤害；堆放在沟边的材料不稳定而散落到坑内伤人、挖出的土石方发生滚落砸伤坑内作业人员等。

3. 机械伤害

机械伤害主要指机械设备运动（静止）部件、工具、加工件直接与人体接触引起的夹击、碰撞、剪切、卷入、绞、碾、割、刺等形式的伤害。各类转动机械的外露传动部分(如齿轮、轴、履带等）和往复运动部分都有可能对人体造成机械伤害。设备包括：运输机械，掘进机械，装载机械，钻探机械，破碎设备，通风、排水设备，选矿设备，其他转动及传动设备。事故的原因包括不按规程操作机械、机械设备存在缺陷等。

4. 高处坠落

未设上下坑槽的通道，施工人员在上下攀爬时坠落，或边坡未设置临边防护，导致人员掉落基坑。

5. 触电

当上空有高压电线时，在使用长金属杆或机械施工时，不小心与高压线接触而发生触电事故；电缆损坏也会引起触电事故。

6. 淹溺

基坑内积水，未及时采取截排水措施，人员落入积水的基坑导致淹溺。

7. 其他危险因素

其他危险因素包括不限于燃气管道破裂造成泄露和爆炸事故，化工管道破损造成毒气泄露以及噪声、振动、废气等。

8.1.2 土方工程安全技术措施

土方开挖前，应会同有关单位对附近已有建筑物、构筑物、道路、管线等进行检查和鉴定，对可能受开挖和降水影响的邻近建（构）筑物、管线制定相应的安全技术措施。在整个施工期间，加强监测其沉降和位移、开裂等情况，发现问题应与地勘单位、设计沟通，采取防护措施并及时处理。相邻基坑深浅不等时，一般应按先深后浅的顺序施工，否则应分析后施工的深坑对先施工的浅坑可能产生的危害，并应采取必要的保护措施。

大型土方和开挖较深的基坑工程，施工前应认真研究整个施工区域和施工场地内的工程地质和水文资料、邻近建筑物、构筑物的质量和分布状况、挖土和弃土要求、施工环境及气候条件等，编制专项施工组织设计（方案），制定有针对性的安全技术措施，严禁盲目施工。

1. 挖土的安全技术一般规定

（1）人工挖方时，应结合周围条件、开挖范围，合理安排工人的人数，保证每人必要的工作面。操作人员的横向距离一般应在 2m 以上，纵向间距应在 3m 以上。挖掘土方应自上而下进行，禁止采用挖空底脚或掏洞的方法进行。

（2）沟槽开挖必须遵循“开槽支撑，先撑后挖，分层开挖，严禁超挖”的原则。当地下水位较高时，在土方开挖前，必须在坑内采取措施，降低地下水位至坑底标高 0.5m 以下。

（3）挖土作业时应严格按照设计要求进行放坡，随时注意土壁的变形情况，如发现有裂缝或部分坍塌时，须及时进行支撑或放坡。当采取不放坡开挖时，应设置临时支护，各种支护应根据土质及基坑（槽）深度经计算确定。

（4）操作人员上下坑槽时，应设置上下坡道或安全梯，不得沿固壁支撑上下或直接从沟、坑边壁上挖洞攀登爬上或跳下。不得在坑、槽坡脚下休息。

（5）土方开挖应考虑对周围建筑物及管网的影响。在雨期进行土方施工时，工作面不宜过大，应逐段分期完成。汛期应有防洪措施，基坑内及坡顶周边应设置完善的排水系统，避免在坑中积水、泡软坡脚而引起边坡失稳坍塌。

（6）开挖槽、坑、沟时，应先沿直边切出槽边轮廓线。然后分步分层向下开挖，每步土层厚 300～350mm，每层厚度 600～700mm，开挖深度超过 1.5m 时，必须根据土质情况进行放坡或加可靠支撑。发现有坍塌征兆时，应立即撤离现场，并及时报告施工负责人，采取可靠排险措施后，方可继续挖土。

(7) 在坑边堆放弃土、材料和移动施工机械应与坑边保持一定距离。开挖出的土方，要堆放到指定的合适地点，不得堆放在槽坑、沟的边沿，以免由于地面堆载超荷引起边坡失稳或支撑破坏。在土质良好的条件下，堆土和材料距边缘的距离应大于 2m，高度不宜超过 1.5m。

(8) 挖土方不得在危岩、孤石的下边或临近危险建筑一侧进行，否则应采取加固措施。

2. 基坑挖土操作的安全重点

(1) 施工前，做好地质勘查和调查研究，掌握地质和地下埋设物情况，清除基坑设计范围以内的地下障碍物、地下管线等，以保证安全操作。

(2) 人员上下基坑应设坡道或爬梯。基坑边缘堆置土方或建筑材料或沿挖方边缘移动运输工具和机械，应按施工组织设计要求进行。

(3) 基坑开挖时，如发现边坡出现裂缝且继续发展，甚至土石方不断掉落时，施工人员应立即撤离操作地点，并应及时分析原因，采取有效措施处理。

(4) 深基坑上下应先挖好阶梯或支撑靠梯，或开斜坡道，采取防滑措施，禁止踩踏支撑上下，坑边四周应设安全栏杆。

(5) 人工吊运土方时，应检查起吊工具、绳索是否牢靠。吊斗下面不得站人，卸土堆应离开坑边一定距离，以防造成坑壁塌方。

(6) 用胶轮车运土，应先平整好道路，并尽量采取单行道，以免来回碰撞；用翻斗车运土时，两车前后间距不得小于 10m；装土和卸土时，两车间距不得小于 1.0m。

(7) 已挖完或部分挖完的基坑，在雨后或冬期解冻前，应仔细观察边坡情况，如发现异常情况，应及时处理或排除险情后方可继续施工。

(8) 基坑开挖后应对围护排桩的桩间土体，根据不同情况采用浇筑钢筋混凝土板、挂网喷细石混凝土等处理方法进行保护，防止桩间土方坍塌伤人。

(9) 支撑拆除前，应先安装好替代支撑系统，替代支撑的截面和布置应由设计计算确定。采用爆破法拆除混凝土支撑结构前，必须对周围环境和主体结构采取有效的安全防护措施。

3. 机械挖土的安全措施

(1) 大型土方工程施工前，应编制土方开挖方案，绘制土方开挖图，确定开挖方式、路线、顺序、范围、边坡坡度、土方运输路线、堆放地点以及安全技术措施等以保证挖掘、运输机械设备安全作业。

(2) 机械挖方前，应对现场周围环境进行普查，对临近设施在施工中要加强沉降和位移观测。

(3) 机械行驶道路应平整、坚实；必要时，底部应铺设枕木、钢板或路基箱垫道，防止作业时下陷。在饱和软土地段开挖土方应先降低地下水位，防止设备下陷或基土产生侧移。

(4) 开挖边坡土方，应自上而下，严禁切割坡脚，以防导致边坡失稳；当山坡坡度陡于 1∶5 或在软土地段时，不得在挖方上堆土。

(5) 机械挖土应分层进行，合理放坡，防止塌方、溜坡等造成机械倾翻、失稳等事故；

（6）多台挖掘机在同一作业面同时开挖，其间距应大于10m。多台挖掘机械在不同台阶同时开挖，应验算边坡稳定。上下台阶挖掘机前后应相距30m以上，挖掘机离下部边坡应有一定的安全距离，以防造成翻车事故。

（7）对边坡上的孤石、孤立土柱、易滑动危险土石体，在挖坡前必须清除，以防开挖时滑塌；施工中应经常检查挖方边坡的稳定性，及时清除悬置的土包和孤石；削坡施工时，坡底不得有人员或机械停留。

（8）挖掘机工作前，应检查油路和传动系统是否良好，操纵杆应置于空挡位置；工作时应处于水平位置，并将行走机械制动，工作范围内不得有人行走。挖掘机回转及行走时，应待铲斗离开地面，并使用慢速运转。往汽车上装土时，应待汽车停稳，驾驶员离开驾驶室，并应先鸣号，后卸土。卸料时，铲斗应尽量放低，并注意不碰撞汽车。挖掘机停止作业，应放在稳固地点，铲斗应落地，放尽贮水，将操纵杆置于空挡位置，锁好车门。挖掘机转移工作地时，应使用平板拖车。

（9）推土机启动前，应先检查油路及运转机构是否正常，操纵杆是否置于空挡位置。作业时，应将工作范围内的障碍物先予清除，非工作人员应远离作业区，先鸣号，后作业。推土机上下坡应采用低速行驶，上坡坡度不应超过25°，下坡坡度不应超过35°，横坡上行驶坡度不得超过10°。不得在陡坡上转弯。填沟渠或驶近边坡时，推铲不得超出边坡边缘，并换好倒车挡后方可提升推铲进行倒车。推土机应停放在平坦稳固的安全地方，放净贮水，将操纵杆置于空挡位置，锁好车门。推土机转移时，应使用平板拖车。

（10）铲运机启动前应先检查油路和传动系统是否良好，操纵杆应置于空挡位置。铲运机的开行道路应平坦，其宽度应大于机身2m以上。在坡地行走，上下坡度不得超过25°，横坡不得超过10°。铲斗与机身不正时，不得铲土。多台机在一个作业区作业时，前后距离不得小于10m，左右距离不得小于2m。铲运机上下坡道时，应低速行驶，不得中途换挡，下坡时严禁脱挡滑行。禁止在斜坡上转弯、倒车或停车。工作结束，应将铲运机停在平坦稳固地点，放净贮水，将操纵杆置于空挡位置，锁好车门。

（11）在有支撑的基坑中挖土时，必须防止碰坏支撑，在坑沟边使用机械挖土时，应计算支撑强度，危险地段应加强支撑。

（12）机械施工区域禁止无关人员进入场地内。挖掘机工作回转半径范围内不得站人或进行其他作业。土石方爆破时，人员及机械设备应撤离危险区域。挖掘机、装载机卸土时，应待整机停稳后进行，不得将铲斗从运输汽车驾驶室顶部越过；装土时，任何人都不得停留在装土车上。

（13）挖掘机操作和汽车装土行驶应听从现场指挥；所有车辆必须严格按规定的开行路线行驶。

（14）挖掘机行走和自卸汽车卸土时，必须注意上空电线，不得在架空输电线路下工作；如在架空输电线一侧工作时，在110～220kV电压时，垂直安全距离为2.5m，水平安全距离为4～6m。

（15）夜间作业时，机上及工作地点必须有充足的照明设施，在危险地段应设置明显的警示标志和护栏。

（16）冬期、雨期施工，运输机械和行驶道路应采取防滑措施，以保证行车安全。

(17) 遇7级以上大风或雷雨、大雾天气时，各种挖掘机及桩工、起重机械应停止作业，并将臂杆降低至30°～45°。

4. 土方回填施工安全技术

(1) 新工人必须参加入场安全教育，考试合格后方可上岗。

(2) 使用电夯时，必须由电工接装电源、闸箱，检查线路、接头、零线及绝缘情况，并经试夯确认安全后方可作业。

(3) 人工抬、移蛙式打夯机时必须切断电源。

(4) 用小车向槽内卸土时，槽边必须设横木挡掩，待槽下人员撤至安全位置后方可倒土。倒土时应稳倾缓倒，严禁撒把倒土。

(5) 从事回填土作业前必须熟悉作业内容、作业环境，对使用的工具要进行检修，不牢固者不得使用；作业时必须执行技术交底，服从带班人员指挥。

(6) 蛙式打夯机应由两人操作，一人扶夯，一人牵线。必须穿绝缘鞋、戴绝缘手套。严禁夯机砸线及在夯机运行时隔夯扔线。转向或倒线有困难时，应停机。清除夯盘内的土块、杂物时必须停机，严禁在夯机运转中清掏。

(7) 作业时必须根据作业要求，佩戴防护用品，施工现场不得穿拖鞋。从事淋灰、筛灰作业时穿好胶靴，戴好手套，戴好口罩，不得赤脚、露体，应站在上风方向操作，4级以上强风禁止筛灰。

(8) 配合其他专业工种人员作业时，必须服从该专业工种人员的指挥。

(9) 取用槽帮土回填时，必须自上而下台阶式取土，严禁掏洞取土。

(10) 作业后必须拉闸断电，盘好电线把，放在无水浸危险的地方，并盖好苫布。

(11) 作业时必须遵守劳动纪律，不得擅自动用各种机电设备。

(12) 蛙式打夯机手把上的开关按钮应灵敏可靠，手把应缠裹绝缘胶布或套胶管。

(13) 回填沟槽（坑）时，应按技术交底要求在建构筑物两侧分层对称回填，两侧高差应符合规定要求。

8.2　基坑支护施工安全技术

8.2.1　基坑支护与降水工程的事故隐患

基坑支护与降水工程的事故隐患包括：

(1) 未按规定对毗邻管线道路进行沉降和变形检测。

(2) 基坑内作业人员无安全作业面。

(3) 施工机械设备在坑边，小于安全距离。

(4) 人员上下无专用通道或通道不符合要求。

(5) 支护结构已发生变形且超过预警值但未采取措施。

(6) 回填土石方之前已拆除基坑支护的全部支撑。

(7) 在支护和支撑上超限堆物。

(8) 基坑开挖及边坡支护施工无截排水措施。

(9) 未按规定进行边坡或边坡支护结构变形检测。

(10) 深基坑施工未采取防止临近建构筑物、道路、管线等变形和沉降的措施，如井点降水未采取止水帷幕导致临近建筑沉降。

(11) 基坑边坡顶堆载距离及高度不符合规定。

(12) 人员上下同时作业且未超过坠落半径或垂直作业上下无隔离。

8.2.2 基坑工程与降水工程安全技术措施

1. 基坑工程

(1) 基坑开挖工程应验算边坡或基坑的稳定性，验算时应考虑岩土参数、地面堆载、邻近建筑物及的影响等不利因素，设计合理的支护形式，该工作应由设计单位完成。施工单位在基坑开挖期间应加强基坑边坡的变形监测，对于一级边坡应由建设单位委托有资质的第三方对边坡进行监测，监测项目由设计予以明确。

(2) 基坑开挖应严格按支护设计要求进行。应熟悉边坡支护结构设计图纸，包括支护结构的类型、设计意图、结构受力特点、施工顺序及方法等要求。对于坡率法放坡支护，可参考表 8-1。

基坑（槽）不加支护的边坡坡度要求（挖深 5m 以内）　　表 8-1

土的类别	边坡坡度		
	坡顶无荷载	坡顶静荷载	坡顶动荷载
中密的砂土	1∶1.00	1∶1.25	1∶1.50
中密的砂石土（充填物为砂土）	1∶0.75	1∶1.00	1∶1.25
硬塑的粉土	1∶0.67	1∶0.75	1∶1.00
中密的碎石土（充填物为黏土）	1∶0.50	1∶0.67	1∶0.45
硬塑的亚黏土、黏土	1∶0.33	1∶0.5	1∶0.67
软土（经井点降水后）	1∶1.0	—	—
泥岩、白垩土、黏土夹有石块	1∶0.25	1∶0.33	1∶0.67
未风化页岩	1∶0	1∶0.1	1∶0.25
岩石	1∶0	1∶0	1∶0

(3) 混凝土灌注桩、水泥土墙等支护应有 28d 以上龄期，达到设计要求时，方能进行基坑开挖。

(4) 对于悬臂式桩板挡墙，施工顺序为：桩基础施工→施工挡墙的冠梁→竖向开挖第一节土石方→植筋，绑扎桩间板钢筋并浇筑混凝土→开挖第二节土石方→植筋，绑扎桩间板钢筋并浇筑混凝土→重复以上过程直至完成。

对于带锚索或锚杆的桩板挡墙，施工顺序为：桩基础施工→施工挡墙的冠梁→竖向开挖第一节土石方（高度为锚索竖向间距）→锚杆或锚索施工→植筋，绑扎桩间板钢筋并浇筑混凝土→开挖第二节土石方→锚杆或锚索施工→植筋，绑扎桩间板钢筋并浇筑混凝土→重复以上过程直至施工完毕。

施工过程中，应注意相邻排桩跳挖的最小施工净距为 4.5m，同时对于带锚索或锚杆的桩板挡墙，必须进行逆作法施工。桩板挡墙的施工顺序应与支护结构的设计工况相一致，以免出现变形过大、失稳、倒塌等事故。

(5) 对于基坑撑锚支护，应根据地质条件采取相应的开挖、支护方式。一般竖向应严格遵守分层开挖、先支撑后开挖、撑锚与挖土密切配合、严禁超挖的原则。

（6）在基坑开挖时应限制支护周围振动荷载的作用，并做好机械上、下基坑坡道部位的支护。在挖土过程中不得损坏支护结构。

（7）在饱和黏性土、粉土的施工现场不得边打桩边开挖基坑，应待桩全部打完并间歇一段时间后再开挖，以免影响边坡或基坑的稳定性，并应防止开挖基坑可能引起的基坑内外的桩产生过大位移、倾斜或断裂。

（8）基坑应实行信息化施工和动态施工，安排专人对边坡变形等项目进行监测，掌握围护结构的变形及变形速率以及其上边坡土体稳定情况，以及邻近建筑物、管线的变形情况。发现异常现象，应查清原因，采取安全技术措施进行认真处理。对于一级边坡应由建设单位委托有资质的第三方对边坡变形等进行监测。

（9）施工现场应划定作业区，安设护栏并设安全标志，非作业人员不得入内。

（10）先开挖后支护的沟槽、基坑，支护必须紧跟挖土工序，土壁裸露时间不宜过久。先支护后开挖的沟槽、基坑，必须根据施工设计要求，确定开挖时间。基坑开挖后应及时修筑基础，不得长期暴露。基础施工完毕，应抓紧基坑的回填工作。回填基坑时，必须事先清除基坑中不符合回填要求的杂物。在相对的两侧或四周同时均匀进行，并且分层夯实。

（11）施工场地应平整、坚实、无障碍物，能满足施工机具的作业要求。

（12）沟槽、基坑支护施工前，建设单位应提供完整、准确的地下管网资料。

（13）土壁深度超过6m，不宜使用悬臂桩支护。施工过程中，严禁利用支护结构支搭作业平台、挂装起重设施等。

（14）支护结构施工完成后，应进行检查、检测和验收，确认质量符合设计要求后，方可进入沟槽、基坑作业。施工过程中，对支护结构应经常检查，发现异常应及时处理，并确认合格。拆除支护结构应设专人指挥，作业中应与土方回填密切配合，并设专人负责安全监护。

2. 降水工程

（1）排降水结束后，集水井、管井和井点孔应及时填实，恢复地面原貌或满足设计要求。

（2）做好场地的截排水措施，现场施工排水，应排入已建排水管道内。排水口宜设在远离建（构）筑物的低洼地点并应保证排水畅通。

（3）施工期间施工排降水应连续进行，不得间断。构筑物、管道及其附属构筑物未具备抗浮条件时，不得停止排降水。

（4）排降水机械设备的电气接线、拆卸、维护必须由电工操作。

（5）施工现场应备有充足的排降水设备，并宜设备用电源。

（6）施工降水期间，应设专人对临近建（构）筑物、道路的沉降与变形进行监测，遇异常征兆，必须立即分析原因，采取防护、控制措施。

（7）当降水工作对临近建（构）筑物可能产生影响时，必须有相应的设计方案，编制安全专项施工方案并经专家论证，确认能保证建（构）筑物、道路和地下设施的正常使用和安全稳定，方可进行排降水施工。

（8）采用轻型井点、管井井点降水时，应进行降水检验，确认降水效果符合要求。降水后，通过观测井水位观测，确认水位符合施工设计要求，方可开挖沟槽或基坑。降水深度在基坑（槽）范围内不应小于基坑（槽）底面以下0.5m。

8.3 桩基础施工安全技术

8.3.1 桩基工程的事故隐患

桩基工程的事故隐患包括：

(1) 打桩设备电气线路老化、破损、漏电、短路。

(2) 起重过程中，起重设备倾覆、断裂等。

(3) 由于孔口防护不规范，导致人员坠落和物体打击等事故。

(4) 对于人工挖孔灌注桩，孔内可能存在有毒有害气体，如氨气、硫化氢、二氧化碳等，尤其是暴雨后、暴热气候条件下，另外还可能因为孔内缺氧导致人员窒息伤亡。

(5) 由于设备线路老化、接线不规范，可能导致触电。

(6) 由于护壁质量不符合设计要求或受外力作用，可能导致桩基础孔壁坍塌。

(7) 桩孔有积水导致人员溺亡。

8.3.2 桩基工程安全技术措施

在现场建（构）筑物附近进行桩基施工前，必须掌握现场水文地质资料和施工环境工况；如机械施工队邻近建（构）筑物结构安全产生不利影响时，必须先对建（构）筑物采取安全技术措施，经验收确认合格，形成文件后，方可进行机械作业。

1. 人工挖孔灌注桩安全技术措施

(1) 井口应有专人操作垂直运输设备，井内照明、通风、通信设施应齐全。

(2) 孔口人员必须随时与井底人员联系，不得任意离开岗位。

(3) 挖孔施工人员下入桩孔内须戴安全帽，连续工作不宜超过4h。

(4) 挖出的弃土应及时运至堆土场堆放。

(5) 现场应配备有毒有害气体检测仪，施工前必须进行通风，孔深在2m及以上时开始送风，孔深在5m及以上时应连续送风，使孔内氧气含量符合要求；同时现场应配备有毒有害气体检测仪，符合要求时工作人员方可下井作业。

(6) 挖孔桩施工应配备抽水设备、防坠器、低压照明设备、软爬梯和硬爬梯。

存在以下条件之一的区域不得使用人工挖孔灌注桩：①地下水丰富、软弱土层、流沙等不良地质条件的区域；②孔内空气污染物超标准；③机械成孔设备可以达到且施工时对既有建（构）筑物无不良影响的区域。

2. 其他灌注桩安全技术措施

(1) 施工前场地应进行平整，有条件时可进行硬化，并应认真查清邻近建筑物情况，采取有效的防震措施。

(2) 灌注桩成孔机械操作时，应保持垂直平稳，防止成孔时突然倾倒或冲（桩）锤突然下落，造成人员伤亡或设备损坏。

(3) 冲击锤（落锤）操作时，距锤6m的范围内不得有人员行走或进行其他作业，非工作人员不得进入施工区域内。

(4) 灌注桩在已成孔尚未灌注混凝土前，应用盖板封严或设置护栏，以防掉土或人员坠入孔造成重大人身安全事故。

(5) 进行高空作业时，应系好安全带，混凝土灌注时，装、拆导管人员必须戴安全帽。

(6) 泥浆池应设置防护栏杆。

3. 打（沉）桩安全技术措施

(1) 打桩前应对邻近施工范围内的原有建筑物、地下管线等进行检查，对有影响的工程，应采取有效的加固防护措施或隔震措施，施工时加强观测，以确保施工安全。

(2) 打桩机行走道路必须平整、坚实，必要时铺设道砟，经压路机碾压密实。

(3) 打（沉）桩前应先全面检查机械各个部件及润滑情况，钢丝绳是否完好，发现问题及时解决。检查后要进行试运转，确认正常后方可施工作业。

(4) 打桩时，桩头垫料严禁用手拨正，不得在桩锤未打到桩顶就起锤或过早刹车，以免损坏桩机设备。

(5) 在夜间施工时，必须有足够的照明设施。

8.4 施工机械安全使用技术

8.4.1 桩工机械安全使用技术

1. 桩机使用安全要求

(1) 打桩施工场地应按坡度不大于3%，地基承载力特征值不小于83kPa的要求进行平实，地下不得有障碍物。在基坑和围堰内打桩，应配备足够的排水设备。

(2) 桩机周围应有明显标志或围栏，严禁闲人进入。作业时，操作人员应在距桩锤中心5m以外监视。

(3) 安装时，应将桩锤运到桩架正前方2m以内，严禁远距离斜吊。

(4) 用桩机吊桩时，必须在桩上栓好围绳。起吊2.5m以外的混凝土预制桩时，应将桩锤落在下部，待桩吊近后，方可提升桩锤。

(5) 严禁吊桩、吊锤、回转和行走同时进行。桩机在吊有桩和锤的情况下，操作人员不得离开。

(6) 卷扬钢丝绳应经常处于油膜状态，不得硬性摩擦。吊锤、吊桩可使用插接的钢丝绳，不得使用不合格的起重卡具、索具、拉绳等。

(7) 作业中停机时间较长时，应将桩锤落下垫好。除蒸汽打桩机在短时间内可将锤担在机架上外，其他的桩机均不得悬吊桩锤进行检修。

(8) 遇有大雨、雪、雾和6级以上强风等恶劣气候，应停止作业。当风速超过7级时应将桩机顺风向停置，并增加缆风绳。

(9) 雷电天气无避雷装置的桩机，应停止作业。

(10) 作业后应将桩机停放在坚实平整的地面上，将桩锤落下，切断电源和电路开关，停机制动后方可离开。

2. 桩机的安装与拆除

(1) 拆装班组的作业人员必须熟悉拆装工艺、规程，拆装前班组长应进行明确分工，并组织班组作业人员贯彻落实专项安全施工组织设计（施工方案）和安全技术措施交底。

(2) 高压线下两侧10m以内不得安装打桩机。特殊情况下必须采取安全技术措施，并经上级技术负责人同意批准，方可安装。

(3) 安装前应检查主机、卷扬机、制动装置、钢丝绳、牵引绳、滑轮及各部轴销、螺栓、管路接头应完好可靠。导杆不得弯曲损伤。

(4) 起落机架时，应设专人指挥，拆装人员应互相配合，指挥旗语、哨声准确、清楚。严禁任何人在机架底下穿行或停留。

(5) 安装底盘必须平放在坚实平坦的地面上，不得倾斜。桩机的平衡配重铁，必须符合说明书要求，保证桩架稳定。

(6) 振动沉桩机安装桩管时，桩管的垂直方向吊装不得超过 4m，两侧斜吊不得超过 2m，并设溜绳。

3. 桩架挪动

(1) 打桩机架移位的运行道路，必须平坦坚实，畅通无阻。

(2) 挪移打桩机时，严禁将桩锤悬高，必须将锤头制动可靠方可走车。

(3) 机架挪移到桩位上，稳固以后，方可起锤，严禁随移位随起锤。

(4) 桩架就位后，应立即制动、固定。操作时桩架不得滑动。

(5) 挪移打桩机架时应距轨道终端 2m 以内终止，不得超出范围。如受条件限制，必须采取可靠的安全措施。

(6) 柴油打桩机和振动沉桩机的运行道路必须平坦。挪移时应有专人指挥，桩机架不得倾斜。当遇地基沉陷较大时，必须加铺脚手板或铁板。

4. 桩机施工

(1) 作业前必须检查传动、制动、滑车、吊索、拉绳，应牢固有效，防护装置应齐全良好，并经试运转合格后，方可正式操作。

(2) 打桩操作人员（司机）必须熟悉桩机构造、性能和保养规程，操作熟练方准独立操作。严禁非桩机操作人员操作。

(3) 打桩作业时，严禁在桩机垂直半径范围以内和桩锤或重物底下穿行停留。

(4) 卷扬机的钢丝绳应排列整齐，不得挤压，缠绕，滚筒上不少于 3 圈。在缠绕钢丝绳时，不得探头或伸手拨动钢丝绳。

(5) 稳桩时，应用撬棍套绳或其他适当工具进行。当桩与桩帽接合以前，套绳不得脱套，纠正斜桩不宜用力过猛，并注视桩的倾斜方向。

(6) 采用桩架吊桩时，桩与桩架之垂直方向距离不得大于 5m（偏吊距离不得大于 3m）。超出上述距离时，必须采取安全措施。

(7) 打桩施工场地，必须经常保持整洁。打桩工作台应有防滑措施。

(8) 桩架上操作人员使用的小型工具（零件），应放入工具袋内，不得放在桩架上。

(9) 利用打桩机吊桩时，必须使用卷扬机的刹车制动。

(10) 吊桩时应缓慢吊起，桩的下部必须设溜（套）绳，掌握稳定方向，桩不得与桩机碰撞。

(11) 柴油打桩机打桩时应掌握好油门，不得油门过大或突然加大，防止桩锤跳跃过高，起锤高度不大于 1.5 m。

(12) 利用柴油机或蒸汽锤拔桩筒，在入土深度超过 1m 时，不得斜拉硬吊，应垂直拔出。若桩筒入土较深，应边振边拔。

(13) 柴油打桩机或蒸汽打桩机拉桩时应停止锤击，方可操作，不得锤击与拉桩同时进行。降落锤头时，不得猛然骤落。

(14) 在装拆桩管或到沉箱上操作时，必须切断电源后再进行操作，必须设专人监护电源。

(15) 检查或维修打桩机时必须将锤放在地上并垫稳，严禁在桩锤悬吊时进行检查等作业。

8.4.2 其他施工机械安全使用技术

开工前应做好施工场地内机械行进的道路，设置适当的工作面。施工机械进入施工现场所经过的道路、桥梁等，应事先做好检查和必要的加宽、加固工作。

1. 其他施工使用安全要求

(1) 机械进入现场前应查明行驶路线上道路的宽度、荷载限值、桥梁及涵洞的上部净空和下部承载能力，保证机械安全通过。

(2) 作业前应查明施工场地地下和地上管网的地点及定向、建构筑物情况，并采用明显记号表示，并对管网和既有建构筑物采取保护措施。

(3) 作业中应随时监视机械各部位的运转及仪表指示值，如发现异常，应立即停机检修。

(4) 机械运行中严禁接触转动部位和进行检修。在修理（焊、铆等）工作装置时，应使其降到最低位置，并应在悬空部位垫上垫木。

(5) 机械通过桥梁时，应采用低速挡慢行，在桥面上应尽量避免转向或制动。承载力不够的桥梁事先应采取加固措施。

(6) 施工中遇下列情况之一时应立即停工，待符合作业安全条件时，方可继续施工：

1) 填挖区土体不稳定，有发生坍塌危险时；

2) 气候突变，发生暴雨、水位暴涨或山洪暴发时；

3) 在爆破警戒区内发出爆破信号时；

4) 地面涌水冒泥，出现陷车或因雨发生坡道打滑时；

5) 工作面净空不足以保证安全作业时；

6) 施工标志、防护设施损毁失效时。

(7) 配合机械作业的清底、平地、修坡等人员，应在机械回转半径以外工作。当必须在回转半径以内工作时，应停止机械回转并制动好后，方可作业。

(8) 雨期施工在机械作业完毕后，应停放在较高的坚实地面上。

(9) 挖掘基坑时若坑底无地下水、坑深在5m以内且边坡坡度符合相关规定时可不加支撑。

(10) 当挖土深度超过5m或发现有地下水以及土质发生特殊变化等情况时，应根据土的实际性能计算其稳定性，再确定边坡坡度。

(11) 当对石方或冻土进行爆破作业时，所有人员、机具应撤至安全地带或采取安全保护措施。

2. 推土机安全使用技术

(1) 推土机在坚硬土壤或多石土壤地带作业时，应先进行爆破或用松土器翻松。在沼泽地带作业时，应更换湿地专用履带板。

(2) 推土机行驶通过或在其上作业的桥、涵、堤、坝等，应具备相应的承载能力。

(3) 不得用推土机推石灰、烟灰等粉尘物料和用作碾碎石块的作业。

(4) 牵引其他机械设备时，应有专人负责指挥。钢丝绳的连接应牢固可靠。在坡道或长距离牵引时，应采用牵引杆连接。

(5) 作业前重点检查项目应满足：

1) 各部件无松动、连接良好；

2) 各系统管路无裂纹或泄漏；

3) 燃油、润滑油、液压油等符合规定；

4) 各操纵杆和制动踏板的行程、履带的松紧度或轮胎气压均符合要求。

(6) 启动前应将主离合器分离，各操纵杆放在空挡位置，严禁拖、顶启动。

(7) 启动后应检查各仪表指示值，液压系统应工作有效；当运转正常、水温达到55℃、机油温度达到45℃时，方可全载荷作业。

(8) 推土机行驶前，严禁有人站在履带或刀片的支架上，机械四周应无障碍物，确认安全后，方可开动。

(9) 采用主离合器传动的推土机接合应平稳，起步不得过猛，不得使离合器处于半接合状态下运转；液力传动的推土机，应先解除变速杆的锁紧状态，踏下减速器踏板，变速杆应在一定挡位，然后缓慢释放减速器踏板。

(10) 在块石路面行驶时，应将履带张紧。当需要原地旋转或急转弯时，应采用低速挡进行。当行走机构夹入块石时，应采用正、反向往复行驶使块石排除。

(11) 在浅水地带行驶或作业时，应查明水深，冷却风扇叶不得接触水面。下水前和出水后，均应对行走装置加注润滑脂。

(12) 推土机上、下坡或超过障碍物时应采用低速挡；上坡不得换挡，下坡不得空挡滑行；横向行驶的坡度不得超过10°；当需要在陡坡上推土时，应先进行填挖，使机身保持平衡，方可作业。

(13) 在上坡途中当内燃机突然熄火，应立即放下铲刀，并锁住制动踏板。在分离主离合器后，方可重新启动内燃机。

(14) 下坡时当推土机下行速度大于内燃机传动速度时，转向动作的操纵应与平地行走时操纵的方向相反，此时不得使用制动器。

(15) 填沟作业驶近边坡时，铲刀不得越出边缘；后退时应先换挡，方可提升铲刀进行倒车。

(16) 在深沟、基坑或陡坡地区作业时，应有专人指挥，其垂直边坡高度不应大于2m。

(17) 在推土或松土作业中不得超载，不得做有损于铲刀、推土架、松土器等装置的动作，各项操作应缓慢平稳。无液力变矩器装置的推土机，在作业中有超载趋势时，应稍微提升刀片或变换低速挡。

(18) 推树时树干不得倒向推土机及高空架设物。推屋墙或围墙时其高度不宜超过2.5m。严禁推带有钢筋或与地基基础连接的混凝土桩等建筑物。

(19) 两台以上推土机在同一地区作业时，前后距离应大于8m；左右距离应大于1.5m。在狭窄道路上行驶时，未得前机同意，后机不得超越。

（20）推土机顶推铲运机做助铲时，应符合下列要求：

1）进入助铲位置进行顶推应与铲运机保持同一直线行驶；

2）助铲时应均匀用力，不得猛推猛撞，应防止将铲斗后轮胎顶离地面或使铲斗吃土过深；

3）铲斗满载提升时应减少推力，待铲斗提离地面后即减速脱离接触；

4）后退时应先看清后方情况，需绕过正后方驶来的铲运机倒向助铲位置时，宜从天车的左侧绕行。

（21）推土机转移行驶时铲刀距地面宜为400mm，不得用高速挡行驶和进行急转弯。不得长距离倒退行驶。

（22）作业完毕后应将推土机开到平坦安全的地方，落下铲刀；有松土器的，应将松土器爪落下。

（23）停机时，应先降低内燃机转速，变速杆放在空挡，锁紧液力传动的变速杆，分开主离合器，踏下制动踏板并锁紧，待水温降到75℃以下，油温降到90℃以下时，方可熄火。

（24）推土机长途转移工地时，应采用平板拖车装运。短途行走转移时，距离不宜超过10km，并在行走过程中应经常检查和润滑行走装置。

（25）在推土机下面检修时，内燃机必须熄火，铲刀应放下或垫稳。

3. 单斗挖掘机安全使用技术

（1）单斗挖掘机的作业和行走场地应平整坚实，松软地面应垫以枕木或垫板，沼泽地区应先做路基处理，或更换湿地专用履带板。

（2）轮胎式挖掘机使用前应支好支腿并保持水平位置，支腿应置于作业面的方向，转向驱动桥应置于作业面的后方。采用液压悬挂装置的挖掘机，应锁住两个悬挂液压缸。

（3）平整作业场地时不得用铲斗进行横扫或用铲斗对地面进行夯实。

（4）挖掘岩石时应先进行爆破；挖掘冻土时应采用破冰锤或爆破法使冻土层破碎。

（5）挖掘机在正铲作业时，除松散土壤外，其最大开挖高度和深度不应超过机械本身性能规定。在拉铲或反铲作业时，履带距工作面边缘距离应大于1.0m，轮胎距工作面边缘距离应大于1.5m。

（6）作业前重点检查项目应符合下列要求：

1）照明、信号及报警装置等齐全有效；

2）各铰接部分连接可靠；

3）液压系统无泄漏现象；

4）轮胎气压符合规定；

5）燃油、润滑油、液压油符合规定。

（7）启动前应将主离合器分离，各操纵杆放在空挡位置，并应按有关规定启动内燃机。

（8）启动后接合动力输出，应先使液压系统从低速到高速空载循环10～20min，无吸空等不正常噪声，工作有效，并检查各仪表指示值，待运转正常再接合主离合器，进行空载运转，顺序操纵各工作机构并测试各制动器，确认正常后，方可作业。

（9）作业时挖掘机应保持水平位置，将行走机构制动住，并将履带或轮胎楔紧。

(10) 遇较大的坚硬石块或障碍物时，应清除后方可开挖，不得用铲斗破碎石块、冻土或用单边斗齿硬啃。

(11) 挖掘悬崖时应采取防护措施。作业面不得留有伞沿状及松动的大块石，发现有塌方危险时应立即处理或将挖掘机撤至安全地带。

(12) 作业时应待机身停稳后再挖土，当铲斗未离开工作面时，不得做回转、行走等动作。回转制动时，应使用回转制动器，不得用转向离合器反转制动。

(13) 作业时各操作过程应平稳，不宜紧急制动。铲斗升降不得过猛，下降时，不得撞碰车架或履带。

(14) 斗臂在抬高及回转时不得碰到洞壁、沟槽侧面或其他物体。

(15) 向运土车辆装车时宜降低挖铲斗，减小卸落高度，不得偏装或砸坏车厢在汽车未停稳或铲斗需越过驾驶室而司机未离开前不得装车。

(16) 作业中液压缸伸缩将达到极限位时，应动作平稳，不得冲撞极限块。

(17) 作业中需制动时，应将变速阀置于低速挡位置。

(18) 作业中发现挖掘力突然变化，应停机检查。严禁在未查明原因前擅自调整分配阀压力。

(19) 作业中不得打开压力表开关，且不得将工况选择阀的操纵手柄放在高速挡位置。

(20) 反铲作业时，斗臂应停稳后再挖土。挖土时，斗柄伸出不宜过长，提斗不得过猛。

作业中，履带式挖掘机作短距离行走时，主动轮应在后面，斗臂应在正前方与履带平行，制动住回转机构、铲斗应离地面 1m。上、下坡道不得超过机械本身允许最大坡度，下坡应慢速行驶。不得在坡道上变速和空挡滑行。

轮胎式挖掘机行驶前，应收回支腿并固定好，监控仪表和报警信号灯应处于正常显示状态，气压表压力应符合规定，工作装置应处于行驶方向的正前方，铲斗应离地面 1m。长距离行驶时，应采用固定销将回转平台锁定，并将回转制动板踩下后锁定。

(21) 当在坡道上行走且内燃机熄火时，应立即制动并楔住履带或轮胎，待重新发动后，方可继续行走。

(22) 作业后挖掘机不得停放在高边坡附近和填方区，应停放在坚实、平坦、安全的地带；将铲斗收回平放在地面上，所有操纵杆置于中位，关闭操纵室和机棚。

(23) 履带式挖掘机转移工地时应采用平板拖车装运；短距离自行转移时，应低速缓行。

保养或检修挖掘机时，除检查内燃机运行状态外，必须将内燃机熄火，并将液压系统卸荷，铲斗落地。

(24) 利用铲斗将底盘顶起进行检修时，应使用垫木将抬起的轮胎垫稳，并用木楔将落地轮胎楔牢，然后将液压系统卸荷，否则严禁进入底盘下工作。

4. 翻斗车安全使用技术

(1) 现场内行驶机动车辆的驾驶作业人员，必须经专业安全技术培训，考试合格，持特种作业操作证方可上岗作业。

(2) 未经交通部门考试发证的严禁上公路行驶。

(3) 作业前检查燃油、润滑油、冷却水应充足，变速杆应在空挡位置，气温低时应加热水、预热。

(4) 发动后应空转5～10min，待水温升到40℃以上时方可一挡起步。严禁二挡起步和将油门猛踩到底。

(5) 开车时精神集中，行驶中不得载人、吸烟、打闹玩笑。睡眠不足和酒后严禁作业。

(6) 运输构件宽度不得超过车宽，高度不得超过1.5m（从地面算起）。运输混凝土时，混凝土平面应低于斗口10cm；运砖时，高度不得超过斗平面。严禁超载行驶。

(7) 雨雪天气夜间应低速行驶，下坡时严禁空挡滑行和下25°以上的陡坡。

(8) 在坑槽边缘倒料时，必须在距0.8～1m处设置安全挡掩（20cm×20cm的木方车）。车在距离坑槽10m处即应减速至安全挡掩处倒料，严禁骑沟倒料。

(9) 翻斗车上坡道（马道）时，坡道应平整，宽度不得小于2.3m，两侧设置防护栏杆，必须经检查验收合格方可使用。

5. 潜水泵的安全使用

(1) 作业前应进行检查。稳固基座。水泵应按规定装设漏电保护装置。

(2) 运转中出现故障时应立即切断电源，排除故障后方可再次合闸开机。检修必须由专职电工进行。

(3) 夜间作业时工作区应有充足照明。

(4) 水泵运转中严禁从泵上跨越。升降吸水管时，操作人员必须站在有护栏的平台上。

(5) 提升或下降潜水泵时必须切断电源，使用绝缘材料，严禁提拉电缆。

(6) 潜水或必须做好保护接零并装设漏电保护装置。潜水泵工作水域30m内不得有人畜进入。

(7) 作业后应将电源关闭，并将水泵妥善安放。

思考题

1. 基坑支护与降水工程施工过程中存在的事故隐患主要有哪些？
2. 分部分项工程的施工中，应编制专门的施工方案的有哪些？
3. 基坑（边坡）支护的措施有哪些？
4. 结合实际，简述基坑坍塌的原因及对策。
5. 桩基工程安全技术措施有哪些？
6. 简述桩板挡墙的工艺流程。
7. 人工挖孔桩存在哪些潜在的伤亡事故？如何预防？
8. 预制桩基础施工有哪些安全技术措施？

练习题

某工程拟开挖一深基槽，深度为7m，宽度为8m，场地地面以下1m范围为黏性土，以下主要为强风化泥岩，基槽截面图如图8-1所示，经调查，发现地表以下1m位置有一根主市政给水管（ϕ1400×7，材质为Q235金属），需要进行保护。请问如何制定基槽开挖方法。

参考答案

该项目的基槽开挖方法如下：

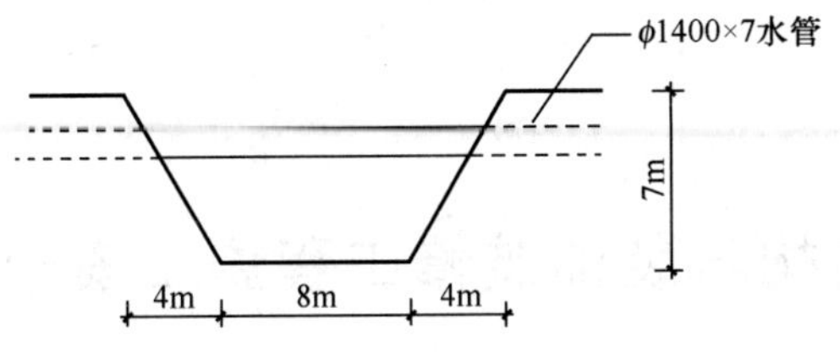

图 8-1　基槽剖面图

（1）首先计算金属给水管的自由跨越长度（经计算大约为 5m）。

（2）采用墩式挖土法，开挖两侧的土石方，同时采用扣件式脚手架搭设支撑架（立杆间距为 1000mm，步距为 1500mm），保持给水管稳定。

（3）开挖中间的土石方。在基坑开挖的过程中始终保证给水管跨度不超过 5m。

9　结构与装饰装修工程施工安全技术

9.1　钢　筋　工　程

9.1.1　钢筋运输与堆放安全技术

1. 钢筋运输

（1）钢筋在运输和储存时，应保留标牌并按此分批堆放整齐，避免锈蚀和污染。

（2）起吊钢筋或钢筋骨架时，下方禁止站人；待钢筋骨架降落至离地面或安装标高1m以内时人员方准靠近操作，待就位放稳支撑好后，方可摘钩。

（3）机械垂直吊运钢筋时，应捆扎牢固；吊点应设置在钢筋束的两端。有困难时可在该束钢筋的重心处设吊点；钢筋应平稳上升，不得超重起吊。

（4）人工垂直传递钢筋时，送料人应站立在牢固平整的地面或临时构筑物上，接料人应有护身栏杆或防止前倾的牢固物体，必要时挂好安全带。

（5）人工搬运钢筋时步伐应一致。上下坡（桥）或转弯时，要前后呼应，步伐稳慢；注意钢筋头尾摆动，防止碰撞物体或打击人身，特别应防止碰挂周围和上下的电线。

2. 钢筋堆放

临时堆放钢筋不得过分集中，应考虑模板或桥道的承载能力。在新浇筑楼板混凝土凝固尚未达到1.2MPa强度前，严禁堆放钢筋。

注意钢筋不得碰触电源，严禁钢筋靠近高压线路，钢筋与电源线路的安全距离应符合表9-1的要求。

最小安全操作距离　　**表9-1**

外电线路电压（kV）	1以下	1～10	35～110	154～220	330～500
最小安全操作距离（m）	4	6	8	10	15

9.1.2　钢筋绑扎与安装安全技术

1. 基本安全要求

（1）在高处（2m或2m以上）、深基坑绑扎钢筋和安装钢筋骨架，必须搭设脚手架或操作台，临边应搭设防护栏杆。圆盘展开拉直剪断时，应脚踩剪断，避免筋弹起伤人。

（2）绑扎立柱、墙体钢筋和安装骨架，不得站在骨架上和墙体安装或攀登骨架上下。柱筋高度在4m内，重量不大时，可在地面或楼面整体竖起绑扎；柱筋高于4m以上应搭设工作台。安装人员宜站在建筑内侧，严禁操作人员背朝外侧和攀在柱筋上操作。

（3）绑扎在建施工工程的圈梁、挑梁、挑檐、外墙和边柱等钢筋时，应站在脚手架或操作平台上作业。悬空大梁钢筋的绑扎，必须站在满铺脚手板或操作平台上操作。在2m以上无牢固立脚点安装钢筋时，应系好安全带。

（4）钢筋骨架安装，下方严禁站人，必须待骨架降落至楼、地面1m以内方准靠近，就位支撑好，方可摘钩。

（5）绑扎和安装钢筋，不得将工具、箍筋或短钢筋随意放在脚手架或模板上。

（6）现场人工断料，所用工具必须牢固，掌錾子与打锤应站成斜角，注意扔锤区域内的人和物体。切断小于300mm的短钢筋，应用钳子夹牢，禁止用手把扶，并在外侧设置防护箱笼罩或朝向无人区。

（7）在高处楼层上拉钢筋或钢筋调向时，必须事先观察运行上方或周围附近是否有高压线，严防碰触。

2. 钢筋绑扎高处作业安全技术措施

（1）悬空作业处应有牢靠的立足点，并必须视具体情况，配置防护网、栏杆或其他安全设施。所用的索具、脚手板、吊篮、吊笼等设备，均需经过技术鉴定或检证合格方可使用。

（2）钢筋断料、配料、弯料等工作应在地面进行，不得在高空操作。

（3）搬运钢筋应注意附近有无障碍物、架空电线和其他临时电气设备，防止钢筋在回转时碰撞电线或发生触电事故。

（4）起吊钢筋骨架下方禁止站人，必须待骨架降到距模板1m以下时才允许靠近，就位支撑好方可摘钩。

（5）不得将钢筋集中堆在模板和脚手板上，也不得将工具、钢箍、短钢筋随意放在脚手板上，以免滑下伤人。

（6）绑扎钢筋和安装钢筋骨架时，必须搭设脚手架和马道。

（7）绑扎圈梁、挑梁、挑檐、外墙和边柱等钢筋时，应搭设操作台架和张挂安全网。

（8）悬空大梁钢筋的绑扎，必须在满铺脚手板的支架或操作平台上操作，不得站在模板上操作。

（9）绑扎立柱钢筋时，不得站在钢筋骨架上或攀登骨架上下，3m以内的柱钢筋，可在地面或楼面上绑扎，整体竖立。绑扎3m以上的柱钢筋，必须搭设操作平台。

（10）雷雨天时必须停止露天操作，预防雷击钢筋伤人。

9.1.3 钢筋加工安全技术

钢筋加工安全技术包括：

（1）作业前必须检查机械设备、作业环境、照明设施等，并试运行符合安全要求。作业人员必须经安全培训考试合格，上岗作业。

（2）脚手架上不得集中码放钢筋，应随使用随运送。

（3）操作人员必须熟悉钢筋机械的构造性能和用途，并应按照清洁、调整、紧固、防腐、润滑的要求，维修保养机械。

（4）机械运行中停电时，应立即切断电源。收工时应按顺序停机，拉闸，锁好闸箱门，清理作业场所。电路故障必须由专业电工排除，严禁非电工接、拆、修电气设备。

（5）操作人员作业时必须扎紧袖口，理好衣角，扣好衣扣，严禁戴手套。女工应戴工作帽，将头发挽入帽内不得外露。

（6）机械明齿轮、皮带轮等高速运转部分，必须安装防护罩或防护板。

（7）电动机械的电闸箱必须按规定安装漏电保护器，并应灵敏有效。

(8) 工作完毕后，应用工具将铁屑、钢筋头清除，严禁用手擦抹或嘴吹。切好的钢材、半成品必须按规格码放整齐。

9.2 模 板 工 程

9.2.1 模板安装与拆除

1. 模板安装

(1) 进入施工现场的操作人员必须戴好安全帽，扣好帽带。操作人员严禁穿硬底鞋及有跟鞋作业。

(2) 高处和临边洞口作业应设护栏及安全网，如无可靠防护措施，必须佩戴安全带，扣好带扣。高空、复杂结构模板的安装与拆除，事先应有切实的安全措施。

(3) 工作前应先检查使用的工具是否牢固，扳手等工具必须用绳链系挂在身上，钉子必须放在工具袋内，以免掉落伤人。工作时要思想集中，防止钉子扎脚和空中滑落。

(4) 安装模板时操作人员应有可靠的落脚点，并应站在安全地点进行操作，避免上下在同一垂直面工作。操作人员要主动避让吊物，增强自我保护和相互保护的安全意识。

(5) 支模应按规定的作业程序进行，模板未固定前不得进行下一道工序。严禁在连接件和支撑件上攀登上下。

(6) 支模时，操作人员不得站在支撑上，而应设立人板，以便操作人员站立。

(7) 支模过程中，如需中途停歇，应将支撑、搭头、柱头板等钉牢。拆模间歇时，应将已活动的模板、牵杠、支撑等运走或妥善堆放，防止因踏空、扶空而坠落。模板上有预留洞者，应在安装后将洞口盖好，混凝土板上的预留洞，应在模板拆除后即将洞口盖好。

(8) 竖向模板和支架的支承部分，当安装在基土上时应加设垫板，且基土必须坚实并有排水措施。对湿陷性黄土，尚须有防水措施；对冻胀性土，必须有防冻融措施。

(9) 模板及其支架在安装过程中，必须设置防倾覆的临时固定设施。

(10) 现浇多层房屋和构筑物，应采取分段支模的方法：

1) 下层楼板应具有承受上层荷载的承载能力或加设支架支撑；

2) 上层支架的立柱应对准下层支架的立柱，并铺设木垫板；

3) 当采用悬吊模板、桁架支模方法时，其支撑结构的承载能力和刚度必须符合要求。

(11) 当层间高度大于5m时，宜选用桁架支模或多层支架支模。当采用多层支架支模时，支架的横垫板应平整，支柱应垂直，上下层支柱应在同一竖向中心线上。

(12) 支设高度在3m以上的柱模板，四周应设斜撑，并应设立操作平台，低于3m的可用马凳操作。

(13) 支撑、牵杠等不得搭在门窗框和脚手架上。通路中间的斜撑、拉杆等应设在1.8m高度以上。

(14) 二人抬运模板时要互相配合，协同工作。传递模板、工具应用索具系牢，采用垂直升降机械运输，不得乱抛，组合钢模板装拆时，上下有人接应。钢模板及配件应随装拆随运送，严禁从高处掷下。高空拆模时，应有专人指挥。地面应标出警戒区，用绳子和红白旗加以围栏，暂停人员过往。

(15) 模板上施工时，堆物（钢模板等）不宜过多，且不宜集中一处。

(16) 大模板施工时，存放大模板必须要有防倾措施。封柱子模板时，不得从顶部往下套。

(17) 地下室顶模板，支撑还应考虑机械行走、材料运输、堆物等额外载荷的要求，模板及支撑体系的搭设必须考虑施工荷载的要求。

(18) 高空作业应搭设脚手架或操作台，上、下应使用梯子，不得站立在墙上工作，不得在大梁底模上行走。

(19) 遇6级以上的大风时，应暂停室外的高空作业；雪雷雨后应先清扫施工现场，待地面略干不滑时再恢复工作。

2. 模板拆除

(1) 侧模。在混凝土强度能保证其表面及棱角不因拆除模板而受损坏后，方可拆除。

(2) 底模。应在同一部位同条件养护的混凝土试块强度达到要求时方可拆除，见表9-2；对于高大模板，混凝土强度应达到设计强度标准值的100%方可拆模。

底模拆模时所需混凝土强度要求 **表9-2**

结构类型	结构跨度（m）	按设计的混凝土强度标准值的百分率（%）
板	≤2	≥50
	>2，≤8	≥75
	>8	≥100
梁、拱、壳	≤8	≥75
	>8	≥100
悬臂构件	—	≥100

注：本表中"设计的混凝土强度标准值"系指与设计混凝土强度等级相应的混凝土立方体抗压强度标准值。

(3) 拆除高度在5m以上的模板时，应搭脚手架，并设防护栏杆，防止上下在同一垂直面操作。

(4) 模板支撑拆除前，混凝土强度必须达到设计要求，并经申报批准后，才能进行。拆除模板一般用长撬棒，人不得站在正在拆除的模板上。在拆除楼板模板时，要注意整块模板掉下，尤其是用定型模板做平台模板时，更要注意，防止模板突然全部掉落伤人。

(5) 拆模时必须设置警戒区域，并派人监护。拆模必须拆除干净彻底，不得保留有悬空模板。拆下的模板应及时清理，堆放整齐。高处拆下的模板及支撑应用垂直升降设备运至地面，不得乱抛乱扔。

(6) 拆模时临时脚手架必须牢固，不得用拆下的模板作脚手板。

(7) 脚手板搁置必须牢固平整，不得有空头板，以防踏空坠落。

(8) 拆除的钢模作平台底模时，不得一次将顶撑全部拆除，应分批拆下顶撑，然后按顺序拆下搁栅、底模，以免发生钢模在自重荷载下一次性大面积脱落。

(9) 预应力混凝土结构构件模板的拆除，侧模应在预应力张拉前拆除，要求混凝土达到设计强度（如未明确可按设计强度标准值的75%）进行预应力张拉，孔道灌浆且强度达到设计要求后方可拆除。其余应符合相关规范规定。

(10) 已拆除模板及其支架的结构，在混凝土强度符合设计混凝土强度等级的要求后，方可承受全部使用荷载；当施工荷载所产生的效应比使用荷载的效应更为不利时，必须经过核算，加设临时支撑。

9.2.2 大模板的堆放、安装和拆除

1. 大模板的堆放

平模存放时应满足地区条件要求的自稳角，两块大模板应采取板面对板面的存放方法，长期存放模板，并将模板换成整体。大模板存放在施工楼层上，必须有可靠的防倾倒措施。不得沿外墙围边放置，并垂直于外墙存放。没有支撑或自稳角不足的大模板，要存放在专用的堆放架上，或者平堆放，不得靠在其他模板或物件上，严防下脚滑移倾倒。

2. 大模板的安装和拆除

(1) 模板起吊前，应检查吊装用绳索、卡具及每块模板上的吊环是否完整有效，并应先拆除一切临时支撑，经检查无误后方可起吊。模板起吊前，应将吊车的位置调整适当，做到稳起稳落，就位准确，禁止用人力搬动模板，严防模板大幅度摆动或碰倒其他模板。

(2) 筒模可用拖车整体运输，也可拆成平模用拖车水平叠放运输。平模叠放时，垫木必须上下对齐，绑扎牢固。用拖车运输，车上严禁坐人。

(3) 在大模板拆装区域周围，应设置围栏，并挂明显的标志牌，禁止非作业人员入内。组装平模时，应及时用卡具或花篮螺栓将相邻模板连接好，防止倾倒。

(4) 全现浇结构安装外模板时，必须将悬挑担固定，位置调整准确后，方可摘钩，外模安装后，要立即穿好销杆，紧固螺栓。安装外楼板的操作人员必须挂好安全带。

(5) 在模板组装或拆除时，指挥、拆除和挂钩人员，必须站在安全可靠的地方方可操作，严禁人员随大模板起吊。

(6) 大模板必须有操作平台、上下梯道，走桥和防护栏杆等附属设施，如有损坏，应及时修理。

(7) 拆模起吊前，应复查穿墙销杆是否拆净，在确无遗漏且模板与墙体完全脱离后方可起吊，拆除外墙模板时，应先挂好吊钩，紧绳索，再行拆除销杆和担。吊钩应垂直模板，不得斜吊，以防碰撞相邻模板和墙体，摘钩时手不离钩，待吊钩吊起超过头部方可松手，超过障碍物以上的允许高度，才能行车或转臂。模板就位或拆除时，必须设置缆风绳，以利模板吊装过程中的稳定性。在大风情况下，根据安全规定，不得作高空运输，以免在拆除过程中发生模板间或与其他障碍物之间的碰撞。

(8) 模板安装就位后，要采取防止触电的保护措施，要设专人将大模板串连起来，并同避雷网接通，防止漏电伤人。

(9) 大模板拆除后，应及时清除模板上的残余混凝土，并涂刷脱模剂。在清扫和涂刷脱模剂时，模板要临时固定好，板面相对停放的模板间，应留出500～600mm宽人行道，模板上方应用拉杆固定。

9.2.3 定型组合钢模板安装和拆除

安装和拆除组合钢模板，当作业高度在2m及以上时，应遵守高处作业有关规定。多人共同操作或扛抬组合钢模板时，要密切配合，协调一致，互相呼应；高处作业时要精神集中，不得逗闹和酒后作业。

组合钢模板夜间施工时，要有足够的照明，行灯电压一般不超过36V，在满堂红钢模板支架或特别潮湿的环境时，行灯电压不得超过12V；照明行灯及机电设备的移动线路，要采用橡套电缆。施工用临时照明及机电设备的电源线应绝缘良好，不得直接架设在组合

钢模板上，应用绝缘支持物使电线与组合钢模板隔开，并严格防止线路绝缘破损漏电。

高处作业支、拆模板时，不得乱堆乱放，脚手架或工作平台上临时堆放的钢模板不宜超过3层，堆放的钢模板、部件、机具连同操作人员的总荷载，不得超过脚手架或工作平台设计控制荷载，当设计无规定时，一般不超过2.7kN/m²。

支模过程中如遇中途停歇，应将已就位的钢模板或支承件连接牢固，不得架空浮搁；拆模间歇时，应将已松扣的钢模板、支承件拆下运走，防止坠落伤人或人员扶空坠落。安装和拆除钢模板，高度在3m及以下时，可使用马凳操作，高度在3m及以上时，应搭设脚手架或工作平台，并设置防护栏杆或安全网。组合钢模板安装和拆除必须编制安全技术方案，并严格执行。

组合钢模板的预留孔洞、电梯井口等处，应加盖或设防护栏杆。高处作业人员应通过斜道或施工电梯上下通行，严禁攀登组合钢模板或绳索等上下。操作人员的操作工具要随手放入工具袋，不便放入工具袋的要拴绳系在身上或放在稳妥的地方。

9.3 混凝土工程

9.3.1 基本要求

进行混凝土作业的相关要求包括：

（1）脚手架、工作平台和斜道应绑扎牢固。若有探头板应及时绑扎搭好，脚手架上的钉子等障碍物应清除干净。高处作业或较深的地下作业，必须设置供操作人员上下的走道。

（2）浇筑地下工程混凝土前，应检查边坡有无裂缝、不稳定土方石等现象。

（3）夜间施工应有足够的照明，临时电线必须架空在2.5m以上。在深坑和潮湿地点施工必须使用安全电压安全照明。

（4）所有电气设备的修理拆换工作应由电工进行，严禁混凝土操作工自行拆换。

（5）材料及混凝土的运输机具应坚实牢固，轴承应经常加油、保养。

9.3.2 自拌混凝土浇捣作业措施

自拌混凝土浇捣作业措施包括：

（1）混凝土搅拌站后台的装置及龙门吊等，应安设牢固，搅拌前应经试运转证明机械各部位工作正常，方可正式搅拌。

（2）临时跳板和走道应搭设牢固。运输道的宽度，单行道应比手推车及机动翻斗车的宽度大400mm以上，双行道应比两辆车的宽度宽700mm以上。

（3）用手推车运料时应依次行走，不得拥挤、抢先。向搅拌机或料斗内倒料时，不得用力过猛和将车辆脱把。

（4）用手推车运输混凝土，在下坡道、天桥上或跨越坑槽的走道上必须缓慢，防止碰撞伤人和翻车。空车返回时，不得将车拖在身后奔跑，以防滑倒和翻车。用翻斗车运输时，应由专业驾驶人员驾驶。

（5）自卸车卸混凝土或砂、石时，应在现场有关人员指定的地点卸料，开倒车时应有专人指挥。起落自卸车斗时，应有专人指挥。

（6）在上料平台上的卸料人员不得将头、手、脚伸入井架内；严禁在拔杆下站人。运行中途若发生故障，必须停车修理。

（7）浇筑离地面2m以上的框架、过梁、雨篷和小平台时，应设操作平台，不得直接站在模板或支撑件上操作。

（8）浇筑拱形结构，应自两边拱脚对称地相向进行，浇筑储仓，下口应先行封闭，并搭设脚手架以防人员坠落。

（9）特殊情况下如无可靠的安全设施，必须系好安全带并扣好保险钩，或架设安全网。

（10）地下工程深度超过3m时，应设混凝土溜槽。滑放混凝土时，应上下配合。

（11）浇筑无板框架的梁柱混凝土时，应搭设脚手架，并应附设防护栏杆，不得站在模板上操作。

（12）浇捣圈梁、挑檐、阳台、雨篷混凝土时，外脚手架上应架设护身栏杆。

（13）使用振动机前应检查：电源电压，输电必须安装漏电开关；保护电源线路是否良好，电源线不得有接头；机械运转是否正常。振动机移动时，不得硬拉电线，更不得在钢筋和其他锐利物上拖拉，防止割破拉断电线而造成触电伤亡事故。

（14）用草帘或草袋覆盖混凝土时，构件表面的孔洞部位应有封堵措施并设明显标志，以防操作人员跌落或受伤。草帘和草袋等用完后应随时清理，堆放到指定地点，并应堆置地点设置消防设施。

（15）在大风雪或暴雨、雷雨的情况下（6级及以上大风），不得在露天进行高空作业；气温较低（−15℃左右），且在高空或迎风方向连续作业时，应加强保暖，必要时休息取暖。

（16）应经常检查脚手架的接头处是否牢固，检查安全防护设置是否齐全，是否因冰、雪、风、雨的影响而松动下沉。走道及跳板通道，应经常清扫或进行防滑处理。

（17）酒后及患有高血压、心脏病、癫痫症的人员，严禁参加高空作业。

9.3.3 商品混凝土浇捣作业安全技术措施

商品混凝土浇捣作业安全技术措施包括：

（1）泵送设备放置应离基坑边缘保持一定距离。在布料杆动作范围内无障碍物，无高压线。

（2）水平泵送的管道敷设线路应接近直线，少弯曲，管道与管道支撑必须紧固可靠，管道接头处应密封可靠。“Y”形管道应装接锥形管。

（3）严禁将垂直管道直接装接在泵的输出口上，应在垂直管架设的前端装接长度不小于10m的水平管，水平管近泵处应装逆止阀。敷设向下倾斜的管道时，下端应装接一段水平管，其长度至少为倾斜管高低差的5倍，否则应采用弯管等办法，增大阻力。如倾斜度较大，必要时，应在坡度上端装置排气活阀，以利排气。

（4）支腿应全部伸出并支固，未支固前不得启动布料杆。布料杆升离支架后方可回转。布料杆伸出时应按顺序进行。严禁用布料杆起吊或拖拉物件。

（5）当布料杆处于全伸状态时，严禁移动车身。作业中需要移动时，应将上段布料杆折叠固定，移动速度不超过10km/h。布料杆不得使用超过规定直径的配管，装接的软管应系防脱安全绳带。

（6）应随时监视各种仪表和指示灯，发现不正常应及时调整或处理。如出现输送管道堵塞时，应进行逆向运转使混凝土返回料斗，必要时应拆管排除堵塞。

(7) 泵送工作应连续作业，必须暂停时应每隔 4～5min 泵送一次。若停止较长时间后泵送时，应正反运行 4 个行程，然后顺向泵送。泵送时料斗内应保持一定量的混凝土，不得吸空。

(8) 应保持水箱内储满清水，发现水质混浊并有较多砂粒时应及时检查处理。

(9) 泵送系统受压力时，不得开启任何输送管道和液压管道。液压系统的安全阀不得做任意调整。

9.3.4 混凝土养护安全要求

混凝土养护安全要求包括：

(1) 使用覆盖物养护混凝土时，预留孔洞必须按照规定设安全标志，加盖或设围栏，不得随意挪动安全标志及防护设施。

(2) 使用电热毯养护应设警示牌、围栏，无关人员不得进入养护区域。严禁折叠使用电热毯，不得在电热毯上压重物，不得用金属丝捆绑电热毯。

(3) 使用软水管浇水养护时，应将水管接头连接牢固，移动水管不得猛拽，不得倒行拉移胶管。

(4) 覆盖物养护材料使用完毕后，应及时清理并存放到指定地点，码放整齐。

(5) 蒸汽养护、操作和冬施测温人员，不得在混凝土养护坑（池）边沿站立或行走，应注意脚孔洞与磕绊物等。加热用的蒸汽管应架高或保温材料包裹。

9.4 砌 体 工 程

9.4.1 砌块运输、堆放安全技术措施

砌块运输、堆放安全技术措施包括：

(1) 作业前应对各种起重机械设备、绳索、夹具、临时脚手架和其他施工安全设施进行检查，特别是要检查夹具的有关零件是否灵活牢靠，剪刀夹具悬空吊起后夹具是否自动拉拢，夹板齿或橡胶块是否磨损，夹板齿槽中的垃圾是否清除。夹具还应定期进行检查和有关性能的测试，如发现歪曲变形、裂痕、夹板磨损等情况，应及时修理，不应勉强使用。新夹具使用前，应先认真验收，尺寸应准确，并进行性能测试。

(2) 砌块在装夹前，应先检查砌块是否平稳，如果有歪斜不齐时，应撬正后再夹，夹具的夹板在砌块的中心线上，以防止砌块起吊后歪斜；砌块起吊过程中，如发现有部分破裂且有脱落危险的砌块，严禁继续起吊。起重摆杆回转时，严禁将砌块停留在操作人员上空或在空中修理、处理砌块，摆杆及吊钩下方不得站人或进行其他操作。砌块吊装时不准在下层楼面进行其他任何工作。利用台灵架吊装较重的构件时，台灵架应加稳绳。

(3) 台灵架或其他楼面起重机、起重机设备等就位后，吊装前应检查这些设备的位置、压重、缆绳的锚口等是否符合要求。砌块或其他构件吊装时应注意被吊物体重心的位置。起重量应严格控制在允许范围内，应严格控制起重拔杆的回转半径和变幅角度。不得起吊在台灵架的前支柱之后的砌块或其他构件，不得放长吊索拖拉砌块或构件。吊起砌块后作水平回转时，应由操作人员牵引，以免摇摆和碰撞墙体或临时脚手架等。

(4) 卸下和堆放砌块的地方应平整、无杂物、无块状物体，以防止个别砌块在夹具松开后倒下伤人。在楼面卸下、堆放砌块时，应尽量避免冲击，严禁倾斜及撞击楼板。砌块

的堆放应尽量靠近楼板的端部。楼面上砌块的储备量，应考虑楼面的承载能力和变形情况，楼面荷载严禁超过楼板的允许承载能力，否则应采取相应的加固措施，如在楼板底加设支撑等。

（5）砌块吊装就位时，应待砌块放稳后，方可松开夹具。

（6）遇到下列情况时，应停止吊装作业：

1）不能听清信号时；

2）起吊设备、索具、夹具等有不安全因素尚未排除时；

3）大雾或照明不足时。

（7）冬期施工时，应在上班操作前清除掉在机械、脚手板和作业区内的积雪、冰霜，严禁起吊同其他材料冻结在一起的砌块和构件。

9.4.2　砌体工程施工安全基本要求

砌体工程施工安全基本要求包括：

（1）雨期施工不得使用过湿的砌块，以避免砂浆流淌，影响砌体质量，雨后继续施工时，应复核砌体垂直度。

（2）雨期施工要做好防雨措施，严防雨水冲走砂浆，造成砌体倒塌。

（3）车子运输砖、石、砂浆等材料时应注意稳定，不得猛跑，前后车距离应不少于 2m；坡度行车，两车距离应不少于 10m。禁止并行或超车。所载材料不得超出车厢之上。

（4）使用钢井架物料提升机运送物料时，应遵守钢井架物料提升机有关规定。吊运时不得超载，使用过程中经常检查，若发现有不符合规定者，应停止作业及时修理。

（5）用起重机吊运砖时，应采用砖笼，并不得直接放在桥板上。吊运砂浆的料斗不能装得过满。吊钩要扣稳，而且要待吊物下降至离楼地面 1m 以内时，人员才可靠近。扶住就位，人员不得站在建筑物的边缘。吊运物料时，吊臂回转范围内的下面不得有人员行走或停留。

（6）严禁用抛掷方法传递砖、石等材料，如用人工传递时，应稳递稳接，上下操作人员站立位置应错开。

（7）操作地点临时堆放用料时，应放在平整坚实的地面上，不得放在湿滑积水或泥土松软崩裂的地方。放在楼面板或桥道时，不得超过其设计荷载能力，并应分散堆置，不得过分集中。基坑边 1m 以内不准堆料。

（8）活动钢（木）脚手架的安装，当安装在地面时，泥土必须平整坚实，否则应夯打至平整和不下沉，或在架脚垫枋板，扩大支承面。当安装在楼板时，如高低不平则应用木板楔平稳，不得用砖块作垫底。地面上的脚手架大雨后应检查有无变动。

（9）活动钢管脚手架提升后，应用 $\phi 9$ 的铁销贯穿内外管孔；严禁随便用铁钉代替，当活动脚手架提升到 2m 时，架与架应装交叉拉杆，以加强联结稳定。

（10）脚手架间距按脚手板（桥枋）长度和刚度而定，脚手板不得少于两块，其端头须铺过梁的支承横杆且≥200mm，但不得伸过太长做成悬臂（探头板）。

（11）两脚手板（桥枋）相搭接时，每块板应各伸过架的支承横杆，严禁将上一块板搭在下一块板的悬空（探头）部分。如用钢筋桥枋（花梁）代替脚手板时，应用铅丝与架扎牢。

（12）每块脚手板上的操作人员不应超过 2 人，堆放砖块时不应超过单行 4 皮。宜一块板站人，一块板堆料。

（13）上落脚手架，不应急剧跳上跳落。

（14）不得用不稳定的工具或物体在脚手板面垫高操作，更不得在未经设计和加固的情况下，在一层脚手架上再叠加一层（桥上桥）。

9.4.3 砖砌体工程施工安全技术措施

砖砌体工程施工安全技术措施包括：

（1）砌砖使用的工具、材料应放在稳妥的地方，工作完毕应将脚手板和砖墙上的碎砖、灰浆等清扫干净，防止掉落伤人。

（2）砖垛上取砖时，应先取高处后取低处，防止垛倒砸人。

（3）深基坑装顶的拆除，应随砌筑的高度，自下而上将支顶逐层拆除并每拆一层，随即回填一层泥土，防止该层基土发生变化。当在坑内工作时，操作人员必须戴好安全帽。操作地段上面要有明显标志，警示基坑内有人操作。

（4）脚手架站脚处的高度，应低于已砌砖的高度。

（5）砌砖在一层以上或高度超过 4m 时，若建筑物外边没有架设脚手架平桥，则应支架安全网或护身栏杆。

（6）不准站在墙上做划线、称角、清扫墙面等工作。上下脚手架应走斜道，严禁踏上窗台出入。

（7）基坑边堆放材料距离坑边不得少于 1m，并应按土质的坚实程度确定。当发现土壤出现水平或垂直裂缝时，应立即将材料搬离并进行基坑装顶加固处理。

（8）砍砖时应面向内打，注意砖碎弹出伤人。

（9）基础砌砖时，应经常注意和检查基坑土质变化情况，有无崩裂和塌陷现象。当深基坑装设挡板支顶时，操作人员应设梯子上落，不应攀爬支顶和踩踏砌体上落，运料下基坑不得碰撞支顶。

（10）在台风到来之前，已砌好的山墙应临时用联系杆（如桁条）放置各跨山墙间，加强稳定。否则应另行做好支撑措施。

9.4.4 中小型砌块砌体施工安全技术措施

中小型砌块砌体施工安全技术措施包括：

（1）在楼板上的砌块不得超过楼板的允许承载力。采用内脚手架施工时，在二层楼面以上必须沿建筑物四周设置安全网，并随施工高度逐层提升，屋面工程未完工前不得拆除。

（2）砌块时，不准站在墙上操作和墙上设置支撑、缆绳等。在施工过程中，对稳定性较差的窗间墙、独立柱应加稳定支撑。

（3）砌块和构件时应注意其重心位置，禁止用起重拔杆拖运砌块，不得起吊有破裂脱落危险的砌块。起重拔杆回转时，严禁将砌块停留在操作人员的上空或在空中整修、加工砌块。吊装较长构件时应加稳绳。吊装时不得在其下一层楼内进行任何工作。

（4）砌块施工宜组织专业小组进行。施工人员必须认真执行有关安全技术规范和本工种的操作规程。

（5）当遇到下列情况时，应停止吊装工作：

1）起吊设备、索具、夹具有不安全因素而没有排除时。

2）因刮风，使砌块和构件在空中摆动不能停稳时。

3）噪声过大，不能听清指挥信号时。

4）大雾或照明不足时。

9.4.5 石砌体施工安全技术措施

石砌体施工安全技术措施包括：

(1) 搬运石料前，应检查搬运工具、绳索是否牢靠。石料要拿稳放牢。用车子运送时，不应装得过满，防止滚落伤人。

(2) 在脚手架上砌石，不得使用大锤，修整石块时要戴防护目镜，不准两人对面操作。操作时，应戴厚帆布防护手套。

(3) 用绳缆抬石，应用双缆，不应用单缆，并且有缆的一面向人，前后两人要互相呼应、互相照顾、步伐一致。

(4) 参照“砌砖施工技术交底”进行砌石施工有关基础、墙身的安全砌筑。

(5) 石块不得往下掷。运石上落时，桥板要架设牢固，并有防滑措施，桥板宽度应大于50cm，同时桥侧要有扶手栏杆。

(6) 坑槽运石料，应用溜槽或吊运，下方不准有人。

(7) 用于推车运石料时，应掌握车的重心，装车先装后面，卸车先卸前面，装车不得超载。

(8) 破石时先检查锤头有无破裂，锤柄是否牢靠。打锤要按照石纹走向落锤，锤口要平，落锤要准。落锤要选择方向，看清附近情况，有无危险，方可落锤，以防止伤人。

(9) 工作完毕，应将脚手板上的石渣碎片清扫干净。

9.5 钢结构工程

9.5.1 钢结构焊接施工安全技术措施

钢结构焊接施工安全技术措施包括：

(1) 焊钳与把线必须绝缘良好，连接牢固，更换焊条应戴手套。在潮湿地点工作，应站在绝缘板板或木板上。

(2) 焊接预热工件时。应有石棉布或挡板等隔热措施。

(3) 把线、地线禁止与钢丝绳接触，更不得用钢丝绳或机电设备代替零线。所有地线接头，必须连接牢固。

(4) 更换场地移动焊把线时，应切断电源，并不得手持焊把线爬梯登高。

(5) 清除焊渣或采用电弧气刨清根时，应戴防护眼镜或面罩，以防止铁渣飞溅伤人。

(6) 电焊机要设单独的开关，开关应放在防雨的闸箱内，拉合闸时应戴手套侧向操作。多台焊机在一起集中施焊时，焊接平台或焊件必须接地，并应有隔光板。

(7) 雷雨时，应停止露天焊接工作。

(8) 施焊场地周围应清除易燃易爆物品，或进行覆盖、隔离。必须在易燃易爆气体或液体扩散区施焊时，经有关部门检试许可后，方可施焊。

(9) 工作结束，应切断焊机电源，并检查操作地点，确认无起火危险后，方可离开。

9.5.2 钢结构吊装施工安全技术措施

钢结构吊装施工安全技术措施包括：

(1) 钢结构吊装作业前，应根据工程特点和施工现场的实际情况，编制有针对性的专项施工方案，并经总包方、监理方批准后方能施工。

(2) 钢结构的吊装作业人员必须持有有效操作作业证书上岗。

(3) 吊装作业前，应向作业人员进行安全技术交底，并检查起吊用具和防护设施，落实吊物的回转半径范围、吊物的落点等情况的准备工作。此外，专职安全员应检查使用的工具是否牢固。

(4) 施工现场的脚手架、各类安全防护设施、安全标志及警告牌等必须佩置齐全。作业范围内应在地面设置警戒区域，并安排专人负责看管。

(5) 施工人员进入现场必须戴安全帽。高空作业人员必须系好安全带。高空作业所用的小型工具必须放入工具袋内，上下传递严禁投掷，应用细绳传递。严禁高空作业人员向下抛掷工具、物件及废料等，以防伤人伤物。

(6) 平吊长形构件时，两个吊点的位置应在距重心相等距离的两端，吊力的作用线应通过重心。竖吊物件的吊点位置应在重心上端。

(7) 钢结构吊装时，对细长构件不宜采用单点起吊，应采用二点起吊。二点起吊的每个吊点分别距杆件各端 $0.21L$，即以 0.21 乘杆件长度。

(8) 吊装中要熟悉和掌握吊物的捆绑技术及捆绑要点，应根据吊物形状找中心、吊点的数目和绑扎点。起吊过程中必须做到“十不吊”的规定。

(9) 严禁任何人在已起吊的构件下停留或穿行。已起吊的构件不得长时间在空中停留。

(10) 在吊装钢梁、桁条或钢屋架时，应在作业范围内设置安全平网，以防人员或物料坠落造成事故。如设置安全平网有困难，应采用脚手钢管在作业区下方搭设可移动的临时防护架。严禁在无任何安全防护的条件下进行吊装作业。

(11) 钢结构吊装应分区分段进行，当多榀钢梁或钢屋架形成空间受力体系后，应及时采取临时缆绳予以固定，防止构件倾覆。

(12) 氧气、乙炔等要存放在偏僻安全处，工按规定正确使用。工具房、操作平台、已安装楼层及地面临时设施处，设置足够数量的灭火器材。电焊、气割时，先观察周围环境有无易燃物品后再进行工作，严防火灾发生。

(13) 屋面板吊装时必须设置可靠的安全防护设施。可在钢梁上设置临时扶手和钢丝绳通长围栏，以方便安全带系挂。

(14) 屋面采光口及天窗洞口等必须设置安全警示标志，并有完善的洞口防护设施。

(15) 钢结构吊装时，当风速为 15m/s 时，所有工作均须停止。

9.6 装饰装修工程

9.6.1 抹灰工程施工安全技术措施

抹灰工程施工操作安全技术措施包括：

(1) 施工前对抹灰工进行必要的安全和技能培训，未经培训或考试不合格者，不得上岗作业。更不得使用童工、未成年工、身体有疾病的人员作业。

(2) 抹灰工要佩戴有效的防护用品如安全帽、安全带、套袖、手套、风镜等，作业人员要正确佩戴和使用防护用品。

(3) 班组（队）长每日上班前，对作业环境、设施、设备等进行认真检查，发现问题及时解决。作业中对违章操作行为要制止。下班后做到断电、活完料净场地清。对全天情况做好讲评。

(4) 作业人员必须熟知本工种的安全操作规程和施工现场的安全生产管理制度，不违章作业，对违章作业的指令有权拒绝，并有责任制止他人违章作业。

(5) 进入施工现场的人员必须正确戴好安全帽，系好下颏带。按照作业要求正确穿戴个人防护用品，着装要整齐。在没有可靠安全防护设施的高处施工时，必须系好安全带。高处作业不得穿硬底和带钉易滑的鞋，不得向下投掷物料，严禁赤脚、穿拖鞋、高跟鞋进入施工现场。

(6) 作业中出现危险征兆时，作业人员应暂停作业，撤至安全区域，并立即向上级报告。未经施工技术管理人员批准。严禁恢复作业。紧急处理时，必须在施工技术人员指挥下进行作业。

(7) 作业中发生事故，必须抢救人员，迅速报告上级，保护事故现场，控制事故扩大。抢救工作必须在施工技术管理人员的指导下进行施救。

(8) 脚手架使用前应检查脚手板是否有空隙，探头板、护身栏、挡脚板，验收合格后，方可使用。吊篮架子升降由架子工负责，非架子工不得擅自拆改或升降。

(9) 作业过程中遇有脚手架与建筑物之间拉接，未经领导同意，严禁拆除。必要时由架子工负责采取加固措施后方可拆除。

(10) 脚手架上的材料要分散放稳，不得超过允许荷载（装修架不得超过 $2kN/m^2$，集中载荷不得超过 1.5kN）。

(11) 采用井字架、龙门架、外用电梯垂直运送材料时，预先检查卸料平台通道的两侧边防护是否齐全、牢固，吊盘（笼）内小推车必须加挡车板，不得向井内探头张望。

(12) 使用吊篮进行外墙抹灰时，吊篮设备必须具备三证（检验报告、生产许可证、产品合格证），并对抹灰人员进行吊篮操作培训，专篮专人使用，更换人员必须经安全管理人员批准并重新教育、登记。

(13) 利用室外电梯运送水泥砂浆等抹灰材料时，严禁超载，并将遗洒的杂物清理干净。

(14) 外装饰为多工种立体交叉作业，必须设置可靠的安全防护隔离层。贴面使用的预制件、大理石、瓷砖等，应堆放整齐、平稳，边用边运。安装时要稳拿稳放，待灌浆凝固稳定后，方可拆除临时支撑。废料、边角料严禁随意抛掷。

(15) 脚手板不得搭设在门窗、暖气片、洗脸池等非承重的物器上。阳台通廊部位抹灰，外侧必须挂设安全网。严禁踩踏脚手架的护身栏杆和阳台栏板进行操作。

(16) 室内抹灰采用高凳上铺脚手板时，宽度不得少于两块脚手板，间距不得大于 2m，移动高凳时上面不得站人，作业人员最多不得超过 2 人。高度超过 2m 时，应由架子工搭设脚手架。

(17) 室内推小车应平稳，不得猛拐。

(18) 在高大门、窗旁作业时，应将门窗扇关好，并插上插销。

(19) 夜间或阴暗处作业，应用36V以下安全电压照明。

(20) 瓷砖墙面作业时，瓷砖碎片不得向窗外抛扔。剔凿瓷砖应戴防护镜。

(21) 使用电钻、砂轮等手持电动工具，必须装有漏电保护器，作业前应试机检查，作业时应戴绝缘手套。

(22) 进行砂浆搅拌时必须设专人操作，并严格按照搅拌机操作规程执行。清理料斗下方散料时，料斗必须插好安全栓。

(23) 遇有6级及以上强风、大雨、大雾，应停止室外高处作业。

9.6.2 门窗工程施工安全技术措施

门窗工程施工操作安全技术措施包括：

(1) 木工使用各种木作机械，如圆锯、带锯、刨木机等均应按照建设工程操作员相应安全技术交底施工。

(2) 安装门窗框、扇作业时，操作人员不得站在窗台和阳台栏板上作业。当门窗临时固定，封填材料尚未达到其应有强度时，不准手拉门、窗进行攀登。

(3) 上班前不得饮酒，下班后要清理机械和周围环境的刨花、木屑。

(4) 安装二层楼以上外墙窗扇，应设置脚手架和安全网，如外墙无脚手架和安全网时，必须挂好安全带。安装窗扇的固定扇，必须钉牢固。

(5) 所有锯出的副材、边角料和板皮等，应分类按指定地点堆放。一切材料、成品要堆放整齐稳固，在一定的高度时，应用板皮隔开垫稳，防止塌落和损坏。

(6) 使用手提电钻操作，必须佩戴绝缘胶手套，机械生产和圆锯锯木，一律不得戴手套操作，并必须遵守用电和有关机械安全操作规程。

(7) 操作过程中如遇停电、抢修或因事离开岗位时，应关闭用电机械和设备，并切断电源。

(8) 使用电动螺丝刀、手电钻、冲击钻、曲线锯等必须选用Ⅱ类手持式电动工具，每季度至少全面检查一次，确保使用安全。

(9) 凡使用机械操作，在开机时，应挥手扬声示意，方可接通电源，并不准使用金属物体合闸。

(10) 在机械锯木操作中，对有木眼、裂缝、畸形层、大节疤、翘曲和“鸡胸”木时，应减低推进速度。对于“鸡胸”木，除注意推送外，并应边锯边用木楔（即木尖）打入使之分离，防止事故发生。

(11) 经常清理车间一切易燃物品（刨花、木屑等）。如有特殊工艺须要用火处理时，应严格管理；当工作完毕后，应即用水淋熄。各种灭火器具要布置在适当的地方。安置灭火器具和装设电气开关的地方，不能堆塞材料和杂物，保持通畅无阻。车间范围内除特定吸烟室外，一律不准吸烟。

(12) 使用射钉枪必须符合下列要求：

1) 射钉弹应按有关爆炸和危险物品的规定进行搬运、贮存和使用，存放环境应整洁、干燥、通风良好、温度不高于40℃，不得碰撞、用火烘烤或高温加热射钉弹，哑弹不得随地乱丢。

2）墙体必须稳固、坚实并具承受射击冲击的刚度。在薄墙、轻质墙上射钉时，墙的另一面不得有人，以防射穿伤人。

3）操作人员要经过培训，严格按规定程序操作，作业时要戴防护眼镜，严禁枪口对人。

（13）使用特种钢钉应选用重量大的锤头，操作人员应戴防护眼镜。为防止钢钉飞跳伤人，可用钳子夹住再行敲击。

9.6.3　吊顶工程施工安全技术措施

吊顶工程施工操作安全技术措施包括：

（1）作业人员入场前必须经入场教育考试合格后方可上岗作业。

（2）作业人员进入施工现场必须戴合格的安全帽，系好下颌带，锁好带口；严禁赤背，穿拖鞋。

（3）作业人员严禁酒后作业，严禁吸烟，禁止在施工现场追逐打闹。

（4）登高（2m以上）作业时必须系合格的安全带，系挂牢固，高挂低用，应穿防滑鞋，应把手头工具放在工具袋内。

（5）施工中使用的电动工具及电气设备，均应符合国家现行标准《施工现场临时用电安全技术规范（附条文说明）》JGJ 46—2005的规定；施工中所用的电动工具及电气设备的安装必须由专业电工完成。

（6）脚手架搭设应符合现行地方标准。脚手架上置物重量不得超过规定荷载，脚手板应固定，探头板长度不得大于150mm。

（7）施工中使用的各种工具（高梯、条凳等）、机具应符合相关规定要求，利于操作，确保安全。在高处作业时，上面的材料码放必须平稳可靠，工具不得乱放，应放入工具袋内。

（8）使用电、气焊等明火作业，应清除周围及焊渣溅落区的可燃物，并设专人监护。

（9）裁割玻璃应在房间内进行。边角余料要集中堆放，并及时处理。

（10）人工搬运玻璃时应戴手套或垫上布、纸，散装玻璃运输必须采用专门夹具（架）。玻璃运抵现场后应直立堆放，不得水平摆放。

（11）使用高凳必须结实，高度不超过1.5m，超过时支搭脚手架，使用高梯子高度不超过2m，角度为60°～70°，两腿之间用钢丝绳拉接，人不允许在楼顶作业，使用移动式架子要稳固，作业面四周有护身栏，每天做到活完料净脚下清，安装时要按程序将每个配件固定好，2kg（含）以上的材料必须两人同时搬运，严禁私自拆除任何防护设施。

（12）施工过程中防止粉尘污染应采取相应的防护。有噪声的电动工具应在规定的作业时间内施工，防止噪声污染、扰民。

（13）施工现场应工完场清，清扫时应洒水，不得扬尘 。废弃物应按环保要求分类堆放及消纳（如废塑料板、矿棉板、硅钙板等）。

9.6.4　幕墙工程施工安全技术措施

1. 玻璃安装

（1）玻璃搬运应遵守下列要求：

1）搬运玻璃前应先检查玻璃是否有裂纹，特别要注意暗裂，确认完好后方可搬运。

2）搬运玻璃必须戴手套或用布、纸垫住玻璃边口部分与手及身体裸露部分分隔，如数量大应装箱搬运，玻璃片直立于箱内，箱底和四周要用稻草或其他软性物品垫稳。两人以上共同搬抬较大较重的玻璃时，要互相配合，呼应一致。

3）对于隐框门窗，若玻璃与铝框是在车间黏结的，要待结构固化后才能搬运。

4）若门窗玻璃尺寸过大，则要用专门的吊装机具搬运。

5）风力在5级或以上难以控制玻璃时，应停止搬运和安装玻璃。

（2）裁割玻璃，应要指定场所进行，边角余料要集中堆放在容器或木箱内，并及时处理。集中装配大批玻璃场所，应设置围栏或标志。

（3）安装门窗玻璃时，禁止在无隔离防护措施的情况下上下楼层同时操作，取出而未安装上的玻璃应放置平稳。所用的小钉子、卡子和工具等放入工具袋内，随安随装，严禁将铁钉放在门里，安装玻璃的楼层下方，禁止人员来往和停留。

（4）独立悬空作业时必须挂好安全带，不准一手腋下挟住玻璃，一手扶梯攀登上下。使用梯子时，不论玻璃厚薄均不准将梯子靠在玻璃面上操作。

（5）安装高处外开窗玻璃时，应在牢固的脚手架上操作或挂好安全带，严禁无安全防护措施而蹲在窗框上操作。

（6）天窗及高层房屋安装玻璃时，施工点的下面及附近严禁行人通过，以防玻璃及工具掉落伤人。

（7）大屏幕玻璃安装应搭设吊架或挑架，从上而下逐层安装。

（8）门窗等安装好的玻璃应平整、牢固，不得有松动现象；并在安装完毕后，应随即将风钩挂好插上插销，以防风吹窗扇碰碎玻璃掉落伤人。

（9）安装屋顶采光玻璃，应铺设脚手板或采取其他安全防护措施。

（10）安装完后所剩下的残余破碎玻璃应及进清扫和集中堆入，并要尽快处理，以避免伤人。

2. 铝合金玻璃幕墙安装

（1）铝合金幕墙安装人员应经专门安全技术培训，考核合格后方能上岗操作。施工前要详细进行安全技术交底。

（2）施工现场作业人员严禁酒后上岗，严禁吸烟，禁止在施工现场追逐打闹疲劳作业、带病作业。

（3）登高（2m以上）作业时必须系合格的安全带，系挂牢固，高挂低用，应穿防滑鞋，应把手头工具放在工具袋内。

（4）施工中使用的电动工具及电气设备，均应符合国家现行标准《施工现场临时用电安全技术规范（附条文说明）》JGJ 46—2005的规定。

（5）安装时使用的焊接机械及电动螺丝刀、手电钻、冲击电钻、曲线锯等手持式电动工具，应按照安全交底进行操作。

（6）进行焊接作业时，应严格执行现场用火管理制度，现场高处焊接时，下方应设防火斗，并配备灭火器材，设专人旁站，防止发生火灾。

（7）使用天那水清洁玻璃时，室内应通风良好，戴好口罩，严禁吸烟，周围不准有火种。沾有天那水的棉纱、布应收集在金属容器内，并及时处理。

9.7　屋面与防水工程

9.7.1　屋面工程施工安全技术措施

1. 屋面工程施工安全要求

(1) 开工前，现场施工人员必须向参加操作全体人员进行安全技术交底。要详细、认真地将所用材料的品种、规格、性能和有关设备（包括防火设备），以及操作过程中应注意事项交底清楚。

(2) 对有皮肤病、眼病、刺激过敏等患者，不得从事沥青工作。施工过程中，如发生恶心、头晕、刺激过敏等情况时，应立即停止操作。

(3) 严禁使用未成年或精神不正常的工人参加屋面上的沥青工作或运输熔热油类工作。沥青作业每班应适当增加间歇时间。

(4) 施工现场应有急救备用药品，以防被烫伤或恶心、头晕等时涂抹急救之用。

(5) 从事沥青及有毒防水材料作业工作时，必须穿戴规定的防护用品。操作人员不得赤脚、穿短裤和短袖衣服进行操作，裤脚袖口应扎紧，并应佩戴手套的防脚套。装卸、搬运碎沥青，必须洒水，防止粉末飞扬。

(6) 操作时应注意风向，操作人员应站在上风方向；如遇大风，沥青烟雾飞扬，应停止工作，防止下风方向作业人员中毒或烫伤。

(7) 存放卷材和胶粘剂的仓库或现场要严禁烟火，如需用明火，必须有防火措施，且应设置一定数量的灭火器材和砂袋。

(8) 高处作业时应按照"高处作业"安全交底的要求进行操作。人员不得过分集中，必要时系好安全带。

(9) 雨、霜、雪天，必须待屋面干燥后，方可继续进行工作，刮大风时应停止作业。

2. 卷材铺贴施工安全要求

(1) 盛装热沥青的铁勺、铁壶、铁桶要用咬口接头，严禁用锡进行焊接，桶宜加盖，装油量不得超过上述容器的2/3。

(2) 油桶要平放，不得两人抬运。在运输途中，注意平稳，精神要集中，防止不慎跌倒造成伤害。

(3) 垂直运输热沥青，应采用运输机具，运输机具应牢固可靠。如用滑轮吊运时，上面的操作平台应设置防护栏杆，提升时要系拉牵绳，防止油桶摆动，油桶下方10m半径范围内禁止站人。

(4) 禁止直接用手传递，操作人员也不准沿楼梯挑上，接料人员应用钩子将油桶钩放在平台上放稳，不得过于探身用手接触油桶。

(5) 在坡度较大的屋面运热沥青时，应采取专门的安全措施（如穿防滑鞋等），油桶下面应加垫，保证油桶放置平稳。

(6) 屋面四周没有女儿墙和未搭设外脚手架时，施工前必须搭设好防护栏杆，其高度应高出沿周边1.2m。防护栏杆应牢固可靠。

(7) 浇倒热沥青时，必须注意屋面的缝隙和小洞，防止沥青漏落。浇倒屋面四周边沿时，要随时拦扫下淌的沥青，以免流落下方，并应通知下方人员注意避开。檐口下方不得有人行走或停留，以防沥青流落伤人。

（8）浇倒热沥青与铺贴卷材的操作人员应保持一定距离，并根据风向错位，浇至四周边沿时，要侧身操作，以避免热沥青飞溅烫伤。

（9）运上屋面的材料，如卷材、鱼眼砂等，应平均分散堆放，随用随运，不得集中堆料。在坡度较大的屋面上堆放卷材时，应采取措施，防止滑落。

（10）铺贴垂直墙面卷材，其高度超过 1.5m 时，应搭设牢固的脚手架。

3. 瓦屋面施工安全要求

（1）悬空作业处应有牢靠的立足处，并必须视具体情况，配置防护网、栏杆或其他安全设施。

（2）凡不符合高处作业的人员，一律禁止高处作业。并严禁酒后高处作业。

（3）凡有严重心脏病、高血压、神经衰弱症及贫血症等不适于高空作业者不得进行屋面工程施工。上屋面前检查有关安全设施，如栏杆、安全网等是否牢固，检查合格后，才能进行高空作业。

（4）在屋架承重的结构上施工时，运瓦上屋面要两坡同时进行，脚要踏在椽条或桁条上，不得踏在挂瓦条中间；禁止穿硬底易滑的鞋上屋面操作；在屋面踩踏行动时应特别注意安全，谨防绊脚跌倒，在平瓦屋面上行走，应踩踏在瓦头处，不得在瓦片中间部位踩踏。

（5）冬期施工应有防滑措施，屋面霜雪必须先清扫干净，必要时应系好安全带。

（6）碎瓦、杂物工具等应集中下运，不能随意乱丢乱掷。

9.7.2 防水工程施工安全技术措施

1. 涂料防水屋面工程施工安全要求

（1）配制材料的现场应有安全及防火措施，遵守安全操作要求。

（2）配制胶泥的稳定剂，有的是有毒粉末，应防止吸入鼻内。

（3）配制、施工操作时，应戴手套、口罩、穿工作服等。

（4）搅拌材料时，加料口及出料口要关严，传动部件应加防护罩。

2. 地下防水堵漏安全技术措施

（1）进入现场，必须戴好安全帽，扣好帽带，并正确使用个人劳动防护用具。

（2）操作人员必须身体健康，并经过专业培训考试合格，在取得有关部门颁发的操作证或特殊工种操作证后，方可独立操作。学员必须在师傅的指导下进行操作。

（3）现场施工必须戴好安全帽、口罩、手套等防护用品，必须穿软底鞋，不得穿硬底或带钉子的鞋。

（4）防水施工所用的材料属易燃物质，贮存、运输和施工现场必须严禁烟火，通风良好，还必须配备相应的消防器材。

（5）防水、堵漏施工照明用电，应将电压降到 12～36V 以下，以防触电。

（6）厚度在 4mm 以上的新型沥青防水卷材方可用热熔法施工，施工前要有动火申请审批手续。

（7）热熔施工时，必须戴墨镜，并防止烫伤。施工现场应保持良好通风。

（8）在用运送混凝土的小车运送细石混凝土或水泥砂浆进行保护层的施工时，小车的铁脚必须用旧橡胶车胎或橡胶制品裹垫捆绑牢固，待做保护层时用，严防铁脚损坏防水层。如发现防水层被施工器件损伤，必须用卷材修补密封后再继续进行浇筑。

3. 灌浆堵漏安全技术措施

(1) 装卸、搬运、熬制、配制灌浆堵漏材料时，必须穿戴规定的防护用品，皮肤不得外露。

(2) 灌浆施工前应严格检查工具、管路及接头处的牢靠程度，以防止压力爆破伤人。

(3) 有机化工材料均具有一定的刺激性和腐蚀性，操作人员在配制浆液和灌浆时应戴眼镜、口罩、手套等劳保用品，以防浆液误入口、眼中和溅至皮肤上。

(4) 丙凝粉剂及浆液具有一定毒性，如经常与之接触会影响中枢神经系统。丙凝浆液聚合成凝胶后无毒性，除非凝胶中尚有少量未起聚合反应的材料。因此，要求接触粉剂的人员戴口罩及橡皮手套，配制浆液和灌浆时应穿工作服和胶靴，避免皮肤接触。如已沾上粉末或浆液，应立即用肥皂水洗涤。

(5) 过硫酸铵能使衣服褪色和破坏纤维，刺激皮肤，腐蚀钢铁，应引起注意和采取相应防护措施。

4. 防腐剂、焊料、灌注料加工安全技术交底

(1) 患有皮肤病或结膜炎的人不得接触防腐剂。

(2) 加热防腐剂、焊料、绝缘胶等料剂时，须在离开建筑物的空旷地点，容器须支架牢固，禁止闲人、动物接近。

(3) 工作地点应通风良好。熬制绝缘胶的温度不宜超过180℃。工作地点附近不得放置易燃物品，并备有砂袋、麻袋布、水桶及灭火器等消防设施。绝缘胶溢出起火时，应用湿麻袋及砂袋扑灭不得直接浇水。

(4) 加热料剂时应使用没有焊缝的容器，其容积应比料剂容积大50%～100%，加热时应指定专人负责。工作人员应戴手套、口罩及防护目镜，不得离开加热地点，时刻注意加热情况，预防料剂起火或溢出锅外。

(5) 搬运加热好的料剂时，必须使用坚固的工具。传递时应将容器放在地上，不得手直接传递以免由于没有拿稳而翻倒。

(6) 烧热的绝缘胶（或焊锡）中，应注意防止水滴或潮湿的工具落入。以防爆炸飞溅发生烫伤。

(7) 熬制绝缘胶和焊料的用具，必须预先加热，烘干水分。灌注填充剂料时，所灌注的设备必须充分干燥，防止有水分发生爆炸。

(8) 加工完毕或收工时，将火熄灭，并确认不能自行复燃时方能离开。将粘有料剂的地面用土覆盖，妥善处理。

5. 防腐蚀安全技术措施

(1) 树脂类防腐蚀工程中的许多原料都具有程度不同的毒性或刺激性，使用时或配制时要有良好的通风。操作人员应在施工前进行体格检查，患有气管炎、心脏病、肝炎、高血压者以及对某些物质有过敏反应者均不得参加施工。研磨筛分、搅拌粉状填料最好在密封箱内进行。操作人员应穿戴防尘口罩、防护眼镜、手套、工作服等防护用品，工作完毕应冲洗淋浴。

(2) 施工过程中不慎与腐蚀或刺激性物质接触后，要立即用水或乙醇擦洗。采用毒性较大的材料施工时，应适当增加操作人员的工间休息。施工前制定有效的安全防护措施，

并应遵照安全技术及劳动防护制度执行。

(3) 在配制使用乙醇、苯丙酮等易燃材料施工现场，应严禁烟火并应备置消防器材，还要有适当的通风。

(4) 配硫酸时应将酸注入水中，禁止将水注入酸中。在配酸现场应备有10%碱液和纯碱水溶液，以备泼出的酸液中和之用。配制硫酸乙酯时，应将硫酸慢慢注入酒精中，并充分搅拌，温度不可超过60℃，以防止酸雾飞出。配制量较大时应设有间接冷却装置(如循环水浴)。

(5) 生漆毒性较大，能使接触者产生过敏性皮炎。严重者手脚、面部形成水肿、生出疮疹，即所谓漆疹。操作人员必须穿戴好防护用品，操作时严防生漆同皮肤接触，面部可涂防护油膏保护。

(6) 使用毒性或刺激性较大的涂料时，操作人员应穿戴防护用品，执行有关安全技术及劳动保护制度外，现场应注意通风，并适当采取操作人员轮换、工间休息、下班后冲洗、淋浴等安全防护措施。

(7) 施工现场应注意防火，严禁吸烟和使用电炉等。

(8) 材料库应能适当通风并备置消防器材。

9.8 拆除工程安全技术

建筑拆除工程主要包括人工拆除、机械拆除、爆破拆除三大类。根据被拆除建筑的结构形式、高度、面积采用不同的拆除方法。因为人工拆除、机械拆除、爆破拆除的方法不同，其特点也各有不同，在安全施工管理上各有侧重。

9.8.1 人工拆除

人工拆除安全技术措施包括：

(1) 进行人工拆除作业时，楼板上严禁人员聚集或堆放材料，作业人员应站在稳定的结构或脚手架上操作，被拆除的构件应有安全的放置场所。

(2) 人工拆除施工应从上至下、逐层拆除分段进行，不得垂直交叉作业。作业面的孔洞应封闭。

(3) 人工拆除建筑墙体时，严禁采用掏掘或推倒的方法。

(4) 拆除建筑的栏杆、楼梯、楼板等构件，应与建筑结构整体拆除进度相配合，不得先行拆除。建筑的承重梁、柱，应在其所承载的全部构件拆除后，再进行拆除。

(5) 拆除梁或悬挑构件时，应采取有效的下落控制措施，方可切断两端的支撑。

(6) 拆除柱子时，应沿柱子底部剔凿出钢筋，使用手动倒链定向牵引，再采用气焊或绳锯切割柱子三面钢筋，保留牵引方向正面的钢筋。

(7) 拆除管道及容器时，必须在查清残留物的性质，并采取相应措施确保安全后，方可进行拆除施工。

9.8.2 机械拆除

机械拆除安全技术措施包括：

(1) 当采用机械拆除建筑时，应从上至下，逐层分段进行；应先拆除非承重结构，再拆除承重结构。拆除框架结构建筑，必须按楼板、次梁、主梁、柱子的顺序进行施工。对只进行部分拆除的建筑，必须先将保留部分加固，再进行分离拆除。

(2) 施工中必须由专人负责监测被拆除建筑的结构状态，做好记录。当发现有不稳定状态的趋势时，必须停止作业，采取有效措施，消除隐患。

(3) 拆除施工时，应按照施工组织设计选定的机械设备及吊装方案进行施工，严禁超载作业或任意扩大使用范围。供机械设备使用的场地必须保证足够的承载力。作业中机械不得同时回转、行走。

(4) 进行高处拆除作业时，以较大尺寸的构件或沉重的材料，必须采用起重机具及时吊下。拆卸下来的各种材料应及时清理，分类堆放在指定场所，严禁向下抛掷。

(5) 采用双机抬吊作业时，每台起重机载荷不得超过允许载荷的80%，且应对第一吊进行试吊作业，施工中必须保持两台起重机同步作业。

(6) 拆除吊装作业的起重机司机，必须严格执行操作规程。信号指挥人员必须按照现行国家标准《起重机　手势信号》GB/T 5082—2019的规定作业。

(7) 拆除钢屋架时，必须采用绳索将其拴牢，待起重机吊稳后，方可进行气焊切割作业。吊运过程中，应采用辅助措施使被吊物处于稳定状态。

(8) 拆除桥梁时应先拆除桥面的附属设施及挂件、护栏等。

9.8.3 爆破拆除

爆破拆除安全技术措施包括：

(1) 爆破拆除工程应根据周围环境作业条件、拆除对象、建筑类别、爆破规模，按照现行国家标准《爆破安全规程》GB 6722—2014将工程分为A、B、C三级，并采取相应的安全技术措施。爆破拆除工程应做出安全评估并经当地有关部门审核批准后方可实施。

(2) 从事爆破拆除工程的施工单位，必须持有工程所在地法定部门核发的《爆炸物品使用许可证》，承担相应等级的爆破拆除工程。爆破拆除设计人员应具有承担爆炸拆除作业范围和相应级别的爆破工程技术人员作业证。从事爆破拆除施工的作业人员应持证上岗。

(3) 爆破器材必须向工程所在地法定部门申请《爆炸物品购买许可证》，到指定的供应点购买，爆破器材严禁赠送、转让、转卖、转借。

(4) 运输爆破器材时，必须向工程所在地法定部门申请领取《爆炸物品运输许可证》，派专职押运员押送，按照规定路线运输。

(5) 爆破器材临时保管地点，必须经当地法定部门批准。严禁同室保管与爆破器材无关的物品。

(6) 爆破拆除的预拆除施工应确保建筑安全和稳定。预拆除施工可采用机械和人工方法拆除非承重的墙体或不影响结构稳定的构件。

(7) 对烟囱、水塔类构筑物采用定向爆破拆除工程时，爆破拆除设计应控制建筑倒塌时的触地振动。必要时应在倒塌范围铺设缓冲材料或开挖防振沟。

(8) 为保护临近建筑和设施的安全，爆破振动强度应符合现行国家标准《爆破安全规程》GB 6722—2014的有关规定。建筑基础爆破拆除时，应限制一次同时使用的药量。

(9) 爆破拆除施工时，应对爆破部位进行覆盖和遮挡，覆盖材料和遮挡设施应牢固可靠。

(10) 爆破拆除应采用电力起爆网路和非电导爆管起爆网路。电力起爆网路的电阻和起爆电源功率，应满足设计要求；非电导爆管起爆应采用复式交叉封闭网路。爆破拆除不得采用导爆索网路或导火索起爆方法。装药前，应对爆破器材进行性能检测。试验爆破和起爆网路模拟试验应在安全场所进行。

(11) 爆破拆除工程的实施应在工程所在地有关部门领导下成立爆破指挥部，应按照施工组织设计确定的安全距离设置警戒。

9.8.4 拆除工程安全防护

拆除工程安全防护包括：

(1) 拆除施工采用的脚手架、安全网、必须由专业人员按设计方案搭设，由有在人员验收合格后方可使用。水平作业时，操作人员应保持安全距离。

(2) 安全防护设施验收时，应按类别逐项查验，并有验收记录。

(3) 作业人员必须配备相应的劳动保护用品，并正确使用。

(4) 施工单位必须依据拆除工程安全施工组织设计或安全专项施工方案，在拆除施工现场划定危险区域，并设置警戒线和相关的安全标志，应派专人监管。

(5) 施工单位必须落实防火安全责任制，建立义务消防组织，明确责任人，负责施工现场的日常防火安全管理工作。

9.8.5 拆除工程安全技术管理

拆除工程安全技术管理包括：

(1) 拆除工程开工前，应根据工程特点、构造情况、工程量等编制施工组织设计或安全专项施工方案，应经技术负责人和总监理工程师签字批准后实施。施工过程中，如需变更，应经原审批人批准，方可实施。

(2) 在恶劣的气候条件下，严禁进行拆除作业。

(3) 当日拆除施工结束后，所有机械设备应远离被拆除建筑。施工期间的临时设施，应与被拆除建筑保持安全距离。

(4) 从业人员应办理相关手续，签订劳动合同，进行安全培训，考试合格后方可上岗作业。

(5) 拆除工程施工前，必须对施工作业人员进行书面安全技术交底。

(6) 拆除工程施工必须建立安全技术档案，并应包括下列内容：

1) 拆除工程施工合同及安全管理协议书；

2) 拆除工程安全施工组织设计或安全专项施工方案；

3) 安全技术交底；

4) 脚手架及安全防护设施检查验收记录；

5) 劳务用工合同及安全管理协议书；

6) 机械租赁合同及安全管理协议书。

(7) 施工现场临时用电必须按照国家现行标准《施工现场临时用电安全技术规范（附条文说明)》JGJ 46—2005 的有关规定执行。

(8) 拆除工程施工过程中，当发生重大险情或生产安全事故时，应及时启动应急预案排除险情、组织抢救、保护事故现场，并向有关部门报告。

9.9　构件吊装工程

9.9.1　构件吊装工程安全技术措施

构件吊装工程安全技术措施包括：

(1) 吊装前应检查机械索具、夹具、吊环等是否符合要求并应进行试吊。

(2) 吊装时必须有统一的指挥、统一的信号。

(3) 高空作业人员必须系安全带、安全带固定处须安全可靠。

(4) 高空作业人员不得喝酒，在高空不得开玩笑。

(5) 高空作业穿着要灵便，禁止穿硬底鞋、高跟鞋、塑料底鞋和带钉的鞋。

(6) 吊车行走道路和工作地点应坚实平整，以防沉陷发生事故。

(7) 6级以上大风和雷雨、大雾天气，应暂停露天起重和高空作业。

(8) 拆卸千斤绳时，下方不应站人。

(9) 使用撬棒等工具，用力要均匀、要慢、支点要稳固，防止撬滑发生事故。

(10) 构件在未经校正、焊牢或固定之前，不准松绳脱钩。

(11) 起吊笨重物件时，不可中途长时间悬吊、停滞。

(12) 起重吊装所用之钢丝绳，不准触及有电线路和电焊搭线或与坚硬物体摩擦。

(13) 遵守有关起重吊装的“十不吊”中的有关规定。

9.9.2　钢结构吊装安全技术措施

钢结构吊装安全技术措施包括：

(1) 在柱、梁安装后而未设置浇筑楼板用的压型钢板时，为了便于柱子螺栓等施工的方便，须在钢梁上铺设适当数量的走道板。

(2) 在钢结构吊装时，为防止人员、物料和工具坠落或飞出造成安全事故，须铺设安全网。安全平网设置在梁面以上2m处，当楼层高度小于4.5m时，安全平网可隔层设置。安全平网要求在建筑平面范围内满铺，安全竖网铺设在建筑物外围，防止人和物飞出造成安全事故。竖网铺设的高度一般为两节柱的高度。

(3) 为了便于接柱施工，在接柱处要设操作平台，平台固定在下节柱的顶部。

(4) 须在刚安装的钢梁上设置存放电焊机、空压机、乙炔瓶等设备用的平台，放置距离符合安全生产的有关规定。

(5) 为便于施工登高，吊装柱子前要先将登高钢梯固定在钢柱上，为便于进行柱梁节点紧固高强螺栓和焊接，需在柱梁节点下主安装挂篮脚手。

(6) 施工用的电动机械和设备均须接地，绝对不允许使用玻璃、破损的电线和电缆，严防设备漏电。施工用电电器设备和机械的电缆，须集中在一起，并随楼层的施工而逐节升高。每层楼面须分别设置配电箱，供每层楼面施工用电需要。

(7) 高空施工，当风速达到15m/s时，所有工作均须停止。

(8) 施工时还应该注意防火，提供必要的灭火设备和消防监护人员。

9.10 塔式起重机使用安全技术

由于塔式起重机机身较高，其稳定性就较差，并且拆、装转移较频繁以及技术要求较高，也给施工安全带来一定困难，操作不当或违章装、拆极有可能发生塔式起重机倾覆的机毁人亡事故，造成严重的经济损失和人身伤亡恶性事故。

9.10.1 塔式起重机的安全装置

1. 起重量限制器

起重机应安装起重量限制器。起重量限制器是用来限制起重机载荷重量超过允许额定值的安全装置，当荷载重量超过允许额定值并小于额定值的110%时，限制器就切断吊钩上升方向的电源，停止起吊作业，但机构可做下降方向的运动，把重物卸下。

2. 起重力矩限制器

起重机必须装起重力矩限制器，是用来限制起重机荷载倾覆力矩超过规定额定值的装置，在作业中由于荷载产生的倾覆力矩接近额定值并小于额定值的110%时，就发生警报讯号，但机构可做下降和减小幅度方向的运动。

3. 变幅限位装置

（1）对俯仰架式起重机应设置臂架低位置和臂架高位置的幅度限位装置，是防止臂架仰角达到60°以上时，上限位动作，切断起臂电源，使起重机臂仰角不致太高造成背杆事故。落臂时，当臂杆仰角到0～10°位置时，下限位动作，切断电源，以免臂杆受力不匀造成摔杆事故。

（2）小车变幅的起重机应安装幅度限位装置。对最大变幅速度超过40m/min的起重机，在小车向外运行时，当起重力矩达到额定值的80%时，应自动转换为低速运行。

4. 行走限位开关

（1）轨道或起重机运行机构，应在每个运动方向装设行程限位开关。在行程端部应安装限位开关挡铁，挡铁的安装位置应充分考虑起重机的制动行程，保证起重机在驶入轨道两端不小于0.5m范围内时能自动停车，挡铁的安装距离应小于电缆长度。

（2）小车行程应在悬臂最大行程位置装设小车行程限位器，保证小车驶入末端不小于0.5～1m时能自动停车。

5. 起升高度限位器

起重机应安装吊钩上极限位置的起升高度限位器，是控制吊钩起升最高极限位置的装置，是防止吊钩发生冲顶，拉断钢丝绳等事故发生。小车变幅的起重机，起升高度限位器应能保证在吊钩架顶部至小车架下端规定距离时，切断上升方向电源。吊钩下极限位置的限制器，可根据要求设置。

6. 回转限制器

对回转部分不设集电器的起重机，应安装回转限制器。起重机回转部分在非工作状态下必须保证可自由旋转，对有自锁作用的回转机构，应安装安全极限力矩联轴器。

7. 小车断绳装置

对小车变幅的起重机，应设置小车断绳保护装置。

8. 风速仪

臂架根部铰点高度大于50m的起重机，应安装风速仪。当风速大于工作极限风速时，应能发出停止作业警报。风速仪应安装在起重机顶部至吊具最高位置的不挡风处。

9. 夹轨器

轨道式起重机必须安装夹轨器，夹轨器应能保证在非工作状态下不能在轨道上移动。

10. 吊钩保险装置

吊钩保险装置是防止挂在吊钩上的吊索自动脱钩的保险装置。

9.10.2　塔式起重机安装与拆卸安全注意事项

1. 对装拆人员的要求

(1) 参加塔式起重机装拆人员，必须经过专业培训考核，持有专业的操作证件上岗。

(2) 装拆人员严格按照塔式起重机的装拆方案和操作规程中的有关规定、程序进行装拆。

(3) 装拆作业人员严格遵守施工现场安全生产的有关制度，正确使用劳动保护用品。

2. 对塔式起重机装拆的管理要求

(1) 装拆塔式起重机的施工企业，必须具有装拆作业的资质、并按装拆塔式起重机资质的等级进行装拆相对应的塔式起重机。

(2) 施工企业必须建立塔式起重机的装拆专业班组并且配有起重工（装拆工）、电工、起重指挥、塔式起重机操纵司机和维修钳工等组成。

(3) 进行塔式起重机装拆，施工企业必须编制专项的装拆安全施工组织设计和装拆工艺要求，并经过企业技术主管领导的审批。

(4) 塔式起重机装拆前，必须向全体作业人员进行装拆方案和安全操作技术的书面和口头交底，并履行签字手续。

3. 装拆作业中的安全要求

(1) 装拆塔式起重机的作业，必须在班组长的统一指挥下进行，并配有现场的安全监护人员，监控塔式起重机装拆的全过程。

(2) 塔式起重机的装拆区域应设立警戒标志，派专人进行值班。

(3) 作业前，对制动器、连接件，临时支撑要进行调整和检查。对起重作业需要的吊索具要保持完好，符合安全技术要求。

(4) 作业中遇到大雨、雾和风力超过4级时应停止作业。

(5) 行走式塔式起重机就位后，应将夹具轨钳夹紧。

(6) 塔式起重机在安装中对所有的螺栓都要拧紧，并达到紧固力矩的要求。对钢丝绳要进行严格检查是否有无断丝磨损现象，如有损坏，应立即更换。

(7) 对整体起板安装的塔式起重机，特别是起板前要认真、仔细对全机各处进行检查。

(8) 对安装、拆卸中的滑轮组的钢丝绳要理整齐、其轧头要正确使用，轧头数量按钢丝绳规格配置。

9.10.3　塔机使用基本安全技术要求

塔机使用的基本安全技术要求包括：

(1) 塔机的基础必须符合安全使用的技术条件规定。

(2) 起重司机应持有与其所操纵的塔机的起重力矩相对应的操作证；指挥应持证上岗，并正确使用旗语或对讲机。

(3) 起吊作业中司机和指挥必须遵守“十不吊”的规定：指挥信号不明或无指挥不吊；超负荷和斜吊不吊；细长物件单点或捆扎不牢不吊；吊物上站人不吊；吊物边缘锋利，无防护措施不吊；埋在地下的物体不吊；安全装置失灵不吊；光线阴暗看不清吊物不吊；6级及以上强风区无防护措施不吊；散物装得太满或捆扎不牢不吊。

(4) 塔机运行时，必须严格按照操作规程要求规定执行。最基本要求：起吊前，先鸣号，吊物禁止从人的头上越过。起吊时吊索应保持垂直、起降平稳，操作尽量避免急刹车或冲击。严禁超载，当起吊满载或接近满载时，严禁同时做两个动作及左右回转范围不应超过90°。

(5) 塔机停用时，吊物必须落地不准悬在空中。并对塔机的停放位置和小车、吊钩、夹轨钳、电源等一一加以检查，确认无误后，方能离岗。

(6) 塔机在使用中不得利用安全限制器停车；吊重物时不得调整起升、变幅的制动器；除专门设计的塔机外，起吊和变幅两套起升机构不应同时开动。

(7) 塔机的装拆必须是有资质的单位方能作业。拆装前，应编制专项的拆装方案并经企业技术主管负责人的审批同意后方能进行。同时要做好对装拆人员的交底和安全教育。

(8) 自升式塔机使用中的顶升加节工作，要有专人负责。塔机安装完后的验收和检测工作是必不可少的，顶升加节够的验收工作也应该严格执行。对塔机的垂直度、爬升套架、附着装置等都应进行检查验收。

(9) 2台或2台以上塔吊作业时，应有防碰撞措施。

(10) 定期对塔机的各安全装置进行维修保养，确保其在运行过程中发挥正常作用。

9.11　物料提升机使用安全技术

9.11.1　安全防护装置及安全要求

1. 安全停靠装置

吊篮运行到位时，停靠装置将吊篮定位。该装置应可靠的承担吊篮自重、额定荷载及运料人员和装卸时的工作荷载。

2. 断绳保护装置

当吊篮悬挂或空中发生断绳时能可靠的将其停住并固定在架体上。其滑落行程，在吊篮满载时不得超过1m。

3. 上极限位器（防冲顶装置）

该装置应安装在吊篮允许提升的最高工作位置。吊篮的越程（指从吊篮最高位置与天梁最低的距离）应小于3m，当吊篮上升达到极限高度时，限位器即进行动作，切断电（指可逆式卷扬机）或自动报警。

4. 楼层口停靠安全

各楼层的通到处，应设置闭停安全门，应采用连锁装置（吊篮运行到位时方可打开）。停靠安全门可采用钢管制造，其强度应能承受1kN/m的水平荷载。

5. 吊篮前后安全门

吊篮的上料口处装设安全门。安全门宜采用连锁开启装置，升降运行时安全门封闭吊篮的上料口，防止物料从吊篮中滚落。

6. 吊篮前后安全门

吊篮两侧处应设防护栏，防护栏宜采用工具式装置封闭吊篮两侧，防止升降运行时物料从吊篮的两侧滚落。

7. 吊篮顶部防护棚

吊篮顶部应装设防护棚。防护棚宜采用接叠双向开启式，以利长料运送，防止人员进入吊篮作业时物料从吊篮各方坠落伤人。

8. 防护棚

防护棚应装设在提升机架体面进料口上方，其宽度大于提升机的最外部尺寸，长度为低架提升机应大于3m，高架提升机应大于5m，其材料强度应能承受10kPa的均布荷载，也可采用50mm厚木板架设或采用两层竹笆，上下竹笆距应不小于600mm。

9. 紧急断电开关

紧急断电开关应设在便于司机操作的位置，在紧急情况下，应能及时切断提升机的总控制电源。

10. 信号装置

该装置是司机控制的一种响声装置，其音量应能使各楼层使用提升机装卸物料人员清晰听到。当司机不能清楚地看到操作者和信号指挥人员时，必须加装通信装置，通信装置必须是一个闭路的双向电气通信系统，司机应能听到每站联系，并能向每一站讲话。

9.11.2　架体的安装与拆除

物料提升机架体的安装与拆除如下：

（1）每安装2个标准节（一般不大于8m），应采取临时支撑或临时缆风绳固定。

（2）安装龙门架时，两边立柱应交替进行，每安装2节，除将单肢柱进行临时固定外，沿应将两立柱横向连接成一体。

（3）装设摇臂杆时，应符合以下要求：

1）把杆不得装在架体的自由端。

2）把杆底座要高出工作面，其顶部不得高出架体；

3）把杆与水平面夹角应在45°～70°，转向时不得碰到缆风绳；

4）把杆应安装保险钢丝绳。起重吊钩应采用符合有关规定的吊钩并设置吊钩上极限限位装置。架体安装完毕后，企业必须组织有关职能部门和人员对提升机进行试验和验收，检查验收合格后，方能交付使用，并挂上验收合格牌。

（4）拆除前应做必要的检查，其内容包括：

1）查看提升机与建筑物的连接情况，特别是有否与脚手架连接的现象；

2）查看提升机架体有无其他牵拉物；临时缆风绳及地锚的设置情况、架体或地梁基础的连接情况；

3）在拆除缆风绳或附墙架前，应先设置临时缆风绳或支撑，确保架体自由高度不得大于2个标准节（一般不大于8m）；

4）拆除作业中，严禁从高处向下抛掷物件；

5）拆除作业宜在白天进行，夜间确需作业的应有良好照明。因故中断作业时，应采取临时稳固措施。

9.11.3 物料提升机的安全使用与管理

物料提升机的安全使用与管理包括：

（1）提升机应有产品标牌，表明额定起重量、最大提升速度、最大架设高度、制造单位、产品编号及出厂日期。

（2）提升机安装后，应由主管部门组织有关人员按规范和设计的要求进行检查验收，确定合格后发给使用证，方可交付使用。

（3）由专职司机操作。升降机司机应专门培训持证上岗，人员要相对稳定。

（4）每班开机前，应对卷扬机、钢丝绳、地锚、缆风绳进行检查，并进行空车运行，确认各类安全装置安全可靠后方能投入工作。

（5）附墙架与架体及建筑之间，均应采用刚性件连接，并形成稳定结构，不得连接在脚手架上。严禁使用铅丝绑扎。

（6）当提升机受到条件限制无法设置附墙架时，应采用缆风绳稳固架体。高架提升机在任何情况下均不得采用缆风绳。

（7）龙门架的缆风绳应设在顶部。若中间设置临时缆风绳时，应在此位置将架体两立柱做横向连接，不得分别牵拉立柱的单枝。

（8）缆风绳与地面的夹角不应大于60°，其下端应与地锚连接，不得拴在树木、电杆或堆放构件等物体上。

（9）在安装、拆除以及使用提升机的过程中设置的临时缆风绳，其材料也必须使用钢丝绳，严禁使用铅丝、钢筋、麻绳等代替。

（10）物料在吊篮内应均匀分布，不得超出吊篮、严禁超载使用。

（11）设置灵敏可靠地联系信号装置，司机通信联络信号不明时不得开机，作业中不论任何人发出紧急停车信号，均应立即执行。

（12）提升机在工作状态下，不得进行保养、维修、排除故障等工作，若要进行则应切断电源并在醒目处挂“有人检修、禁止合闸”的标志牌，必要时应设专人监护。

（13）作业结束时，司机应降下吊篮，切断电源，锁好控电箱门，防止其他无证人员擅自启动提升机。

9.12 施工升降机使用安全技术

施工升降机又叫建筑用施工电梯，也可以成为室外电梯、工地提升吊笼，是建筑施工中经常使用的载人载货施工机械，主要用于高层建筑的内外装修、桥梁、烟囱等建筑的施工。由于其独特的箱体结构让施工人员乘坐起来既舒适又安全。施工升降机在工地上通常是配合塔吊使用。

9.12.1 施工升降机的安全防护装置

1. 限速器

为了防止施工升降机的吊笼超速或坠落而设置的一种安全装置，分为单向式和双向式两种，单向限速器只能沿吊笼下降方向起限速作用，双向限速器则可沿吊笼的上下两个方向起限速作用。限速器应按规定期限进行性能检测。

2. 缓冲弹簧

缓冲弹簧装在与基础架连接的弹簧座上，以便当吊笼发生坠落事故时，减轻吊笼的冲击，同时保证吊笼和配重下降着地时成柔性接触，减缓吊笼和配重着地时的冲击。缓冲弹簧有圆锥卷弹簧和圆柱螺旋弹簧两种。通常，每个吊笼对应的底架上有两个或三个圆锥卷弹簧或四个圆柱螺旋弹簧。

3. 上、下限位器

为防止吊笼上、下时超过需停位置，或因司机误操作以及电气故障等原因继续上行或下降引发事故而设置的装置，安装在吊笼和导轨架上，限位装置由限位碰块和限位开关构成，设在吊笼顶部的最高限位装置，可防止冒顶；设在吊笼底部的最低限位装置，可准确停层，属于自动复位型。

4. 上、下极限限位器

上、下极限限位器在上、下限位器不起作用时，当吊笼运行超过限位开关和越程后，能及时切断电源使吊笼停车。极限限位是非自动复位型。动作后只能手动复位才能使吊笼重新启动。极限限位器安装在吊笼和导轨架上。（越程是指限位开光与极限位开关之间所规定的安全距离）

5. 安全钩

安全钩是为防止吊笼达到预先设定位置，上限位器和上极限限位器因各种原因不能及时动作，吊笼继续向上运行，将导致吊笼冲击导轨架顶部面发生倾翻坠落事故而设置的钩块状，也是最后一道安全装置，能使吊笼上行到轨架安全防护设施顶部时，安全地钩在导轨架上，防止吊笼出轨，保证吊笼不发生倾覆坠落事故。

6. 急停开关

当吊笼在运行过程中发生各种原因的紧急情况时，司机能在任何时候按下急停开关，使吊笼停止运行。急停快关必须是非自行复位的安全装置，一般安装在吊笼顶部。

7. 吊笼门、防护围栏门连锁装置

施工升降机的吊笼门、防护围栏门均装有电器连锁开关，它们能有效地防止因吊笼或防护围栏门未关闭就启动运行而造成人员的物料坠落，只有当吊笼门和防护围栏完全关闭后才能启动运行。

8. 楼层通道门

施工升降机与楼层之间设置了运料和人进出的通道，在通道口与施工升降机结合部必须设置楼层通道门。楼层通道门的高度不低于 1.8m，门的下沿离通道面，不应超过 50mm。此门在吊笼上下运行时处于常闭状态，只能在吊笼停靠时才能由吊笼内的人员打开。应做到楼层内的人员无法打开此门，以保证通道口处在封闭的条件下不出现危险。

9. 通信装置

由于司机的操作室位于吊笼内，无法知道各楼层的需求情况和分辨不清哪个楼层发出信号，因此必须安装一个闭路的双向电器通信装置。司机应能听到每一楼层的需求信号。

10. 地面进口处防护棚

施工升降机安全完毕时，应及时搭设地面出入口的防护棚，防护棚搭设的材质选用普通脚手架钢管、防护棚长度不应小于 5m，有条件的可与地面通道防护棚连接起来。宽度应不小于升降机底笼最外部尺寸。其顶部材料可采用50mm厚木板或两层竹笆，上下竹笆间距应不小于600mm。

11. 断绳保护装置

吊笼和配重的钢丝绳发生断绳时，断绳保护开关切断控制电路，制动器抱闸停车。

9.12.2 施工升降机的安装与拆卸

施工升降机的安装与拆卸包括：

(1) 施工升降机每次安装与拆卸作业之前，企业应根据施工现场工作环境及辅助设备情况编制安装拆卸方案，经企业技术负责人审批同意后方能实施。

(2) 每次安装或拆除作业之前，应对作业人员按不同的工种和作业内容进行详细的技术、安全交底。参与装拆作业的人员必须持有专门的资格证书。

(3) 升降机的装拆作业必须是经当地建设行政主管部门认可、持有相应的装拆资质证书的专业单位实施。

(4) 升降机每次安装后，施工企业应组织有关职能部门和专业人员对升降机进行必要的试验和验收。确认合格后应向当地建设行政主管部门认定的检测机构申报，经专业检测机构检测合格后，才能正式投入使用。

(5) 施工升降机在安装作业前，应对升降机的各部件作如下检查：

1) 导轨架、吊笼等金属结构的成套性和完好性；

2) 传动系统的齿轮、限速器的装配精度及其接触长度；

3) 电气设备主电路和控制电路是否符合国家规定的产品标准；

4) 基础位置和做法是否符合该产品的设计要求；

5) 附墙架设置处的混凝土强度和螺栓孔是否符合安装条件；

6) 各安全装置是否齐全，安装位置是否正确牢固，各限位开关动作是否灵敏、可靠；

7) 升降机安装作业环境有无影响作业安全的因素。

(6) 安装作业应严格按照预先制定的安装方案和施工工艺要求实施，安装过程中有专人统一指挥，划出警戒区域，并有专人监控。

(7) 安装与拆卸工作宜在白天进行，遇恶劣天气应停止作业。

(8) 作业人员应按高处作业的要求，系好安全带。

(9) 拆卸时严禁将物件从高处向下抛掷。

9.12.3 施工升降机的安全使用与管理

施工升降机的安全使用与管理包括：

(1) 施工企业必须建立健全施工升降机的各类管理制度，落实专职机构和专职管理人员，明确各级安全使用和管理责任制。

(2) 驾驶升降机的司机应经有关行政主管部门培训合格的专职人员，严禁无证操作。

(3) 司机应做好日常检查工作，即在电梯每班首次运行时，应分别作空载和满载试运行，将梯笼升高离地面0.5m处停车，检查制动器的灵敏性和可靠性，确认正常后方可投入使用。

(4) 建立和执行定期检查和维修保养制度，每周或每旬对升降机进行全面检查，对查出的隐患按“三定”原则落实整改。整改后须经有关人员复查确认符合安全要求后，方能使用。

(5) 梯笼乘人、载物时，应尽量使荷载均匀分布，严禁超载使用。

(6) 升降机运行至最上层和最下层时，严禁以碰撞上、下限位开关来实现停车。

(7) 司机因故离开吊笼及下班时，应将吊笼降至地面，切断总电源并锁上电箱门，以防止其他无证人员擅自开动吊笼。

(8) 风力达6级以上，应停止使用升降机，并将吊笼降至地面。

(9) 各停靠层的运料通道两侧必须有良好的防护。楼层门应处于常闭状态，其高度应符合规范要求，任何人不得擅自打开或将头伸出门外，当楼层门未关闭时，司机不得开动电梯。

(10) 确保通信装置的完好，司机应在确认信号后方能开动升降机。作业中无论任何人在任何楼层发出紧急停车信号，司机都应立即执行。

(11) 升降机应按规定单独安装接地保护和避雷装置。

(12) 严禁在升降机运行状态下进行维修保养工作。若需维修，必须切断电源并在醒目处挂上“有人检修，禁止合闸”的标志牌，并有专人监护。

9.13 施工机具使用安全技术

9.13.1 钢筋切断机

钢筋切断机安全操作包括：

(1) 接送料的工作台面应和切刀下部保持水平，工作台的长度可根据加工材料长度确定。

(2) 启动前，应检查并确认切刀无裂纹，刀架螺栓紧固，防护罩牢靠。然后用手转动皮带轮，检查齿轮啮合间隙，调整切刀间隙。

(3) 启动后，应先空运转，检查各传动部分及轴承运转正常后，方可作业。

(4) 机械未达到正常转速时，不得切料。切料时，应使用切刀的中、下部位，紧握钢筋对准刃口迅速投入，操作者应站在固定刀片一侧用力压住钢筋，应防止钢筋末端弹出伤人。严禁用两手分在刀片两边握住钢筋俯身送料。

(5) 不得剪切直径及强度超过机械铭牌规定的钢筋和烧红的钢筋。一次切断多根钢筋时，其总截面积应在规定范围内。

(6) 剪切低合金钢时，应更换高硬度切刀，剪切直径应符合机械铭牌规定。

(7) 切断短料时，手和切刀之间的距离应保持在150mm以上，如手握端小于400mm时，应采用套管或夹具将钢筋短头压住或夹牢。

(8) 运转中，严禁用手直接清除切刀附近的断头和杂物。钢筋摆动周围和切刀周围，不得停留非操作人员。

(9) 当发现机械运转不正常、有异常响声或切刀歪斜时，应立即停机检修。

(10) 作业后，应切断电源，用钢刷清除切刀间的杂物，进行整机清洁润滑。

(11) 液压传动式切断机作业前，应检查并确认液压油位及电动机旋转方向符合要求。启动后，应空载运转，松开放油阀，排净液压缸体内的空气，方可进行切筋。

(12) 手动液压式切断机使用前，应将放油阀按顺时针方向旋紧，切割完毕后，应立即按逆时针方向旋松。作业中，手应持稳切断机，并戴好绝缘手套。

9.13.2 钢筋弯曲机

钢筋弯曲机安全操作包括：

(1) 工作台和弯曲台面应保持水平，作业前应准备好各种芯轴及工具。

(2) 应按加工钢筋的直径和弯曲半径的要求，装好相应规格的芯轴和成型轴、挡铁轴。芯轮直径应为钢筋直径的2.5倍。挡铁轴应有轴套。

(3) 挡铁轴的直径和强度不得小于被弯钢筋的直径和强度。不直的钢筋，不得在弯曲机上弯曲。

(4) 应检查并确认芯轴、挡铁轴、转盘等无裂纹和损伤，防护罩坚固可靠，空载运转正常后，方可作业。

(5) 作业时，应将钢筋需弯一端插入在转盘固定销的间隙内，一端紧靠机身固定销，并用手压紧；应检查机身固定销并确认安放在挡住钢筋的一侧，方可开动。

(6) 作业中，严禁更换轴芯、销子和变换角度以及调速，也不得进行清扫和加油。

(7) 对超过机械铭牌规定直径的钢筋严禁进行弯曲。在弯曲未经冷拉或带有锈皮的钢筋时，应戴防护镜。

(8) 弯曲高强度或低合金钢筋时，应按机械铭牌规定换算最大允许直径并应调换相应的芯轴。

(9) 在弯曲钢筋的作业半径内和机身不设固定销的一侧严禁站人。弯曲好的半成品，应堆放整齐，弯钩不得朝上。

(10) 转盘换向时，应待停稳后进行。

(11) 作业后，应及时清除转盘及插入座孔内的铁锈、杂物等。

9.13.3 钢筋冷拉机安全操作规程

钢筋冷拉机安全操作包括：

(1) 应根据冷拉钢筋的直径，合理选用卷扬机。卷扬机钢丝绳应经封闭式导向滑轮并和被拉钢筋水平方向成直角。卷扬机的位置应使操作人员能见到全部冷拉场地，卷扬机与冷拉中线距离不得少于5m。

(2) 冷拉场地应在两端地锚外侧设置警戒区，并应安装防护栏及警告标志。无关人员不得在此停留。操作人员在作业时必须离开钢筋2m以外。

(3) 用配重控制的设备应与滑轮匹配，并应有指示起落的记号，没有指示记号时应有专人指挥。配重框提起时高度应限制在离地面300mm以内，配重架四周应有栏杆及警告标志。

(4) 作业前，应检查冷拉夹具，夹齿应完好，滑轮、拖拉小车应润滑灵活，拉钩、地锚及防护装置均应齐全牢固。确认良好后，方可作业。

(5) 卷扬机操作人员必须看到指挥人员发出信号，并待所有人员离开危险区后方可作业。冷拉应缓慢、均匀。当有停车信号或见到有人进入危险区时，应立即停拉，并稍稍放松卷扬机钢丝绳。

(6) 用延伸率控制的装置，应装设明显的限位标志，并应有专人负责指挥。

(7) 夜间作业的照明设施，应装设在张拉危险区之外。但需要装设在场地上空时，其高度应超过5m。灯泡应加防护罩，导线严禁采用裸线。

(8) 作业后，应放松卷扬机钢丝绳，落下配重，切断电源，锁好开关箱。

9.13.4　钢筋调直机安全操作规程

钢筋调直机安全操作包括：

(1) 料架、料槽应安装平直，并应对准导向筒、调直筒和下切刀孔的中心线。

(2) 加工较长的钢筋时，应有专人帮扶，并听从操作人员指挥，不得任意推拉。

(3) 应按调直钢筋的直径，选用适当的调直块及传动速度。调直块的孔径应比钢筋直径大 2～5mm，传动速度应根据钢筋直径选用，直径大的宜选用慢速，经调试合格，方可送料。

(4) 在调直块未固定、防护罩未盖好前不得送料。作业中严禁打开各部分防护罩并调整间隙。

(5) 当钢筋送入后，手与曳轮应保持一定的距离，不得接近。

(6) 送料前，应将不直的钢筋端头切除。导向筒前应安装一根 1m 长的钢管，钢筋应先穿过钢管再送入调直前端的导孔内。

(7) 经过调直后的钢筋如仍有慢弯，可逐渐加大调直块的偏移量，直到调直为止。

(8) 切断 3～4 根钢筋后，应停机检查其长度，当超过允许偏差时，应调整限位开关或定尺板。

(9) 电动机运行中应无异响、无漏电、轴承温度正常且电刷与滑环接触良好。旋转中电动机的允许最高温度应按下列情况取值：滑动轴承为 80℃；滚动轴承为 95℃。

9.13.5　套丝切割机安全操作规程

套丝切割机安全操作包括：

(1) 套丝切管机上的电源电动机、手持电动工具及液压装置的使用应严格执行操作规程。

(2) 套丝切管机上的刃具、胎、模具等强度和精度应符合要求，刃磨锋利，安装稳固，紧固可靠。

(3) 套丝切管机上的传动部分应设有防护罩，作业时，严禁拆卸。机械均应安装在机棚内。

(4) 套丝切管机应安放在稳固的基础上。

(5) 应先空载运转，进行检查、调整，确认运转正常，方可作业。

(6) 应按加工管径选用板牙头和板牙，板牙应按顺序放入，作业时应采用润滑油润滑板牙。

(7) 当工件伸出卡盘端面的长度过长时，后部应加装辅助托架，并调整好高度。

(8) 切断作业时，不得在旋转手柄上加长力臂；切平管端时，不得进刀过快。

(9) 当加工件的管径或椭圆度较大时，应两次进刀。

(10) 作业中应采用刷子清除切屑，不得敲打震落。

(11) 作业时，非操作和辅助人员不得在机械四周停留观看。

(12) 作业后，应切断电源，锁好电闸箱，并做好日常保养工作。

9.13.6　平刨机安全技术操作规程

平刨机安全技术操作包括：

(1) 工作场所应备有齐全可靠的消防器材。严禁在工作场所吸烟和有其他明火，并不得存放油、棉纱等易燃品。

（2）工作场所的待加工和已加工木料应堆放整齐，保证道路畅通。

（3）机械应保持清洁，安全防护装置齐全可靠，各部连接紧固，工作台上不得放置杂物。

（4）作业前，检查安全防护装置必须齐全有效。

（5）刨料时，手应按在料的上面，手指必须离开刨口 50mm 以上。严禁用手在木料后端送料跨越刨口进行刨削。

（6）被刨木料的厚度小于 30mm，长度小于 400mm 时，应用压板或压棍推进。弧度在 15mm，长度在 250mm 以下的木料，不得在平刨机上加工。

（7）被刨木料如有破裂或硬节等缺陷，必须处理后再施刨。刨旧料前，必须将料上的钉子、杂物清除干净。遇木槎、节疤要缓慢送料。严禁将手按在节疤上送料。

（8）刀片和刀片螺栓的厚度、重量必须一致，刀架夹板必须平整贴紧，合金刀片焊缝的高度不得超出刀头，刀片紧固螺栓应嵌入刀片槽内，槽端离刀背不得小于 10mm。紧固刀片螺栓时，用力应均匀一致，不得过松或过紧。

（9）机械运转时，不得将手伸进安全挡板里侧去移动挡板或拆除安全挡板进行刨削。严禁戴手套操作。

（10）作业后，切断电源，锁好闸箱，进行擦拭、润滑，清除木屑、刨花。

9.13.7 圆盘锯安全操作规程

圆盘锯安全操作包括：

（1）锯片上方必须安装安全防护罩、挡板、分料器，皮带传动处应有防护罩。锯片不得连续断齿 2 个，裂纹长度不超过 2cm、有裂纹则应在其末端冲上裂孔（阻止其裂纹进一步发展）。

（2）操作应采用单向按钮开关，无人操作时断开电源。

（3）圆盘锯应经过验收，确认符合要求，发给准用证或有验收手续方能使用。设备应挂上合格牌。

（4）操作前应检查机械是否完好，电器开关等是否良好，熔丝是否符合规格，并检查锯片是否有断、裂现象，并装好防护罩，运转方能投入使用。

（5）操作人员应戴安全防护眼镜；锯片必须平整，不准安装倒顺开关，锯口要适当，锯片要与主动轴匹配、紧牢。操作时，操作者应站在锯片左面的位置，不应与锯片站在同一直线上，以防木料弹出伤人。

（6）木料锯到接近端头时，应由下手拉料进锯，上手不得用手直接送料，应用木板推送。锯料时，不准将木料左右搬动或高抬；送料不宜用力过猛，遇木节要减慢进锯速度，以防木节弹出伤人。

（7）锯短料时，应使用推棍，不准直接用手推，进料速度不得过快，下手接料必须使用刨钩。剖短料时，料长不得小于锯片直径的 1/3。截料时，截面高度不准大于锯片直径的 1/3。

（8）锯线走偏，应逐渐纠正，不准猛扳，锯牌运转时间过长，温度过高时，应用水冷却，直径 60cm 以上的锯片在操作中，应喷水冷却。木料若卡住锯片时，应立即停车、断电后处理。

9.13.8 混凝土搅拌机安全操作规程

混凝土搅拌机安全操作包括：

（1）固定式搅拌机应安装在牢固的台座上。当长期固定时，应埋置地脚螺栓；在短期使用时，应在机座上铺设木枕并找平放稳。不准以轮胎代替支撑。

（2）固定式搅拌机的操纵台，应使操作人员能看到各部位工作情况；电动搅拌机的操纵台应垫上橡胶板或干燥木板。

（3）移动式搅拌机的停放位置应选择平整坚实的场地，周围应有良好的排水沟渠。就位后，应放下支腿将机架顶起达到水平位置，使轮胎离地。当使用期较长时，应将轮胎卸下妥善保管，轮轴端部用油布包扎好，并用枕木将机架垫起支杆。

（4）对需设置上料斗地坑的搅拌机，其坑口周围应垫高夯实，应防止地面水流入坑内。上料轨道架的底端支承面应夯实或铺砖，轨道架的后面应采取木料加以支承，应防止作业时轨道变形。

（5）料斗放到最低位置时，在料斗与地面之间，应加一层缓冲垫木。

（6）作业前重点检查项目应符合下列要求：

1）电源电压升降幅度不超过额定值的5%；

2）电动机和电器元件的接线牢固，保护接零或接地电阻符合规定；

3）各传动机构、工作装置、制动器等均紧固可靠，开式齿轮皮带轮等均有防护罩；

4）齿轮箱的油质、油量符合规定；

5）检查空压机身保装置是否正常，气压是否稳定在0.5～0.7MPa之间；

6）检查各计量是否处于自由状态，有无发生干涉现象。

（7）作业前，应先启动搅拌机空载运转。应确认搅拌筒或叶片旋转方向与筒体上箭头所示方向一致。对反转出料的搅拌机，应使搅拌筒正、反转运转数分种，并应无冲击抖动现象和异常噪声。

（8）作业前，应进行料斗提升试验，应观察并确认离合器、制动器灵活可靠。

（9）应检查并校正供水系统的指示水量与实际水量的一致性；当误差超过2%时，应检查管路的漏水点，或应校正节流阀。

（10）应检查骨料规格并应与搅拌机性能相符，超出许可范围的不得使用。

（11）搅拌机启动后，应使搅拌筒达到正常转速后进行上料。上料员应及时加水。每次加入的拌和料不得超过搅拌机额定容量并应减少物料粘罐现象，加料的次序应为石子→水泥→砂子。

（12）进料时，严禁将头或手伸入料斗与机架之间。运转中，严禁用手或工具伸入搅拌筒内扒料、出料。

（13）搅拌机作业中，当料斗升起时，严禁任何人在料斗下停留或通过；当需要在料斗下检修或清理料坑时，应将料斗提升后用铁链或插入销锁住。

（14）向搅拌筒内加料应在运转中进行，添加新料应先将搅拌筒内原有的混凝土全部卸出后方可进行。

（15）作业中，应观察机械运转情况，当有异常或轴承温升过高等现象时，应停机检查；当需检修时，应将搅拌筒内的混凝土清除干净，然后再进行检修。

（16）加入强制式搅拌机的骨料最大粒径不得超过允许值，并应防止卡料。加入搅拌筒的物料不应超过规定的进料容量。

(17) 强制式搅拌机的搅拌叶片与搅拌筒底及侧壁的间隙，应经常检查并确认符合规定，当间隙超过标准时，应及时调整。叶片磨损超过标准时，应及时修补或更换。

(18) 严禁无证操作，严禁操作时擅自离开工作岗位。

(19) 作业后，应对搅拌机进行全面清理，做好润滑保养，切断电源锁好箱门；当操作人员需进入筒内时，必须应固定好料斗，切断电源或卸下熔断器，锁好开关箱，挂上“禁止合闸”标牌，并应有专人在外监护。

(20) 作业后，应将料斗降落到坑底，当需升起时，应用链条或插销扣牢。

(21) 冬期作业后，应将水泵、放水开关、量水器中的积水排尽。

(22) 搅拌机在场内移动或远距离运输时，应将进料斗提升到上止点，用保险铁链或插销锁住。

9.13.9　混凝土泵安全操作规程

混凝土泵安全操作包括：

(1) 混凝土泵应安放在平整、坚实的地面上，周围不得有障碍物，在放下支腿并调整后，应使机身保持水平和稳定，轮胎应楔紧。

(2) 泵送管道的敷设应符合下列要求：

1) 水平泵送管道宜直线敷设；

2) 垂直泵送管道不得直接装接在泵的输出口上，应在垂直管前端加装长度不小于20m的水平管，并在水平管近泵处加装逆止阀；

3) 敷设向下倾斜的管道时，应在输出口上加装一段水平管，其长度不应小于倾斜管高低差的5倍。当倾斜度较大时，应在坡度上端装设排气活阀；

4) 泵送管道应有支承固定，在管道和固定物之间应设置木垫作缓冲，不得直接与钢筋或模板相连，管道与管道间应连接牢靠；管道接头和卡箍应扣牢密封，不得漏浆；不得将已磨损管道装在后端高压区；

5) 泵道管道敷设后，应进行耐压试验。

(3) 砂石粒径、水泥强度等级及配合比应按出厂规定，满足泵机可泵性的要求。

(4) 作业前应检查并确认泵机各部螺栓紧固，防护装置齐全可靠，各部位操纵开关、调整手柄、手轮、控制杆、旋塞等均在正确位置，液压系统正常无泄漏，液压油符合规定，搅拌斗内无杂物，上方的保护格网完好无损并盖严。

(5) 输送管道的管壁厚度应与泵送压力匹配，近泵处应选用优质管子。管道接头、密封圈及弯头等应完好无损。高温烈日下应采用湿麻袋或湿草袋遮盖管路，并应及时浇水降温，寒冷季节应采取保温措施。

(6) 应配备清洗管、清洗用品及有关装置。开泵前，无关人员应离开管道周围。

(7) 启动后，应空载运转，观察各仪表的指示值，检查泵和搅拌装置的运转情况，确认一切正常后，方可作业。泵送前应向料斗加入10L清水和$0.3m^3$的水泥砂浆润滑泵及管道。

(8) 泵送作业中，料斗中的混凝土平面应保持在搅拌轴轴线以上。料斗格网上不得堆满混凝土，应控制供料流量，及时清除超粒径的骨料及异物，不得随意移动格网。

(9) 当进入料斗的混凝土有离析现象时应停泵，待搅拌均匀后再泵送。当骨料分离严重，料斗内灰浆明显不足时，应剔除部分骨料，另加砂浆重新搅拌。

（10）泵送混凝土应连续作业；当因供料中断被迫暂停时，停机时间不得超过 30min。暂停时间内应每隔 5～10min（冬季 3～5min）做 2～3 个冲程反泵——正泵运动，再次投料泵送前应先将投料搅拌。当停泵时间超限时，应排空管道。

（11）垂直向上泵送中断后再次泵送时，应先进行反向推送，使分配阀内混凝土吸回料斗，经搅拌后再正向泵送。

（12）泵机运转时，严禁将手或铁锹伸入料斗或用手抓握分配阀。当需在料斗或分配阀上工作时，应先关闭电动机和消除蓄能器压力。

（13）不得随意调整液压系统压力。当油温超过 70℃时，应停止泵送，但仍应使搅拌叶片和风机运转，待降温后再继续运行。

（14）水箱内应贮满清水，当水质混浊并有较多砂粒时，应及时检查处理。

（15）泵送时，不得开启任何输送管道和液压管道；不得调整、修理正在运转的部件。

（16）作业中，应对泵送设备和管路进行观察，发现隐患应及时处理。对磨损超过规定的管子、卡箍、密封圈等应及时更换。

（17）应防止管道堵塞。泵送混凝土应搅拌均匀，控制好坍落度；在泵送过程中，不得中途停泵。

（18）当出现输送管堵塞时，应进行反泵运转，使混凝土返回料斗；当反泵几次仍不能消除堵塞，应在泵机卸载情况下，拆管排除堵塞。

（19）作业后，应将料斗内和管道内的混凝土全部输出，然后对泵机、料斗、管道等进行冲洗。当用压缩空气冲洗管道时，进气阀不应立即开大，只有当混凝土顺利排出时，方可将进气阀开至最大。在管道出口端前方 10m 内严禁站人，并应用金属网篮等收集冲出的清洗球和砂石粒。对凝固的混凝土，应采用刮刀清除。

（20）作业后，应将两侧活塞转到清洗室位置，并涂上润滑油；各部位操纵开关、调整手柄、手轮、控制杆、旋塞等均应复位；液压系统应卸载。

9.13.10　插入式振动器安全操作规程

插入式振动器安全操作包括：

（1）插入振动器的电动机电源上，应安装漏保护装置和保护接零安全、可靠。

（2）操作人员应经过用电安全教育，作业时应穿戴绝缘手套和绝缘鞋。

（3）电缆线应满足操作所需的长度。电缆线上不得堆压物品或让车辆碾压，严禁用电缆线拖拉或吊挂振动器。

（4）使用前，应检查各部并确认连接牢固，旋转方向正确。

（5）振动器不得在初凝的混凝土上试振，在检修或作业间断时，应断开电源。

（6）作业时，振动软管的弯曲半径不得小于 500mm，并不得弯两个弯，操作时应将振动棒垂直地沉入混凝土，不得用力硬插、斜推。也不得全部插入混凝土中，插入深度不应超过棒长的 3/4，不宜触及钢筋、芯管和预埋铁件。

（7）振动软管不得有裂纹，应及时维修或更换。

（8）作业停止需要移动时，应先关闭电动机，再切断电源。不得用软管拖拉电动机。

（9）作业完毕，应将电动机、软管、振动棒清理干净，并按规定做好保养工作。

9.13.11 平板式振动器安全操作规程

平板式振动器安全操作包括：

(1) 附着式、平板式振动器轴承不应承受轴向力，在使用时，电动机轴应保持水平状态。

(2) 在一个模板上同时使用多台附着式振动器时，各振动器的频率应保持一致，相对面的振动器应错开安装。

(3) 作业前，应对附着式振动器进行检查和试振。振动不得在干硬土或硬质物体上进行。安装在搅拌站料仓上的振动器，应安置橡胶垫。

(4) 安装时，振动器底板安装螺孔的位置应正确，应防止底脚螺栓安装扭斜而使机壳受损。底脚螺栓应紧固，各螺栓的紧固程度应一致。

(5) 使用时，引出电缆线不得拉得过紧，更不得断裂。作业时，应随时观察电气设备的漏电保护器和接地或接零装置并确认合格。

(6) 附着式振动器安装在混凝土模板上时，每次振动时间不应超过 1min，当混凝土在模内泛浆流动或成水平状时即可停振，不得在混凝土初凝状态时再振。

(7) 装置振动器的构件模板应坚固牢靠，其面积应与振动器额定振动面积相适应。

(8) 平板式振动器作业时，应使平板与混凝土保持接出，使振波有效地振实混凝土，待表面出浆，不再下沉后，即可缓慢向前移动，移动速度应能保证混凝土振实出浆。

9.13.12 电焊机安全操作规程

电焊机安全操作包括：

1. 作业环境要求

(1) 电焊机外壳应完好无损，有防雨、防潮、防晒措施，并备有消防用品。

(2) 遇恶劣天气（如：雷雨、雪）应停止露天作业。在潮湿地工作，操作人员应站在绝缘垫或木板上。

(3) 作业点周围和下方应采取防火措施，应指定专人监护。

(4) 焊接预热工件时，应有石棉布或挡板等隔热措施。

(5) 多台焊机在一起集中施焊时，焊接平台或焊件必须接地，并有隔光板。

(6) 施焊场地周围应清除易燃物品，或进行覆盖、隔离。

2. 电气要求

(1) 电焊机应有专用电源控制开关，开关的保险丝容量应为该机额定电流的 1.5 倍，严禁用其他金属代替保险丝，完工后立即切断电源。

(2) 焊钳与把线必须绝缘良好，连接牢固，更换焊条应戴手套，把线长度为 20～30m，如需接长时，接头不准超过两个，以防止电阻过大，发热而引起燃烧。

(3) 严禁在带压力的容器或管道上施焊，焊接带电的设备必须先切断电源。

(4) 安装检修焊机或更换保险丝等，应由电工操作，焊工不得擅自乱动。

(5) 手把线与零线过道时，应穿管埋设或架空，以防碾压和磨损；电焊把线与零线不准搭在氧气、乙炔瓶和起重机钢丝绳等附件上。

(6) 更换场地移动把线时，应切断电源，并不得手持把线爬梯登高。

(7) 二氧化碳气体预热器的外壳应绝缘，端电压不应大于 36V。

(8) 焊接储存过的易燃、易爆、有毒物品的容器或管道，必须清除干净，并将所有孔口打开。

（9）在密闭金属容器内施焊时，容器必须接地可靠、通风良好，并有专人监护。严禁向容器内输入氧气。

3. 对作业人员的要求

（1）操作者不得穿化纤服装。推拉开关时，应站在侧面，以防电弧火花灼伤，一手推开关，另一手不准放在任何导体上。

（2）高处作业时，焊工不准手持焊把脚登梯子焊接。焊条应装入焊条桶或工具袋内，焊条头要妥善处理，不准随意投扔。

（3）清除焊渣、采用电弧气刨清根时，应戴防护眼镜或面罩，防止铁渣飞溅伤人。

（4）钍钨极要放置在密闭铅盒内，磨削钍钨极时，必须戴手套、口罩，并将粉尘及时排除。

（5）施焊工作结束，应切断电焊机电源，并检查操作地点，确认无起火危险后，方可离开。

9.13.13 焊接（气割）安全操作规程

焊接（气割）安全操作包括：

（1）焊接操作及配合人员必须按规定穿戴劳动防护用品。并必须采取防止触电、火灾等事故的安全措施。

（2）对承压状态的压力容器及管道、带电设备、承载结构的受力部位和装有易燃、易爆物品的容器严禁进行焊接或切割。

（3）进行气焊（气割）作业的人员必须持“特种作业操作证”方可上岗操作。

（4）一次加电石10kg或每小时产生5m^{3}乙炔气的乙炔发生器应采用固定式，并应建立乙炔站（房），由专人操作。乙炔站与床房及其他建筑物的距离应符合现行国家标准《建筑设计防火规范》GB 50016—2014的有关规定。

（5）乙炔发生器（站）、氧气瓶及软管、阀、表均应齐全有效，紧固牢靠，不得松动、破损和漏气。

（6）乙炔发生器、氧气瓶和焊炬相互间的距离不得小于5m。当不满足上述要求时，应采取隔离措施。同一地点有两个以上乙炔发生器时，其相互间距不得小于10m。

（7）电石的贮存地点应干燥，通风良好，室内不得有明火或敷设水管、水箱。电石桶应密封，桶上应标明“电石桶”和“严禁用水消火”等字样。电石有轻微的受潮时，应轻轻取出电石，不得倾倒。

（8）搬运电石桶时，应打开桶上小盖。严禁用金属工具敲击桶盖。取装电石和杂碎电石时，操作人员应戴手套、口罩和眼镜。

（9）电石起火时必须用干砂或二氧化碳灭火器，严禁用泡沫、四氯化碳灭火器或水灭。电石粒末应在露天销毁。

（10）使用新品种电石前，应作温水浸试，在确认无爆炸危险时，方可使用。

（11）乙炔发生器的压力应保持正常，压力超过147kPa时应停用。乙炔发生器的用水应为饮用水。发气室内壁不得用含铜或含银材料制作，温度不得超过80℃。对水入式发生器，其冷却水温不得超过50℃；对浮桶式发生器，其冷却水温不得超过60℃。当温度超过规定时应停止作业，并采取冷水喷射降温和加入低温的冷却水。不得以金属棒等硬物敲击乙炔发生器的金属部分。

(12) 使用浮桶式乙炔发生器时，应装设回火防止器。在内筒顶部中间，应设有防爆球或胶皮薄膜，球壁或膜壁厚度不得大于 1mm，其面积应为内筒底面积的 60%以上。

(13) 乙炔发生器应放在操作地点的上风处，并应具有良好的散热条件，不得放在高压线及一切电线的下面，亦不得放在强烈日光下曝晒。四周应设围栏，悬挂“严禁烟火”标志。

(14) 碎电石在掺入小块电石后装入乙炔发生器中使用，不得完全使用碎电石。夜间添加电石时不得采用明火照明。

(15) 氧气橡胶管应为红色，工作压力应为 1500kPa；乙炔橡胶软管应为黑色，工作压力应为 300kPa。新橡胶软管应经压力试验。未经压力试验或代用品及变质、老化、脆裂、漏气及沾上油脂的胶管均不得使用。

(16) 不得将橡胶软管放在高温管道和电线上，或将重物及热的物件压在软管上，且不得将软管与焊用的导线敷设在一起。软管经过车行道时，应加护套或盖板。

(17) 氧气瓶应与其他燃气瓶、油脂和其他易燃、易爆物品分别存放，且不得同车运输。氧气瓶应有防震圈和安全帽，不得倒置，不得在强烈日光下曝晒。不得用行车或吊车吊运氧气瓶。

(18) 开启氧气瓶阀门时，应采用专用工具，动作应缓慢，不得面对减压器，压力表指针应灵敏正常。氧气瓶中的氧气不得全部用尽，应留 49kPa 以上的剩余压力。

(19) 未安装减压器的氧气瓶应严禁使用。

(20) 安装减压器时，应先检查氧气瓶阀门接头不得有油脂，并略开氧气瓶阀门吹除污垢，然后安装减压器，操作者不得正对氧气瓶阀门出气口，关闭氧气瓶阀门时，应先松开减压器的活门螺丝（不可紧闭）。

(21) 点燃焊（割）炬时，应先开乙炔阀点火，再开氧气阀调整火焰。关闭时，应先关闭乙炔阀，再关闭氧气阀。

(22) 在作业中，发现氧气瓶阀门失灵或损坏不能关闭时，应让瓶内的氧气自动放尽后，再进行拆卸修理。

(23) 当乙炔发生器因漏气着火燃烧时，应立即将乙炔发生器朝安全方向推倒，并用黄砂扑灭火种，不得堵塞或拔出浮筒。

(24) 乙炔软管、氧气软管不得错装。使用中，当氧气软管着火时，不得折弯软管断气，应迅速关闭氧气阀门，停止供氧。当乙炔软管着火时，应先关熄炬火，可采用弯折前面一段软管将火熄灭。

(25) 冬期在露天施工，当软管和回火防止器冻结时，可用热水或暖气设备下化冻。严禁用火焰烘烤。

(26) 不得将橡胶软管背在背上操作。当焊枪内带有乙炔、氧气时不得放在金属管、槽、缸、箱内。

(27) 氢氧并用时，应先开乙炔气，再开氢气，最后开氧气，再点燃。熄灭时，应先关氧气，再关氢气，最后关乙炔气。

(28) 作业后，应卸下减压器，拧上气瓶安全帽，将软管卷起捆好，挂在室内干燥处，并将乙炔发生器卸压，放水后取出电石篮。剩余电石和电石渣，应分别放在指定地方。

9.13.14　卷扬机安全操作规程

卷扬机安全操作包括：

（1）安装位置

1）视野良好。施工过程中的建筑物、脚手架以及现场堆放材料、构件等，都不能影响司机对操作范围内全过程的监视。

2）地基坚固。卷扬机应尽量远离危险作业区域，选择地势较高、土质坚固的地方，埋设地锚用钢丝绳与卷扬机座锁牢，前方应打桩，防止卷扬机移动和倾覆。

3）卷筒方向。卷筒与导向滑轮中心对正，从卷筒到第一个导向滑轮的距离，按规定：带槽卷筒应大于卷筒宽度的 15 倍；无槽卷筒应大于 20 倍。以防止在卷筒运转时钢丝绳相互错叠和导向轮翼缘与钢丝绳磨损。

4）搭设操作棚。为保护机械设备及电气不受潮和给操作人员创造一个安全作业条件，如果处于危险作业区域之内，操作棚顶部应符合防护棚的要求。搭设操作棚时应保证操作人员能看清指挥人员和拖动或吊起的物件。在条件允许的情况下，卷扬机至构件安装位置的水平距离应大于构件的安装高度，即当物件被吊到安装位置时，操作者视线仰角应小于 45°。

（2）作业人员要求

1）卷扬机司机应经专业培训持证上岗，作业时要精神集中，发现视线内有障碍物时，要及时清除，信号不清时不得操作。

2）作业前应先空转，检查运转是否平稳，有无不正常响声；传动制动机构是否灵活可靠；各紧固件及连接部位有无松动现象；润滑是否良好，有无漏油现象。确认电气、制动以及环境情况良好才能操作，操作人员应详细了解当班作业的主要内容和工作量。

3）当被吊物没有完全落在地面时，司机不得离岗，物件或吊笼下面严禁人员停留或通过。休息或暂停作业时，必须将物件或吊笼降至地面。下班后，应切断电源，关好电源开关箱。

4）司机应随时注意操作条件及钢丝绳的磨损情况。当荷载变化第一次提升时，应先离地 0.5m 稍停，检查无问题时再继续上升。

5）作业过程中如发现异响、制作不灵、制动带或轴承等温度剧烈上升等异常情况时，应立即停机检查，排除故障后方可使用。

6）作业中停电或休息时，应切断电源，将提升物件或吊笼降至地面。操作人员离开现场应锁好开关箱。

（3）卷扬机上必须有良好的接地或接零装置，接地电阻不得大于 10Ω。在一个供电网路上，接地或接零不得混用。

（4）使用单转卷扬机，必须用刹车控制下降速度，不能过快和猛急刹车，要缓缓落下。

（5）用卷扬机吊运物件时，必须检查工具、索具是否完好。操作人员必须听从专人指挥。严禁超负荷吊运。

(6) 禁止使用扳把型开关，防止发生碰撞误操作。

(7) 卷扬机的额定拉力大于125kN时应设置排绳器，留在卷筒上的钢丝绳最少应保留3～5圈，钢丝绳的末端应固定可靠；卷筒边缘外周至最外层钢丝绳的距离应不小于钢丝绳直径的1.5倍。

(8) 钢丝绳应与卷筒及吊笼连接牢固，不得与机架或地面摩擦，通过道路时，应设过路保护装置。

(9) 在卷扬机制动操作杆的行程范围内，不得有障碍物或阻卡现象。

(10) 钢丝绳要定期涂抹黄油并要放在专用的槽道里，以防碾压倾轧，破坏钢丝绳的强度。

(11) 卷筒上的钢丝绳应排列整齐，当重叠或斜绕时，应停机重新排列，严禁在转动中用手拉脚踩钢丝绳。

(12) 作业中，任何人不得跨越正在作业的卷扬钢丝绳。

9.13.15 空压机安全操作规程

(1) 进入施工现场必须遵守安全操作规程和安全生产纪律。

(2) 固定式空气压缩机必须安装平稳牢固，基础要符合规定。移动式空气压缩机放置后，应保持水平，轮胎应楔紧。

(3) 空气压缩机作业环境应保持清洁和干燥。储气罐须放在通风良好处，半径15m以内不得进行焊接或热加工作业。

(4) 储气罐和输气管路每两年应作水压试验一次，试验压力为额定工作压力的150%。压力表和安全阀每年至少应校验一次。

(5) 移动式空气压缩机拖运前应检查行走装置的坚固、润滑等情况，拖行速度不超过20km/h。

(6) 为保证空气压缩机的正常使用，在空气压缩机作业前必须按照以下要求进行检查：

1) 燃、润油料均添加充足；

2) 各连接部位紧固，各运动机构及各部阀门开闭灵活；

3) 各防护装置齐全良好，储气罐内无存水；

4) 电动空气压缩机的电动机及启动器外壳接地良好，接地电阻不大于4Ω。

(7) 冷却水必须用清洁的软水，并保持畅通。

(8) 起动空气压缩机必须在无载荷状态下进行，待运转正常后，再逐步进入载荷运转。

(9) 开启送气阀前，应将输气管道连接好，输气管道应保持畅通，不能扭曲并通知有关人员后，才能送气。出气口前不准有人工作或站立。储气罐应放置在通风的地方，严禁日光暴晒和高温烘烤。

(10) 空气压缩机运转正常后，各种仪表指示值，应符合原厂说明书的要求。

(11) 压力表、安全阀和调节器等应定期时行校验，保证灵敏有效。

(12) 储气罐内最大压力不能超过铭牌规定，安全阀应灵敏有效。

(13) 进、排气阀，轴承及各部件应无异响或过热现象。

（14）每工作 2h 需将油水分离器、中间冷却器、后冷却器内的油水排放一次。储气罐内的油水每班必须排放 1～2 次。

（15）发现下列情况之一时，应立即停机检查，找出原因待故障排除后，才能作业：

1）漏水、漏气、漏电或冷却水突然中断；

2）压力表、温度表、电流表的指示值超过规定；

3）排气压力突然升高，排气阀、安全阀失效；

4）机械有异响或电机电刷发生强烈火花。

（16）运转中如因缺水致使汽缸过热而停机时，不能立即添加冷水，必须待汽缸体自然降温至 60℃以下才能加水。

（17）电动空压机电源电线安装必须符合安全用电规范的要求，重复接地牢靠，漏电保护器动作灵敏。运转中如遇停电，应立即切断电源，待来电后重新启动。

（18）严禁用汽油或煤油洗刷曲轴箱、滤清器及汽缸和管道或其他空气通路的零件，也不能用燃烧方法清除管道的油污。

（19）停机时，应先卸去载荷，然后分离主离合器；再停止内燃机或电动机的运转。

（20）停机后，关闭冷却水阀门，打开放气阀，放出各级冷却器和储气罐内的油水和存气。当气温低于 5℃时，应将各部件存水放尽后，才能离去。

（21）工作完毕应将储气罐内余气放出。冬季应放掉冷却水。

（22）在潮湿地区及隧道中施工时，对空气压缩机外露摩擦面应定期加注润滑油，对电动机和电气设备应做好防潮保护工作。

9.13.16　潜水泵安全操作规程

潜水泵安全操作包括：

（1）潜水泵宜先装在坚固的篮筐里再放入水中，亦可在水中将泵的四周设立坚固的防护围网。泵应直立于水中，水深不得小于 0.5m，不得在含泥砂的水中使用。

（2）潜水泵放入水中或提出水面时，应先切断电源，严禁拉拽电缆或出水管。

（3）潜水泵应先装设保护接零或漏电保护装置，工作时泵周围 30cm 以内水面不得有人、畜进入。

（4）启动前检查项目应符合下列要求：

1）水管结扎牢固；

2）放气、放水、注油等螺塞均旋紧；

3）叶轮和进水节无杂物；

4）电缆绝缘良好。

（5）接通电源后，应先试运转，并应检查并确认旋转方向正确，在水外运转时间不得超过 5min。

（6）应经常观察水位变化，叶轮中心至水平距离应在 0.5～3.0m，泵体不得陷入污泥或露出水面。水缆不得与井壁、池壁相擦。

（7）新泵或新换密封圈，在使用 50h 后，应旋开放水封口塞，检查水、油的泄漏量。当泄漏量超过 25mL 时，可继续使用。检查后应换上规定的润滑油。

（8）经过修理的油浸式潜水泵，应先经 0.2MPa 气压试验，检查各部无泄漏现象，然后将润滑油加入上、下壳体内。

（9）当气温降到0℃以下时，在停止运转后，应从水中提出潜水泵擦干后存放室内。

（10）每周应测定一次电动机定子绕组的绝缘电阻，其值应无下降。

9.13.17　手持电动工具安全操作规程

手持电动工具安全操作包括：

1. 手持电动工具的分类

电动工具按其触电保护分为Ⅰ、Ⅱ、Ⅲ类。

Ⅰ类工具在防止触电保护方面不仅依靠基本绝缘、双重绝缘或加强绝缘，而且还包含一个附加安全预防措施。其方法是将可触及的可导电的零件与已安装的固定线路中的保护（接地）导线联接起来，因此这类工具使用时必须进行接地或接零，宜装设漏电保护器。

Ⅱ类工具在防止触电的保护方面不仅依靠基本绝缘，而且还提供双重绝缘或加强绝缘的附加安全预防措施和设有保护接地或依赖安装条件的措施，即使用时不必接地或接零。

Ⅲ类工具在防止触电保护方面依靠由安全特低供电和在工具内部不会产生比安全特低电压高的电压。其额定电压不超过50V，一般为36V、24V及12V，故工作更加安全可靠。

2. 手持电动工具安全使用的基本要求

（1）Ⅰ类手持电动工具的额定电压超过50V，属于非安全电压，所以必须做接地或接零保护，同时还必须接漏电保护器以保安全。

（2）Ⅱ类手持电动工具的额定电压超过50V，但它采用了双重绝缘或加强绝缘的附加安全措施。双重绝缘是指除了工作绝缘以外，还有一层独立的保护绝缘，当工作绝缘损坏时，操作人员仍与带电体隔离，所以不会触电。Ⅱ类手持电动工具可以不必做接地或接零保护，Ⅱ类手持电动工具的铭牌上有一个“回”字。

（3）Ⅲ类手持电动工具是采用安全电压的工具，需要有一个隔离良好的双绕组变压器供电，变压器副边额定电压不超过50V。Ⅲ类手持电动工具不需要保护接地或接零，但需安装漏电保护器。

3. 手持电动工具安全技术要求

（1）手持电动工具的开关箱内必须安装隔离开关、短路保护、过负荷保护和漏电保护器。

（2）施工现场优先选用Ⅱ类手持电动工具，并应装设额定动作电流不大于15mA、额定漏电动作时间小于0.1s的漏电保护器。

（3）开关箱内必须装设隔离开关。

（4）在露天或潮湿环境的场所必须使用Ⅱ类手持电动工具。

（5）特殊潮湿环境场所电气设备开关箱内的漏电保护器应选用防溅型的，其额定漏电动作电流应小于15mA，额定漏电动作时间不大于0.1s。

（6）在狭窄场所施工，优先使用带隔离变压器的Ⅲ类手持电动工具。如果选用Ⅱ类手持电动工具必须装设防溅型的漏电保护器，把隔离变压器或漏电保护器装在狭窄场所外边并应设专人看护。

（7）手持电动工具的负荷线应采用耐气候型的橡皮护套铜芯软电缆并不得有接头。

（8）手持式电动工具的外壳、手柄、负荷线二插头、开关等必须完好无损，使用前要做空载检查运转正常方可使用。

思　考　题

1. 钢筋工程、模板工程、混凝土工程在施工过程中，应注意哪些安全问题？

2. 施工现场常用的施工机具包含哪些？

3. 施工机具在施工过程中，应注意哪些安全问题？

4. 钢结构吊装施工有哪些安全技术措施？

5. 砌体工程施工过程中应采取哪些安全技术措施？

6. 玻璃幕墙施工中有哪些安全隐患？如何采取安全技术措施？

7. 简述框架结构的拆除顺序？并说明安全注意事项。

8. 塔式起重机有哪些安全设施？

9. 简述物料提升机安全设施。

练　习　题

1. 某临江高层建筑为钢筋混凝土框支剪力墙结构，其中地下 3 层为车库和设备用房，±0.000 以上 33 层，5F 为转换层，转换层以上为住宅，以下为商业用房。该建筑抗震设防烈度为 6 度。

基础采用人工挖孔桩，部分采用冲孔灌注桩，深度在 15～25m，持力层为中风化砂岩。

转换层混凝土强度等级为 C40，框支柱混凝土为 C50，大梁 $b\times h$＝1200mm×2500mm，部分大梁的底部纵向受力筋为 2 排 20 Φ 28，共 40 Φ 28，锚固在柱子内；柱子 $b\times h$＝1300mm×1300mm，转换层层高 6m。施工过程中，发生以下事件：

事件一：当在施工至 16F 时，对转换层进行验收时发现大梁底出现铁锈，将底部梁混凝土剥离后，发现存在较大的孔洞和蜂窝，且呈连通状，混凝土较为酥松。经过检测机构检测，钢筋下部保护层严重不足，且钢筋间存在不同空隙，必须予以处理。

该建筑四周毗邻已有建筑，场地较为狭窄。

事件二：在施工过程中，居民反映施工现场粉尘污染大，纷纷到现场反映，有的到政府有关部门反映。

事件三：在清除垃圾后，工长通知班组将建筑垃圾作为回填土。

请回答以下问题：

（1）施工单位应提交哪些施工专项方案？哪些方案应该组织专家进行安全专项施工方案论证？

（2）针对事件一的事故，请提出大梁的处理意见？

（3）通过大梁的事故，你认为转换层梁柱节点可能存在什么质量隐患？该质量隐患将严重影响建筑的安全，必须予以处理，请提出处理方案。

（4）事件二中，针对居民投诉，项目经理应该如何应对？

（5）针对事件三，监理工程师应如何进行处理？

2. 施工单位承包了某一建筑的施工（层高为 3m）。受建设单位委托，某第三方检查机构对施工现场脚手架进行了检查，如图 9-1 所示。检查人员发现该脚手架采用 HRB 钢筋作为锚环，且整个脚手架搭设无任何相关手续。请回答以下问题：

（1）该工地存在的安全隐患和整改措施。

（2）本工程需要完善什么手续？

（3）在高层建筑施工中，除了悬挑脚手架外，还有哪些形式的外脚手架？

图 9-1 某建设项目施工现场

3. 某高层建筑面积 50400m²，基坑深度为 12m，采用预应力锚索抗滑桩板挡墙，抗滑桩尺寸为 1500mm×3000mm，锚入地下 5m，抗滑桩采用人工挖孔桩，桩长为 18m。请回答以下问题：

（1）本工程需要编制哪些安全专项施工方案？

（2）简述桩板挡土墙的工艺流程。

4. 某汽车展览中心，建筑面积 21200m²，地上 2 层，地下 1 层，其中 1F 和 2F 顶板均采用后张预应力结构。±0.000 层为普通现浇钢筋混凝土结构，在楼板中间设置了一道后浇带，要求结构封顶后方能拆除。

公司在进行质量与安全检查时，发现－1F 的支撑架均已拆除，1F 支撑架已搭设完毕，且混凝土已经浇筑（图 9-2～图 9-4）。请回答以下问题：

（1）施工单位的施工方法是否妥当？为什么？后浇带支撑架有何要求？指出处理措施和方法。

（2）请说明该项目结构施工的顺序（按照各楼层的支撑架搭设、混凝土浇筑、拆模、张拉等工序回答）。

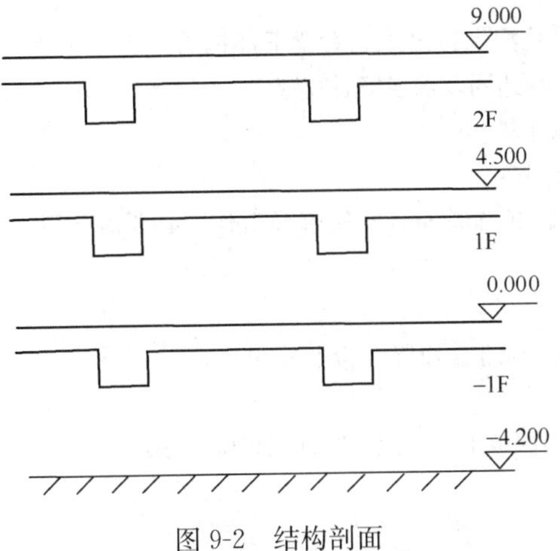

图 9-2 结构剖面

图 9-3 ±0.000 楼板

图 9-4 ±0.000 楼板下部

参　考　答　案

1.（1）应提交以下专项方案：

①临时用电方案；②高切坡施工方案；③高回填土填筑方案；④人工挖孔和冲孔灌注桩施工方案；⑤转换层脚手架（含模板）方案及附着式提升架；⑥转换层大梁及梁柱节点处理方案；⑦深基坑开挖方案。

其中，深基坑开挖、转换层模板工程及支撑体系应编制安全专项施工方案并应组织专家进行论证。

（2）大梁的处理意见如下：

根据设计要求，采用加大截面法对大梁进行加固，步骤如下：

1）剔打掉有质量问题的大梁底部有蜂窝和孔洞的混凝土，并将保护层剔除；

2）绑扎好附加钢筋；

3）将混凝土界面用界面剂处理，充分润湿；

4）在大梁底和侧面关好模板；

5）浇筑混凝土，要求强度提高一个等级，并掺加膨胀剂。

（3）转换层梁柱节点处下部钢筋网片至柱子施工缝存在有孔洞，且钢筋网之间也可能存在空隙，严重影响结构的安全。处理方案和思路如下：

1）探明孔洞节点的位置，可采用钻孔法和注水法。

2）采用混凝土节点置换法和注胶法处理节点，即将孔洞剔打出来到大梁下部钢筋，然后埋设注胶管和排气管，再浇筑混凝土（强度高一等级且微膨胀），待达到要求强度后胶管。

3）在节点处理前，可考虑在柱子两侧植筋形成支拖卸载。

（4）针对居民投诉，监理工程师应该督促项目经理做到：

1）在施工前，必须在工地大门树立施工公告牌，做好对周围居民的解释工作，必要时予以经济补偿。

2）就工作内容向相关部门汇报，争取其支持。

3）采用密封容器或塑料口袋密封转运建筑垃圾，或其他非法以降低粉尘污染。

4）加强管理，避免类似问题的发生。

（5）项目经理的做法不正确，因为建筑垃圾不得作为回填土。为此，监理工程师应该：

1）责令承包商停止回填垃圾土；

2）责令承包商将已经回填的建筑垃圾清理出来；

3）建筑垃圾应运至城市垃圾处理中心消纳；

4）责令承包商检查，避免类似事件的再度发生；

5）用符合要求的回填土分层回填压实。

2.（1）该工地存在的安全隐患和整改措施包括：

1）楼板边缘缺乏一道锚固点；

2）在锚固段漏设一道锚环；

3）在锚固段端部 200mm 处应设置锚环；

4）锚环的固定不符合规范，正确的做法如图 9-5 所示。

（2）本工程需要完善的手续包括：①悬挑脚手架需由施工单位编制安全专项施工方案，并完善企业内审；②由于悬挑脚手架高度已超过 20m，因此应由施工单位召开专家论证会议。

（3）在高层建筑施工中，除了悬挑脚手架外，还有①落地式脚手架；②外爬架或工具式爬架。

3.（1）本工程需要编制：

1）基坑开挖安全专项施工方案（因为开挖深度超过 3m）；

2）人工挖孔桩安全专项施工方案（因为开挖深度超过 16m）；

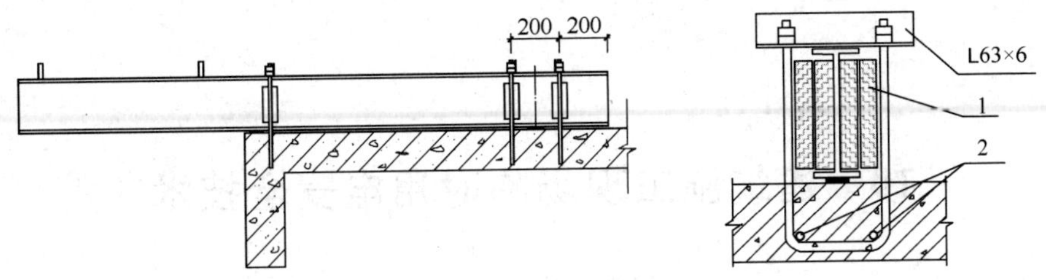

图 9-5 某建设项目锚环固定做法

3）预应力安全专项施工方案。

（2）桩板挡土墙的工艺流程包括：开挖第一节土石方（通常为 1m）—施工第一节护壁（包括绑扎钢筋，支模和浇筑混凝土）—拆模完成第一节桩—重复以上过程直至完成所有的桩—按设计挖第一级土石方—施工预应力—重复以上过程直至预应力施工完毕—植筋施工第一节挡土板—重复该过程直至所有桩间板完成。

4.（1）－1F 的支撑架拆除做法不妥当，由于上部结构要继续施工，－1F 支撑架应予以保留。处理措施为：恢复－1F 的支撑架搭设，并反顶顶紧顶板。同时，后浇带处的支撑架拆除过早，不符合设计要求。后浇带的支撑要求包括：①单独搭设，与其他结构的支撑架脱开；②模板拆除时间应满足设计要求，本工程必须结构封顶后方可拆模。

（2）该项目结构施工的顺序如下：

1）－1F 支撑架，－1F 柱、－1F 顶梁板混凝土；

2）1F 支撑架，1F 柱、1F 顶梁板混凝土；

3）2F 支撑架，2F 柱、2F 顶梁板混凝土；

4）2F 顶梁板预应力张拉，拆除 2F 支撑架；

5）1F 顶梁板预应力张拉，拆除 1F 支撑架；

6）拆除－1F 支撑架。

10 建筑施工现场临时用电安全技术

建筑施工现场临时用电工程专用的电源中性点直接接地的220/380V三相四线制低压电力系统，必须符合下列规定：

(1) 采用三级配电系统；

(2) 采用TN-S接零保护系统；

(3) 采用二级漏电保护系统。

10.1 临时用电管理

10.1.1 临时用电组织设计

1. 临时用电组织设计一般规定

(1) 施工现场临时用电设备在5台以上或设备总容量在50kW及以上者，应编制用电组织设计。

(2) 临时用电组织设计及变更时，必须履行“编制、审核、批准”程序，由电气工程技术人员组织编制，经相关部门审核及具有法人资格企业的技术负责人批准后实施。变更用电组织设计时应补充有关图纸资料。

(3) 临时用电工程必须经编制、审核、批准部门和使用单位共同验收，合格后方可投入使用。

2. 临时用电设计的内容

施工现场临时用电组织设计应包括以下内容：

(1) 现场勘测。

(2) 确定电源进线、变电所或配电室、配电装置、用电设备位置及线路走向。

(3) 进行负荷计算。

(4) 选择变压器。

(5) 设计配电系统。包括：

1) 设计配电线路，选择导线或电缆；

2) 设计配电装置，选择电器；

3) 设计接地装置；

4) 绘制临时用电工程图纸，主要包括用电工程总平面图、配电装置布置图纸、配电系统接线图、接地装置设计图。

(6) 设计防雷装置。

(7) 确定防护措施。

(8) 制定安全用电措施和电气防火措施。

10.1.2 电工及用电人员

1. 一般规定

(1) 电工必须经过按国家现行标准考核合格后，持证上岗工作。

(2) 其他用电人员必须通过相关安全教育培训和技术交底，考核合格后方可上岗工作。

(3) 安装、巡检、维修或拆除临时用电设备和线路，必须由电工完成，并应有人监护。

(4) 电工等级应同工程的难易程度和技术复杂性相适应。

2. 安全用电知识

各类用电人员应掌握安全用电基本知识和所用设备的性能，并应符合下列规定：

(1) 使用电气设备前必须按规定穿戴和配备好相应的劳动防护用品，并应检查电气装置和保护设施，严禁设备带“缺陷”运转。

(2) 保管和维护所用设备，发现问题及时报告解决。

(3) 暂时停用设备的开关箱必须分断电源隔离开关，并应关门上锁。

(4) 移动电气设备时，必须经电工切断电源并做妥善处理后进行。

10.1.3 安全技术档案管理

1. 一般规定

(1) 安全技术档案应由主管该现场的电气技术人员负责建立与管理。其中“电工安装、巡检、维修、拆除工作记录”可指定电工代管，每周由项目经理审核认可，并应在临时用电工程拆除后统一归档。

(2) 临时用电工程应定期检查。定期检查时，应复查接地电阻值和绝缘电阻值。

(3) 临时用电工程定期检查应按分部、分项工程进行，对安全隐患必须及时处理，并应履行复查验收手续。

2. 安全技术档案的内容

施工现场临时用电必须建立安全技术档案，并应包括下列内容：

(1) 用电组织设计的全部资料；

(2) 修改用电组织设计的资料；

(3) 用电技术交底资料；

(4) 用电工程检查验收表；

(5) 电气设备的试、检验凭单和调试记录；

(6) 接地电阻、绝缘电阻和漏电保护器漏电动作参数测定记录表；

(7) 定期检（复）查表；

(8) 电工安装、巡检、维修、拆除工作记录。

10.2 外电线路及电气设备防护

10.2.1 外电线路防护

《施工现场临时用电安全技术规范（附条文说明）》JGJ 46—2005 对施工现场临时用电外电线路的规定如下：

(1) 在建工程不得在外电架空线路下方施工、搭设作业棚、建造生活设施或堆放构件、架具、材料及其他杂物等；

(2) 施工现场开挖沟槽边缘与外电埋地电缆沟槽边缘之间的距离不得小于0.5m；

(3) 在外电架空线路附近开挖沟槽时，必须会同有关部门采取加固措施、防止外电架空线路电杆倾斜、悬倒；

(4) 在建工程（含脚手架）的周边与外电架空线路的边线之间的最小安全操作距离应符合表10-1的规定。

在建工程（含脚手架）周边与外电架空线路边线之间安全操作距离　　表10-1

外电线路电压等级（kV）	<1	1～10	35～110	220	330～500
最小安全操作距离（m）	4.0	6.0	8.0	10	15

注：上、下脚手架的斜道不宜设在有外电下路的一侧。

(5) 施工现场的机动车道与外电架空线路交叉时，架空线路的最低点与路面的最小垂直距离应符合表10-2的规定。

架空线路的最低点与路面的最小垂直距离　　表10-2

外电线路电压等级（kV）	<1	1～10	35
最小垂直距离（m）	6.0	7.0	7.0

(6) 起重机严禁越过无防护设施的外电架空线路作业。在外电架空线路附近吊装时，起重机的任何部位或被吊物边缘在最大偏斜时与架空线路边线的最小安全距离应符合表10-3规定。

起重机吊装的安全距离　　表10-3

电压（kV） 安全距离（m）	<1	10	35	110	220	330	550
沿垂直方向	1.5	3.0	4.0	5.0	6.0	7.0	8.5
沿水平方向	1.5	2.0	3.5	4.0	6.0	7.0	8.5

(7) 当达不到规定时，必须采取绝缘隔离防护措施，并应悬挂项目的警告标志。

架设防护设施时，必须经有关部门批准，采用线路暂时停电或其他可靠的安全措施，并应有电气工程技术人员和专职安全人员监护。

防护设施应坚固、稳定，且对外电线路的隔离防护应达到IP30级。

防护设施与外电线路之间的安全距离不应小于表10-4规定。

防护设施与外电线路之间的安全距离　　表10-4

外电线路电压等级（kV）	≤10	35	110	220	330	500
最小安全距离（m）	1.7	2.0	2.5	4.0	5.0	6.0

(8) 当第7条规定的防护措施无法实现时，必须与有关部分协商，采取停电、迁移外电线路或改变施工工程位置等措施，未采取上述措施的严禁施工。

10.2.2　电气设备防护

电气设备现场周围不得存放易燃易爆物、污源和腐蚀介质，否则应予清除或做防护处置，其防护等级必须与环境条件相适应。

电气设备设置场所应能避免物体打击和机械损伤，否则应做防护处置。

10.3 接地与防雷

10.3.1 一般规定

(1) 在施工现场专用变压器的供电的TN-S接零保护系统中，电气设备的金属外壳必须与保护接零线连接。保护零线应由工作接地线、配电室（总配电箱）电源侧零线或总漏电保护器电源侧零线处引出，如图10-1所示。

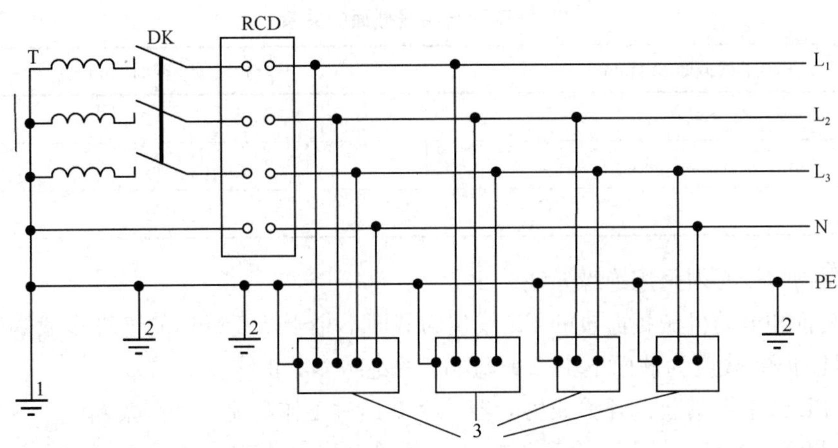

图10-1 电路简图

(2) 当施工现场与外电线路共用同一供电系统时，电气设备的接地、接零保护应与原系统保持一致。不得一部分设备做保护接零，一部分设备做保护接地。采用TN系统做保护接零时，工作零线（N线）必须通过总漏电保护器，保护零线（PE线）必须由电源进线零线重复接地处或总漏电保护器电源侧零线处，引出形成局部TN-S接零保护系统。

(3) 在TN接零保护系统中，通过总漏电保护器的工作；零线与保护零线之间不得再做电气连接。

(4) 在TN接零保护系统中，PE零线应单独敷设。重复接地线必须与PE线相连接，严禁与N线相连接。

(5) 使用一次侧由50V以上的电压的接零保护系统供电，二次侧为50V及以下电压的安全隔离变压器时，二次侧不得接地，并应将二次线路用绝缘管保护或采用橡皮护套软线。

当采用普通隔离变压器时，其二次侧一端应接地，且变压器正常不带电的外露可导电部分应与一次回路保护零线相连接。

以上变压器尚应采取直接接触带电体的保护措施。

(6) 施工现场的临时用电电力系统严禁利用大地做相线或零线。

(7) 接地装置的设置应考虑土壤干燥或冻结等季节变化的影响，并应符合表10-5的规定。防雷装置的冲击接地电阻值只考虑在雷雨季中土壤干燥状态的影响。

接地装置的季节系数值　　表10-5

埋深（m）	水平接地体	长2～3m的垂直接地体
0.5	1.4～1.8	1.2～1.4
0.8～1.0	1.25～1.45	1.15～1.3
2.5～3.0	1.0～1.1	1.0～1.1

注：大地比较干燥时，取表格中较小值；比较潮湿时，取表中较大值。

（8）PE线所用材质与相线、工作零线（N线）相同时，其最小截面应符合表10-6规定。

PE线截面与相线截面的关系　　表10-6

相线芯线截面 S（mm^2）	PE线最小截面（mm^2）
$S \leqslant 16$	5
$16 < S \leqslant 35$	16
$S > 35$	$S/2$

（9）保护零线必须采用绝缘导线。

配电装置和电动机械相连接的PE线应为截面不小于2.5mm^2的绝缘多股铜线。手持式电动工具的PE线应为截面不小于1.5mm^2的绝缘多股铜线。

（10）PE线上严禁装设开关或熔断器，严禁通过工作电流，且严禁断线。

（11）相线、N线、PE线的颜色标记必须符合以下规定：相线L_1(A)、L_2(B)、L_3(C)相序的绝缘颜色依次为黄、绿、红色；N线的绝缘颜色为淡蓝色；PE线的绝缘颜色为绿/黄双色。任何情况下上述颜色标记严禁混用和互相代用。

10.3.2　接地与接地电阻

（1）单台容量超过100kVA或使用同一接地装置并联运行且总容量超过100kVA的电力变压器或发电机的工作接地电阻值不得大于4Ω。

单台容量不超过100kVA或使用同一接地装置并联运行且总容量超过100kVA的电力变压器或发电机的工作接地电阻值不得大于10Ω。

在土壤电阻率大于1000Ω·m的地区，当达到上述接地电阻值有困难时，工作接地电阻值可提高到30Ω。

（2）TN系统中的保护零线除必须在配电室或总配电箱处做重复接地外，还必须在配电系统的中间处和末端处做重复接地。

在TN系统中，保护零线每一处重复接地装置的接地电阻值不应大于10Ω。在工作接地电阻值允许达到10Ω的电力系统中，所有重复接地的等效电阻值不应大于10Ω。

（3）在TN系统中，严禁将单独敷设的工作零线再做重复接地。

（4）每一接地装置的接地线应采用2根及以上导体，在不同点与接地体做电气连接。

不得采用铝导体做接地体或地下接地线。垂直接地体宜采用角钢、钢管或光面圆钢，不得采用螺纹钢。

接地可利用自然接地体，但应保证其电气连接和热稳定。

(5) 移动式发电机供电的用电设备，其金属外壳或底座应与发电机电源的接地装置有可靠的电气连接。

(6) 移动式发电机系统接地应符合电力变压器系统接地的要求。下列情况可不另做保护接零：

1) 移动式发电机和用电设备固定在同一金属支架上，且不供给其他设备用电时；

2) 不超过 2 台的用电设备由专用的移动式发电机供电，供用电设备间距不超过 50m，且供用电设备的金属外壳之间有可靠的电气连接时。

(7) 在有静电的施工现场内，对聚集在机械设备上的静电应采取接地泄漏措施。每组专设的静电接地体的接地电阻值不应大于 100Ω，高土壤电阻率地区不应大于 1000Ω。

10.3.3 防雷

(1) 在土壤电阻率低于 200Ω·m 区域的电杆可不另设防雷接地装置，但在配电室的架空进线处应将绝缘子铁脚与配电室的接地装置相连接。

(2) 施工现场内的起重机、井字架、龙门架等机械设备，以及钢脚手架和正在施工的在建工程等金属结构，当在相邻建筑物、构筑物等设施的防雷装置接闪器的保护范围以外时，应按表 10-7 规定安装防雷装置。

施工现场内机械设备及高架设施需安装防雷装置的规定　　表 10-7

地区年平均雷暴日（d）	机械设备高度（m）
≤15	≥50
＞15，＜40	≥32
≥40，＜90	≥20
≥90 及雷害特别严重地区	≥12

注：表中地区雷暴日（d）应按《施工现场临时用电安全技术规范（附条文说明）》JGJ 46—2005 规范附录 A 执行。

当最高机械设备上避雷针（接闪器）的保护范围能覆盖其他设备，且由最后退出现场，则其他设备可不设防雷装置。

(3) 机械设备或设施的防雷引下线可利用该设备或设施的金属结构体，但应保证电气连接。

(4) 机械设备上的避雷针（接闪器）长度应为 1～2m。塔式起重机可不另设避雷针（接闪器）。

(5) 安装避雷针（接闪器）的机械设备，所有固定的动力、控制、照明、信号及通信线路，宜采用钢管敷设。钢管与机械设备的金属结构体应做电气连接。

(6) 施工现场内所有防雷装置的冲击接地电阻值不得大于 30Ω。

(7) 做防雷接地机械上的电气设备，所连接的 PE 线必须同时做重复接地，同一台机械电气设备的重复接地和机械的防雷接地可共用同一接地体，但接地电阻应符合重复接地电阻值的要求。

10.4 配 电 线 路

10.4.1 配电系统

施工现场临时用电必须采用三级配电系统。三级配电是指施工现场从电源进线开始至用电设备之间，应经过三级配电装置配送电力，即由总配电箱（一级箱）或配电室的配电柜开始，依次经由分配电箱（二级箱）、开关箱（三级箱）到用电设备。

1. 配电系统设置规则

三级配电系统应遵守四项规则，即分级分路规则，动照分设规则，压缩配电间距规则和环境安全规则。

（1）分级分路。

1）从一级总配电箱（配电柜）向二级分配电箱配电可以分路。

2）从二级分配电箱向三级开关箱配电同样也可以分路。

3）从三级开关箱向用电设备配电实行所谓“一机一闸”制，不存在分路问题。

按照分级分路规则的要求，在三级配电系统中，任何用电设备均不得越级配电，即其电源线不得直接连接分配电箱或总配电箱，任何配电装置不得挂接其他临时用电设备，否则三级配电系统的结构形式和分级分路规则将被破坏。

（2）动照分设。

1）动力配电箱与照明配电箱宜分别设置。若动力与照明合置于同一配电箱内共箱配电，则动力与照明应分路配电。

2）动力开关箱与照明开关箱必须分箱设置，不存在共箱分路设置问题。

（3）压缩配电间距。压缩配电间距规则是指除总配电箱、配电室（配电柜）外，分配电箱与开关箱之间，开关箱与用电设备之间的空间间距应尽量缩短。按照《施工现场临时用电安全技术规范（附条文说明）》JGJ 46—2005 的规定，压缩配电间距规则可用以下3个要点说明。

1）分配电箱应设在用电设备或负荷相对集中的场所。

2）分配电箱与开关箱的距离不得超过30m。

3）开关箱与其供电的固定式用电设备的水平距离不宜超过3m。

（4）环境安全。环境安全规则是指配电系统对其设置和运行环境安全因素的要求。主要是指对易燃易爆物、腐蚀介质、机械损伤、电磁辐射、静电等因素的防护要求，防止由其引发设备损坏、触电和电气火灾事故。

2. 配电线的选择

（1）架空线的选择。架空线必须采用绝缘导线。架空线的选择主要是选择架空线路导线的种类和导线的截面，其选择依据主要是线路敷设的要求和线路负荷计算的计算电流值。

架空线路导线截面的选择应符合下列要求：

1）导线中的计算负荷电流不大于其长期连续符合允许载流量。

2）线路末端电压偏移不大于其额定电压的5%。

3）三相四线制线路的N线和PE线截面不小于相线截面的50%，单相线路的零线截面与相线截面相同。

4）按机械强度要求，绝缘铜线截面不小于 $10mm^2$，绝缘铝线截面不小于 $16mm^2$。

5）在跨越铁路、公路、河流、电力线路挡距内，绝缘铜线截面不小于 $16mm^2$，绝缘铝线截面不小于 $25mm^2$。

架空线的材质为：绝缘铜线或铝线，优先采用绝缘铜线。

（2）电缆的选择。电缆的选择主要是选择电缆的类型、截面和芯线配置，其选择依据主要是线路敷设的要求和线路负荷计算的电流值。电缆截面的选择应符合规定，根据其长期连续负荷允许载流量和允许电压偏移确定。电缆类型应根据敷设方式、环境条件选择。埋地敷设宜选用铠装电缆，当选用无铠装电缆时，应能防水、防腐；架空敷设时宜选用无铠装电缆。

根据基本供配电系统的要求，电缆中必须包含全部工作芯线和用作保护零线或保护线的芯线。需要三相四线制配电的电缆线路必须采用五芯电缆。五芯电缆必须包含淡蓝、绿/黄两种颜色绝缘芯线。淡蓝色芯线必须用作 N 线，绿/黄双色芯线必须用作 PE 线，严禁混用。

（3）室内配线的选择。室内配线必须采用绝缘导线或电缆，其选择要求基本与架空线路或电缆线路相同。室内配线所用导线或电缆的截面应根据用电设备或线路的计算负荷确定，但铜线截面不应小于 $1.5mm^2$，铝线截面不应小于 $2.5mm^2$。

除以上三种配线方式以外，在配电室里还有一个配电母线问题。由于施工现场配电母线常常采用裸扁铜板或裸扁铝板制作成所谓裸母线，因此其安装时，必须用绝缘子支撑固定在配电柜上，以保持对地绝缘和电磁（力）稳定性。母线规格主要由总负荷计算电流确定。

3. 线路的敷设

（1）空线路的敷设

1）架空线路的组成：一般包括四部分，即电杆、横担、绝缘子和绝缘导线。

2）架空线相序排列顺序：

①动力线、照明线在同一横担上架设时，导线相序排列顺序是：面向负荷从左侧起依次为 L_1、N、L_2、L_3、PE。

②动力线、照明线在二层横担上分别架设时，导线相序排列顺序是：上层横担面向负荷从左侧起依次为 L_1、L_2、L_3；下层横担面向负荷从左侧起依次为 L_1、L_2、L_3、N、PE。

3）架空线路电杆、横担、绝缘子、导线的选择和敷设方法应符合《施工现场临时用电安全技术规范（附条文说明）》JGJ 46—2005 的规定。严禁集束缠绕，严禁架设在树木、脚手架及其他设施上或从其中穿越。

4）架空线路与邻近线路或固定物的防护距离应符合《施工现场临时用电安全技术规范（附条文说明）》JGJ 46—2005 的规定。

（2）电缆线路的敷设。电缆敷设应采用埋地或架空两种方式，严禁沿地面明设，以避免机械损伤和介质腐蚀。埋地电缆路径应设方位标志。电缆敷设要求包括：

1）架空电缆应沿电杆、支架、墙壁敷设，并用绝缘子固定，绝缘线绑扎。严禁沿树木、脚手架及其他设施敷设。

2）电缆直接埋地敷设深度不应小于0.7m，并应在电缆紧邻上、下、左、右侧均匀敷设不小于50mm厚的细砂，然后覆盖砖或混凝土板等硬质保护层。

3）埋地电缆在穿越建筑物，构筑物，道路，易受机械损伤、介质腐蚀场所及引出地面从2m高到地下0.2m处必须加设防护套管，防护套管内径不应小于电缆外径的1.5倍。

4）埋地电缆的接头应设在地面以上的接线盒内，接线盒应能防水、防尘、防机械损伤，并远离易燃、易爆、易腐蚀场所。

5）埋地电缆与其附近外电电缆和管沟的平行间距不得小于2m，交叉间距不得小于1m。

6）架空电缆应沿电杆、支架或墙壁敷设，并采用绝缘子固定，绑扎线必须采用绝缘线，固定点间距应保证电缆能承受自重所带来的荷载，敷设高度应符合《施工现场临时用电安全技术规范（附条文说明）》JGJ 46—2005的要求，但沿墙壁敷设时最大弧垂距地不得小于2.0m。

7）在建工程内的电缆线路必须采用电缆埋地引入，严禁穿越脚手架引入。电缆垂直扶着应充分利用在建工程的竖井、垂直空洞等，并宜靠近用电负荷中心，最大弧距地不得小于2.0m。

8）电缆线路必须有短路保护和过载保护。

装饰装修工程或其他特殊阶段，应补充编制单项施工用电方案。电源线可沿墙角、地面敷设，但应采取放机械损伤和电火措施。

(3）室内配线的敷设。安装在现场办公室、生活用房、加工厂房等暂设建筑内的配电线路，通称为室内配电线路，简称室内配线。室内配线分为明敷设和暗敷设两种。敷设要求包括：

1）室内配线应根据配线类型采用瓷瓶、瓷（塑料）夹配线、嵌绝缘槽配线和钢索敷设。潮湿场所或埋地非电缆配线必须穿管敷设，管口和管接头应密封；当采用金属管敷设时，金属管必须做等电位连接，且必须与PE线相连接。

2）室内非埋地明敷主干线的距地高度不得小于2.5m。

3）架空进户线的室外端应采用绝缘子固定，过墙处应穿管保护，距地高度不得小于2.5m，并应采取防雨措施。

4）钢索配线的吊架间距不宜大于12m。采用瓷夹固定导线时，导线间距不应小于35mm，瓷夹间距不应大于800mm；采用瓷夹固定导线时，导线间距不应小于100mm，瓷瓶间距不应大于1.5m；采用护套绝缘导线或电缆时，可直接敷设于钢索上。

5）室内配线必须有短路保护和过载保护，对穿管敷设的绝缘导线线路，其短路保护熔断器的熔体额定电流不应大于穿管绝缘导线长期连续负荷允许载流量的2.5倍。暗敷设可采用绝缘导线穿管埋墙或埋地方式和电缆直埋墙或直埋地方式。

10.4.2　配电箱与开关箱

1. 配电箱及开关箱的设置

配电系统应设置配电柜或总配电箱、分配电箱、开关箱，实行三级配电。配电系统宜使三相负荷平衡。220V或380V单相用电设备宜接人220/380V三相四线系统；当单相照明线路电流大于30A时，宜采用220/380V三相四线制供电。

(1）配电箱和开关箱的安装要求

1）位置选择。总配电箱以下可设若干分配电箱；分配电箱以下可设若干开关箱。总配电箱应设在靠近电源的区域，分配电箱应设在用电设备或负荷相对集中的区域，分配电箱与开关箱的距离不得超过 30m，开关箱与其控制的固定式用电设备的水平距离不宜超过 3m。

2）环境要求。配电箱、开关箱应装设在干燥通风及常温场所，不得装设在有严重损伤作用的瓦斯、烟气、潮气及其他有害介质，也不得装设在易受外来固体物撞击、强烈振动、液体浸溅及热源烘烤的场所。否则，应予清楚或做防护处理。

配电箱、开关箱周围应有足够 2 人同时工作的空间和通道，不得放任何妨碍操作、维修的物品，不得有灌木、杂草。

3）安装高度。配电箱、开关箱应装设端正、牢固。固定式配电箱、开关箱的中心点与地面垂直距离应为 1.4～1.6m。移动式配电箱、开关箱应装设在坚固、稳定的支架上。其中心点与地面的垂直距离宜为 0.8～1.6m。

（2）配电装置的选择

1）总配电箱的电器应具备电源隔离，正常接通与分断电路，以及短路、过载、漏电保护功能。电器设置应符合下列原则：

① 当总路设置总漏电保护器时，还应装设总隔离开关、分录设置隔离开关记忆总断路器、分断路器或总熔断器、分路熔断器。当所设总漏电保护器是同时具备短路、过载、漏电保护功能的漏电短路器时，可不设总断路器或总熔断器。

② 当各分路设置分路漏电保护器时，还应装设总隔离开关、分路隔离开关以及总断路器、分路断路器或总熔断器、分路熔断器。当所设总漏电保护器是同时具备短路、过载、漏电保护功能的漏电短路器时，可不设分路断路器或分路熔断器。

③ 隔离开关应设置于电源进线端，应采用分断时具有可见分断点，并能同时断开电源所有极的隔离电器。如采用分断时具有可见分断点的断路器，可不另设隔离开关。

④ 熔断器应选用具有可靠灭弧分断功能的产品。

⑤ 总开关电器的额定值、动作整定值应与分路开关电器的额定值、动作整定值相适应。

2）总配电箱应装设电压表、总电流表、总电度表及其他仪器。装设电流互感时，其二次回路必须与保护零线有一个连接点，且严禁断开电路。

3）分配电箱应装设总隔离开关、分路隔离开关、总断路器、分路断路器或总熔断器、分路熔断器。

4）开关箱应装设总隔离开关、断路器或熔断器以及漏电保护器。隔离开关应采用分断时具有可见分断点、能同时断开电源所有极的隔离电器，并应设置电源进线端。当断路器时具有借鉴分断点时，可不另设隔离开关。开关箱中的隔离开关只可直接控制照明电路和容量不大于 3.0kW 的动力电路，但不应频繁操作。容量大于 3.0kW 的动力电路应采用断路器控制，操作频繁时还应附设接触器或其他启动控制装置。

5）漏电保护器应装设在总配电箱、开关箱靠近负荷的一侧，且不得用于启动电气设备的操作。总配电箱和开关箱中漏电保护器的极数和线数必须与其负荷侧负荷的相数和线数一致。

开关箱中的漏电保护器的额定漏电动作电流不应大于 30mA，额定漏电动作时间不应大于0.1s。使用于潮湿或有腐蚀介质场所的漏电保护器应采用防溅产品，其额定漏电动作电流不应大于15mA，额定漏电动作时间不应大于0.1s。

总配电箱中漏电保护器的额定漏电动作电流不应大于30mA，额定漏电动作时间不应大于0.1s，但其额定漏电动作电流与额定漏电动作时间的乘积不应大于30mA·s。

6）隔离开关必须是能使工作人员可以看见的在空气中有一定间隔的断路点。一般可将闸刀开关，闸刀型转换开关和熔断器用作电源隔离开关。但空气开关（自动空气断路器）不能作隔离开关。一般隔离开关没有灭弧能力，绝对不可带负荷拉闸合闸，否则易造成电弧伤人和其他事故。因此在操作中，必须在负荷开关切断后，才能拉开隔离开关；只有在先合上隔离开关后，再合负荷开关。

（3）其他要求

1）配电箱、开关箱应采用冷轧钢板或阻燃绝缘材料制作，钢板厚度应为1.2～2.0mm，其中开关箱箱体钢板厚度不得小于1.2mm，配电箱箱体钢板厚度不得小于1.5mm，箱体表面应做防腐处理。

2）配电箱、开关箱内的电器（包括插座）应先安装在金属或非木质阻燃绝缘电器安装板上，然后方可整体固定在配电箱、开关箱箱体内。

3）配电箱的电器安装板上必须分设N线端子板和PE线端子板。N线端子板必须与金属电器安装板绝缘；PE线端子板必须与金属电器安装板做电气连接。进出线中的N线必须通过N线端子板连接，PE线必须通过PE线端子板连接。

4）配电箱金属箱体及箱内不应带电金属体都必须做保护接零，保护零线应通过接线端子连接。

5）配电箱、开关箱的电源进线端严禁采用插头和插座做活动连接。配电箱、开关箱内不得放置任何杂物，并应保持整洁，且配电箱、开关箱内的电气配置和接线严禁随意改动。

6）配电箱、开关箱的导线的进线和出线严禁承受外力，严禁与金属尖锐端口、强腐蚀介质和易燃易爆物接触。应设在箱体的下端，严禁设在箱体的上顶面、侧面后面或箱门处。进出线应加护套，分路成束并做防水套，导线不得与箱体进出口直接接触。

7）所有的配电箱、开关箱应定期检查和维修。检查、维修人员必须是专业电工：检查维修时必须按规定穿戴绝缘鞋、手套，必须使用电工绝缘工具，并应做检查维修工作记录。

8）对配电箱、开关箱进行检查、维修时，必须将其前一级相应的电源分闸断电，并悬挂"禁止合闸，有人工作"的停电标志牌，严禁带电作业。

9）现场停止作业1h以下时，应将动力开关箱断电上锁。

10）所有配电箱、开关箱在使用过程中必须按照下述顺序操作：

送电操作顺序为：总配电箱—分配电箱—开关箱。

停电操作顺序为：开关箱—分配电箱—总配电箱。

10.5 现场照明安全技术措施

灯具内的相线必须经过开关控制，不得将相线直接引入灯具，且灯具内的接线必须牢固，灯具外的接线必须做可靠的防水绝缘包扎。照明变压器必须使用双绕组型安全隔离变压器，严禁使用自耦变压器。

10.5.1 室内照明

室内照明要求如下：

（1）室内 220V 灯具装设不得低于 2.5m。

（2）室内螺口灯头的接线：相线接在与中心触头相连的一端，零线接在与螺纹口相连接的一端；灯头的绝缘外壳不得有破损和漏电。

（3）在室内的水磨石、抹灰现场，食堂、浴室等潮湿场所的灯头及吊盒应使用瓷质防水型，并应配置瓷质防水拉线开关。

（4）任何电器、灯具的相线必须经开关控制，不得将相线直接引入灯具、电器内。

（5）在用易燃材料作顶棚的临时工棚或防护棚内安装照明灯具时，灯具应有阻燃底座或加阻燃垫，并使灯具与可燃顶棚保持一定距离，防止引起火灾。油库、油漆仓库除通民厂外，其灯具必须为防爆型，拉线开关应安装于库门外。

（6）工地上使用的单相 220V 生活用电器，如食堂内的鼓风机、电风扇、电冰箱，应使用专用漏电保护器控制，并设有专用保护零线。电源线应采用三芯的橡皮电缆线。固定式应穿管保护，管子要固定。临时宿舍内照明宜采用 36V 安全电压照明器，防止工人私拉、挂接电炊具或违章使用电炉。

（7）荧光灯管应采用管座固定或用吊链悬挂。荧光灯的镇流器不得安装在易燃的结构物上。

（8）其他要求应符合《施工现场临时用电安全技术规范（附条文说明）》JGJ 46—2005 的要求。

10.5.2 室外照明

施工现场的一般场所宜选用额定电压为 220V 的照明器。为便于作业和活动，在一个工作场所内，不得装设局部照明。停电时，应有自备电源的应急照明。

1. 照明器使用的环境条件

（1）正常湿度时，选用开启式照明器。

（2）在潮湿或特别潮湿的场所，选用密闭型防水防尘照明器或配有防水灯头的开启式照明器。

（3）含有大量尘埃但无爆炸和火灾危险的场所，采用防尘型照明器。

（4）对有大量尘埃但无爆炸和火灾危险的场所，必须按危险场所等级选择相应的照明器。

（5）在振动较大的场所，应选用防振型照明器。

（6）对有酸碱等强腐蚀物质的场所，应采用耐酸碱型照明器。

2. 特殊场合照明器应使用的安全电压

（1）隧道、人防工程，有高温、导电灰尘和灯具离地面高度低于 2.4m 等场所的照明，电源电压应不大于 36V。

（2）在潮湿和易触及带电体场所的照明电源电压不得大于 24V。

（3）在特别潮湿的场所、导电良好的地面、锅炉或金属容器内工作的照明电源电压不得大于 12V。

3. 行灯使用要求

(1) 电源电压不得超过36V。

(2) 灯体与手柄应坚固、绝缘良好并耐热、耐潮湿。

(3) 灯头与灯体结合牢固，灯头上无开关。

(4) 灯泡外面有金属保护网。

(5) 金属网、反光罩、悬挂吊钩固定在灯罩的绝缘部位上。

4. 照明线路

施工现场照明线路的引出处，一般从总配电箱处单独设置照明配电箱。为了保证三相平衡，照明干线应采用三相线与工作零线同时引出的方式。也可以根据当地供电部门的要求和工地具体情况，照明线路也可从配电箱内引出，但必须装设照明分路开关，并注意各分配电箱引出的单相照明应分相接设，尽量做到三相平衡。

5. 照明系统中的每一单相回路规定

灯具和插座的数量不宜超过25个，并应装设熔断电流为15A及15A以下的熔断器保护。

10.5.3　室外照明装置

(1) 照明灯具的金属外壳必须作保护接零。单相回路的照明开关箱（板）内必须装设电保护器。

(2) 室外220V灯具距地面不得低于3m，钠、铊、铟等金属卤化物灯具的安装高度应在离地5m以上；灯线应固定在接线柱上，不得靠灯具表面；灯具内接线必须牢固。

(3) 路灯的每个灯具应单独装设熔断器保护。灯头线应做防水弯。

(4) 投光灯的底座应安装牢固，按需要的光轴方向将枢轴拧紧固定。

(5) 施工现场夜间影响飞机或车辆通行的在建工程设备（塔式起重机等高突设备），必须安装醒目的红色信号灯，其电源线应设在电源总开关的前侧以保护夜间不因工地其他停电而使红灯熄灭。

思 考 题

1. 施工现场临时用电组织设计应包括哪些内容?
2. 施工现场临时用电安全技术档案包括哪些内容?
3. 在建工程（含脚手架）的周边与外电架空线路的边线之间的最小安全操作距离是多少?
4. 简述三级配电二级漏电保护的含义。
5. 室内照明有哪些要求?
6. 室外照明有哪些要求?

练 习 题

某商住楼为现浇钢筋混凝土塔楼住宅工程，地下2层、地上28层，建筑面积17679m^2。该工程在基础施工期间，公司对现场进行了安全检查，发现现场临时用电设备有6台，项目部编制了安全用电技术措施和电气防火措施，一个开关箱控制一台塔吊和电焊机，同时发现二级漏电保护设置在二级分配电箱中。

问题：该项目现场存在哪些问题？如何整改？

参考答案

该项目存在的问题如下：

（1）由于现场临时用电设备有6台，项目部应由电气技术负责人编制临时用电施工组织设计，项目部技术负责人审核。

（2）一个开关箱控制一台塔吊和电焊机不妥，必须实行一个开关箱控制一台用电设备。

（3）二级漏电保护设置在二级分配电箱中不妥当，二级漏电保护设置在开关箱中。

11　特种作业人员安全管理

11.1　特种作业范围及作业人员基本条件

11.1.1　特种作业范围

按照《建筑施工特种作业人员管理规定》（建质〔2008〕75 号）规定，建筑施工特种作业人员是指在房屋建筑和市政工程施工活动中，从事可能对本人、他人及周围设备设施的安全造成重大危害作业的人员。建筑施工特种作业包括：

（1）建筑电工；

（2）建筑架子工；

（3）建筑起重信号司索工；

（4）建筑起重机械司机；

（5）建筑起重机械安装拆卸工；

（6）高处作业吊篮安装拆卸工；

（7）经省级以上人民政府建设主管部门认定的其他特种作业。

11.1.2　特种作业人员的基本条件

对特种作业人员的基本条件包括：

（1）年满 18 周岁；

（2）初中以上文化程度；

（3）按上岗要求的技术业务理论考核和实际操作技能考核成绩合格；

（4）身体健康，无妨碍从事本工种作业的疾病和生理缺陷，如患有下列疾病或生理缺陷者，不得从事特种作业，包括：

1）器质性心脏血管病。包括风湿性心脏病、先天性心脏病（治愈者除外）、心肌病、心电图明显异常者。

2）血压超过 160/90mmHg(21.3/12.0kPa)，低于 86mmHg(11.5/7.5kPa)。

3）精神病、癫痫。

4）重症神经官能症及脑外伤后遗症。

5）晕厥（近一年有晕厥发作者）。

6）血红蛋白男性低于 90g/L，女性低于 80g/L。

7）肢体残废，功能受限者。

8）慢性骨髓炎。

9）厂内机动车驾驶类，大型车：身高不足 155cm，小型车：身高不足 150cm 者。

10）耳全聋及发音不清者。厂内机动车驾驶听力不足 5m 者。

11）色盲。

12）双眼裸眼视力低于4.6，矫正视力不足4.8者（以五分计数）。

13）活动性结核（包括肺外结核）。

14）支气管哮喘（反复发作）。

15）支气管扩张病（反复感染、咯血）。

建筑施工特种作业人员必须经过专门的安全技术理论、实操技能的培训，考核合格，取得建筑施工特种作业人员操作资格证书，方可上岗从事相应作业。其从事作业的范围和等级要与证件所规定的操作项目相符合。

11.2 特种作业人员的安全操作规定

11.2.1 建筑电工安全操作规定

（1）电工属于特种作业人员，必须经当地劳动部门统一考试合格后，核发全国统一的“特种作业人员操作证”，方准上岗作业，并定期两年复审一次。

（2）电工作业必须两人同时作业，一人作业，一人监护。

（3）在全部停电或部分停电的电气线路（设备）上工作时，必须将设备（线路）断开电源，并对可能送电的部分及设备（线路），采取防止突然串电的措施，必要时应作短路线保护。

（4）检修电气设备（线路）时，应先将电源切断，（拉断刀闸，取下保险）把配电箱锁好，并挂上“有人工作，禁止合闸”警示牌，或派专人看护。

（5）所有绝缘检验工具，应妥善保管，严禁他用，存放在干燥、清洁的工具柜内，并按规定进行定期检查、校验，使用前，必须先检查是否良好后，方可使用。

（6）电气设备所用保险丝的额定电流应与其负荷容量相适应，禁止以大代小或用其金属丝代替保险丝。

（7）工作前必须做好充分准备，由工作负责人根据要求把安全措施及注意事项向全体人员进行布置，并明确分工，对于患有不适宜工作的疾病者，请长假复工者，缺乏经验的工人及有思想情绪的人员，不能分配其重要技术工作和登高作业。

（8）作业人员在工作前不许饮酒，工作中衣着必须穿戴整齐，精神集中，不准擅离职守。

（9）施工现场供电应采用三相五线制（TN-S）系统，所有电气设备的金属外壳及电线管必须与专用保护零线可靠连接。保护零线上严禁装设开关或熔断器，严禁通过工作电流，且严禁断线。

（10）保护零线除必须在配电室或总配电箱处作重复接地外，还必须在配电系统的中间处和末端处做重复接地。保护零线每一处重复接地装置的接地电阻值不应大于10Ω。

（11）配电装置和电动机械相连接的保护零线应为截面不小于2.5mm^2的绝缘多股铜线。保护零线的绝缘颜色为绿/黄双色。任何情况下颜色标记严禁混用和互相代用。

（12）施工现场供电系统，必须满足“三级配电，三级保护”和“一机一闸一漏一箱”的要求。

（13）每一台电动建筑机械或手移电动工具的开关箱内，必须装设隔离开关和过负荷、短路、漏电保护装置，其负荷线必须按其容量选用无接头的多股铜芯橡皮保护套软电缆或塑料护套软线，导线接头应牢固可靠，绝缘良好。

（14）安装设备电源线时，应先安装用电设备一端，再安装电源一端，拆除时反向进行。

（15）在高、低压电气设备线路上工作，必须停电进行，一般不准带电作业。

（16）杆上及地面工作人员均应戴安全帽，并在工作区域内做好监护工作防止行人、车辆穿越，传递材料应用带绳或系工具袋传递，禁止上下抛掷。

（17）雷雨及6级以上大风天气，不可进行杆上作业。

（18）在高压带电区域内部分停电工作时，操作者与带电设备的距离应符合安全规定，运送工具、材料时与带电设备保持一定的安全距离。

11.2.2 架子工安全操作规定

（1）建筑登高作业（架子工），必须经专业安全技术培训，考试合格，持特种作业操作证上岗作业。架子工的徒工必须办理学习证，在技工带领、指导下操作，非架子工未经同意不得单独进行作业。

（2）正确使用个人安全防护用品，必须着装灵便（紧身紧袖），在高处（2m以上）作业时，必须佩戴安全带与已搭好的立、横杆挂牢，穿防滑鞋。

（3）架子工必须经过体检，凡患有高血压、心脏病、癫痫病、晕高或视力不够以及不适合于登高作业的，不得从事登高架设作业。

（4）风力6级以上（含6级）强风和高温、大雨、大雪、大雾等恶劣天气，应停止高处露天作业。风、雨、雪过后要进行检查，发现倾斜下沉、松扣、崩扣要及时修复，合格后方可使用。

（5）脚手架要结合工程进度搭设，搭设未完的脚手架，在离开作业岗位时，不得留有未固定构件和安全隐患，确保架子稳定。

（6）在带电设备附近搭、拆脚手架时，宜停电作业。在外电架空线路附近作业时，脚手架外侧边缘与外电架空线路的边线之间的最小安全操作距离不得小于表11-1中的数值。

外电架空线路的边缘之间的最小安全操作距离　　表11-1

外电线路电压（kV）	1以下	1～10	35～110	154～220	330～500
最小安全操作距离（m）	4	6	8	10	12

注：上、下脚手架斜道严禁搭设在有外电线路的一侧。

（7）各种非标准的脚手架，跨度过大、负载超重等特殊架子或其他新型脚手架，按专项安全施工组织设计批准的意见进行作业。

（8）脚手架搭设到高于在建建筑物顶部时，里排立杆要低于沿口40～50mm，外排立杆高出沿口1～1.5m，搭设两道护身栏，并挂密目安全网。

（9）脚手架搭设、拆除、维修和升降必须由架子工负责，非架子工不准从事脚手架操作。

11.2.3 起重工（起重机司机、指挥信号、挂钩工）安全操作规定

（1）起重工必须经专门安全技术培训，考试合格持证上岗。严禁酒后作业。

（2）起重工应健康，两眼视力均不得低于1.0，无色盲、听力障碍、高血压、心脏病、癫痫病、眩晕、突发性昏厥及其他影响起重吊装作业的疾病与生理缺陷。

(3) 作业前必须检查作业环境、吊索具、防护用品，吊装区域无闲散人员，障碍已排除，吊索具无缺陷，捆绑正确牢固，被吊物与其他物件无连接，确认安全后方可作业。

(4) 轮式右履带式起重机作业时必须确定吊装区域，并设警戒标志，必要时派人监护。

(5) 大雨、大雪、大雾及风力6级以上（含6级）等恶劣天气，必须停止露天起重吊装作业。严禁在带电的高压线下或一侧作业。

(6) 在高压线垂直或水平向作业时，必须保持1～6m的最小安全距离（表11-2）。

起重机与架空输电导线的最小安全距离 **表11-2**

输电导线电压（kV）	1以下	1～15	2～40	60～110	220
允许沿输电导线垂直方向最近距离（m）	1.5	3	4	5	6
允许沿输电导线水平方向最近距离（m）	1	1.5	2	4	6

(7) 起重机司机、指挥信号工、挂钩工必须具备下列操作能力：

1) 起重机司机必须具备下列知识和操作能力：

① 所操纵的起重机的构造和技术技能。

② 起重机安全技术规范、制度。

③ 起重量、变幅、起升速度与机械稳定性的关系。

④ 钢丝绳的类型、鉴别、保养与安全系数的选择。

⑤ 一般仪表的使用及电气设备常见故障的排除。

⑥ 钢丝绳接头的穿结（卡结、插接）。

⑦ 吊装构件重量计算。

⑧ 操作中能及时发现或判断各机构故障，并能采取有效措施。

⑨ 制动器突然失效能作紧急处理。

2) 指挥信号工必须具备下列知识和操作能力：

① 应掌握所指挥的起重机的技术性能和起重工作性能，能定期配合司机进行检查，能熟练地运用手势、旗语、哨声和通信设备。

② 能看懂一般的建设结构施工图，能按现场平面布置图和工艺要求指挥起吊、就位构件、材料和设备等。

③ 掌握常用材料的重量和吊运就位方法及构件重心位置，并能计算非标准构件和材料的重量。

④ 正确地使用吊具、索具，编插各种规格的钢丝绳。

⑤ 有防止构件装卸、运输、堆放过程中变形的知识。

⑥ 掌握起重机最大起重量和各种高度、幅度时的起重量，熟知吊装、起重有关知识。

⑦ 具备指挥单机、双机或多机作业的能力。

⑧ 严格执行"十不吊"的原则。即被吊物重量超过机械性能允许范围；信号不清；吊物下方有人；吊物上站人；埋在地下物；斜拉斜牵物；散物捆绑不牢；立式构件、大模板等不用卡环；零碎物无容器；吊装物重量不明等不准起吊。

3) 挂钩工必须相对固定并具备下列知识和操作能力：

① 必须服从指挥信号工的指挥。

② 熟练掌握手势、旗语、哨声的使用。

③ 熟悉起重机的技术性能和工作性能。

④ 熟悉常用材料重量，构件的重心位置及就位方法。

⑤ 熟悉构件的装卸、运输、堆放的有关知识。

⑥ 能正确使用吊、索具和各种构件的拴挂方法。

(8) 作业时必须执行安全技术交底，听从统一指挥。

(9) 使用起重机作业时，必须正确选择吊点的位置，合理穿挂索具，试吊。除指挥及挂钩人员外，严禁其他人员进入吊装作业区。

(10) 使用两台吊车抬吊大型构件时，吊车性能应一致，单机载荷应合理分配，且不得走过额定载荷的80%。作业时必须统一指挥，动作一致。

11.2.4 电焊工安全操作规定

(1) 金属焊接作业人员，必须经专业安全技术培训，考试合格，持证上岗。非电焊工严禁进行电焊作业。

(2) 操作时应穿电焊工作服、绝缘鞋和戴电焊手套、防护面罩等安全防护用品，高处作业时系安全带。

(3) 电焊作业现场周围10m范围内不得堆放易燃易爆物品。

(4) 雨、雪、风力6级以上（含6级）天气不得露天作业，雨、雪后应清除积水、积雪后方可作业。

(5) 操作前应首先检查焊机和工具，如焊钳和焊接电缆的绝缘、焊机外壳保护接地和焊机的各接线点等，确认安全合格方可作业。

(6) 严禁在易燃易爆气体或液体扩散区域内、运行中的压力管道和装有易燃易爆物品的容器内以及受力构件上焊接和切割。

(7) 焊接曾储存易燃、易爆物品的容器时，应根据介质进行多次置换及清洗，并打开所有孔口，经检测确认安全后方可施焊。

(8) 在密封容器内施焊时，应采取通风措施，间歇作业时焊工应到外面休息，容器内照明电压不得超过12V。焊工身体应用绝缘材料与焊件隔离。焊接时必须设专人监护，监护人应熟知焊接操作规程和抢救方法。

(9) 焊接铜、铝、铅、锌合金金属时，必须穿戴防护用品，在通风良好的地方作业，在有害介质场所进行焊接时，应采取防毒措施，必要时进行强制通风。

(10) 施焊地点潮湿或焊工身体出汗后而使衣服潮湿时，严禁靠在带电钢板或工件上，焊工应在干燥的绝缘板或胶垫上作业，配合人员应穿绝缘鞋或站在绝缘板上。

(11) 焊接时临时接地线头严禁浮搭，必须固定、压紧，用胶布包严。

(12) 操作时遇下列情况必须切断电源：

1) 改变电焊机接头时；

2) 更换焊件需要改接二次回路时；

3) 转移工作地点搬动焊机时；

4) 焊机发生故障需进行检修时；

5) 更换保险装置时；

6) 工作完毕或临时离开操作现场时。

（13）高处作业必须遵守下列规定：

1）必须使用标准的防火安全带，并系在可靠的构架上。

2）必须在作业点正下方 5m 外设置护栏，并设专人监护。必须清除作业点下方区域易燃、易爆物品。

3）必须戴盔式面罩，焊接电缆应绑紧在固定处，严禁绕在身上或搭在背上作业。

4）焊工必须站在稳固的操作平台上作业，焊机必须放置平稳、牢固，设有良好的接地保护装置。

（14）操作过程中严禁焊钳夹在腋下去搬被焊工件或将焊接电缆挂在脖颈上。

（15）焊接时二次线必须双线到位，严禁借用金属管道、金属脚手架、轨道及结构钢筋作回路地线。焊把线无破损，绝缘良好。焊把线必须加装电焊机触电保护器。

（16）焊接电缆通过道路时，必须架高或采取其他保护措施。

（17）焊把线不得放在电弧附近或炽热的焊缝旁。不得碾轧焊把线。应采取防止焊把线被尖利器物损伤的措施。

（18）清除焊渣时应佩戴防护眼镜或面罩。焊条头应集中堆放。

（19）下班后必须拉闸断电，必须将地线和把线分开，确认火已熄灭后方可离开现场。

思 考 题

1. 建筑施工特种作业人员的范围包含哪些？
2. 建筑施工特种作业人员的基本要求及条件有哪些？
3. 建筑施工特种作业人员的安全操作规程应注意哪些问题？
4. 架子工在搭设模板支撑架体时应采取哪些安全措施？

12 建筑施工现场消防管理

12.1 消防管理制度

《中华人民共和国消防法》（以下简称《消防法》）第二条规定："消防工作贯彻预防为主、防消结合的方针，按照政府统一领导、部门依法监管、单位全面负责、公民积极参与的原则，实行消防安全责任制，建立健全社会化的消防工作网络。"第九条规定："建设工程的消防设计、施工必须符合国家工程建设消防技术标准。建设、设计、施工、工程监理等单位依法对建设工程的消防设计、施工质量负责"。第十条规定："按照国家工程建设消防技术标准需要进行消防设计的建设工程，除本法第十一条另有规定的外，建设单位应自依法取得施工许可之日起七个工作日内，将消防设计文件报公安机关消防机构备案，公安机关消防机构应进行抽查"。第十一条规定："国务院公安部门规定的大型的人员密集场所和其他特殊建设工程，建设单位应将消防设计文件报送公安机关消防机构审核。公安机关消防机构依法对审核的结果负责"。第二十五条规定："产品质量监督部门、工商行政管理部门、公安机关消防机构应按照各自职责加强对消防产品质量的监督检查"。

《建设工程安全生产管理条例》进一步规定，施工单位应在施工现场建立消防安全责任制度，确定消防安全责任人，制定用火、用电、使用易燃易爆材料等各项消防安全管理制度和操作规程，设置消防通道、消防水源，配备消防设施和灭火器材，并在施工现场入口处设置明显标志。

公安部、住房城乡建设部《关于进一步加强建设工程施工现场消防安全工作的通知》（公消〔2009〕131号）规定，施工现场要设置消防通道并确保畅通。建筑工地要满足消防车通行、停靠和作业要求。在建建筑内应设置标明楼梯间和出入口的临时醒目标志，视情况安装楼梯间和出入口的临时照明，及时清理建筑垃圾和障碍物，规范材料堆放，保证发生火灾时，现场施工人员疏散和消防人员扑救快捷畅通。

为了认真贯彻消防工作"预防为主、防消结合"的指导方针，使每个职工懂得消防工作的重要性，增强群众防范意识，把事故消灭在萌芽状态，现结合施工现场的实际情况，制定以下防火管理制度。

施工单位应针对施工现场可能导致火灾发生的施工作业及其他活动，制订消防安全管理制度。消防安全管理制度应包括下列主要内容：

1. 临时设施防火管理制度

（1）临时建筑的围蔽和骨架必须使用不燃材料搭建（门、窗除外），厨房、茶水房、易燃易爆物品仓必须单独设置，用砖墙围蔽。施工现场材料仓宜搭建在保卫值班室旁。

（2）临时建筑必须整齐划一、牢固，远离火灾危险性大的场所，每栋临时建筑占地面积不宜大于200m^2，室内地面要平整，其四周应修建排水明渠。

（3）每栋临时建筑的居住人数不得超过 50 人，每 25 人应有一个可以直接出入的门口，门的宽度不得小于 1.2m，高度不应低于 2m，室内的通道宽不得小于 1.2m，床架搭建不得超过 2 层，床位不准围蔽，临时建筑的高度不小于 3m，门窗要往外开。

（4）临时建筑一般不宜搭建两层，如确因施工用地所限，需搭建两层的宿舍，其围蔽必须用砖砌，楼面应使用不燃材料铺设，二层住人应按每 50 人有一疏散楼梯，楼梯的宽度不小于 1.2m，坡度不大于 45 度，栏杆扶手的高度不应小于 1m。

（5）搭建两栋以上（含两栋）临时宿舍共用同一疏散通道，其通道净宽不小于 5m，临时建筑与厨房、变电房之间防火距离不小于 3m。

（6）储存、使用易燃易爆物品的设施要独立搭建，并远离其他临时建筑。

（7）临时建筑不要修建在高压架空电线下面，并距离高压架空电线的水平距离不小于 6m。

2. 动火等级划分

（1）一级动火

1）禁火区域内。

2）油罐、油箱、油槽车和储存过可燃气体、易燃液体的容器及与其连接在一起的辅助设备。

3）各种受压设备。

4）危险性较大的登高焊、割作业。

5）比较密封的室内、容器内、地下室等场所。

6）现场堆有大量可燃和易燃物质的场所。

（2）二级动火

1）在具有一定危险因素的非禁火区域内进行临时焊、割等用火作业。

2）小型油箱等容器用火作业。

3）登高焊、割等用火作业。

（3）三级动火

在非固定的、无明显危险因素的场所进行用火作业，均属三级动火作业。

3. “三级”动火审批制度

（1）一级动火

一级动火作业由项目负责人组织编制防火安全技术方案，填写动火申请表，报企业安全管理部门审查批准后，方可动火。

（2）二级动火

二级动火作业由项目责任工程师组织拟定防火安全技术措施，填写动火申请表，报项目安全管理部门和项目负责人审查批准后，方可动火。

（3）三级动火

三级动火作业由所在班组填写动火申请表，经项目责任工程师和项目安全管理部门批准后，方可动火。

4. 日常防火教育制度

（1）新职工、外来工上岗前必须进行防火知识、防火安全教育，并做好签证登记。

（2）每周根据生产特点对职工进行不少于一次的防火教育。

(3) 每半年组织一次义务消防队培训、演练。

(4) 施工现场要设立防火宣传栏和防火标语。

5. 防火检查登记制度

(1) 班组实行班前班后检查。

(2) 每月由现场防火责任人带队，组织有关部门人员，对施工现场进行全面检查，公司每季进行抽查。

(3) 认真做好动火后的安全检查。

(4) 认真落实整改隐患的跟踪、复查。

6. 宿舍防火管理制度

(1) 严禁携带易燃易爆物品进入宿舍及在宿舍内存放摩托车。

(2) 宿舍内严禁生火和使用电炉、汽化炉具，不准使用电热器具，不得烧香拜神。

(3) 严禁乱拉乱接电线，不准在电线上晾挂衣物和使用超过60W以上的灯泡。

(4) 烟头、火种、纸屑等杂物不准随地乱丢，严禁躺在床上吸烟。

(5) 要保持宿舍道路畅通，不准在宿舍通道、门口堆放物品和作业。

7. 易燃易爆物品管理制度

(1) 易燃易爆物品存放量不准超过3d的使用量。

(2) 易燃易爆物品必须设专人看管，严格收发、回仓登记手续。

(3) 易燃易爆物品使用时应做好防火措施。

(4) 易燃易爆物品严禁露天存放。

(5) 易燃易爆物品仓照明必须使用防火、防爆装置的电气设备。

(6) 使用液化石油气做焊、割作业，必须经施工现场防火责任人批准。

(7) 严禁携带火种、手机、对讲机及非防爆装置的照明灯具进入易燃易爆物品仓。

8. 安全用电管理制度

(1) 施工现场一切电气安装必须按照中华人民共和国国家标准《建设工程施工现场供用电安全规范》GB 50194—2014和建设部《施工现场临时用电安全技术规范（附条文说明）》JGJ 46—2005要求执行。

(2) 施工现场一切电气设备必须由有上岗操作证的电工进行安装管理，认真做好班前班后检查，及时消除不安全因素，并做好每日检查登记。

(3) 电线残旧要及时更换，电气设备和电线不准超过安全负荷。

(4) 不得使用铜丝和其他不合规范的金属丝作照明电路保险丝。

(5) 照明必须做到一灯一制一保险。

(6) 加强对碘钨灯、卤化物灯的使用管理。

(7) 室内、外电线架设应有瓷管或瓷瓶与其他物体隔离，室内电线不得直接敷设在可燃物、金属物上，要套防火绝缘线管。

9. 值班巡逻制度

(1) 节假日期间施工现场必须安排好有关人员值班。

(2) 值班人员必须坚守岗位，按时值勤，不得迟到、早退，不得从事私人事务，不准打瞌睡和擅离职守。

(3) 值班人员要敢于履行职责，纠正违章行为，发现情况及时汇报，值班人员要做好交接班登记。

(4) 防火检查员每天班后必须巡查，发现不安全因素要及时消除和汇报。

10. 动火作业制度

(1) 焊、割作业必须由有证焊工操作。

(2) 严格执行临时动火作业“三级”审批制度，领取动火作业许可证后方能动火。

(3) 高处动火作业要专人监焊，落实防止焊渣、切割物下跌的安全措施。

(4) 动火作业后要立即告知防火检查员或值班人员。

11. 消防档案管理制度

(1) 消防安全基本情况资料

1) 单位基本概况和消防安全重点部位情况。

2) 建筑物或者场所施工、使用或者开业前的消防设计审核、消防验收以及消防安全检查的文件、资料。

3) 消防管理组织机构和各级消防安全责任人。

4) 消防安全制度。

5) 消防设施、灭火器材情况。

6) 专职消防队、义务消防队人员及其消防装备配备情况。

7) 与消防安全有关的重点工种人员情况。

8) 新增消防产品、防火材料的合格证明材料。

9) 灭火和应急疏散预案。

(2) 消防安全管理资料

1) 公安消防机构填发的各种法律文书。

2) 消防设施定期检查记录、自动消防设施全面检查测试的报告以及维修保养的记录。

3) 整改情况记录。

4) 防火检查、巡查记录。

5) 有关燃气、电气设备检测（包括防雷、防静电）等记录资料。

6) 消防安全培训记录。

7) 灭火和应急疏散预案的演练记录。

8) 火灾情况记录。

9) 消防奖惩情况记录。

12.2 施工现场平面布置管理

12.2.1 施工现场内临时运输道路

施工现场的主要道路应进行硬化处理，主干道应有排水措施。临时道路要把仓库、加工厂、堆场和施工点贯穿起来，按货运量大小设计双行干道或单行循环道满足运输和消防要求。主干道宽度单行道不小于 4m，双行道不小于 6m。木材厂两侧应有 6m 宽通道，端头处应有 12m×12m 回车场，消防车道不小于 4m，载重车转弯半径不宜小于 15m。

12.2.2 临时房屋

尽可能利用已建的永久性房屋为施工服务，如不足再修建临时房屋。临时房屋应尽量利用可装拆的活动房屋且满足消防要求。有条件的应使生活区、办公区和施工区相对独立。宿舍内应保证有必要的生活空间，室内净高不得小于 2.5m，通道宽度不得小于 0.9m，每间宿舍居住人数不得超过 16 人；办公用房宜设在工地入口处；作业人员宿舍一般宜设在现场附近，方便工人上下班，有条件时也可设在场区内；作业人员用的生活福利设施宜设在人员相对较集中的地方，或设在出入必经之处；食堂宜布置在生活区，也可视条件设在施工区与生活区之间，如果现场条件不允许，也可采用送餐制。

1. 宿舍、办公用房的防火设计应符合下列规定：

(1) 建筑构件的燃烧性能等级应为 A 级。当采用金属夹芯板材时，其芯材的燃烧性能等级应为 A 级；

(2) 建筑层数不应超过 3 层，每层建筑面积不应大于 $300m^2$；

(3) 层数为 3 层或每层建筑面积大于 $200m^2$ 时，应设置不少于 2 部疏散楼梯，房间疏散门至疏散楼梯的最大距离不应大于 25m；

(4) 单面布置用房时，疏散走道的净宽度不应小 1.0m；双面布置用房时，疏散走道的净宽度不应小于 1.5m；

(5) 疏散楼梯的净宽度不应小于疏散走道的净宽度；

(6) 宿舍房间的建筑面积不应大于 $30m^2$，其他房间的建筑面积不宜大于 $100m^2$；

(7) 房间内任一点至最近疏散门的距离不应大于 15m，房门的净宽度不应小于 0.8m，房间建筑面积超过 $50m^2$ 时，房门的净宽度不应小于 1.2m；

(8) 隔墙应从楼地面基层隔断至顶板基层底面。

2. 发电机房、变配电房、厨房操作间、锅炉房、可燃材料库房及易燃易爆危险品库房的防火设计应符合下列规定：

(1) 建筑构件的燃烧性能等级应为 A 级；

(2) 层数应为 1 层，建筑面积不应大于 $200m^2$；

(3) 可燃材料库房单个房间的建筑面积不应超过 30m，易燃易爆危险品库房单个房间的建筑面积不应超过 $20m^2$；

(4) 房间内任一点至最近疏散门的距离不应大于 10m，房门的净宽度不应小于 0.8m。

3. 其他防火设计应符合下列规定：

(1) 宿舍、办公用房不应与厨房操作间、锅炉房、变配电房等组合建造；

(2) 议室、文化娱乐室等人员密集的房间应设置在临时用房的第一层，其疏散门应向疏散方向开启。

12.3　施 工 现 场 防 火

12.3.1　防火制度与要求

施工单位应针对施工现场可能导致火灾发生的施工作业及其他活动，制订消防安全管理制度。消防安全管理制度应包括下列主要内容：

1. 消防安全教育与培训制度

(1) 施工人员进场前，施工现场的消防安全管理人员应向施工人员进行消防安全教育和培训。防火安全教育和培训应包括下列内容：

1）施工现场消防安全管理制度、防火技术方案、灭火及应急疏散预案的主要内容；

2）施工现场临时消防设施的性能及使用、维护方法；

3）扑灭初起火灾及自救逃生的知识和技能；

4）报火警、接警的程序和方法。

（2）施工作业前，施工现场的施工管理人员应向作业人员进行消防安全技术交底。消防安全技术交底应包括下列主要内容：

1）施工过程中可能发生火灾的部位或环节；

2）施工过程应采取的防火措施及应配备的临时消防设施；

3）初起火灾的扑救方法及注意事项；

4）逃生方法及路线。

2. 可燃及易燃易爆危险品管理制度

（1）用于在建工程的保温、防水、装饰及防腐等材料的燃烧性能等级，应符合设计要求。

（2）可燃材料及易燃易爆危险品应按计划限量进场。进场后，可燃材料宜存放于库房内，如露天存放时，应分类成垛堆放，垛高不应超过 2m，单垛体积不应超过 $50m^3$，垛与垛之间的最小间距不应小于 2m，且采用不燃或难燃材料覆盖；易燃易爆危险品应分类专库储存，库房内通风良好，并设置严禁明火标志。

（3）室内使用油漆及其有机溶剂、乙二胺、冷底子油或其他可燃、易燃易爆危险品的物资作业时，应保持良好通风，作业场所严禁明火，并应避免产生静电。

（4）施工产生的可燃、易燃建筑垃圾或余料，应及时清理。

3. 用火、用电、用气管理制度

（1）施工现场用火，应符合下列要求：

1）动火作业应办理动火许可证；动火许可证的签发人收到动火申请后，应前往现场查验并确认动火作业的防火措施落实后，方可签发动火许可证；

2）动火操作人员应具有相应资格；

3）焊接、切割、烘烤或加热等动火作业前，应对作业现场的可燃物进行清理；作业现场及其附近无法移走的可燃物，应采用不燃材料对其覆盖或隔离；

4）施工作业安排时，宜将动火作业安排在使用可燃建筑材料的施工作业前进行。确需在使用可燃建筑材料的施工作业之后进行动火作业，应采取可靠的防火措施；

5）裸露的可燃材料上严禁直接进行动火作业；

6）焊接、切割、烘烤或加热等动火作业，应配备灭火器材，并设动火监护人进行现场监护，每个动火作业点均应设置一个监护人；

7）5 级（含 5 级）以上风力时，应停止焊接、切割等室外动火作业；确需动火作业时，应采取可靠的挡风措施；

8）动火作业后，应对现场进行检查，确认无火灾危险后，动火操作人员方可离开；

9）具有火灾、爆炸危险的场所严禁明火；

10）施工现场不应采用明火取暖；

11）厨房操作间炉灶使用完毕后，应将炉火熄灭，排油烟机及油烟管道应定期清理油垢。

(2) 施工现场用电，应符合下列要求：

1) 施工现场供用电设施的设计、施工、运行、维护应符合现行国家标准《建设工程施工现场供用电安全规范》GB 50194—2014 的要求；

2) 电气线路应具有相应的绝缘强度和机械强度，严禁使用绝缘老化或失去绝缘性能的电气线路，严禁在电气线路上悬挂物品。破损、烧焦的插座、插头应及时更换；

3) 电气设备与可燃、易燃易爆和腐蚀性物品应保持一定的安全距离；

4) 有爆炸和火灾危险的场所，按危险场所等级选用相应的电气设备；

5) 配电屏上每个电气回路应设置漏电保护器、过载保护器，距配电屏 2m 范围内不应堆放可燃物，5m 范围内不应设置可能产生较多易燃、易爆气体、粉尘的作业区；

6) 可燃材料库房不应使用高热灯具，易燃易爆危险品库房内应使用防爆灯具；

7) 普通灯具与易燃物距离不宜小于 300mm；聚光灯、碘钨灯等高热灯具与易燃物距离不宜小于 500mm。

8) 电气设备不应超负荷运行或带故障使用；

9) 禁止私自改装现场供用电设施；

10) 应定期对电气设备和线路的运行及维护情况进行检查。

(3) 施工现场用气，应符合下列要求：

1) 储装气体的罐瓶及其附件应合格、完好和有效；严禁使用减压器及其他附件缺损的氧气瓶，严禁使用乙炔专用减压器、回火防止器及其他附件缺损的乙炔瓶；

2) 气瓶运输、存放、使用时，应符合下列规定：

① 气瓶应保持直立状态，并采取防倾倒措施，乙炔瓶严禁横躺卧放；

② 严禁碰撞、敲打、抛掷、滚动气瓶；

③ 气瓶应远离火源，距火源距离不应小于 10m，并应采取避免高温和防止暴晒的措施；

④ 燃气储装瓶罐应设置防静电装置；

3) 气瓶应分类储存，库房内通风良好；空瓶和实瓶同库存放时，应分开放置，两者间距不应小于 1.5m；

4) 气瓶使用时，应符合下列规定：

① 使用前，应检查气瓶及气瓶附件的完好性，检查连接气路的气密性，并采取避免气体泄漏的措施，严禁使用已老化的橡皮气管；

② 氧气瓶与乙炔瓶的工作间距不应小于 5m，气瓶与明火作业点的距离不应小于 10m；

③ 冬季使用气瓶，如气瓶的瓶阀、减压器等发生冻结，严禁用火烘烤或用铁器敲击瓶阀，禁止猛拧减压器的调节螺栓；

④ 氧气瓶内剩余气体的压力不应小于 0.1MPa；

⑤ 氧气瓶用后，应及时归库。

4. 消防安全检查制度

施工过程中，施工现场的消防安全负责人应定期组织消防安全管理人员对施工现场的消防安全进行检查。消防安全检查应包括下列主要内容：

(1) 可燃物及易燃易爆危险品的管理是否落实；

（2）动火作业的防火措施是否落实；

（3）用火、用电、用气是否存在违章操作，电、气焊及保温防水施工是否执行操作规程；

（4）临时消防设施是否完好有效；

（5）临时消防车道及临时疏散设施是否畅通。

5. 应急预案演练制度。

施工单位应编制施工现场灭火及应急疏散预案。灭火及应急疏散预案应包括下列主要内容：

（1）应急灭火处置机构及各级人员应急处置职责；

（2）报警、接警处置的程序和通信联络的方式；

（3）扑救初起火灾的程序和措施；

（4）应急疏散及救援的程序和措施。

12.3.2 消防器材的配备

（1）临时搭设的建筑物区域内每 $100m^2$ 配备 2 只 10L 灭火器。

（2）大型临时设施总面积超过 $1200m^2$ 时，应配有专供消防用的太平桶、积水痛（池）、黄沙池且周围不得堆放易燃物品。

（3）临时木料间、油漆间、木工机具间等，每 $25m^2$ 配备一只灭火器。油库、危险品库应配备数量与种类匹配的灭火器、高压水泵。

（4）应有足够的消防水源，其进水口一般不应少于 2 处。

（5）室外消火栓应沿消防车道或堆料场内交通道路的边缘设置，消火栓之间的距离不应大于 120m，消火栓距路边不应大于 2m，距房屋外墙不宜小于 5m；消防箱内消防水管长度不小于 25m。

12.3.3 灭火器设置要求

（1）建设工程及临时用房的下列场所应配置灭火器：

1）易燃易爆危险品存放及使用场所；

2）动火作业场所；

3）可燃材料存放、加工及使用场所；

4）厨房操作间、锅炉房、发电机房、变配电房、设备用房、办公用房、宿舍等临时用房。

（2）灭火器应设置在明显的位置，如房间出入口、通道、走廊、门厅及楼梯等部位。

（3）灭火器的铭牌必须朝外，以方便人们直接看到灭火器的主要性能指标和使用方法。

（4）手提式灭火器设置在挂钩、托架上或消防箱内，其顶部离地面高度应小于 1.50m，底部离地面高度不宜小于 0.15m。这一要求的目的是：①便于人们对灭火器进行保管和维护；②方便扑救人员安全、方便取用；③防止潮湿的地面对灭火器性能的影响和便于平时卫生清理。

（5）设置于挂钩、托架上或消防箱内的手提式灭火器应正面竖直放置。

（6）对于环境干燥、条件较好的场所，手提式灭火器可直接放在地面上。

（7）对设置于消防箱内的手提式灭火器，可直接放在消防箱的底面上，但消防箱离地面的高度不宜小于 0.15m。

(8) 灭火器不得放置于环境温度超出其使用温度范围的地点。

(9) 从灭火器出厂日期算起，达到灭火器报废年限的，必须强制报废。

(10) 灭火器的类型应与配备场所可能发生的火灾类型相匹配。

(11) 灭火器的配置数量应按照《建筑灭火器配置设计规范》GB 50140—2005 经计算确定，且每个场所的灭火器数量不应少于 2 具。

(12) 灭火器的最大保护距离应符合表 12-1 的规定。

灭火器的最大保护距离（m）　　**表 12-1**

灭火器配置场所	固体物质火灾	液体或可熔化固体物质火灾、气体类火灾
易燃易爆危险品存放及使用场所	15	9
固定动火作业场所	15	9
临时动火作业点	10	6
可燃材料存放、加工及使用场所	20	12
存放操作间、锅炉房	20	12
发电机房、变配电房	20	12
办公用房、宿舍等	25	—

12.4　施工现场消防管理

施工现场的消防管理工作，应遵照国家的有关法律、法规，以及所在地政府关于施工现场消防安全的规章、规定开展消防安全管理工作。施工现场必须成立消防安全领导机构，建立健全各种消防安全职责，落实消防安全责任，包括消防安全制度、消防安全操作规程、消防应急预案及演练、消防组织机构、消防设施平面布置、组织义务消防队等。

12.4.1　施工期间的消防管理

施工组织设计应含有消防安全方案及防火设施布置平面图，并按照有关规定报公安监督机关审批或备案。

(1) 施工现场使用的电气设备必须符合防火要求。临时用电设备必须安装过载保护装置，电闸箱内不准使用易燃、可燃材料。严禁超负荷使用电气设备。施工现场存放易燃、可燃材料的库房、木工加工场所、油漆配料房及防水作业场所不得使用明露高热的强光源。

(2) 电焊工、气焊工从事电气设备安装和电、气焊切割作业时，要有操作证和动火证并配备看火人员和灭火器具，动火前，要清除周围的易燃、可燃物，必要时采取隔离等措施，作业后必须确认无火源隐患方可离去。动火证当日有效并按规定开具，动火地点变换，要重新办理动火证手续。

(3) 氧气瓶、乙炔瓶工作间距不小于 5m，两瓶与明火作业距离不小于 10m。建设工程内禁止氧气瓶、乙炔瓶存放，禁止使用液化石油气“钢瓶”。

(4) 从事油漆或防水施工等危险作业时，要有具体的防火要求，必要时派专人看护。

(5) 施工现场严禁吸烟。不得在建设工程内设置宿舍。

（6）施工现场使用的大眼安全网、密目式安全网、密目式防尘网、保温材料，必须符合消防安全规定，不得使用易燃、可燃材料。使用时施工企业保卫部门必须严格审核，凡是不符合规定的材料，不得进入施工现场使用。

（7）项目部应根据工程规模、施工人数，建立相应的消防组织，配备足够的义务消防人员。

（8）施工现场动火作业必须执行动火审批制度。

12.4.2 施工现场重点部位的防火

1. 存放易燃材料仓库的防火要求

（1）易燃材料仓库应设在水源充足、消防车能驶到的地方，并应设在下风方向。

（2）易燃材料露天仓库四周内，应有宽度不小于 6m 的平坦空地作为消防通道，通道上禁止堆放障碍物。

（3）贮量大的易燃材料仓库，应设 2 个以上的大门，并应将生活区、生活辅助区和堆场分开布置。

（4）有明火的生产辅助区和生活用房与易燃材料之间，至少应保持 30m 的防火间距。有飞火的烟囱应布置在仓库的下风地带。

（5）易燃材料仓库与其他建筑物、铁路、道路、架高电线的防火间距，应按现行《建筑设计防火规范》GB 50016—2014 的有关规定执行。

（6）易燃材料仓库内应分堆垛和分组设置，每个堆垛面积为：木材（板材）不得大于 300m^2；锯末不得大于 200m^2；垛与堆垛之间应留 4m 宽的消防通道。

（7）对易引起火灾的仓库，应将库房内、外按每 500m^2 区域分段设立防火墙，把建筑平面划分为若干防火单元。

（8）对贮存的易燃材料应经常进行防火安全检查，并保持良好通风。

（9）在仓库或堆料场内进行吊装作业时，其机械设备必须符合防火要求，严防产生火星，引起火灾。

（10）装过化学危险物品的车辆，必须在清洗干净后方准装运易燃物和可燃物。

（11）仓库或堆料场内电缆一般应埋入地下；若有困难需设置架空电力线时，架空电力线与露天易燃物堆垛的最小水平距离，不应小于电杆高度的 1.5 倍。

（12）仓库或堆料场所使用的照明灯具与易燃堆垛间至少应保持 1m 的距离。

（13）安装的开关箱、接线盒，应距离堆垛外缘不小于 1.5m，不准乱拉临时电气线路。

（14）仓库或堆料场严禁使用碘钨灯，以防碘钨灯引起火灾。

（15）对仓库或堆料场内的电气设备，应经常进行检查维修和管理，形成检查记录，贮存大量易燃品的仓库应设置独立的避雷装置。

2. 电、气焊作业场所的防火要求

（1）焊、割作业点与氧气瓶、乙炔瓶等危险物品的距离不得小于 10m，与易燃易爆物品的距离不得少于 30m。

（2）乙炔瓶和氧气瓶之间的存放距离不得小于 2m，使用时两者的距离不得小于 5m。

（3）氧气瓶、乙炔瓶等焊割设备上的安全附件应完整而有效，否则严禁使用。

（4）施工现场的焊、割作业，必须符合防火要求，严格执行“十不准”规定，如下：

1）焊工必须持证上岗，无证者不准进行焊、割作业；

2）属一、二、三级动火范围的焊、割作业，未经办理动火审批手续，不准进行焊割作业；

3）焊工不了解焊、割现场周围情况，不得进行焊、割作业；

4）焊工不了解焊件内部是否有易燃、易爆物时，不得进行焊、割作业；

5）各种装过可燃气体、易燃液体和有毒物质的容器，未经彻底清洗或未排除危险之前，不准进行焊、割作业；

6）用可燃材料对设备做保温、冷却、隔声、隔热的，或火星能飞溅到的地方，在未采取切实可靠的安全措施之前，不准焊、割作业；

7）有压力或密闭的管道、容器，不准焊、割作业；

8）焊、割部位附近有易燃易爆物品，在未作清理或未采取有效的安全防护措施前，不准焊、割作业；

9）附近有与明火作业相抵触的工种在作业时，不准焊、割作业；

10）与外单位相连的部位，在没有弄清有无险情或明知存在危险而未采取有效的措施之前，不准焊、割作业。

3. 油漆料库与调料间的防火要求

（1）油漆料库与调料间应分开设置，且应与散发火星的场所保持一定的防火间距。

（2）性质相抵触、灭火方法不同的品种，应分库存放。

（3）涂料和稀释剂的存放和管理，应符合《仓库防火安全管理规则》的要求。

（4）调料间应通风良好，并应采用防爆电器设备，室内禁止一切火源，调料间不能兼做更衣室和休息室。

（5）调料人员应穿不易产生静电的工作服、不带钉子的鞋。开启涂料和稀释剂包装时，应采用不易产生火花型工具。

（6）调料人员应严格遵守操作规程，调料间内不应存放超过当日调制所需的原料。

4. 木工操作间的防火要求

（1）操作间的建筑应采用阻燃材料搭建。

（2）操作间应设消防水箱和消防水桶，储存消防用水。

（3）操作间冬季宜采用暖气（水暖）供暖，如用火炉取暖时，必须在四周采取挡火措施；不应用燃烧劈柴、刨花代煤取暖。每个火炉都要有专人负责，下班时要将余火彻底熄灭。

（4）电气设备的安装要符合要求。抛光、电锯等部位的电气设备应采用密封式或防爆式设备。刨花、锯末较多部位的电动机，应安装防尘罩并及时清理。

（5）操作间内严禁吸烟和明火作业。

（6）操作间只能存放当班的用料，成品及半成品要及时运走。木工应做到活完场地清，刨花、锯末每班都打扫干净，倒在指定地点。

（7）严格遵守操作规程，对旧木料一定要经过检查，起出铁钉等金属后，方可上锯锯料。

（8）配电盘、刀闸下方不能堆放成品、半成品及废料。

（9）工作完毕应拉闸断电，并经检查确无火险后方可离开。

12.4.3 高层建筑的防火

高层建筑施工具有人员多、建筑材料多、电气设备多且用电量大、交叉作业动火点多，以及通信设备差、不易及时救火等特点，因此，应加强火灾防范。高层建筑的防火措施包括：

（1）编制施工组织设计时，必须考虑防火安全技术措施。

（2）建立多层次的防火管理体系，制定《消防管理制度》《施工材料和化学危险品仓库管理制度》，建立各工种的安全操作责任制。

（3）明确工程各部位的动火等级，严格动火申请和审批手续。

（4）对参加高层建筑施工的外包队伍，要同每支队伍领队签订防火安全协议书，并对其进行安全技术措施的交底。

（5）严格控制火源，施工现场应严格禁止流动吸烟，应设置固定的吸烟点。

（6）按规定配置消防器材，并有醒目防火标志。一般高层建筑施工现场，应按面积配置消防器材，每层应成组（2 个或 4 个为一组）配置；并设置临时消防给水（可与施工用水合用）；20 层（含 20 层）以上的高层建筑应设置专用的高压水泵，每个楼层应安装防火栓和消防水龙带，大楼底层设蓄水池（不小于 $20m^3$）。当因层次高而水压不足时，在楼层中间应设接力泵，同时备有通信报警装置，便于及时报告险情。

12.4.4 季节性防火

1. 冬期防火要求

（1）锅炉房防火安全要求

1）锅炉房宜建造在施工现场的下风方向，远离在建工程、易燃、可燃建筑、露天可燃材料堆场、料库等。

2）锅炉房应不低于二级耐火等级。

3）锅炉房的门应向外开启，锅炉正面与墙的距离应不小于 3m，锅炉与锅炉之间应保持不小于 1m 的距离。

4）锅炉烟道和烟囱与可燃构件应保持一定的距离，金属烟囱距可燃结构不小于 100cm，已做防火保护层的可燃结构不小于 70cm，砖砌的烟囱和烟道其内表面距可燃结构不小于 50cm，其外表面不小于 10cm，未采取消烟除尘措施的锅炉，其烟囱应设防火帽。

（2）司炉工的要求

1）严格执行操作程序，杜绝违章操作。

2）炉灰倒在指定地点（不能带余火倒灰）。

3）禁止使用易燃、可燃液体点火。

（3）火炉安装与使用的防火要求

1）冬期施工采用加热采暖法时，应尽量用暖气，如果用火炉，必须事先提出方案和防火措施，经消防保卫部门同意后方可开火。

2）在油漆、喷漆、油漆调料间、木工房、料库、使用高分子装修材料的装修阶段，禁止使用火炉采暖。

3）火炉安装应符合消防规定，火炉及烟囱与可燃物、易燃物保持必要的安全距离。

4）火炉必须由受过安全消防常识教育的专人看守，移动各种加热火炉时，必须先将火熄灭后方准移动，掏出的炉灰必须随时用水浇灭后倒在指定地点。

5）禁止用易燃、可燃液体点火，不准在火炉上熬炼油料、烘烤易燃物品。

（4）冬期消防器材的保温防冻

1）对室外消火栓、消防水池采取保温防冻措施。

2）入冬前应将泡沫灭火器、清水灭火器等放入有采暖的地方，并套上保温套。

2. 雨期和夏季施工的防火要求

（1）雨期施工中电气设备、防雷设施的防火要求

1）雨期施工到来之前，应对每个配电箱、用电设备进行一次检查，都必须采取相应的防雨措施，防止因短路造成起火事故。

2）在雨期要随时检查有树木地方电线的情况，及时改变线路的方向或砍掉离电线过近的树枝。

3）防雷装置的组成部分必须符合规定，每年雨期之前，应对防雷装置进行一次全面检查，发现问题及时解决，使防雷装置处于良好状态。

（2）雨期施工中对易燃、易爆物品的防火要求

1）乙炔气瓶、氧气瓶、易燃液体等应在库内或棚内存放，禁止露天存放，防止因受雷雨、日晒发生起火事故。

2）生石灰、石灰粉的堆放应远离可燃材料，防止因受潮或雨淋产生高热引起周围可燃材料起火。

3）草帘、草袋等堆垛不宜过大，垛中应留通气孔，顶部应防雨，防止因受潮、遇雨发生自燃。

思考题

1. 建筑施工现场的消防管理制度有哪些？
2. 建筑施工现场内临时运输道路的布置要求有哪些？
3. 施工现场灭火及应急疏散预案应包括哪些内容？
4. 施工现场的焊、割作业，必须符合防火要求，严格执行“十不准”规定，“十不准”有哪十不准？
5. 油漆料库与调料间的防火要求有哪些？

练习题

施工单位承接了某写字楼，该写字楼建筑面积 31020m^2，建筑高度为 98m，框架剪力墙结构。在施工过程中，公司检查现场时发现以下情况：

（1）事件1：塔吊与临时生活设施共用一个配电箱，配线箱内放有杂物。

（2）事件2：木材临时加工棚面积为 110m^2，配备了4个灭火器。

（3）事件3：施工现场设置的单行消防通道上乱堆材料，仅剩 3m 宽左右通道，端头 20m×20m 场地堆满大模板。

上述事件中，施工单位的做法是否妥当？说明原因和整改方法。

参考答案

（1）事件1：不妥当。塔吊与临时生活设施不得共用一个配电箱，且配线箱内严禁存放杂物。

（2）事件2：不妥当。灭火器数量不满足消防要求，应配备5个灭火器。

（3）事件3：不妥当。单行消防车道必须保证 4m 宽度；尽端式道路回车场必须保证 12m×12m 的尺寸。

13　高处作业安全技术

13.1　高处作业安全技术

13.1.1　高处作业的定义、分级与分类

1. 高处作业的定义

在《高处作业分级》GB/T 3608—2008 中，高处作业是指“在距坠落高度基准面 2m 或 2m 以上，有可能坠落的高处进行的作业。”

坠落高度基准面是指通过可能坠落范围内最低处的水平面。如从作业位置可能坠落到的最低点的地面、楼面、楼梯平台、基坑的地面、挖孔桩地面等。

可能坠落范围，是指以作业位置为中心，以可能坠落范围的半径为半径划成的与水平面垂直的柱形空间。高处作业可能坠落范围用坠落半径表示，用以确定不同高度作业时，其安全平网的防护宽度。可能坠落范围半径的规定，见表 13-1。

高处作业基础高度与可能坠落范围半径　　**表 13-1**

高处作业基础高度(m)	可能坠落范围半径(m)	高处作业基础高度(m)	可能坠落范围半径(m)
$2\leqslant h\leqslant 5$	3	$15<h\leqslant 30$	5
$5<h\leqslant 15$	4	>30	6

作业区各作业位置至相应坠落高度基准面的垂直距离中的最大值，称为高处作业高度。高处作业高度分为 2m 至 5m、5m 以上至 15m、15m 以上至 30m 及 30m 以上四个区段。

2. 直接引起高处作业坠落的客观因素

在《高处作业分级》GB/T 3608—2008 中，将直接引起高处作业坠落的客观因素分为以下 10 种，包括：

1）阵风风力 5 级（风速 8.0 m/s）以上；

2）GB/T 4200—2008 规定的Ⅱ级或Ⅱ级以上的高温作业[1]；

3）平均气温等于或低于 5℃的作业环境；

4）接触冷水温度等于或低于 12℃的作业；

5）作业场地有冰、雪、霜、水、油等易滑物；

6）作业场所光线不足，能见度差；

[1]《高温作业分级》GB/T 4200—2008 现已废止。

7）作业活动范围与危险电压带电体的距离小于表13-2的规定；

作业活动范围与危险电压带电体的距离　　**表13-2**

危险电压带电体的电压等级(kV)	距离(m)	危险电压带电体的电压等级(kV)	距离(m)
≤10	1.7	220	4.0
35	2.0	330	5.0
63～110	2.5	500	6.0

8）摆动、立足处不是平面或只有很小的平面，即任意一边小于500mm的矩形平面、直径小于500mm的圆形平面或具有类似尺寸的其他形状的平面，致使作业者无法维持正常姿势；

9）GB 3869—1997规定的Ⅲ级或Ⅲ级以上的体力劳动强度❶；

10）存在有毒气体或空气中含氧量低于0.195的作业环境；

11）可能会引起各种灾害事故的作业环境和抢救突然发生的各种灾害事故。

如果不存在上述任一种客观危险因素的高处作业的，按表13-3规定的A类法分级。存在上述列出的一种或一种以上客观危险因素的高处作业按表13-3规定的B类法分级。

高处作业分级　　**表13-3**

分类法	高处作业高度 h(m)			
	$2\leqslant h\leqslant 5$	$5<h\leqslant 15$	$15<h\leqslant 30$	>30
A	Ⅰ	Ⅱ	Ⅲ	Ⅳ
B	Ⅱ	Ⅲ	Ⅳ	Ⅳ

3. 高处作业的分类

（1）一般高处作业

在正常环境下的各项高处作业称为一般高处作业。

（2）特种高处作业

在较复杂的作业环境下对操作人员具有一定危险性的高处作业称为特种高处作业，主要有以下八类：

1）强风——高处作业在阵风风力6级（风速10.8m/s）以上的情况下进行的高处作业。

2）异常温度高处作业——在高温或低温环境下进行的高处作业。

3）雪天高处作业——降雪时进行的高处作业。

4）雨天高处作业——降雨时进行的高处作业。

5）夜间高处作业——室外完全采用人工照明时进行的高处作业。

6）带电高处作业——在接近或接触带电体条件下进行的高处作业。

❶《体力劳动强度分级》GB 3869—1997现已废止。

7）悬空高处作业——在无立足点或无牢靠立足点的条件下进行的高处作业。

8）抢救高处作业——对突然发生的各种灾害事故进行抢救的高处作业。

13.1.2 高处作业的事故隐患

高处作业极易发生高处坠落事故，也容易因高处作业人员违章或失误，发生物体打击事故。高处作业的事故隐患主要包括：

（1）安全网未取得有关部门的准用证。

（2）上下传递物件抛掷。

（3）安全网规格材质不合要求。

（4）立体交叉作业未采取隔离防护措施。

（5）未每隔四层并不大于 10m 张设平网。

（6）未按高挂底用要求正确系好安全带。

（7）防护措施未采用定型化工具化。

（8）在建工程未用密目式安全网封闭。

（9）未设置上杆 1.2m、下杆 0.5～0.6m 的上下两道防护栏杆。

（10）框架结构施工作业面（点）无防护或防护不完善。

（11）阳台楼板屋面临边无防护或防护不牢固。

（12）当非竖向洞口短边边长为 25～500mm 时，不按规定设置承载力满足使用要求的盖板覆盖；当非竖向洞口短边边长为 500～1500mm 时，未采用盖板覆盖或防护栏杆等措施并未固定牢固。

（13）未按规定安装防护门或护栏，安装后高度低于 1.5m。

（14）出入口未搭设防护棚或搭设不符合规范要求。

（15）使用钢模板和其他板厚小于 50mm 的板料做脚手板。

（16）安全帽、安全带、安全网未进行定期检查。

（17）护栏高度低于 1.2m，未上下设置栏杆并没有密目网遮挡。

（18）作业人员患有不适宜高处作业的疾病。

（19）高处作业的作业面材料、工具乱堆乱放。

（20）安全设施无人监管，在施工中任意拆除、改变。

（21）恶劣天气进行高空起重吊装作业。

13.1.3 高处作业安全防护的基本规定

为了防止高处坠落与物体打击、杜绝高处作业事故隐患，《建筑施工高处作业安全技术规范》JGJ 80—2016 对工业与民用房屋建筑及一般构筑物施工时，高处作业中临边、洞口、攀登、悬空、操作平台及交叉等项作业，以及属于高处作业的各类洞、坑、沟、槽等工程施工的安全要求作出了明确规定。其中，对高处作业的基本安全防护规定如下：

（1）高处作业的安全技术措施及其所需料具，必须列入工程的施工组织设计。

（2）单位工程施工负责人应对工程的高处作业安全技术负责并建立相应的责任制。

施工前，应逐级进行安全技术教育及交底，落实所有安全技术措施和人身防护用品，未经落实时不得进行施工。

（3）高处作业中的安全标志、工具、仪表、电气设施和各种设备，必须在施工前加以检查，确认其完好，方能投入使用。

(4) 攀登和悬空高处作业人员及搭设高处作业安全设施的人员，必须经过专业技术培训及专业考试合格，持证上岗，并必须定期进行体格检查。

(5) 施工中对高处作业的安全技术设施，发现有缺陷和隐患时，必须及时解决；危及人身安全时，必须停止作业。

(6) 施工作业场所有坠落可能的物件，应一律先行撤除或加以固定。

高处作业中所用的物料，均应堆放平稳，不妨碍通行和装卸。工具应随手放入工具袋；作业中的走道、通道板和登高用具，应随时清扫干净；拆卸下的物件及余料和废料均应及时清理运走，不得任意乱置或向下丢弃。传递物件禁止抛掷。

(7) 雨天和雪天进行高处作业时，必须采取可靠的防滑、防寒和防冻措施。凡水、冰、霜、雪均应及时清除。

对进行高处作业的高耸建筑物，应事先设置避雷设施。遇有 6 级以下强风、浓雾等恶劣气候，不得进行露天攀登与悬空高处作业。暴风雪及台风暴雨后，应对高处作业安全设施逐一加以检查，发现有松动、变形、损坏或脱落等现象，应立即修理完善。

(8) 因作业必需，临时拆除或变动安全防护设施时，必须经施工负责人同意，并采取相应的可靠措施，作业后应立即恢复。

(9) 防护棚搭设与拆除时，应设警戒区，并应派专人监护。严禁上下同时拆除。

(10) 高处作业安全设施的主要受力杆件，力学计算按一般结构力学公式，强度及挠度计算按现行有关规范进行，但钢受弯构件的强度计算不考虑塑性影响，构造上应符合现行的相应规范的要求。

13.1.4 高处作业安全防护设施的验收

高处作业安全防护设施的验收应符合以下规定：

(1) 建筑施工进行高处作业之前，应进行安全防护设施的逐项检查和验收。验收合格后，方可进行高处作业。验收也可分层进行，或分阶段进行。

(2) 安全防护设施，应由单位工程负责人验收，并组织有关人员参加。

(3) 安全防护设施的验收，应具备下列资料：

1) 施工组织设计及有关验算数据；

2) 安全防护设施验收记录；

3) 安全防护设施变更记录及签证；

(4) 安全防护设施的验收，主要包括以下内容：

1) 所有临边、洞口等各类技术措施的设置状况；

2) 技术措施所用的配件材料和工具的规格和材质；

3) 技术措施的节点构造及其与建筑物的固定情况；

4) 扣件和连接件的紧固程度；

5) 安全防护设施的用品及设备的性能与质量是否合格的验证；

(5) 安全防护设施的验收应按类别逐项查验，并作出验收记录。凡不符合规定者，必须修整合格后再行查验。施工工期内还应定期进行抽查。

13.2 安全帽、安全带、安全网和操作平台

13.2.1 安全帽

安全帽是对人体头部受外力伤害（如物体打击）起防护作用的帽子。安全帽防护的主要作用是当物体打击、高处坠落、机械损伤、污染等伤害因素发生时，安全帽的各个部件通过变形和合理的破坏，将冲击力分解、吸收。

1. 安全帽的组成与分类

安全帽主要由帽壳、帽衬、下颏带及附件等组成。帽壳指安全帽外表面组成部分，由帽舌、帽檐和顶筋组成。帽衬指帽壳内部部件的总称，由帽箍、吸汗带、缓冲垫、衬带等组成。

安全帽的分类包括：

（1）按材料分类

分为塑料、玻璃钢、橡胶、植物编织、铝合金和纸胶材料的安全帽。

（2）按帽檐分类

包括 50～70mm、30～50mm、0～30mm 等帽檐宽度。

（3）按作业场所分类

包括一般作业类和特殊作业类，如低温、火源、带电作业等。

2. 安全帽的技术性能要求

（1）冲击吸收性能

冲击吸收性能是指安全帽在受到坠落物的冲击时对冲击能量的吸收能力。较好的安全帽在冲击吸收过程中能将所承受的冲击能力吸收 80%～90%，使作用到人体上的冲击力降到最低，以达到最佳的保护效果。

冲击吸收指标的制定是以人体颈椎能够承受的最大冲击力为依据的。因此，《安全帽测试方法》GB/T 2812—2006 规定：经高温、低温、浸水紫外线照射顶部处理后，用 5kg 钢锤自 1m 高度自由落下做冲击测试，传递到木制头模上的冲击力不超过 4900N，帽壳不得有碎片脱落。

（2）耐穿刺性能

耐穿刺性能是安全帽受到带尖角的坠物冲击时抗穿透的能力，是对帽壳强度的检验，要求帽壳材料具有较好的强度和韧性，使安全帽在受到尖锐坠落物冲击时不会因帽壳太软而穿透，也不会因帽壳太脆而破裂，以防坠物扎伤人体头部。

《安全帽测试方法》GB/T 2812—2006 规定：经高温、低温、浸水紫外线照射顶部处理后，用 3kg 钢锥自 1m 高度自由落下进行穿刺测试，钢锥不得接触到头模表面，帽壳不得有碎片脱落。

对一般作业安全帽而言，在其尺寸、质量、标识等方面均达到国家标准要求的前提下，冲击吸收性能和耐穿刺性能两项都合格者判为合格产品，两项之中有一项不合格则判为不合格产品。

3. 安全帽的尺寸和重量要求

（1）安全帽的尺寸要求

安全帽的尺寸要求有 10 项，分别为帽壳内部尺寸、帽舌、帽檐、帽箍、垂直间距、

佩戴高度和水平间距等。其中垂直间距和佩戴高度是安全帽的两个重要尺寸要求。垂直间距是安全帽佩戴时头顶与帽顶之间的垂直距离。塑料衬为25～50mm，棉织或化纤带衬为30～50mm。佩戴高度是安全帽在佩戴时，帽箍底边至头顶部的垂直距离，应为80～90mm，垂直间距太小，直接影响安全帽的冲击吸收性能，佩戴高度太小直接影响安全帽佩戴的稳定性。

任何一项不符合要求都直接影响安全帽的防护作用。

（2）安全帽的重量要求

在保护良好的技术性能的前提下安全帽的重量越轻越好，以减轻佩戴者头颈部的负担。小沿、中沿和卷沿安全帽的总重量不应超过430g，大沿安全帽不应超过460g。

4. 安全帽的选择和使用

（1）安全帽的选用

1）查看安全帽标志：在安全帽上应有合格证、安全鉴定证，并有以下永久性标识：生产厂名、商标和型号、制造年、月；生产合格证和检验证；生产许可证编号。

2）选购安全帽时应检查其生产许可证编号、产品合格证和有效期等证书。

3）做外观质量检查。如帽壳和帽衬的用材是否厚实，是否光洁；各部件装配连接是否牢固；帽壳颜色是否均匀；帽箍调节是否活络等。

（2）安全帽的使用

1）每次之前应检查安全帽的外观是否有裂纹、碰伤痕迹、凸凹不平、磨损，帽衬是否完整，帽衬的结构是否处于正常状态，安全帽上如存在影响其性能的明显缺陷应及时报废，以免影响防护作用。任何受过重击、有裂痕的安全帽，无论有无损坏现象，均应报废。

2）不能随意在安全帽上拆卸或添加附件，以免影响其原有的防护性能。

3）不能随意调节帽衬的尺寸。安全帽的内部尺寸如垂直间距、佩戴高度、水平间距，是有严格规定的，这些尺寸直接影响安全帽的防护性能，使用者一定不能随意调节，否则，落物冲击一旦发生，安全帽会因佩戴不牢脱出或因冲击触顶而起不到防护作用，直接伤害佩戴者。

4）戴安全帽前应将帽后调整带按自己头型调整到适合的位置，然后将帽内弹性带系牢。缓冲衬垫的松紧由带子调节，人的头顶和帽体内顶部的空间垂直距离一般在25～50mm之间，至少不应小于32mm。佩戴者在使用时必须将安全帽戴正、戴牢，不能晃动，应系紧下颏带。

5）不得私自在安全帽上打孔，拆卸或添加附件，不得随意调节帽衬的尺寸。不得把安全帽歪戴，也不得将帽檐戴在脑后方，不应随意碰撞安全帽。施工人员在现场作业中，不得将安全帽脱下，搁置一旁，或当坐凳使用。

6）受过一次强冲击或做过试验的安全帽不得继续使用，应予以报废。

7）安全帽不得在有酸、碱或化学试剂污染的环境中存放，不得放置在高温、日晒或潮湿的场所中，以免老化变质。

8）应注意使用在有效期内的安全帽。安全帽使用期应从制造完成时算起。一般塑料安全帽的使用期不超过两年半、玻璃钢（维纶钢）安全帽的使用期限为三年半。到期后使用单位必须到有关部门进行抽查测试，合格后方可继续使用，否则该批安全帽即报废。

9）平时使用安全帽时应保持整洁，不能接触火源，不要任意涂刷油漆。

安全帽检查验收记录表见表 13-4。

安全帽检查验收记录表 **表 13-4**

工程名称		施工单位	
生产厂家		验收日期	
检查项目	验收结果		
生产厂家资格审查	安全帽生产厂家为国家许可的防护产品生产厂家		
现场抽查	现场抽查 10 顶安全帽，每顶安全帽必须有以下四项永久性标志：①制造厂名称、商标、型号；②制造年、月；③生产合格证和验证；④生产许可证编号。并符合《头部防护安全帽》GB 2811—2019 国家标准，并满足规定使用年限		
使用检查	现场抽查工人安全帽佩戴、使用情况。所抽查的工人均能按规范要求正确佩戴、使用		
验收结论	符合《建筑施工安全检查标准》JGJ 59—2011 及有关规范规定，验收合格，同意使用		
参加验收成员			

13.2.2 安全带

安全带是防止高处作业人员发生坠落或发生坠落后将作业人员安全悬挂的个体防护装备。

1. 安全带的组成与分类

(1) 安全带的组成

安全带是由带子、绳子和金属配件组成。安全绳是安全带上保护人体不坠落的系绳。吊绳是自锁钩使用的绳，应预先挂好。垂直、水平和倾斜均可。自锁钩在绳上可自由移动，能适应不同作业点工作。自锁钩是装有自锁装置的钩，在人体坠落时，能立即卡住吊绳，防止坠落。

(2) 安全带的分类

1) 围杆作业安全带，是指通过围绕在固定构造物上的绳或带将人体绑定在固定构造物附近，使作业人员的双手可以进行其他操作的安全带。

2) 区域限制安全带，是指用以限制作业人员的活动范围，避免其到达可能发生坠落区域的安全带。

3) 坠落悬挂安全带，是指高处作业或登高人员发生坠落时，将作业人员安全悬挂的安全带。

2. 安全带的质量要求

(1) 安全带必须到劳保定点专店采购，并符合国家《安全带》GB 6095—2009、《坠落防护 安全带系统性能测试方法》GB/T 6096—2009 的规定，即金属配件上有厂家代号；带体上有永久字样的商标、合格证、检验证；安全绳上加有色线代表生产厂；合格证应注明：制造厂家名称、产品名称、生产日期，拉力试验 4412.7 N，冲击重量 100 kg 等。

(2) 安全带和绳必须由是锦纶、维纶、蚕丝等料制成的，金属配件必须是普通碳素钢或是铝合金钢。

(3) 包裹绳子的套，必须是皮革、维纶或橡胶制的。

(4) 腰带宽度为 40～50mm，长度为 1300～1600mm，必须是一整根。

(5) 护腰带宽度不小于 80mm，长度应为 600～700mm，带子与腰部接触处应设有柔软材料，并用轻革或织带包好，保证边缘圆滑无角。

（6）带子缝合线处必须有直径大于4.5mm的光洁金属铆钉一个，下垫皮革和金属垫圈。

（7）安全绳直径不小于13mm，吊绳或围杆绳直径不小于16mm。电焊工使用的悬挂绳全部加套。

（8）金属钩必须有保险装置。自锁的钩体和钩舌的咬口必须平整，不得偏斜。

（9）金属配件圆环、半圆环、三角环、品字环、8字环、三道联等不得有焊接、麻点、裂纹，边缘呈圆弧形。

3. 安全带的正确使用

（1）根据行业性质，工种的需要选择符合特定使用范围的安全带。如架子工、油漆工、电焊工种选用悬挂作业安全带，电工选用围杆作业安全带，在不同岗位应注意正确选用。

（2）安全带使用时必须高挂低用，且悬挂点高度不应低于自身腰部，使用大于3m长绳应加缓冲器（除自锁钩用吊绳外），并应防止摆动碰撞。

（3）安全绳不准打结使用。更不准将钩直接挂在安全绳上使用，钩子必须挂在连接环上用。

（4）在攀登和悬空等作业中，必须佩戴安全带并有牢靠的挂钩设施。严禁只在腰间佩戴安全带，不在固定的设施上拴挂钩环。

（5）油漆工刷外开窗、电焊工焊接梁柱（屋架）、架子工搭（拆）架子等都必须佩戴安全带，并将安全带挂在牢固的地方。

（6）在无法就近挂设安全带的地方，应设置挂安全带的安全拉绳、安全栏杆等。

4. 安全带使用中的注意事项

（1）安全带上的各种部件不得任意拆掉，当需要换新绳时要注意加绳套。

（2）使用频繁的绳，要经常做外观检查，发现异常时应立即更换新绳，带子使用期为3～5年，发现异常应提前报废。但使用2年后，按批量购入情况，必须抽验一次。如做悬挂式安全带冲击试验时，以80g重量做自由坠落试验，若不破断，可使用。围杆带做静负荷试验，以2206N拉力拉5min无破断可继续使用。对已抽试过的样带，应更换安全绳后方可继续使用。

（3）安全带应储藏在干燥、通风的仓库内，妥善保管，不可接触高温、明火、强酸、强碱和尖锐的坚硬物体，更不准长期暴晒雨淋。

5. 安全带的日常管理规定

（1）安全带采购回来后必须经过专职安全员检查并报验监理单位验收合格后才能使用，进场时查验是否具备合格证、厂家检验报告，是否附有永久标识。不合格的安全防具用品一律不准进入施工现场（表13-5）。

（2）安全带应在每次使用前都进行外观检查。外观检查的项目主要包括：组件完整、无短缺、无伤残破损；绳索、编带无脆裂、断股或扭结；皮革配件完好、无伤残；所有的缝纫点的针线无断裂或者磨损；金属配件无裂纹、焊接无缺陷、无严重锈蚀；挂钩的钩舌咬口平整不错位，保险装置完整可靠。

（3）对使用中的安全带每周进行一次外观检查。

（4）安全带每年要进行一次静负荷重试验。

（5）安全带每次受力后，必须做详细的外观检查和静负荷重试验，不合格的不得继续使用。

（6）使用频繁的绳，要经常做外观检查，发现异常时，应立即更换新绳，更换新绳时要注意加绳套。

（7）安全带上的各种部件不得任意拆掉。

（8）安全带使用2年以后，使用单位应按购进批量的大小，选择一定比例的数量，作一次抽检，即用80kg的砂袋做自由落体试验，若未破断可继续使用，但抽检的样带应更换新的挂绳才能使用；如试验不合格，购进的这批安全带就应报废。

（9）安全带的使用期为3～5年，若使用期间发现异常，应提前报废；超过使用规定年限后，必须报废。

安全带检查验收记录表 **表13-5**

工程名称： 施工单位：

防护产品名称		生产厂家		验收日期	
检查项目	验收记录				
资格审查	查看物资采购记录，安全带生产厂家为国家许可的防护产品生产厂家，有合格证及检测报告				
现场抽查	从现场工人中随意抽查2人使用的安全带，均为物资采购记录中的生产厂家，符合《安全带》GB 6095—2009国家标准，并满足规定使用年限				
使用检查	现场抽查2人，安全带的使用均符合规范规定				
验收结论	现场使用安全带符合《建筑施工安全检查标准》JGJ 59—2011及有关规范规定，验收合格，同意使用				
参加验收成员					

13.2.3 安全网

安全网是用来防止人、物坠落或用来避免、减轻坠落及物体打击伤害的网具。目前建筑工地所使用的安全网，按形式及其作用可分为平网和立网两种。由于这两种网使用中的受力情况不同，因此它们的规格、尺寸和强度要求等也有所不同。平网，指其安装平面不垂直于水平面，用来防止人、物坠落，或用来避免、减轻坠落及物体伤害的安全网；立网，指其安装平面垂直于水平面，用来防止人、物坠落，或用来避免、减轻坠落及物体伤害的安全网。

1. 安全网的构造和材料

安全网的材料，要求其比重小、强度高、耐磨性好、延伸率大和耐久性较强。此外还应有一定的耐气候性能，受潮受湿后其强度下降不太大。目前，安全网以化学纤维为主要材料。同一张安全网上所有的网绳，都要采用同一材料，所有材料的湿干强力比不得低于75%。通常，多采用维纶和尼龙等合成化纤作网绳。丙纶由于性能不稳定，禁止使用。此外，只要符合国际有关规定的要求，亦可采用棉、麻、棕等植物材料做原料。不论用何种材料，每张平网的重量一般不小于5.5kg，不超过15kg，并要能承受800N的冲击力。

2. 密目式安全网

《建筑施工安全检查标准》JGJ 59—2011 规定，P3×6 的大网眼的安全平网只用于电梯井、外脚手架的跳板下面、脚手架与墙体间的空隙等处使用，密目式安全网的目数为在网上任意一处的 10cm×10cm 的面积上，大于 2000 目。为保证产品质量，施工单位采购以后，可做现场试验，除外观、尺寸、重量、目数等的检查以外，还应做以下两项试验：

（1）贯穿试验

将 1.8m×6m 的安全网与地面成 30°夹角放好，四边拉直固定，在网中心的上方 3m 的地方，用一根 ϕ48mm×3.6mm 的 5kg 重的钢管，自由落下，网不贯穿，即为合格，网贯穿，即为不合格。

（2）冲击试验

将密目式安全网水平放置，四边拉紧固定。在网中心上方 1.5m 处，有一个 100kg 重的砂袋自由落下，网边撕裂的长度小于 200mm，即为合格。

用密目式安全网对在建工程外围及外脚手架的外侧全封闭，密目式安全立网应张挂在脚手架外立杆内侧。安装时，间距≤450mm 的每个环扣都必须穿入断裂绳力不小于 1.96kN 的纤维绳或金属线，绑在脚手架步距间的纵向水平杆上，网间拼接严密，随脚手架搭放高度及时安装（张挂），形成全封闭的安全防护网。

高层建筑外脚手架、既有建筑外墙改造工程外脚手架、临时疏散通道的安全防护网采用阻燃型安全防护网。

3. 一般情况下，安全网的使用应符合下列规定：

（1）施工现场使用的安全网必须有产品质量检验合格证，旧网必须有允许使用的证明书。

（2）安装前必须对网及支撑物（架）进行检查，要求支撑物（架）有足够的强度、刚性和稳定性，且系网处无撑角及尖锐边缘，确认无误时方可安装。

（3）安全网搬运时，禁止使用钩子，禁止把网拖过粗糙的表面或锐边。

（4）在施工现场安全网的支搭和拆除要严格按照施工负责人的安排进行，不得随意拆毁安全网。

（5）在使用过程中不得随意向网上乱抛杂物或撕坏网片。

（6）安装时，在每个系结点上，边绳应与支撑物（架）靠紧，并用一根独立的系绳连接，系结点沿网边均匀分布，其距离不得大于 750mm。系结点应符合打结方便，连接牢固又容易解开，受力后又不会散脱的原则。有筋绳的网在安装时，也必须把筋绳连接在支撑物（架）上。

（7）多张网连接使用时，相邻部分应靠紧或重叠，连接绳材料与网相同时，强力不得低于网绳强力。

（8）施工现场应积极使用密目式安全网，架子外侧、楼层邻边井架等处用密目式安全网封闭栏杆，安全网放在杆件里侧。

（9）凡高度在 4m 以上的建筑物，首层四周必须支搭固定 3m 宽的平网。安装平网应外高里低，以 15°为宜。平网网面不宜绷得过紧，平网内或下方应避免堆积物品，平网与下方物体表面的距离不应小于 3m，两层平网间的距离不得超过 10m。

（10）安全网做防护层必须封挂严密牢靠，密目网用于立网防护，水平防护时必须采用平网，不得以立网代替平网。

(11) 装立网时，安装平面应与水平面垂直，立网底部必须与脚手架全部封严。

(12) 要保证安全网受力均匀，必须经常清理网上落物，网内不得有积物。

(13) 安全网安装后，必须经专人检查验收合格签字后才能使用。

(14) 安全网暂时不用时应存放在通风、避光、隔热、无化学品污染的仓库或专用场所。

(15) 安全网若有破损、老化应及时更换。

安全网应从资格审查、现场抽查、使用检查等方面进行检查，并形成验收记录表(表 13-6)。

安全网检查验收记录表 **表 13-6**

工程名称： 施工单位：

防护产品名称		生产厂家		验收日期	
检查项目	验收记录				
资格审查	查看物资采购记录，安全网生产厂家为国家许可的防护产品生产厂家，有合格证及检测报告，满足《安全网》GB 5725—2009				
现场抽查	从现场外架上的安全网随意抽查 2 床，均为物资采购记录中的生产厂家，符合《安全网》GB 5725—2009				
使用检查	脚手架全部用密目式安全网全封闭，查看安全网产品标签，生产厂家和资料中一致，安全网挂设在脚手架内侧，并与大横杆绑扎牢固、无漏绑、无缝隙				
验收结论	符合《建筑施工安全检查标准》JGJ 59—2011 及有关规范规定，验收合格，同意使用				
参加验收成员					

13.2.4 操作平台

现场施工中用以站人、载物并可进行操作的平台称为操作平台。操作平台分为移动式操作平台和悬挑式钢平台。

1. 移动式操作平台

移动式操作平台是指可以搬动的用于结构施工、室内装饰和水电安装等的操作平台。移动式操作平台的操作必须符合下列规定：

(1) 操作平台应由专业技术人员按现行的相应规范进行设计，计算书及图纸应编入施工组织设计。

(2) 操作平台的面积不应超过 $10m^2$，高度不应超过 5m。还应进行稳定验算，并采取措施减少立柱的长细比。

(3) 装设轮子的移动式操作平台，轮子与平台的接合处应牢固可靠，立柱底端离地面不得超 80mm。

(4) 操作平台可采用 ϕ48mm×3.6mm 厚的钢管与扣件连接，亦可采用门架式或承插式钢管脚手架部件，按产品使用要求进行组装。平台的次梁间距不应大于 40cm，台面应满铺 3cm 厚的木板或竹笆。

(5) 操作平台四周必须按临边作业要求设置防护栏杆，并应布置登高扶梯。

2. 悬挑式钢平台

悬挑式刚平台是指可以吊运和搁置于楼层边的用于接送物料和转运模板、钢管等的操作平台。它必须符合下列规定：

（1）悬挑式钢平台应按现行的相应规范进行设计，其结构构造应能防止左右晃动，计算书及图纸应编入施工组织设计。

（2）悬挑式钢平台的搁支点与上部拉结点必须位于建筑物上，不得设置在脚手架等施工设备上。

（3）斜拉杆或钢丝绳，构造上宜两边各设前后两道，两道中的每一道均应作单道受力计算。

（4）应设置4个经过验算的吊环。吊运平台时应使用卡环不得使吊钩直接钩挂吊环。吊环应用甲类3号沸腾钢制作。

（5）钢平台安装时，钢丝绳应采用专用的挂钩挂牢，采取其他方式时卡头的卡子不得少于3个。建筑物锐角利口围系钢丝绳处应加衬软垫物，钢平台外口应略高于内口。

（6）钢平台左右两侧必须装置固定的防护栏杆。

（7）钢平台吊装须待横梁支撑点电焊固定，接好钢丝绳，调整完毕经过检查验收，方可松卸起重吊钩，上下操作。

（8）钢平台使用时应有专人进行检查，发现钢丝绳有锈蚀损坏应及时调换，焊缝脱焊应及时修复。

（9）操作平台上应显著地标明允许荷载值。操作平台上人员和物料的总重量，严禁超过设计的允许荷载。应配备专人加以监督。

13.3　各类高处作业的安全防护

13.3.1　临边作业的安全防护

坠落高度基准面在2m及以上进行临边作业时，应在临空一侧设置防护栏杆，并应采用密目式安全立网或工具式栏板封闭。

临边作业通常包括：在建工程的楼面临边、屋面临边、阳台临边、升降口临边以及基坑临边等。

1. 搭设临边防护栏杆要求

（1）临边作业的防护栏杆应由横杆、立杆及挡脚板组成，防护栏杆应为两道横杆，上杆距地面高度应为1.2m，下杆应在上杆和挡脚板中间设置；当防护栏杆高度大于1.2m时，应增设横杆，横杆间距不应大于600mm，防护栏杆立杆间距不应大于2m，挡脚板高度不应小于180mm。

（2）防护栏杆杆件规格和连接

1）当采用钢管作为防护栏杆杆件时，横杆及栏杆立杆应采用脚手钢管，并应采用扣件、焊接、定型套管等方式进行连接固定。

2）当采用其他材料作防护栏杆杆件时，应选用与钢管材质强度相当的材料，并应采用螺栓、销轴或焊接等方式进行连接固定。

3）栏杆柱的固定及其与横杆的连接，其整体构造应使防护栏杆在上杆任何处，能经受任何方向的1000N外力。当栏杆所处位置有发生人群拥挤、车辆冲击或物件碰撞等可能时，应加大横杆截面或加密柱距。

4）防护栏杆应张挂密目式安全立网或其他材料封闭。

2. 临边作业基本安全要求

对临边高处作业，必须设置防护措施，并符合下列规定：

（1）基坑周边尚未安装栏杆或栏板的阳台、料台与换平台周边，雨篷与挑檐边，无外脚手架的屋面与楼层周边及水箱与水塔周边等处，都必须设置防护栏杆。

（2）头层墙高度超过 3.2m 的二层楼面周边以及无外脚手架的高度超过 3.2m 的楼层周边，必须在外围架设安全平网一道。

（3）分层施工的楼梯口和梯段边必须安装临时护栏，顶层楼梯口应随工程结构进度安装正式的防护栏杆。

（4）施工用电梯和脚手架等与建筑通道的两侧边必须设防护栏杆，地面通道上部应装设安全防护棚。双笼井架通道中间应予以分隔封闭。

（5）各种垂直运输接料平台除两侧设防护栏杆外，平台口还应设置安全门或活动防护栏杆。

13.3.2　洞口作业的安全防护

施工现场，结构体上往往存在各式各样的孔和洞，在孔和洞边口旁的高处作业统称为洞口作业。孔与洞的区分，则以其大小来划分界限，水平方向与铅直方向也略有不同。如楼板、屋面、平台等水平方向的面上，短边尺寸小于 25cm 的，在墙体等铅直向即垂直于楼、地面的面上，高度小于 75cm 的均称为孔。在楼板、屋面、平台等水平向的面上，短边尺寸等于或大于 25cm 的，在墙等垂直的面上，高度等于或大于 75cm，宽度大于 45cm 的，均称为洞。此外，凡深度在 2m 及 2m 以上的洞口处的高处作业，亦称为洞口作业。除上述洞口外，常会有因特殊工程和工序需要而产生使人与物有坠落危险或危及人身安全的各种洞口，这些也都应该按洞口作业加以防护。建设工程中通常所称的“四口”是指在建工程的楼梯口、电梯口、预留洞口和通道口。

1. 洞口作业安全基本要求

进行洞口作业以及因工程和工序需要而产生的，使人与物有坠落危险或危及人身安全的其他洞口进行高处作业时，必须按下列规定设置防护设施：

（1）板和墙的洞口，必须设置牢固的盖板、防护栏杆、安全网或其他防坠落的防护设施。

（2）电梯井口必须设防护栏杆或固定栅门，电梯井内应每隔两层并最多隔 10m 设一道安全网。

（3）钢管桩、钻孔桩等桩孔上口，杯形、条形基础上口，未填土的坑槽以及人孔、天窗、地板门等处，均应安装洞口防护设置稳固的盖件。

（4）施工现场通道附近的各类洞口与坑槽等处除设置防护设施与安全标志外，夜间还应设红灯示警。

2. 施工洞口的防护

洞口根据具体情况采取设置防护栏杆、加盖件、张挂安全网与装栅门等措施时，必须符合下列要求：

（1）当竖向洞口短边边长小于 500mm 时，应采取封堵措施；当垂直洞口短边边长大于或等于 500mm 时，应在临空一侧设置高度不小于 1.2m 的防护栏杆，并应采用密目式安全立网或工具式栏板封闭，设置挡脚板。

（2）当非竖向洞口短边边长为25～500mm时，应采用承载力满足使用要求的盖板覆盖，盖板四周搁置应均衡，且应防止盖板移位。

（3）当非竖向洞口短边边长为500～1500mm时，应采用盖板覆盖或防护栏杆等措施，并应固定牢固。

（4）当非竖向洞口短边边长大于或等于1500mm时，应在洞口作业侧设置高度不小于1.2m的防护栏杆，洞口应采用安全平网封闭。

（5）垃圾井道和烟道，应随楼层的砌筑或安装而消除洞口或参照预留洞口作防护。管道井施工时除按上款办理外，还应加设明显的标志。如有临时性拆移，须经施工负责人核准，工作完毕后必须恢复防护设施。

（6）位于车辆行驶道旁的洞口、深沟与管道坑、槽，所加盖板应能承受不小于允许通行车辆额定后轮有效承载力2倍的荷载。

（7）电梯井口应设置防护门，高度不应小于1.5m，防护门底端距地面高度不应大于50mm，并应设置挡脚板。

（8）在电梯施工前，电梯井道内应每隔2层且不大于10m加设一道安全平网。电梯井内的施工层上部，应设置隔离防护设施。

（9）下边沿至楼板或底面低于80cm的窗台等竖向洞口，如侧边落差大于2m时，应加设1.2m高的临时护栏。

（10）对邻近的人与物有坠落危险性的其他竖向的孔、洞口，均应予以覆盖或加以防护，并予以固定。

13.3.3 攀登作业的安全防护

攀登作业是指借助登高用具或登高设施，在攀登条件下进行的高处作业。攀登作业必须遵循以下规定：

（1）在施工组织设计中应确定用于现场施工的登高和攀登设施。现场登高应借助建筑结构或脚手架上的登高设施，也可采用载人的垂直运输设备。进行攀登作业时可使用梯子或采用其他攀登设施。

（2）柱、梁和行车梁等构件吊装所需的直爬梯及其他登高用拉攀件，应在构件施工图或说明内作出规定。

（3）攀登的用具，结构构造上必须牢固可靠。供人上下的踏板其使用荷载不应大于1100N。当梯面上有特殊作业，重量超过上述荷载时，应按实际情况加以验算。

（4）移动式梯子，均应按现行的国家标准验收其质量。

（5）梯脚底部应坚实，不得垫高使用。梯子的上端应有固定措施。立梯工作角度75°±5°为宜，踏板上下间距以30cm为宜，不得有缺档。

（6）梯子如需接长使用，必须有可靠的连接措施，且接头不得超过1处。连接后梯梁的强度，不应低于单梯梯梁的强度。

（7）折梯使用时上部夹角以35°～45°为宜，铰链必须牢固，并应有可靠的拉撑措施。

（8）固定式直爬梯应用金属材料制成。梯宽不应大于50cm，支撑应采用不小于L70×6的角钢，埋设与焊接均必须牢固。梯子顶端的踏棍应与攀登的顶面齐平，并加设1.1～1.5m高的扶手。

使用直爬梯进行攀登作业时，攀登高度以 5m 为宜。超过 2m 时，宜加设护笼，超过 8m 时，必须设置梯间平台。

(9) 作业人员应从规定的通道上下，不得在阳台之间等非规定通道进行攀登，也不得任意利用吊车臂架等施工设备进行攀登。

上下梯子时，必须面向梯子，且不得手持器物。

(10) 钢柱安装登高时，应使用钢挂梯或设置在钢柱上的爬梯。

钢柱的接柱应使用梯子或操作台。操作台横杆高度。当无电焊防风要求时，其高度不宜小于 1m，有电焊防风要求时；其高度不宜小于 1.8m。

(11) 登高安装钢梁时，应视钢梁高度，在两端设置挂梯或搭设钢管脚手架。

梁面上需行走时，其一侧的临时护栏横杆可采用钢索，当改用扶手绳时，绳的自然下垂度不应大于 1/20，并应控制在 10cm 以内。

(12) 钢屋架的安装，应遵守下列规定：

1) 在层架上下弦登高操作时，对于三角形屋架应在屋脊处，梯形层架应在两端，设置攀登时上下的梯架。材料可选用毛竹或原木，踏步间距不应大于 40cm，毛竹梢径不应小于 70m。

2) 屋架吊装以前，应在上弦设置防护栏杆。

3) 屋架吊装以前，应预先在下弦挂设安全网；吊装完毕后，即将安全网铺设固定。

13.3.4 悬空作业的安全防护

悬空作业是指在多面临空状态下进行的高处作业。悬空作业处应有牢靠的立足处，并必须视具体情况，配置防护栏网、栏杆或其他安全设施。悬空作业所用的索具、脚手板、吊篮、吊笼、平台等设备，均需经过技术鉴定或检证方可使用。

1. 构件吊装和管道安装时的悬空作业

(1) 钢结构的吊装，构件应尽可能在地面组装，并应搭设进行临时固定、电焊、高强螺栓连接等工序的高空安全设施，随构件同时上吊就位。拆卸时的安全措施，亦应一并考虑和落实。高空吊装预应力钢筋混凝土屋架、桁架等大型构件前，也应搭设悬空作业中所需的安全设施。

(2) 悬空安装大模板、吊装第一块预制构件、吊装单独的大中型预制构件时，必须站在操作平台上操作。吊装中的大模板和预制构件以及石棉水泥板等屋面板上，严禁站人和行走。

(3) 安装管道时必须有已完结构或操作平台为立足点，严禁在安装中的管道上站立和行走。

2. 模板支撑和拆卸悬空作业

(1) 支模应按规定的作业程序进行，模板未固定前不得进行下一道工序。严禁在连接件和支撑件上攀登，并严禁在上下同一垂直面上装、拆模板。结构复杂的模板装、拆应严格按照施工组织设计的措施进行。

(2) 支设高度在 3m 以上的柱模板，四周应设斜撑并应设立操作平台。低于 3m 的可使用马凳操作。

(3) 支设悬挑形式的模板时应有稳固的立足点。支设临空构筑物模板时应搭设支架或脚手架。

拆模高处作业，应配置登高用具或搭设支架。

3. 钢筋绑扎悬空作业

（1）绑扎钢筋和安装钢筋骨架时，必须搭设脚手架和马道。

（2）绑扎圈梁、挑梁、挑檐、外墙和边柱等钢筋时，应搭设操作台架和张挂安全网。悬空大梁钢筋的绑扎，必须在满铺脚手板的支架或操作平台上操作。

（3）绑扎立柱和墙体钢筋时，不得站在钢筋骨架上或攀登骨架。3m 以内的柱钢筋可在地面或楼面上绑扎，整体竖立。绑扎 3m 以上的柱钢筋，必须搭设操作平台。

4. 混凝土浇筑悬空作业

（1）浇筑离地 2m 以上框架、过梁、雨篷和小平台时应设操作平台，不得直接站在模板或支撑件上操作。

（2）浇筑拱形结构应自两边拱脚对称的相向方向进行。浇筑储仓下口应先行封闭，并搭设脚手架以防人员坠落。

（3）特殊情况下如无可靠的安全设施，必须系好安全带并扣好保险钩或架设安全网。

5. 预应力张拉悬空作业

（1）进行预应力张拉时，应搭设站立操作人员和设置张拉设备用的牢固可靠的脚手架或操作平台。雨天张拉时，还应搭设防雨篷。

（2）预应力张拉区域应标示明显的安全标志，禁止非操作人员进入。张拉钢筋的两端必须设置挡板。挡板应距所张拉钢筋的端部 1.5～2m，且应高出最上一组张拉钢筋 0.5m。其宽度应距张拉钢筋两外侧各不小于 1m。

（3）孔道灌浆应按预应力张拉安全设施的有关规定进行。

6. 构件吊装和管道安装悬空作业

（1）钢结构的吊装，构件应尽可能在地面组装，并应搭设进行临时固定、电焊、高强螺栓连接等工序的高空安全设施，随构件同时上吊就位。拆卸时的安全措施，亦应一并考虑和落实。高空吊装预应力钢筋混凝土屋架、桁架等大型构件前，也应搭设悬空作业中所需的安全措施。

（2）悬空安装大模板、吊装第一块预制构件、吊装单独的大中型预制构件时，必须站在操作平台上进行操作。吊装中的大模板和预制构件以及石棉水泥板等屋面板上，严禁站人和行走。

（3）安装管道时必须以已完结构或操作平台为立足点，严禁在安装中的管道上站立和行走。

7. 门窗安装悬空作业

（1）安装门、窗，油漆及安装玻璃时，严禁操作人员站在樘子、阳台栏板上操作。门窗临时固定，封填材料未达到强度，以及电焊时，严禁手拉门、窗进行攀登。

（2）在高处外墙安装门、窗，无外脚手架时，应张挂安全网。无安全网时，操作人员应系好安全带，其保险钩应挂在操作人员上方的可靠物件上。

（3）进行各项窗口作业时，操作人员的重心应位于室内，不得在窗台上站立，必要时应系好安全带进行操作。

13.3.5　交叉作业的安全防护

1. 交叉施工的主要特点

交叉作业施工是一个技术复杂、隐患众多、事故多发的过程，具有以下特点：

（1）交叉作业的形式多样。

（2）位置固定，生产活动都是围绕着建筑物、构造物来进行的，这就形成了在有限的场地上集中了大量的工人、建筑材料、设备和施工机具进行作业，而且各种机械设备、施工人员多要随着施工的进行不停地流动，作业条件随之变换，不安全因素随时可能出现。

（3）点多、面广、施工流动性大，这给施工管理增加了困难。

（4）交叉作业处在高、大、深，露天高空作业多，施工周期长，施工人员在室外露天作业，工作条件差、危险因素多。

2. 交叉作业一般规定

（1）交叉作业时，下层作业位置应处于上层作业的坠落半径之外，安全防护棚和警戒隔离区范围的设置应视上层作业高度确定，并应大于坠落半径。

（2）交叉作业时，坠落半径内应设置安全防护棚或安全防护网等安全隔离措施。当尚未设置安全隔离措施时，应设置警戒隔离区，人员严禁进入隔离区。

（3）处于起重机臂架回转范围内的通道，应搭设安全防护棚。

（4）施工现场人员进出的通道口，应搭设安全防护棚。不得在安全防护棚棚顶堆放物料。

（5）当采用脚手架搭设安全防护棚架构时，应符合国家现行相关脚手架标准的规定；对不搭设脚手架和设置安全防护棚时的交叉作业，应设置安全防护网，当在多层、高层建筑外立面施工时，应在二层及每隔四层设一道固定的安全防护网，同时设一道随施工高度提升的安全防护网。

（6）遇到6级以上大风、雨雪天气、浓雾、能见度不良等情况时，严禁进行立体交叉作业。

3. 交叉作业安全措施

（1）当安全防护棚为非机动车辆通行时，棚底至地面高度不应小于3m；当安全防护棚为机动车辆通行时，棚底至地面高度不应小于4m。

（2）当建筑物高度大于24m并采用木质板搭设时，应搭设双层安全防护棚。两层防护的间距不应小于700mm，安全防护棚的高度不应小于4m。

（3）当安全防护棚的顶棚采用竹笆或胶合板搭设时，应采用双层搭设，间距不应小于700mm；当采用木质板或与其等强度的其他材料搭设时，可采用单层搭设，木板厚度不应小于50mm，防护棚的长度应根据建筑物高度与可能坠落半径确定。

（4）安全防护网搭设时，应每隔3m设一根支撑杆，支撑杆水平夹角不宜小于45°；当在楼层设支撑杆时，应预埋钢筋环或在结构内外侧各设一道横杆；安全防护网应外高里低，网与网之间应拼接严密。

高处作业安全检查见表13-7。

高处作业检查评分表 **表13-7**

序号	检查项目	扣分标准	应得分数	扣减分数	实得分数
1	安全帽	施工现场人员未佩戴安全帽，每人扣5分； 未按标准佩戴安全帽，每人扣2分； 安全帽质量不符合现行国家相关标准的要求，5分	10	0	10

续表

序号	检查项目	扣分标准	应得分数	扣减分数	实得分数
2	安全网	在建工程外脚手架架体外侧未采用密目式安全网封闭或网间连接不严，扣2～10分； 安全网质量不符合现行国家相关标准的要求，10分	10	0	10
3	安全带	高处作业人员未按规定系挂安全带，每人扣5分； 安全带系挂不符合要求，每人扣5分； 安全带质量不符合现行国家相关标准的要求，10分	10	0	10
4	临边防护	工作面边沿无临边防护，扣10分； 临边防护设施的构造、强度不符合规范要求，扣5分； 防护设施未形成定型化、工具式，扣3分	10	0	10
5	洞口防护	在建工程的孔、洞未采取防护措施，每处扣5分； 防护措施、设施不符合要求或不严密，每处扣3分； 防护设置未形成定型化、工具式，扣3分； 电梯井内未按每隔两层且不大于10m设置安全平网，扣5分	10	0	10
6	通道口防护	未搭设防护棚或防护不严、不牢固，扣5～10分； 防护棚两侧未进行封闭，扣4分； 防护棚宽度小于通道口宽度，扣4分； 防护棚长度不符合要求，扣4分； 建筑物高度超过24m防护棚顶未采用双层防护，扣4分； 防护棚的材质不符合规范要求，扣5分	10	0	10
7	攀登作业	移动式梯子的梯脚底部垫高使用，扣3分； 拆梯未使用可靠拉撑装置，扣5分； 梯子的材质或制作质量不符合规范要求，扣10分	10	0	10
8	悬空作业	悬空作业处未设置防护栏杆或其他可靠的安全设施，扣5～10分； 悬空作业所用的索具、吊具等未经验收，扣5分； 悬空作业人员未系挂安全带或佩戴工具袋，扣2～10分	10	0	10
9	移动式操作平台	操作平台未按规定进行设计计算，扣8分； 移动式操作平台，轮子与平台的连接不牢固可靠或立柱底端距离地面超过80mm，扣5分； 操作平台的组装不符合设计和规范要求，扣10分； 平台台面铺板不严，扣5分； 操作平台四周未按规定设置防护栏杆或未设置登高扶梯，扣10分； 操作平台的材质不符合规范要求，扣10分	10	0	10
10	悬挑式物料钢平台	未编制专项施工方案或未经设计计算，扣10分； 悬挑式钢平台的下部支撑系统或上部拉结点，未设置在建筑结构上，扣10分； 斜拉杆或钢丝绳未按要求在平台两侧各设置两道，扣10分； 钢平台未按要求设置固定的防护栏杆或挡脚板，扣3～10分； 钢平台台面铺板不严或钢平台与建筑结构之间铺板不严，扣5分； 未在平台明显处设置荷载限定标牌，扣5分	10	0	10
检查项目合计			100	0	100

注：1）扣减分值总和不得超过该检查项目的应得分值；
2）当按分项检查评分表评分时，保证项目中有一项未得分或保证项目小计得分不足40分，此分项检查评分表不应得分。

思 考 题

1. 高处作业分为多少级，且是如何划分的？
2. 特殊高处作业分为哪几类？
3. 安全帽出厂证明材料包括哪些？
4. 塑料安全帽、安全带、安全网检查与试验周期要求有哪些？
5. 搭设临边防护栏杆的要求有哪些？
6. 施工洞口防护的要求有哪些？
7. 如何做好交叉作业安全防护工作？
8. 如何做好攀登作业安全防护工作？
9. 举例说明如何做好悬空作业安全防护工作？

练 习 题

住宅项目建筑面积 23500m^2，地上 18 层，建筑高度 56.5m，地下 1 层，框架剪力墙结构。施工方案明确建筑采用外脚手架进行临边防护，在施工 16 层主体结构的过程中，发生以下事件：

事件一：16 层架子工在扳手搁置在钢管上，滑落后穿过一个直径为 350mm 的楼板洞口，砸在下面的操作工人头上，该工人未佩戴安全帽。

事件二：一个工人在施工通道口处被 16 层操作面上掉下的混凝土块击穿单层防护棚后打伤，经检查，通道口长度为 5m，外脚手架局部缺失。

请回答以下问题：

（1）事件一：发生该安全生产事故的原因是什么？如何处理？

（2）事件二：发生该安全生产事故的直接原因是什么？如何处理？

参 考 答 案

（1）事件一：

该安全生产事故发生的原因包括：

1）架子工操作不规范，扳手处于不稳定状态，导致滑落，安全意识淡薄。

2）楼板水平洞口未进行防护。

3）操作工人操作不规范，未佩戴安全帽，安全意识淡薄。

4）项目部管理不到位，对安全隐患未及时发现。

该安全生产事故的处理方法如下：

1）对于非竖向洞口短边边长为 25～500mm 时，应采用承载力满足使用要求的盖板覆盖，盖板四周搁置应均衡，且应防止盖板移位。

2）对当事人加强安全教育和培训，同时要求项目部加强安全隐患检查，及时消除安全隐患，避免事故的发生。

（2）事件二：

发生该安全生产事故的直接原因是：

1）外脚手架局部缺失，通道口长度不足 6m 的坠落半径（按照 30m 以上的坠落高度考虑）。

2）通道口设置单层防护棚，不符合要求。

该安全生产事故的处理方法如下：

1）外脚手架进行封闭，通道口加长，长度不小于 6m。

2）设置双层防护棚，距离不小于 700mm。

14 脚手架安全技术

脚手架是建筑施工中搭设的一种重要的临时设施。其主要用途是为建筑物空间作业时提供材料堆放和工人施工作业的场所，脚手架的各项性能（构造形式、拆装速度、安全可靠性、周转率、多功能性和经济合理性等）直接影响工程质量、施工安全和劳动生产率。脚手架分类如图 14-1 所示。

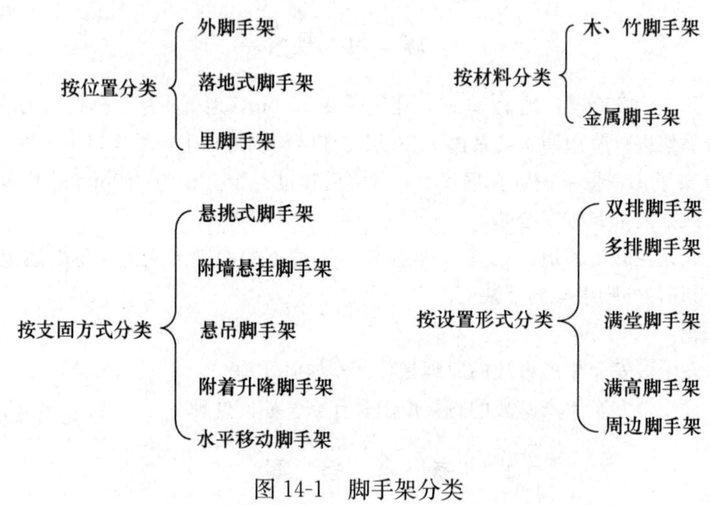

图 14-1　脚手架分类

14.1 外脚手架

外脚手架是指沿建筑外围所搭设的脚手架，可从楼地面或悬挑型钢搭设，用于外墙砌筑和外装饰施工，其主要形式有多立杆钢管脚手架（扣件式、碗扣式、轮盘式、插槽式、盘扣式等）、门式钢管脚手架、附着式钢管脚手架和悬挑脚手架等。

14.1.1 扣件式钢管脚手架

1. 扣件式脚手架的特点

构配件数量少；方便装卸，便于施工操作，搭设灵活，搭设高度大；坚固耐用，周转次数多；加工简单，一次投资费用低，比较经济，因此使用较为普遍。但也存在于钢管尺寸不足、扣件参数不满足要求等质量因素，有被逐步取代的趋势。

2. 扣件式脚手架的基本组成

扣件式脚手架由钢管、扣件、底座、脚手板和安全网等构件组成如图 14-2 所示。

(1) 钢管杆件

钢管杆件包括立杆、大横杆、小横杆、剪刀撑、抛撑等。

立杆：又称站杆，平行于建筑物立面并垂直于地面，是传递脚手架结构自重、施工荷

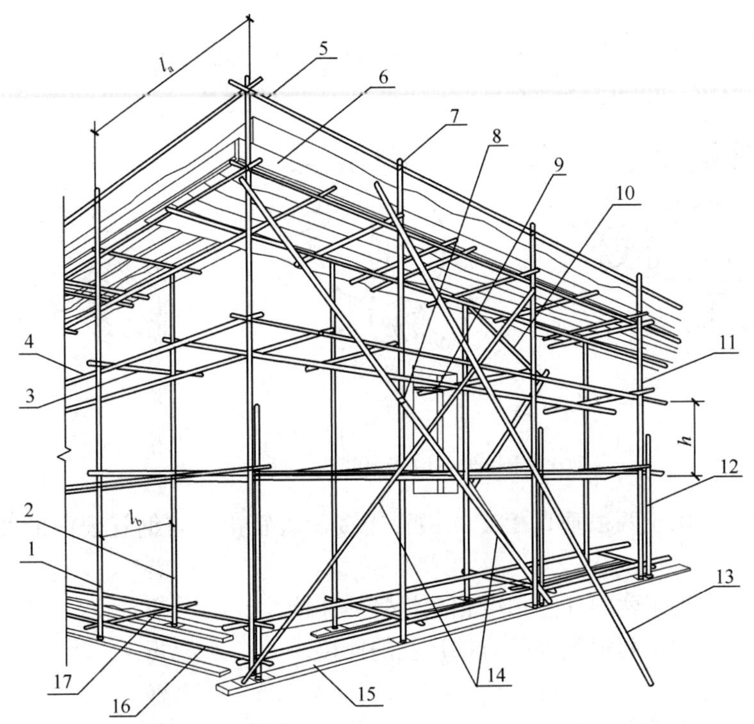

图 14-2 双排扣件式钢管脚手架各杆件位置

1—外立杆；2—内立杆；3—横向水平杆；4—纵向水平杆；5—栏杆；6—挡脚板；7—直角扣件；8—旋转扣件；9—连墙杆；10—横向斜撑；11—主立杆；12—副立杆；13—抛撑；14—剪刀撑；15—垫板；16—纵向扫地杆；17—横向扫地杆

载和风荷载的主要受力杆件。

大横杆：平行于建筑物并在纵向连接各立杆的通长直杆，是承受并传递施工荷载给立杆的主要受力杆件。

小横杆：垂直于建筑物并在横向连接内、外排立杆，也是承受并传递是承受并传递荷载给立杆的主要受力杆件。

剪刀撑：设置到脚手架外侧面并与墙面平行的十字交叉斜杆，增强脚手架的纵向刚度。

抛撑：又称压栏子，设置在脚手架周围横向撑住架子防止倾覆，抛撑间距一般不大于6倍的立杆间距，其与地面夹角为45°～60°，并在地面支点处铺设垫板。

横向水平杆：设在有连墙件的脚手架内、外排立杆间的步跨平面内的“之”字形水平斜杆，可增强脚手架的横向刚度。

纵向水平扫地杆：连接立杆下端，是距底座下皮200mm处的纵向水平杆，起约束立杆底端的纵向发生位移的作用。

钢管杆件一般采用外径48mm、壁厚3.6mm的焊接钢管或无缝钢管，也有外径50～51mm、壁厚3～4mm的焊接钢管或其他钢管。用于立杆、大横杆、剪刀撑和斜杆的钢管最大长度为4～6.5m，最大重量不宜超过250N，以便适合人工操作。用于小横杆的钢管长度宜在1.8～2.2m，以适用脚手架宽度需要。

（2）扣件

扣件是杆件之间的连接件，有可锻铸铁扣件和钢板轧制扣件两种，其基本形式有三种（图 14-3）。

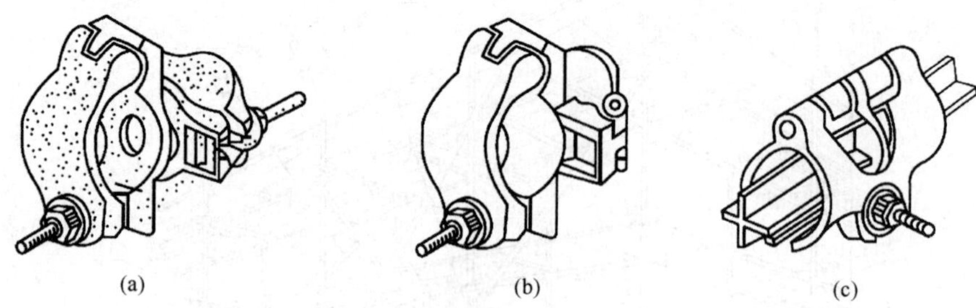

图 14-3　扣件形式

（a）直角扣件；（b）旋转扣件；（c）对接扣件

直角扣件——用于两根垂直相交的钢管连接，依靠扣件与钢管表面的摩擦力来传递荷载。

旋转扣件——用于两根任意角度相交钢管的连接。

对接扣件——用于两根钢管的对接接长的连接。

（3）底座

底座设置在立杆下端，用于承受并传递立杆荷载给地基的配件。底座一般采用厚 8mm、边长 150～200mm 的钢板作底板，上焊 150mm 高的钢管。底座形式有内插式和外套式。内插式的外径比立杆内径小 2mm，外套式的内径比立杆外径大 2mm，如图 14-4 所示。

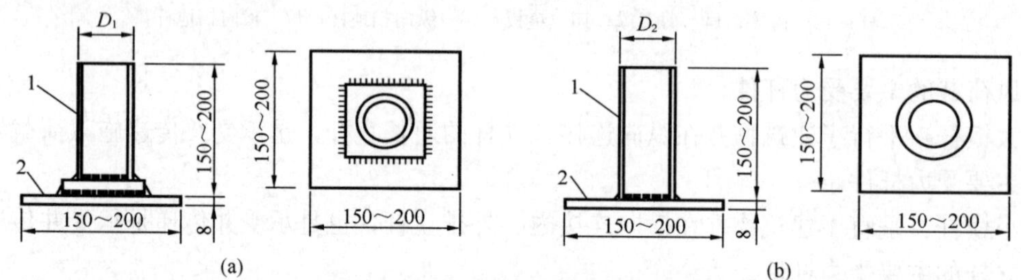

图 14-4　底座详图

（a）内插式底座；（b）外套式底座

1—承插钢管；2—钢板底座

（4）连墙杆

连墙杆是连接脚手架与建筑物，既承受并传递施工荷载，又防止脚手架横向失稳的受力杆件。可用钢管、型钢或粗钢筋等，其间距见表 14-1。

不同脚手架类型的间距　　**表 14-1**

脚手架类型	脚手架高度(m)	垂直间距(m)	水平间距(m)
双排	≤60	≤6	≤6
	>50	≤4	≤6
单排	≤24	≤6	≤6

连墙杆需从底部第一根纵向水平杆处设置，连墙件与结构的连接应牢固，常采用预埋件连接。高度在 24m 以上的脚手架，必须采用钢性连墙件，50m 以下的按三步三跨设置，50m 以上的按两步三跨设置，如图 14-5、图 14-6 所示。

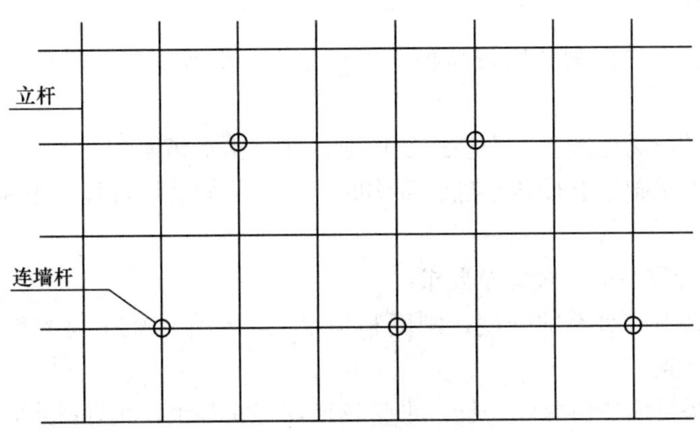

图 14-5 连墙杆立面布置示意图

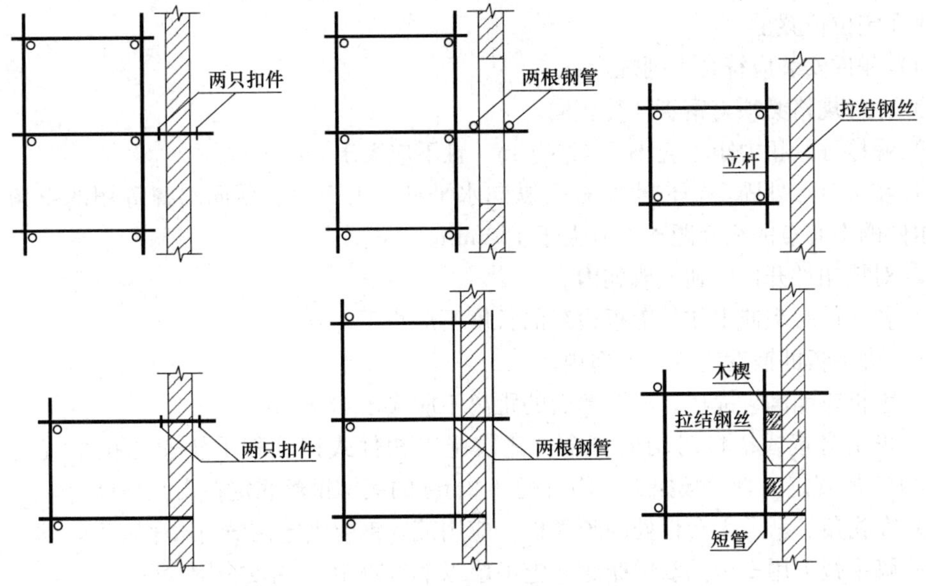

图 14-6 连墙杆做法示意图

（5）脚手板

脚手板根据材料不同可分为薄钢脚手板、木脚手板和竹脚手板等，是提供施工操作条件并承受和传递荷载给纵横水平杆的板件，当设于非操作层时起安全防护作用。

（6）安全网

安全网主要以化学纤维为主要材料，包括立网和平网两部分。保证施工安全和减少灰尘、噪声、光污染的措施。并与安全帽、安全带合称“工地三宝”。

3. 扣件式脚手架施工准备

(1) 单位工程负责人应按施工组织设计中有关脚手架的要求，向架设和使用人员进行技术交底。

(2) 应按本规范规定和施工组织设计的要求对钢管、扣件、脚手板等进行检查验收，不合格产品不得使用。

(3) 经检验合格的构配件应按品种、规格分类，堆放整齐、平稳，堆放场地不得有积水。

(4) 应清除搭设场地杂物，平整搭设场地，并使排水畅通。

(5) 当脚手架基础下有设备基础、管沟时，在脚手架使用过程中不应开挖，否则必须采取加固措施。

4. 扣件式钢管脚手架一般安全要求

(1) 脚手架必须有足够的强度、刚度和稳定性，在允许施工荷载作用下，确保不变形、不倾斜、不摇晃。

(2) 脚手架搭设前应清除障碍物，平整场地，夯实基土，做好排水，根据脚手架专项安全施工组织设计（施工方案）和安全技术措施交底的要求，基础验收合格后，放线定位。

(3) 垫板宜采用长度不少于 2 跨，厚度不小于 5cm 的木板，也可采用槽钢，底座应准确放在定位位置上。

(4) 扣件安装应符合下列规定：

1) 扣件规格必须与钢管外径相同。

2) 螺栓拧紧扭力矩不应小于 40N·m，且不应大于 65N·m。

3) 在主节点处固定横向水平杆、纵向水平杆、剪刀撑、横向斜撑等用的直角扣件、旋转扣件的中心点的相互距离不应大于 150mm。

4) 对接扣件开口应朝上或朝内。

5) 各杆件端头伸出扣件盖板边缘的长度不应小于 100mm。

(5) 脚手板的铺设应符合下列规定：

1) 手板应铺满、铺稳，离开墙面的距离不应大于 150mm。

2) 采用对接或搭接时均应符合《建筑施工扣件式钢管脚手架安全技术规范》JGJ 130—2011 的规定。脚手板探头应用直径 3.2mm 的镀锌钢丝固定在支承杆件上。

3) 在拐角、斜道平台口处的脚手板，应用镀锌钢丝固定在横向水平杆上，防止滑动。

4) 脚手板下用安全网双层兜底。施工层以下每隔 10m 用安全网封闭。

5) 脚手架必须配合施工进度搭设，一次搭设高度不应超过相邻连墙件两步以上。

6) 每搭完一步脚手架后，应按规定校正步距、纵距、横距及立杆的垂直度。

5. 扣件式钢管脚手架搭设安全要求

杆件搭设顺序：放置纵向水平扫地杆→逐根架设立杆（同时与扫地杆扣紧）→安装横向水平扫地杆（同时与立杆或纵向水平杆扫地杆扣紧）→安装第一步纵向水平杆（随即与各立杆扣紧）→安装第一步横向水平杆→安装第二步纵向水平杆→安装第二步横向水平杆→架设临时斜撑杆（上端与第二步纵向水平杆扣紧，再设置两道连墙杆后可拆除）→安装第三、四步纵横向水平杆→安装连墙杆、接长立杆，架设剪刀撑→铺设脚手板→挂安全网。

(1) 立杆搭设

1) 严禁将外径 48mm 和 51mm 的钢管混合使用。

2) 相邻立杆的对接扣件不得在同一高度内。

3) 开始搭设立杆时，应每隔 6 跨设置一根抛撑，直至连墙件安装稳定后，方可根据情况拆除。

4) 当搭至有连墙件的构造点时，在搭设完该处的立杆、纵向水平杆、横向水平杆后，应立即设置连墙件。

5) 立杆接长除顶层顶步外，其余各层各步接头必须采用对接扣件连接。

6) 立杆顶端宜高出女儿墙上皮 1m，高出檐口上皮 1.5m。

(2) 纵向水平杆搭设

1) 纵向水平杆宜设置在立杆内侧，其长度不宜小于 3 跨。

2) 纵向水平杆接长宜采用对接扣件连接，也可采用搭接。

3) 纵向水平杆的对接扣件应交错布置，两根相邻纵向水平杆的接头不宜设置在同步或同跨内。

4) 不同步或不同跨两个相邻接头在水平方向错开的距离不应小于 500mm。各接头中心至最近主节点的距离不宜大于纵距的 1/3。

5) 搭接长度不应小于 1m，应等间距设置 3 个旋转扣件固定，端部扣件盖板边缘至搭接纵向水平杆杆端的距离不应小于 100mm。

6) 当使用冲压钢脚手板、木脚手板、竹串片脚手板时，纵向水平杆应作为横向水平杆的支座，用直角扣件固定在立杆上。

7) 当使用竹色脚手板时，纵向水平杆应采用直角扣件固定在横向水平杆上，并应等间距设置，间距不应大于 400mm。

8) 在封闭型脚手架的同一步中，纵向水平杆应四周交圈设置，用直角扣件与内外角部立杆固定。

(3) 横向水平杆搭设

1) 主节点处必须设置一根横向水平杆，用直角扣件扣接，且严禁拆除。

2) 作业层土非主节点处的横向水平杆，宜根据支承脚手板的需要等间距设置，最大间距不应大于纵距的 1/2。

3) 当使用冲压钢脚手板、木脚手板、竹串片脚手板时，双排脚手架的横向水平杆两端均应采用直角扣件固定在纵向水平杆上。单排脚手架的横向水平杆的一端，应用直角扣件固定在纵向水平杆上，另一端应掺入墙内，掺入长度不应小于 180mm。

4) 使用竹笆脚手板时，双排脚手架的横向水平杆两端，应用直角扣件固定在立杆上。单排脚手架的横向水平杆的一端，应用直角扣件固定在立杆上，另一端应掺入墙内，掺入长度亦不应小于 180mm。

5) 双排脚手架横向水平杆的靠墙一端至墙装饰面的距离不宜大于 100mm。

6) 单排脚手架的横向水平杆不应设置在下列部位：

① 留脚手眼的部位。

② 过梁上与过梁两端成 60°角的三角形范围内及过梁净跨度 1/2 的高度范围内。

③ 宽度小于 1m 的窗间墙。

④ 梁或梁垫下及其两侧各 500mm 的范围内。

⑤ 砖砌体的门窗洞口两侧 200mm 和转角处 450mm 的范围内，其他砌体的门窗洞口两两 300mm 和转角处 600mm 的范围内。

⑥ 独立或附墙砖柱。

（4）门洞搭设

1）单、双排脚手架门洞宜采用上升斜杆、平行弦杆桁架结构形式，斜杆与地面的倾角，应在 45°～60°。

2）单排脚手架门洞外，应在平面桁架的每一节间设置一根斜腹杆。双排脚手架门洞处的空间桁架，除下弦平面外，应在其余 5 个平面内设置一根斜腹杆。

3）斜腹杆宜采用旋转扣件固定在与之相交的横向水平杆的伸出端上，旋转扣件中心线至主节点的距离不宜大于 150mm。

4）当斜腹杆在 1 跨内跨越 2 个步距时，宜在相交的纵向水平杆处，增设一根横向水平杆，将斜腹杆固定在其伸出端上。

5）斜腹杆宜采用通长杆件，当必须接长使用时，宜采用对接扣件连接，也可采用搭接。

6）单排脚手架过窗洞时，应增设立杆或一根纵向水平杆。

7）门洞桁架下的两侧立杆应为双管立杆，副立杆高度应高于门洞口 1～2 步。

8）门洞桁架中伸出上下弦杆的杆件端头，均应增设一个防滑扣件，该扣件宜紧靠主节点处的扣件。

（5）剪刀撑与横向斜撑搭设

1）双排脚手架应设剪刀撑与横向斜撑，单排脚手架应设剪刀撑。

2）每道剪刀撑跨越立杆的根数宜按表 14-2 的规定确定。

剪刀撑跨越立杆的最多根数　　**表 14-2**

剪刀撑斜杆与地面的倾角(α)	45°	50°	60°
剪刀撑跨越立杆的最多根数(n)	7	6	5

3）每道剪刀撑宽度不应小于 4 跨，且不应小于 6m，斜杆与地面的倾角宜在 45°～60°。

4）高度在 24m 以下的单、双排脚手架，均必须在外侧立面的两端各设置一道剪刀撑，并应由底至顶连续设置。

5）高度在 24m 以上的双排脚手架应在外侧立面整个长度和高度上连续设置剪刀撑。

6）剪刀撑斜杆的接长宜采用搭接。

7）剪刀撑斜杆应用旋转扣件固定在与之相交的横向水平杆的伸出端或立杆上，旋转扣件中心线至主节点的距离不宜大于 1500mm。

8）向斜撑的设置应符合下列规定：

① 横向斜撑应在同一节间，由底至顶呈之字形连续布置。

② 一字形、开口形双排脚手架两端均必须设置横向斜撑。

③ 高度在 24m 以下的封闭型双排脚手架可不设横向斜撑，高度在 24m 以上的封闭型脚手架，除拐角应设置横向斜撑外，中间应每隔 6 跨设置一道。

9）剪刀撑、横向斜撑搭设应随立杆、纵向和横向水平杆等同步搭设。

（6）斜道搭设

1）人行道并兼作材料运输的斜道的形式宜按下列要求确定。

① 高度不大于 6m 的脚手架，宜采用一字形斜道。

② 高度大于 6m 的脚手架，宜采用之字形斜道。

2）斜道宜附着外脚手架或建筑物设置。

3）斜道宽度不宜小于 1.5m，坡度宜采用 1∶6；人行斜道宽度不宜小于 1m，坡度宜采用 1∶3。

4）弯处应设置平台，其宽度不应小于斜道宽度。

5）道两侧及平台外围均应设置栏杆及挡脚板。栏杆高度应为 1.2m，挡脚板高度不应小于 180mm。

6）运料斜道两侧、平台外围和端部均应按规范规定设置连墙件。每两步应加设水平斜杆，并按规范规定设置剪刀撑和横向斜撑。

7）斜道脚手板构造应符合下列规定：

① 脚手板横铺时，应在横向水平杆下增设纵向支托杆，纵向支托杆间距不应大于 500mm。

② 脚手板顺铺时，接头宜采用搭接，下面的板头应压住上面的板头，板头的凸棱处宜采用三角木填顺。

③ 人行斜道和运料斜道的脚手板上应每隔 250～300mm 设置一根防滑木条，木条厚度宜为 20～30mm。

（7）栏杆和挡脚板搭设

1）栏杆和挡脚板均应搭设在外立杆的内侧。

2）上栏杆上皮高度应为 1.2m。

3）挡脚板高度不应小于 180mm。

4）中栏杆应居中设置。

（8）纵向、横向扫地杆搭设

1）脚手架必须设置纵、横向扫地杆。

2）纵向扫地杆应采用直角扣件固定在距底座上皮不大于 200mm 处的立杆上。

3）横向扫地杆亦应采用直角扣件固定在紧靠纵向扫地杆下方的立杆上。

4）当立杆基础不在同一高度上时，必须将高处的纵向扫地杆向低处延长两跨与立杆固定，高低差不应大于 1m。

5）靠边坡上方的立杆轴线到边坡的距离不应小于 500mm。

（9）连墙件搭设

1）宜靠近主节点设置，偏离主节点的距离不应大于 300mm。

2）应从底层第一步纵向水平杆处开始设置，当该处设置有困难时，应采用其他可靠措施固定。

3）宜优先采用菱形布置，也可采用方形、矩形布置。

4）一字形、开口形脚手架的两端必须设置连墙件，连墙件的垂直间距不应大于建筑物的层高，并不应大于 4m（两步）。

5）对高度在24m以下的单、双排脚手架，宜采用刚性连墙件与建筑物可靠连接，亦可采用拉筋和顶撑配合使用的附墙连接方式。严禁使用仅有拉筋的柔性连墙件。

6）高度24m以上的双排脚手架，必须采用刚性连墙件与建筑物可靠连接。

7）墙件中的连墙杆或拉筋宜呈水平设置，当不能水平设置时，与脚手架连接的一端应下斜连接，不应采用上斜连接。

8）脚手架下部暂不能设连墙件时，可搭设抛撑。抛撑应采用通长杆件与脚手架可靠连接。与地面的倾角应在45°～60°。连接点中心至主节点的距离不应大于300mm。抛撑应在连墙件拆除后，方可拆除。

9）脚手架施工操作层高出连墙件二步时，应采取临时稳定措施，直到上一层连墙件搭设完后，方可根据情况拆除。

6. 扣件式钢管脚手架拆除安全要求

（1）拆除脚手架前应全面检查脚手架的扣件连接、连墙件、支撑体系等是否符合要求。

（2）应根据检查结果，补充完善施工组织设计中的拆除顺序和措施，经主管部门批准后，方可实施拆除。

（3）拆除脚手架前应由单位工程负责人进行拆除安全技术交底。

（4）拆除脚手架前，应清除脚手架上杂物及地面障碍物。

（5）拆除作业必须由上而下逐层进行，严禁上下同时作业。

（6）连墙件必须随脚手架逐层拆除，严禁先将连墙件整层或数层拆除后，再拆脚手架。分段拆除高差不应大于两步，如高差大于两步，应增设连墙件加固。

（7）当脚手架拆至下部最后一根长立杆的高度（约6.5m）时，应先在适当位置搭设抛撑加固后，再拆除连墙件。

（8）当脚手架采取分段、分立面拆除时，对不拆除的脚手架两端，应先设置连墙件和横向斜撑加固。

（9）拆除的各构配件严禁抛掷至地面。

（10）运至地面的构配件应按规定及时检查、整修与保养，并按品种、规格，随时码堆存放。

14.1.2　碗扣式脚手架

1. 碗扣式脚手架的特点

碗式脚手架也是多立杆式外脚手架的一种，其独创了带齿碗扣接头，具有拼拆迅速且省力、结构稳定可靠、承载力大、配备完善、易于加工与运输、不易丢失扣件等特点。

2. 碗扣式脚手架的基本组成

碗扣式脚手架的主要构配件有立杆、顶杆、横杆、斜杆、底座和碗口接头等。其基本构造与搭设要求与扣件式钢管脚手架类似，不同之处在于碗口接头。

碗扣接头是该脚手架系统的核心部件，它是由上碗口、下碗口横杆接头和上碗口的限位销等组成。在一定长度的钢管立杆和顶杆上，每隔600mm焊下碗口及限位销。上碗口则对应套在立杆上并可沿立杆上下滑动。安装时将上碗口的缺口对准限位后，即可将上碗口抬起（沿立杆向上滑动），把横杆接头插入下碗口圆槽内，随后将上碗口沿限位销下滑并沿顺时针方向旋转以扣紧横杆接头，与立杆牢固地连接在一起，形成框架结构。每个碗口内可同时装 4 个横杆接头，位置任意，如图 14-7 所示。

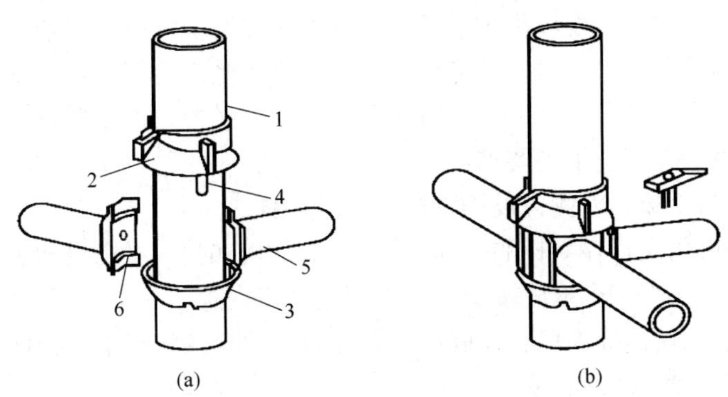

图 14-7 碗口接头
(a) 连接前；(b) 连接后
1—立杆；2—上碗口；3—下碗口；4—限位销；5—横杆；6—横杆接头

3. 碗口式脚手架施工准备

(1) 脚手架施工前必须制定施工设计或专项方案，保证其技术可靠和使用安全。经技术审查批准后方可实施。

(2) 脚手架搭设前工程技术负责人应按脚手架施工设计或专项方案的要求对搭设和使用人员进行技术交底。

(3) 对进入现场的脚手架构配件，使用前应对其质量进行复检。

(4) 构配件应按品种、规格分类放置在堆料区内或码放在专用架上，清点好数量备用。脚手架堆放场地排水应畅通，不得有积水。

(5) 连墙件如采用预埋方式，应提前与设计协商，并保证预埋件在混凝土浇筑前埋入。

(6) 脚手架搭设场地必须平整、坚实、排水措施得当。

4. 碗口式脚手架地基与基础处理安全要求

(1) 脚手架地基基础必须按施工设计进行施工，按地基承载力要求进行验收。

(2) 地基高低差较大时，可利用立杆 0.6m 节点位差调节。

(3) 土壤地基上的立杆必须采用可调底座。

(4) 脚手架基础经验收合格后，应按施工设计或专项方案的要求放线定位。

5. 碗口式脚手架搭设安全要求

搭设顺序：立杆底座→立杆→横杆→斜杆→接头紧锁→脚手板→上层立杆→立杆连接销→横杆。

(1) 底座和垫板应准确地放置在定位线上，垫板宜采用长度不少于 2 跨，厚度不小于 50mm 的木垫板。底座的轴心线应与地面垂直。

(2) 脚手架搭设应按立杆、横杆、斜杆、连墙件的顺序逐层搭设，每次上升高度不大于 3m，底层水平框架的纵向直线度应$\leqslant L/200$，横杆间水平度应$\leqslant L/400$。

(3) 脚手架的搭设应分阶段进行，第一阶段的撂底高度一般为 6m，搭设后必须经检查验收后方可正式投入使用。

（4）脚手架的搭设应与建筑物的施工同步上升，每次搭设高度必须高于即将施工楼层1.5m。

（5）脚手架全高的垂直度应小于$L/500$，最大允许偏差应小于100mm。

（6）脚手架内外侧加挑梁时，挑梁范围内只允许承受人行荷载，严禁堆放物料。

（7）连墙件必须随架子高度上升及时在规定位置处设置，严禁任意拆除。

（8）作业层设置应符合下列要求：

1）必须满铺脚手板，外侧应设挡脚板及护身栏杆。

2）护身栏杆可用横杆在立杆的0.6m和1.2m的碗扣接头处搭设两道。

3）作业层下的水平安全网应按安全技术规范规定设置。

（9）采用钢管扣件作加固件、连墙件、斜撑时应符合《建筑施工扣件式钢管脚手架安全技术规范》JGJ 130—2011的有关规定。

（10）脚手架搭设到顶时，应组织技术、安全、施工人员对整个架体结构进行全面地检查和验收，及时解决存在的结构缺陷。

6. 碗口式脚手架拆除安全要求

（1）应全面检查脚手架的连接、支撑体系等是否符合构造要求，经按技术管理程序批准后方可实施拆除作业。

（2）脚手架拆除前现场工程技术人员应对在岗操作工人进行有针对性的安全技术交底。

（3）脚手架拆除时必须划出安全区，设置警戒标志，派专人看管。

（4）拆除前应清理脚手架上的器具及多余的材料和杂物。

（5）拆除作业应从顶层开始，逐层向下进行，严禁上下层同时拆除。

（6）连墙件必须拆到该层时方可拆除，严禁提前拆除。

（7）拆除的构配件应成捆用起重设备吊运或人工传递到地面，严禁抛掷。

（8）脚手架采取分段、分立面拆除时，必须事先确定分界处的技术处理方案。

（9）拆除的构配件应分类堆放，以便于运输、维护和保管。

7. 检查与验收

（1）进入现场的碗扣架构配件应具备以下证明资料：

1）主要构配件应有产品标识及产品质量合格证。

2）供应商应配套提供管材、零件、铸件、冲压件等材质、产品性能检验报告。

（2）构配件进场质量检查的重点：钢管管壁厚度，焊接质量，外观质量，可调底座和可调托撑丝杆直径与螺母配合间隙及材质。

（3）脚手架搭设质量应按阶段进行检验。

1）首段以高度为6m进行第一阶段（撂底阶段）的检查与验收。

2）架体应随施工进度定期进行检查，达到设计高度后进行全面的检查与验收。

3）遇6级以上大风、大雨、大雪后特殊情况的检查。

4）停工超过一个月恢复使用前的检查。

（4）对整体脚手架应重点检查以下内容：

1）保证架体几何不变形的斜杆、连墙件、十字撑等设置是否完善。

2）基础是否有不均匀沉降，立杆底座与基础面的接触有无松动或悬空情况。

3）立杆上碗扣是否可靠锁紧。

4）立杆连接销是否安装、斜杆扣接点是否符合要求、扣件拧紧程度。

（5）搭设高度在20m以下（含20m）的脚手架，应由项目负责人组织技术、安全及监理人员进行验收；对于高度超过20m脚手架超高、超重、大跨度的模板支撑架，应由其上级安全生产主管部门负责人组织架体设计及监理等人员进行检查验收。

（6）脚手架验收时，应具备下列技术文件：

1）施工组织设计及变更文件。

2）高度超过20m的脚手架的专项施工设计方案。

3）周转使用的脚手架构配件使用前的复验合格记录。

4）搭设的施工记录和质量检查记录。

（7）高度大于8m的模板支撑架的检查与验收要求与脚手架相同。

8. 安全管理与维护

（1）作业层上的施工荷载应符合设计要求，不得超载，不得在脚手架上集中堆放模板、钢筋等物料。

（2）混凝土输送管、布料杆及塔架拉结缆风绳不得固定在脚手架上。

（3）大模板不得直接墩放在脚手架上。

（4）遇6级及以上大风、雨雪、大雾天气时应停止脚手架的搭设与拆除作业。

（5）脚手架使用期间，严禁擅自拆除架体结构杆件，如需拆除必须报请技术主管同意，确定补救措施后方可实施。

（6）严禁在脚手架基础及邻近处进行挖掘作业。

（7）脚手架应与架空输电线路保持安全距离。工地临时用电线路架设及脚手架接地防雷措施等应按《施工现场临时用电安全技术规范（附条文说明）》JGJ 46—2005的有关规定执行。

（8）使用后的脚手架构配件应清除表面黏结的灰渣，校正杆件变形，表面作防锈处理后待用。

14.1.3　承插型盘扣式钢管作业脚手架

承插型盘扣式钢管作业脚手架是支承于地面、建筑物上或附着于工程结构上，为建筑施工提供作业平台与安全防护的脚手架，简称作业架。

1. 作业架的特点

承插型盘扣式钢管作业脚手架是一种具有自锁功能的直插式新型钢管脚手架，具有省时省料、拼拆迅速、使用寿命长，结构简单、稳定可靠，通用性强，承载力大，安全高效，不易丢失，便于管理，易于运输等特点。

2. 作业架的基本组成

承插型盘扣式钢管作业脚手架的主要构件为立杆和横杆，盘扣节点应由焊接于立杆上的连接盘、水平杆杆端扣接头和斜杆杆端扣接头等组成，如图14-8所示。

作业架的构配件除有特殊要求外，其材质应符合《承插型盘扣式钢管支架构件》JG/T 503—2016，见表14-3。

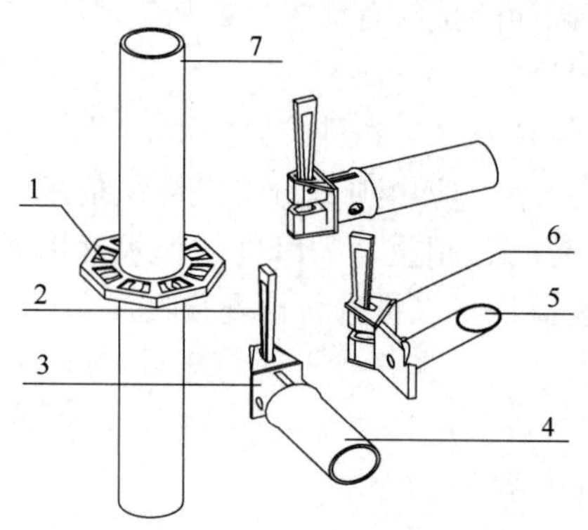

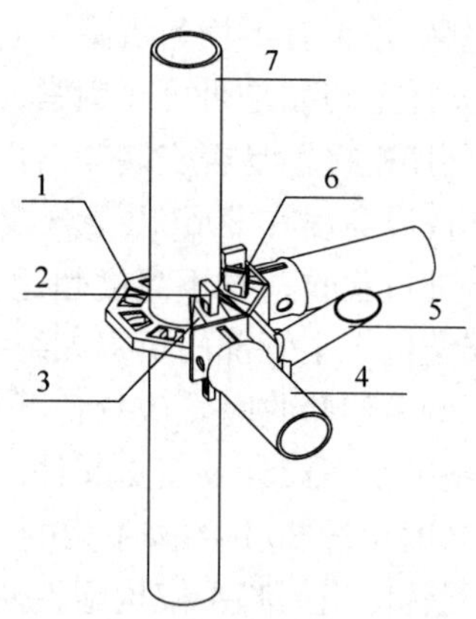

图 14-8　盘扣节点

1—连接盘；2—插销；3—水平杆杆端扣接头；4—水平杆；5—斜杆；6—斜杆杆端扣接头；7—立杆

承插型盘扣式钢管支架主要构配件材质　　**表 14-3**

构配件	材质	构配件	材质
立杆	Q345	套管	ZG230-450 或 Q235 或 Q345
水平杆	Q235	可调底座、可调托座	Q235
竖向斜杆	Q195	调节丝杆	Q235 或 20 号钢
水平斜杆	Q235	立杆连接盘	ZG230-450 或 Q235
扣接头	ZG230-450	插销	ZG230-450 或 45 号钢或 Q235

3. 承插型盘扣式脚手架施工准备

(1) 脚手架施工前必须制定专项施工方案，保证其技术可靠和使用安全。经技术审查批准后方可实施。

(2) 承插型盘扣式钢管脚手架施工前应结合工程具体情况选用钢管支架型号，并编制专项施工方案。

(3) 承插型盘扣式钢管支架搭设双排脚手架时，搭设高度可通过计算确定，可根据使用要求选择架体几何尺寸，相邻水平杆步距宜选用 2m，立杆纵距宜选用 1.5m 或 1.8m，且不宜大于 2.1m，立杆横距宜选用 0.9m 或 1.2m。

为了保证架体稳定，脚手架外侧纵向每 5 跨每层应设置一根斜杆，或扣件钢管剪刀撑，端跨横向每层应设置竖向斜杆。

(4) 脚手架施工前应根据施工对象情况、地基承载力、搭设高度，按规程的基本要求编制专项施工方案，并应经审核批准后方可实施。

(5) 搭设操作人员必须经过专业技术培训及专业考试合格，持证上岗。模板支架及脚手架搭设前工程技术负责人应按专项施工方案的要求对搭设作业人员进行技术和安全作业交底。

(6) 对进入施工现场的钢管支架及构配件应进行验收。使用前应对其外观进行检查，并应核验其检验报告以及出厂合格证，严禁使用不合格的产品。

(7) 经验收合格的构配件应按品种、规格分类码放，并标挂数量规格铭牌备用。构配件堆放场地排水应畅通，无积水。

(8) 当采用预埋方式设置脚手架连墙件时，应确保预埋件在混凝土浇筑前埋入。

4. 承插型盘扣式脚手架地基与基础处理安全要求

（1）脚手架搭设场地必须坚实、平整，排水措施得当。

（2）直接支承在土体上的脚手架，立杆底部应设置可调底座，土体应采取压实、铺设块石或浇筑混凝土垫层等加固措施防止不均匀沉陷，也可在立杆底部垫设垫板，垫板的长度不宜少于2跨。

（3）当地基高差较大时，可利用可调底座调整立杆．使相邻立杆上安装同一根水平杆的连接盘在同一水平面。

（4）脚手架地基基础验收合格方可使用。

5. 承插型盘扣式脚手架的构造要求

（1）作业架的高宽比宜控制在3以内；当作业架高宽比大于3时，应设置抛撑或缆风绳等抗倾覆措施。

（2）当搭设双排外作业架时或搭设高度24m及以上时，应根据使用要求选择架体几何尺寸，相邻水平杆步距不宜大于2m。

（3）双排外作业架首层立杆宜采用不同长度的立杆交错布置，立杆底部宜配置可调底座或垫板。

（4）当设置双排外作业架人行通道时，应在通道上部架设支撑横梁，横梁截面大小应按跨度以及承受的荷载计算确定，通道两侧作业架应加设斜杆；洞口顶部应铺设封闭的防护板，两侧应设置安全网；通行机动车的洞口，应设置安全警示和防撞设施。

（5）双排作业架的外侧立面上应设置竖向斜杆，并应符合下列规定：

1）在脚手架的转角处、开口型脚手架端部应由架体底部至顶部连续设置斜杆；

2）应每隔不大于4跨设置一道竖向或斜向连续斜杆；当架体搭设高度在24m以上时，应每隔不大于3跨设置一道竖向斜杆；

3）竖向斜杆应在双排作业架外侧相邻立杆间由底至顶连续设置（图14-9）。

（6）连墙件的设置应符合下列规定：

1）连墙件应采用可承受拉、压荷载的刚性杆件，并应与建筑主体结构和架体连接牢固；

2）连墙件应靠近水平杆的盘扣节点设置；

3）同一层连墙件宜在同一水平面，水平间距不应大于3跨；连墙件之上架体的悬臂高度不得超过2步；

4）在架体的转角处或开口型双排脚手架的端部应按楼层设置，且竖向间距不应大于4m；

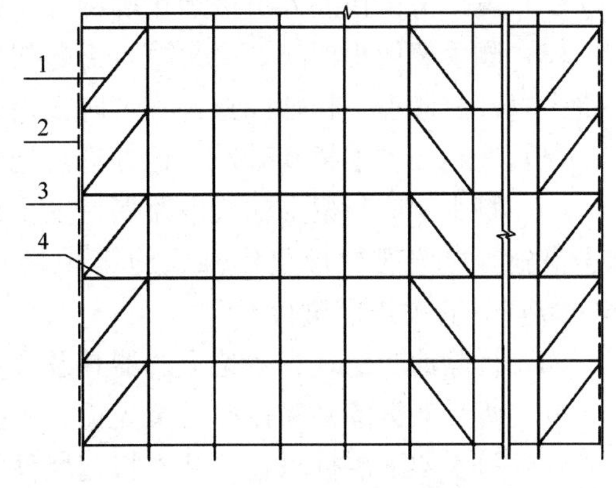

图14-9　斜杆搭设示意

1—斜杆；2—立杆；3—两端竖向斜杆；4—水平杆

5）连墙件宜从底层第一道水平杆处开始设置；

6）连墙件宜采用菱形布置，也可采用矩形布置；

7）连墙点应均匀分布；

8）当脚手架下部不能搭设连墙件时，宜外扩搭设多排脚于架并设置斜杆，形成外侧斜面状附加梯形架。

(7) 三脚架与立杆连接及接触的地方，应沿三脚架长度方向增设水平杆，相邻三脚架应连接牢固。

6. 承插型盘扣式脚手架检查与验收

(1) 对进入现场的钢管支架构配件的检查与验收应符合下列规定：

1) 应有钢管支架产品标识及产品质量合格证。

2) 应有钢管支架产品主要技术参数及产品使用说明书。

3) 应对进入现场的构配件的管径、构件壁厚等抽样核查，还应进行外观检查，外观质量应符合《建筑施工承插型盘扣式钢管脚手架安全技术标准》JGJ/T 231—2021 规定。

4) 必要时可对支架杆件进行质量抽检和试验。

(2) 对脚手架的检查与验收应重点检查以下内容：

1) 连墙件应设置完善。

2) 立杆基础不得有不均匀沉降，立杆可调底座与基础面的接触不应有松动或悬空现象。

3) 斜杆和剪刀撑设置应符合要求。

4) 外侧安全立网和内侧层间水平网应符合专项施工方案的要求。

5) 周转使用的支架构配件使用前复检合格记录。

6) 搭设的施工记录和质量检查记录应及时、齐全。

(3) 双排外脚手架验收后应形成记录，记录表应符合《建筑施工承插型盘扣式钢管脚手架安全技术标准》JGJ/T 231—2021 的要求。

7. 承插型盘扣式脚手架安全管理与维护

(1) 脚手架搭设和拆除的人员应参加建设行政主管部门组织的建筑施工特种作业培训且考核合格，取得上岗资格证。

(2) 支架搭设作业人员必须正确戴安全帽、系安全带、穿防滑鞋。

(3) 脚手架使用期间，严禁擅自拆除架体结构杆件，如需拆除必须报请工程项目技术负责人以及总监理工程师同意，确定防控措施后方可实施。

(4) 严禁在脚手架基础及邻近处进行挖掘作业。

(5) 脚手架应与架空输线电路保持安全距离，工地临时用电线路架设及脚手架接地防雷击措施等应按现行行业标准《施工现场临时用电安全技术规范（附条文说明）》JGJ 46—2005 的有关规定执行。

(6) 拆除前应清理脚手架上的器具及多余的材料和杂物。

(7) 脚手架拆除必须按照后装先拆、先装后拆的原则进行，严禁上下同时作业。连墙件必须随脚手架逐层拆除，严禁先将连墙件整层或数层拆除后再拆脚手架，分段拆除高度差不应大于两步距，如高度差大于两步距，必须增设连墙件加固。

(8) 拆除的脚手架构件应安全地传递至地面，严禁抛掷。

14.1.4 门式脚手架

1. 门式脚手架的特点

门式脚手架也称框组式钢管脚手架，是普遍使用的脚手架之一。其主要特点是结构合理、尺寸标准、承载力高、装拆容易、安全可靠，特别适用于搭设使用周期短或频繁周转的脚手架。既可作为外脚手架，也可作为内脚手架或满堂脚手架。其广泛应有于建筑、桥梁、隧道、地铁等工程施工。

2. 门式脚手架的基本组成

门式脚手架由门式框架、剪刀撑和水平力梁或脚手板构成基本单元如图 14-9 所示，在水平方向，用加固杆和水平梁架使相邻单元连成整体，加上斜梯、栏杆柱和横杆组成上下不通的外脚手架，即构成整片式脚手架（图 14-10）。

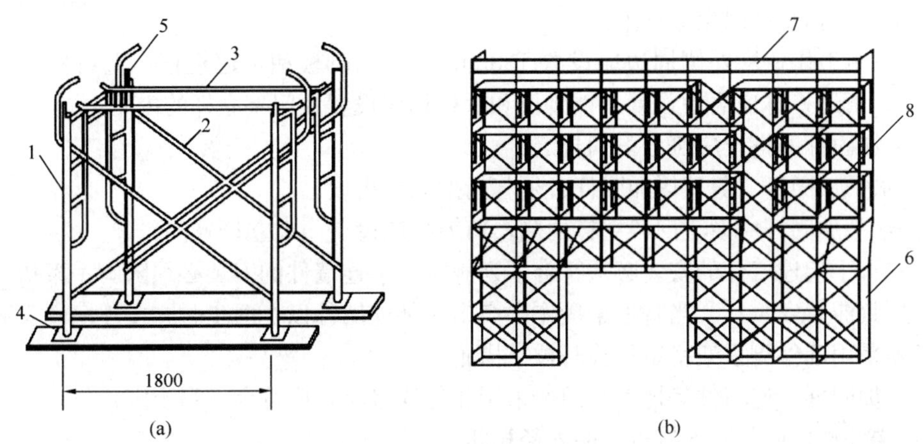

图 14-10 门式钢管脚手架

（a）基本单元；（b）门式外脚手架

1—门式框架；2—剪刀撑；3—水平梁架；4—螺旋基脚；5—连接器；6—梯子；7—栏杆；8—脚手板

3. 门式脚手架施工准备

（1）脚手架搭设前，工程技术负责人应按本规程和施工组织设计要求向搭设和使用人员做技术和安全作业要求的交底。

（2）对门架、配件、加固件应按《建筑施工门式钢管脚手架安全技术标准》JGJ/T 128—2019 相关要求进行检查、验收。严禁使用不合格的门架、配件。

（3）对脚手架的搭设场地应进行清理、平整，并做好排水。

4. 门式脚手架地基与基础安全要求

（1）门式脚手架与模板支架的地基与基础施工，应符合《建筑施工门式钢管脚手架安全技术标准》JGJ/T 128—2019 的规定和专项施工方案的要求。

（2）在搭设前，应先在基础上标出门架立杆位置线，垫板、底座安放位置应准确，标高应一致。

5. 门式钢管脚手架的搭设安全要求

搭设顺序：铺设垫木→拉线、放底座→自一端起立门架并随即装剪刀撑→装水平梁架→装梯子→（需要时，装设通常的纵向水平杆）→装设连墙杆→照上叙述步骤，逐层向上安装→装加强整体刚度的长剪刀撑→装设顶部栏杆。

（1）门式脚手架与模板支架搭设程序应符合下列规定：

1）门式脚手架的搭设应与施工进度同步，一次搭设高度不宜超过最上层连墙件两步，且自由高度不应大于 4m。

2）门架的组装应自一端向另一端延伸，应自下而上按步架设，并应逐层改变搭设方向；不应自两端相向搭设或自中间向两端搭设。

3）每搭设完两步门架后，应校验门架的水平度及立杆的垂直度。

(2) 搭设门架及配件应符合要求，并应符合下列要求：

1）交叉支撑、脚手板应与门架同时安装。

2）连接门架的锁臂、挂钩必须处于锁住状态。

3）钢梯的设置应符合专项施工方案组装布置图的要求，底层钢梯底部应加设钢管，并应采用扣件扣紧在门架立杆上。

4）在施工作业层外侧周边应设置180mm高的挡脚板和两道栏杆，上道栏杆高度应为1.2m，下道栏杆应居中设置。挡脚板和栏杆均应设置在门架立杆的内侧。

(3) 加固杆的搭设应符合下列规定：

1）水平加固杆、剪刀撑加固杆必须与门架同步搭设。

2）水平加固杆应设于门架立杆内侧，剪刀撑应设于门架立杆外侧。

门式脚手架连墙件的安装必须符合下列规定：①连墙件的安装必须随脚手架搭设同步进行，严禁滞后安装；②当脚手架操作层高出相邻连墙件以上两步时，在连墙件安装完毕前，必须采用确保脚手架稳定的临时拉结措施。

(4) 加固杆、连墙件等杆件与门架采用扣件连接时，应符合下列规定：

1）扣件规格应与所连接钢管的外径相匹配。

2）扣件螺栓拧紧扭力矩值应为40～65N·m。

3）杆件端头伸出扣件盖板边缘长度不应小于100mm。

(5) 门式脚手架通道口的搭设应符合《建筑施工门式钢管脚手架安全技术标准》JGJ/T 128—2019的要求，斜撑杆、托架梁及通道口两侧的门架立杆加强杆件应与门架同步搭设，严禁滞后安装。

6. 门式钢管脚手架的拆除安全要求

(1) 拆除作业必须符合下列规定：

1）架体的拆除应从上而下逐层进行，严禁上下同时作业。

2）同一层的构配件和加固件必须按先上后下、先外后内的顺序进行拆除。

3）连墙件必须随脚手架逐层拆除，严禁先将连墙件整层或数层拆除后再拆架体。拆除作业过程中，当架体的自由高度大于两步时，必须加设临时拉结。

4）连接门架的剪刀撑等加固杆件必须在拆卸该门架时拆除。

(2) 拆卸连接部件时，应先将止退装置旋转至开启位置，然后拆除，不得硬拉，严禁敲击。拆除作业中，严禁使用手锤等硬物击打、撬别。

(3) 当门式脚手架需分段拆除时，架体不拆除部分的两端应采取加固措施后再拆除。

(4) 门架与配件应采用机械或人工运至地面，严禁抛投。

(5) 拆卸的门架与配件、加固杆等不得集中堆放在未拆架体上，并应及时检查、整修与保养，并宜按品种、规格分别存放。

14.1.5 悬挑脚手架

1. 悬挑脚手架的特点

悬挑式脚手架是一种不落地式的脚手架。其特点是脚手架自重及其施工荷载，全部传递至由建筑物承受，因而搭设不受高度的限制。

2. 悬挑脚手架的适用范围

（1）±0.000 以下结构工程回填土不能及时回填，脚手架没有搭设的基础，而主体结构工程又必须立即进行，否则将影响工期。

（2）高层建筑主体结构四周为裙房，脚手架不能直接支撑在地面上。

（3）超高层建筑施工，脚手架搭设高度超过了架子的容许搭设高度，因此将整体脚手架按容许搭设高度分成若干段，每段脚手架支持在由建筑结构向外悬挑的结构上。

3. 悬挑脚手架的基本组成及结构

悬挑式脚手架一般由型钢支承架、扣件式钢管脚手架及连墙件等组合而成。悬挑脚手架的关键结构是悬挑支持结构，其必须有足够的强度、刚度和稳定性。按支持结构形式大致分以下三类：

（1）纯悬挑梁式结构

纯悬挑梁式结构用型钢作梁直接挑出，构造简单、搭设方便，悬挑型钢梁仅受竖向作用力，不必考虑其水平方向约束，但是型钢较长、用钢量大、成本高，如图 14-11 所示。

一次悬挑脚手架高度不宜超过 20m，型钢悬挑梁宜采用双轴对称截面的型钢。悬挑钢梁型号及锚固件应按设计确定，钢梁截面高度不应小于 160mm。悬挑梁尾端应在两处及以上固定于钢筋混凝土梁板结构上。锚固型钢悬挑梁的 U 形钢筋拉环或锚固螺栓径不宜小于 16mm（图 14-12）。

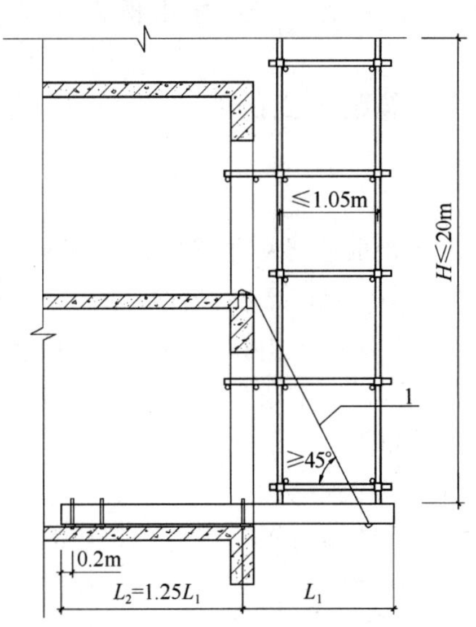

图 14-11　悬挑梁式脚手架剖面图

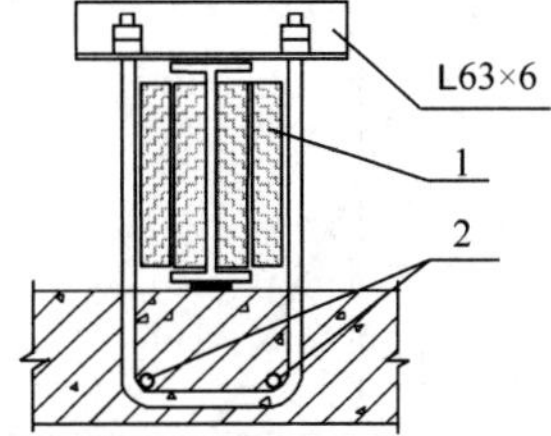

图 14-12　悬挑钢梁 U 形螺栓固定构造

1—木楔侧向楔紧；2—两根 1.5m 长直径 18mmHRB335 钢筋

用于锚固的 U 形钢筋拉环或螺栓应采用冷弯成型。U 形钢筋拉环、锚固螺栓与型钢间隙应用钢楔或硬木楔楔紧。每个型钢悬挑梁外端宜设置钢丝绳或钢拉杆与上一层建筑结构斜拉结。

钢丝绳、钢拉杆不参与悬挑钢梁受力计算；钢丝绳与建筑结构拉结的吊环应使用 HPB235 级钢筋，其直径不宜小于 20mm，吊环预埋锚固长度应符合规范要求。

悬挑钢梁悬挑长度应按设计确定，固定段长度不应小于悬挑段长度的 1.25 倍。型钢悬挑梁固定端应采用2个（对）及以上U形钢筋拉环或锚固螺栓与建筑结构梁板固定，U形钢筋拉环或锚固螺栓应预埋至混凝土梁、板底层钢筋位置，并应与混凝土梁、板底层钢筋焊接或绑扎牢固（图14-12～图14-14）。

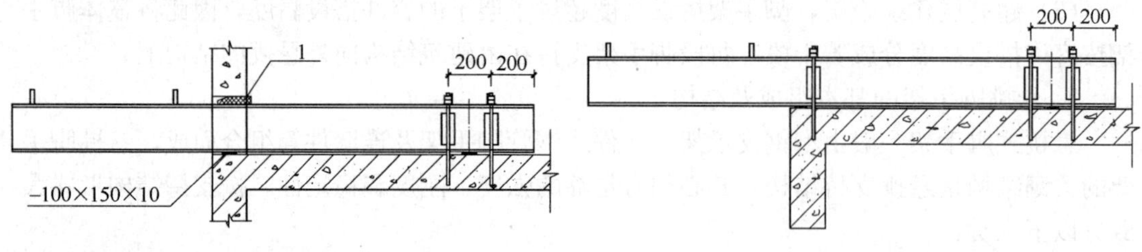

图14-13　悬挑钢梁U形螺栓固定构造
1—木楔楔紧

图14-14　悬挑钢梁穿墙构造

当型钢悬挑梁与建筑结构采用螺栓钢压板连接固定时，钢压板尺寸不应小于100mm×10mm（宽×厚）；当采用螺栓角钢压板连接时，角钢的规格不应小于63mm×63mm×6mm。

型钢悬挑梁悬挑端应设置能使脚手架立杆与钢梁可靠固定的定位点，定位点离悬挑梁端部不应小于100mm。

锚固位置设置在楼板上时，楼板的厚度不宜小于120mm。如果楼板的厚度小于120mm应采取加固措施。

悬挑梁间距应按悬挑架架体立杆纵距设置，每一纵距设置一根，悬挑架的外立面剪刀撑应自下而上连续设置。

（2）斜拉式结构

斜拉式结构用型钢作挑梁，端头加钢丝绳（或用钢筋花篮形螺栓拉杆）斜拉，组成悬挑支持结构。悬出端支撑杆件是斜拉钢丝绳受拉绳索，其承载力由拉索的承载力控制，故断面较小，钢材用钢量少且自重轻，但拉索锚固要求高，如图14-15所示。

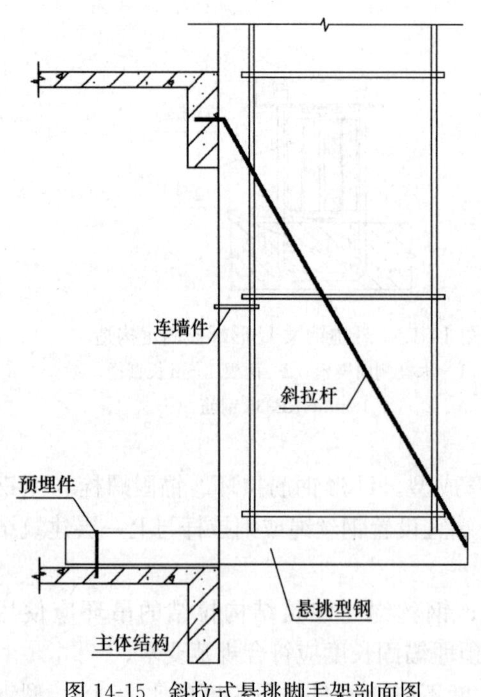

图14-15　斜拉式悬挑脚手架剖面图

（3）下撑式结构

下撑式结构通常采用型钢焊接的三角桁架作为悬挑支撑结构，其悬出端支撑杆件式斜撑受压杆件，承载力由压杆稳定性控制，故断面较大，钢材用量多且自重大，如图14-16所示。

悬挑脚手架通过型钢悬挑构件附着在建筑物主体结构上，型钢悬挑构件与主体结构之间常见的连接方法有螺栓连接法、预埋锚筋法、预埋铁件法等，一般常采用预埋锚筋法，如图14-17所示。

4. 悬挑脚手架施工准备

（1）悬挑式脚手架在搭设之前，应制定专项施工方案和安全技术措施，并绘制施工图指

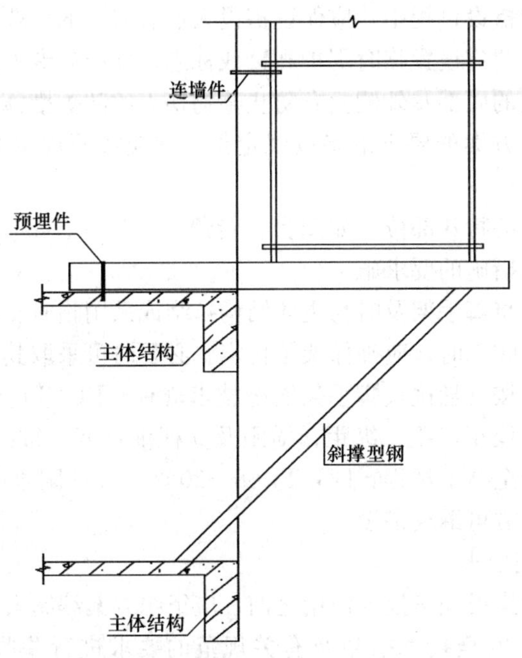

图 14-16 下撑式悬挑脚手架剖面图

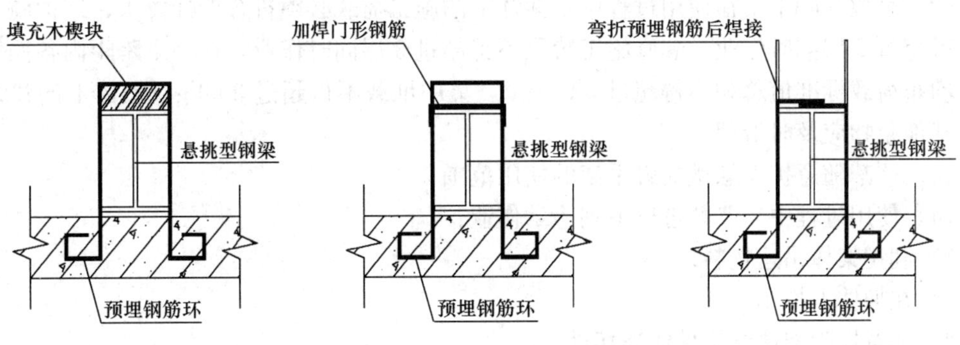

图 14-17 悬挑脚手架锚固剖面

导施工。施工图应包括平面图、立面图、剖面图、主要节点图及其他必要的构造图。

（2）悬挑式脚手架专项施工方案和安全技术措施必须经企业技术负责人审核批准后方可组织实施。

（3）预埋件等隐蔽工程的设置应按设计要求执行，保证质量。隐蔽工程验收手续应齐全。

（4）脚手架搭设人员必须持证上岗，并定期参加体检；搭拆作业时必须戴安全帽、系安全带、穿防滑鞋。

（5）悬挑式脚手架搭设时，连墙件、型钢支承架对应的主体结构混凝土必须达到设计计算要求的强度，上部的脚手架搭设时型钢支承架对应的混凝土强度等级不得小于 C15。

5. 悬挑脚手架安装要求

（1）悬挑式脚手架搭设之前，方案编制人员和专职安全员必须按专项施工方案和安全技术措施的要求对参加搭设人员进行安全技术书面交底，并履行签字手续。

（2）悬挑式脚手架搭设过程中，应保证搭设人员有安全的作业位置，安全设施及措施应齐全，对应的地面位置应设置临时围护和警戒标志，并应有专人监护。

（3）悬挑式脚手架的底部及外侧应有防止坠物伤人的防护措施。

（4）应按专项施工方案的要求准确放线定位，并应按照规定的尺寸构造和顺序进行搭设。

（5）悬挑式脚手架的特殊部位（如阳台、转角、采光井、架体开口处等），必须按专项施工方案和安全技术措施的要求施工。

（6）搭设过程中应将脚手架及时与主体结构拉结或采用临时支撑，以确保安全。对没有完成的外架，在每日收工时，应确保架子稳定，必要时可采取其他可靠措施固定。

（7）搭设过程中应按《悬挑式脚手架安全技术规程》DG/TJ 08—2002—2006 附录 A 中 7～10 项的要求及时校正步距、纵距、横距及立杆垂直度。每搭设完 10～12m 高度后应按《悬挑式脚手架安全技术规程》DG/TJ 08—2002—2006 附录中 4～17 项的要求进行安全检查，检查合格后方可继续搭设。

6. 悬挑脚手架使用要求

（1）悬挑式脚手架搭设完毕投入使用之前，应组织方案编制人员和专职安全员等有关人员按专项施工方案、安全技术措施及有关规范的要求进行验收，验收合格方可投入使用。

（2）悬挑式脚手架在使用过程中，架体上的施工荷载必须符合设计要求，结构施工阶段不得超过 2 层同时作业，装修施工阶段不得超过 3 层同时作业，在一个跨距内各操作层施工均布荷载标准值总和不得超过 $6kN/m^2$，集中堆载不得超过 300kg。架体上的建筑垃圾及其他杂物应及时清理。

（3）严禁随意扩大悬挑式脚手架的使用范围。

（4）使用过程中，严禁进行下列违章作业：

1）利用架体吊运物料。

2）在架体上推车。

3）任意拆除架体结构件或连接件。

4）任意拆除或移动架体上的安全防护设施。

5）其他影响悬挑式脚手架使用安全的违章作业。

（5）在脚手架上进行电、气焊作业时，必须有防火措施和安全监护。

（6）6 级（含 6 级）以上大风及雷雨、雾、大雪等天气时严禁继续在脚手架上作业。雨、雪后上架作业前应清除积水、积雪，并应有防滑措施。夜间施工应制订专项施工方案，提供足够的照明及采取必要的安全措施。

（7）悬挑式脚手架在使用过程中，应定期（1 个月不少于 1 次）进行安全检查，不合格部位应立即整改。

（8）悬挑式脚手架停用时间超过 1 个月或遇 6 级（含 6 级）以上大风或大雨（雪）后，应进行安全检查，检查合格后方可继续使用。

7. 悬挑脚手架拆卸要求

（1）拆卸作业前，方案编制人员和专职安全员必须按专项施工方案和安全技术措施的要求对参加拆卸人员进行安全技术书面交底，并履行签字手续。

(2) 拆除脚手架前应全面检查脚手架的扣件、连墙件、支撑体系等是否符合构造要求，同时应清除脚手架上的杂物及影响拆卸作业的障碍物。

(3) 拆卸作业时，应设置警戒区，严禁无关人员进入施工现场。施工现场应设置负责统一指挥的人员和专职监护的人员。作业人员应严格执行施工方案及有关安全技术规定。

(4) 拆卸时应有可靠的防止人员与物料坠落的措施。拆除杆件及构配件均应逐层向下传递，严禁抛掷物料。

(5) 拆除作业必须由上而下逐层拆除，严禁上下同时作业。

(6) 拆除脚手架时连墙件必须随脚手架逐层拆除，严禁先将连墙件整层或数层拆除后再拆脚手架。

(7) 当脚手架采取分段、分立面拆除时，事先应确定技术方案，对不拆除的脚手架两端，事先必须采取必要的加固措施。

8. 悬挑式脚手架的检验

(1) 悬挑式脚手架在安装前应查对隐蔽工程验收记录，符合要求方可进行安装；安装完毕投入使用前应组织有关人员验收。

(2) 验收合格后方可投入使用。

(3) 使用过程中应加强动态管理。

(4) 卸前应对悬挑式脚手架进行检查。

14.1.6 附着式升降脚手架

1. 附着式升降脚手架的特点

附着式升降脚手架也称爬架，由于它具有成本低、使用方便、适用性强等特点，建筑物高度越高，其经济效益越显著，因而近年来在高层和超高层建筑施工中的应用发展迅速。

2. 附着式升降脚手架的基本组成及分类

附着式升降脚手架一般由架体结构、提升设备、附着支撑结构和防倾、防坠装置等组成。按爬升方式可分为互爬式、套管式、悬挑式、导轨式、导座式等；按组架方式可分为单片式、多片式、整体式；按提升设备可分为手拉葫芦式、环链电动葫芦式、升板机式、卷扬机式、液压式。其中悬挑式附着脚手架是目前应用较广的一种附着升降脚手架，由脚手架、爬升机构和提升系统三部分组成，其基本构造如图 14-18 所示。脚手架可用扣件式钢管脚手架或碗扣式钢管脚手架搭设而成；爬升机构包括承力托盘、提升挑梁、导向轮及防倾覆防坠落安装装置等部件；提升系统一般使用环链式电动葫芦和控制柜。

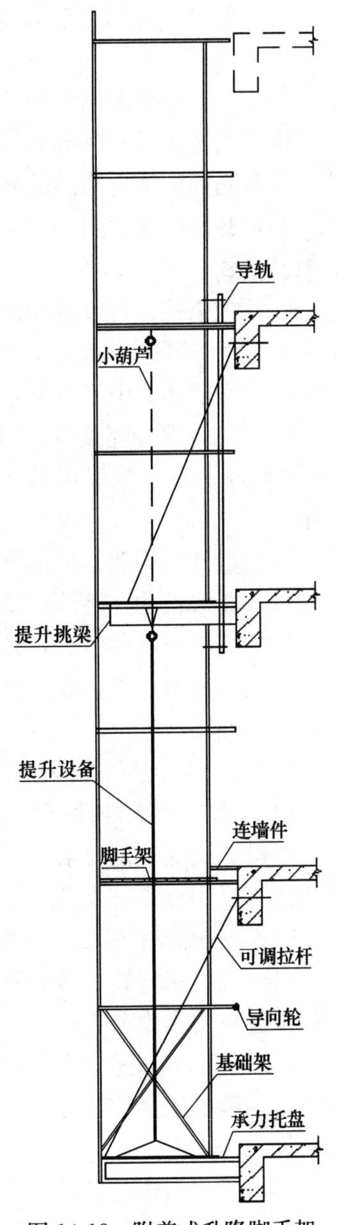

图 14-18 附着式升降脚手架

3. 附着式脚手架施工准备

(1) 由项目技术负责人对附着式升降脚手架的操作人

员进行安全技术交底，明确分工，责任落实到位，并记录和签字。

(2) 按分工清除架体上的活荷载，杂物与建筑物的链接物、障碍物，安装升降装置，接通电源，预警电动葫芦，准备操作工具，专用扳手、撬棍等。

(3) 附着升降脚手架安装前，必须认真组织学习专项安全组织设计（施工方案）和安全技术措施交底，研究安装方法，明确岗位责任。控制中心必须设专人负责操作，严禁未经同意人员操作。

4. 附着式脚手架安装要求

(1) 组装附着升降脚手架的水平梁及竖向主框架，在两相邻附着支撑结构处的高差应不大于20mm，竖向主框架和防倾导向装置的垂直偏差应不大于0.05％或60mm。

(2) 附着升降脚手架组装完毕，必须经技术负责人组织进行检查验收，合格后签字，方准投入使用。

(3) 升降操作必须严格遵守升降作业程序。严禁任何人（含操作人员）停留在架体上，特殊情况必须经领导批准，采取安全措施后，方可实施。严格控制并确保架子的荷载。所有妨碍架体升降的障碍物必须拆除。

(4) 升降脚手架过程中，架体下方严禁有人进入，设置安全警戒区，并派人负责监护。

(5) 严格按设计规定控制各提升点的同步性，相邻提升点间的高差不得大于30mm，整体架最大升降差不得大于80mm。升降过程中必须实行统一指挥，规范指令，只允许由总指挥一人下达。但当有异常情况出现时，任何人均可立即发出停止指令。

(6) 架体螺栓连接件、升降动力设备、防倾装置、防坠装置、电控设备等应定期（至少半月）检查维修保养1次和不定期的抽检，发现异常，立即解决，严禁“带病”使用。

(7) 严禁利用架体吊运物料和张拉吊装缆绳（索）。不准在架体上推车，不准任意拆卸结构件，或松动连接件，或移动架体上的安全防护设施。

(8) 架体升降到位后，必须及时按使用状况进行附着固定。在架体没有完成固定前，作业人员不得擅离岗位或下班。在未办理交付使用手续前，必须逐项进行点检，合格后，方准交付使用。

(9) 6级以上强风停止升降或作业，复工时必须先逐项检查后，方准复工。

(10) 附着升降脚手架的拆卸工作，必须按专项安全施工组织设计（施工方案）和安全技术措施交底规定要求执行。拆卸时，必须按顺序先搭后拆，先上后下，先拆附件，后拆架体，必须有预防人员、物体坠落等措施。严禁向下抛扔物料。

5. 附着式脚手架使用要求

(1) 应严格将施工活荷载控制在规定范围内，不允许使用动荷载，不得使用体积较小而称重过重的集中荷载。

(2) 禁止下列违章作业：任意拆除脚手架部件和穿墙螺栓；起吊构件是碰撞或扯动脚手架；在脚手架上拉结吊装缆绳，在脚手架上安装卸料平台；在脚手架上推车；利用脚手架吊物。

(3) 工程结构施工时，应保证梁、柱、剪力墙等模板及支撑与架体内排立杆之间有不小于200mm的间隙，以免影响爬架升降，在支撑过程中，不得将爬架作为支撑架。

6. 附着式脚手架拆除要求

(1) 应全面检查脚手架的连接、支撑体系等是否符合构造要求，经按技术管理程序批准后方可实施拆除作业。

(2) 脚手架拆除前现场工程技术人员应对在岗操作工人进行有针对性的安全技术交底。

(3) 脚手架拆除时必须划出安全区，设置警戒标志，派专人看管。

(4) 拆除前应清理脚手架上的器具及多余的材料和杂物。

(5) 拆除作业应从顶层开始，逐层向下进行，严禁上下层同时拆除。

(6) 连墙件必须拆到该层时方可拆除，严禁提前拆除。

(7) 拆除的构配件应成捆用起重设备吊运或人工传递到地面，严禁抛掷。

(8) 脚手架采取分段、分立面拆除时，必须事先确定分界处的技术处理方案。

(9) 拆除的构配件应分类堆放，以便于运输、维护和保管。

7. 附着式脚手架检查与验收

(1) 检查拆装厚度螺栓螺母是否拧紧，是否是有漏掉的螺栓没有装上；架体上拆除的临时脚手杆及与建筑的链接杆要按规定搭接的，检查脚手杆、安全网是否按规定维护好。

(2) 架体提升下降后，要由爬架施工负责人组织对架体各部位进行认真的检查验收，每个提升点都要有检查记录，存在问题必须立即整改。检查合格达到使用要求后由施工负责人写出书面报告，方可投入下一步使用。

14.1.7 高处作业吊篮

1. 高处作业吊篮的特点

高处作业吊篮主要用于建筑外墙施工和装修，是将架子（吊篮）的悬挂点固定在建筑物顶部悬挑结构上，通过设在每个架子上的简易提升机械和钢丝绳，使架子升降，以满足施工要求。悬吊式脚手架与外墙面满搭外脚手架相比，可节约大量钢管材料、节省劳力、缩短工期、操作方便灵活，技术经济效益较好。

2. 高处作业吊篮的分类及组成

按驱动形式分为手动（手摇、脚踏）、气动（压缩空气）、电动（电动卷扬机、电动提升机）；按提升形式分为卷扬式、爬升式；按结构层数分为单层、双层和三层；

高处作业吊篮一般是由悬吊平台、悬挂机构（含配重）、提升机、安全锁、电气控制箱、钢丝绳等部件及配件组成，如图 14-19 所示。

随着建筑设计造型多样化发展，出现各种形式的吊篮，图 14-20～图 14-22 即为常见特殊部位搭设的非常规安装吊篮形式。

3. 高处作业吊篮的技术要求

(1) 人员和材料要对称分布，保证吊篮两端负载平衡。

(2) 严禁在吊篮的防护以外和护头棚上作业，任何人不准擅自拆改吊篮。

(3) 吊篮里皮距建筑物以 10cm 为宜，两吊篮之间间距不得大于 20cm，不得将两个或几个吊篮边连在一起同时升降。

(4) 以手扳葫芦为吊具的吊篮，钢丝绳穿好后，必须将保险扳把拆掉，系牢保险绳，并将吊篮与建筑物拉牢。

(5) 吊篮长度一般不得超过 8m，吊篮宽度以 0.8～1m 为宜。单层吊篮高度以 2m 为宜，双层吊篮高度以 3.8m 为宜。

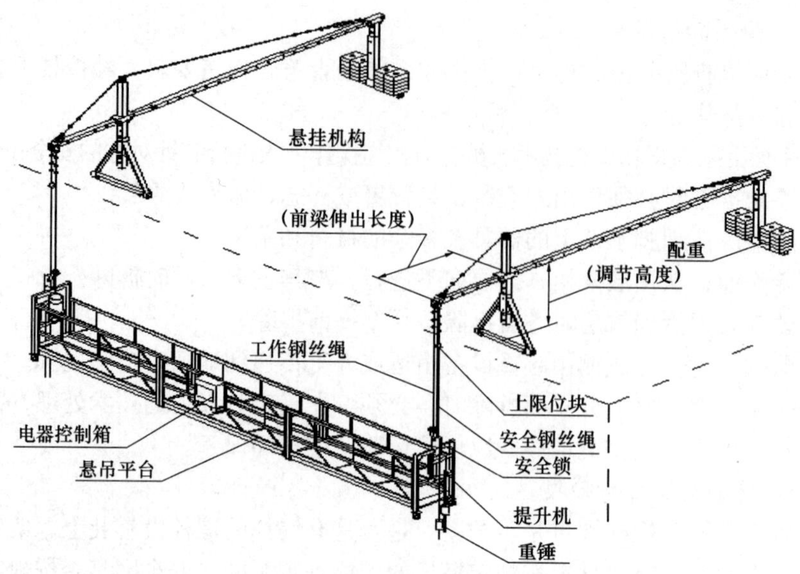

图 14-19　典型吊篮构造图

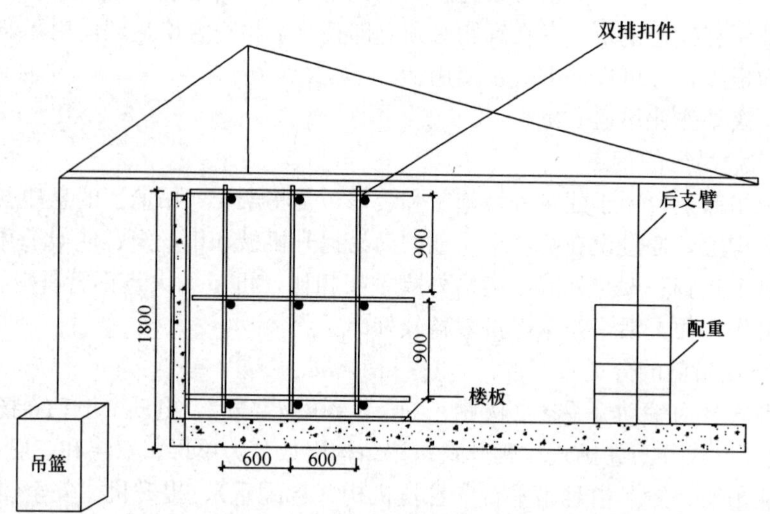

图 14-20　非常规安装吊篮图一

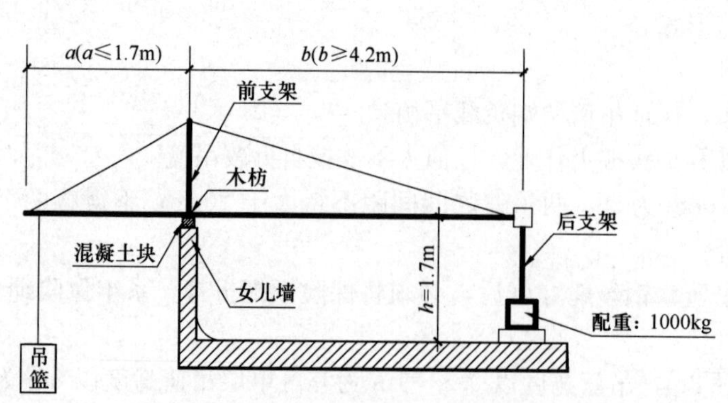

图 14-21　非常规安装吊篮图二

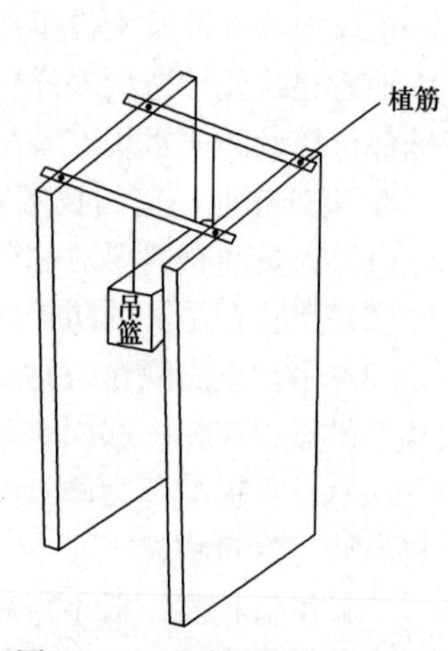

图 14-22　非常规安装吊篮图三

（6）用钢管组装的吊篮，立杆间距不准大于 2m，大小面均须打戗。采用焊接边框的吊篮，立杆间距不准超过 2.5m，长度超过 3m 的大面要打戗。

（7）单层吊篮至少设 3 道横杆，双层吊篮至少设 5 道横杆。双层吊篮要设爬梯，留出活动盖板，以便人员上下。

（8）承重受力的预埋吊环，应用直径不小于 16mm 的圆钢。吊环埋入混凝土内的长度应大于 36cm，并与墙体主筋焊接牢固。预埋吊环距支点的距离不得小于 3m。

（9）安装挑梁探出建筑物一端稍高于另一端，挑梁之间用杉篙或钢管连接牢固，挑梁应用不小于 14 号工字钢强度的材料。

（10）挑梁挑出的长度与吊篮的吊点必须保持垂直。阳台部位的挑梁的挑出部分的顶端要加斜撑抱桩，斜撑下要加垫板，并且将受力的阳台板和以下的两层阳台板设立柱加固。

（11）吊篮升降使用的手扳葫芦应用 3t 以上的专用配套的钢丝绳。倒链应用 2t 以上承重的钢丝绳，直径应不小于 12.5mm。

（12）钢丝绳不得接头使用，与挑梁连接处要有防剪措施，至少用 3 个卡子进行卡接。

（13）吊篮长度在 8m 以下、3m 以上的要设三个吊点，长度在 3m 以下的可设两个吊点，但篮内人员必须挂好安全带。

（14）吊篮搭设构造必须遵照专项安全施工组织设计（施工方案）规定，组装或拆除时，应 3 人配合操作，严格按搭设程序作业。

（15）吊篮的脚手板必须铺平、铺严，并与横向水平杆固定牢，横向水平杆的间距可根据脚手板厚度而定，一般以 0.5～1m 为宜。吊篮作业层外排和两端小面均应设两道护身栏，并挂密目安全网封严，系死下角，里侧应设护身栏。

（16）两个吊篮接头处应与窗口、阳台作业面错开。

（17）吊篮使用期间，应经常检查吊篮防护、保险、挑梁、手扳葫芦、倒链和吊索等，发现隐患，立即解决。

（18）吊篮组装、升降、拆除、维修必须由专业架子工进行。

14.2 里 脚 手 架

里脚手架是用于在楼层上砌墙、装饰装修和砌筑围墙而搭设在室内的脚手架。脚手架搭设在建筑物内部，每砌完后一层墙后，即将其转移到上一层楼面，进行新的一层墙体砌筑。其装拆比较频繁，要求其轻便灵活、装拆方便。通常将其做成工具式的，结构形式有：

14.2.1 折叠式里脚手架

折叠式里脚手架通常是由钢筋、角钢或钢管制成（图 14-23），其主要适用于民用建筑内墙砌筑和内粉刷。其架设间距，砌墙时不超过 2m，通常为 1～2m；粉刷时不超过 2.5m，通常宜为 2.2～2.5m。根据施工的层高，沿高度可以搭设两步脚手架，第一步高约 1m，第二部高约 1.65m。

14.2.2 支柱式里脚手架

支柱式里脚手架为套管式支柱（图 14-24），适用于砌墙和内粉刷，其是支柱式里脚手架的一种，将插管插入立管中，以销孔间距调节高度，在插管顶端的凹形支托内搁置方木横杆，横杆上铺设脚手架。搭设间距：砌墙时宜为2.0m，粉刷时不宜超过2.5m。架设高度一般1.5～2.1m。

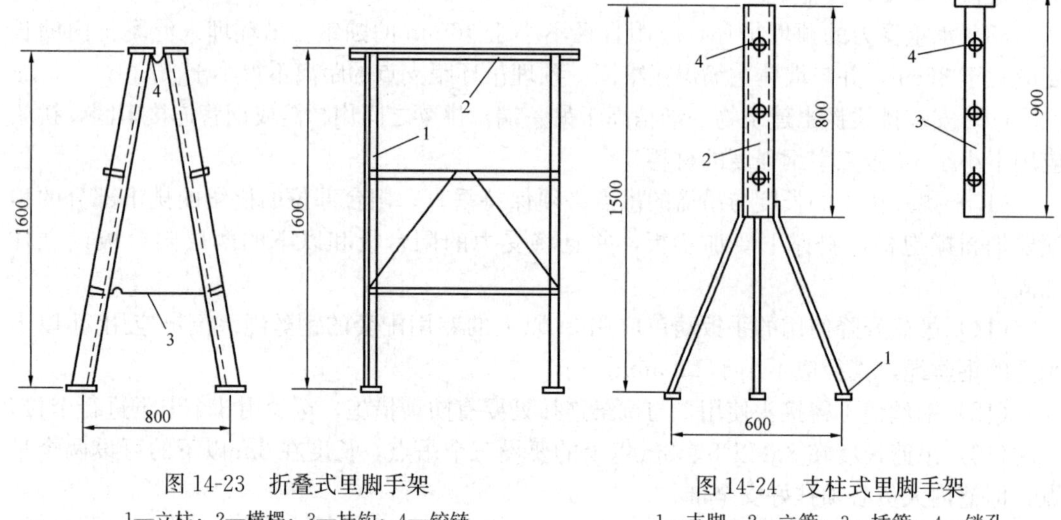

图 14-23　折叠式里脚手架

1—立柱；2—横楞；3—挂钩；4—铰链

图 14-24　支柱式里脚手架

1—支脚；2—立管；3—插管；4—销孔

14.2.3　门架式里脚手架

门架式里脚手架由两片A形支架与门架组成（图14-25），适用于砌墙和粉刷。支架间距，砌墙时不超过2.2m，粉刷时不超过2.5m，其架设高度为1.5～2.4m。

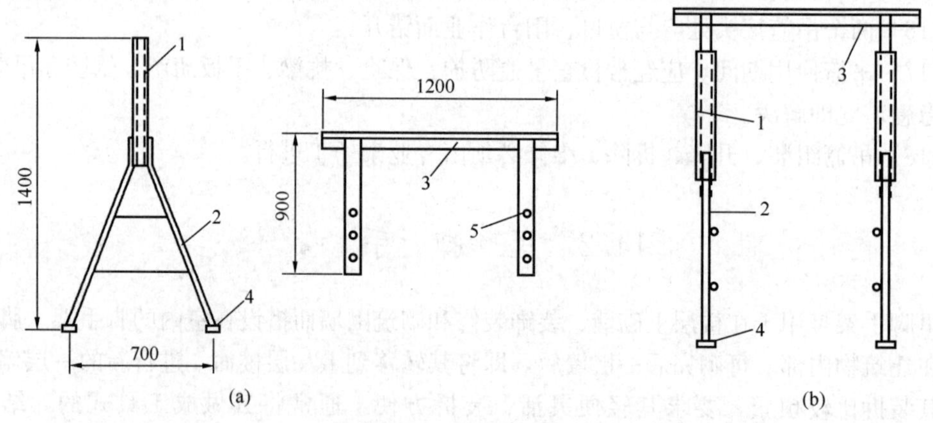

图 14-25　门式里脚手架

（a）A形支架与门架；（b）安装示意

1—立管；2—支脚；3—门架；4—垫板；5—销孔

14.2.4　满堂扣件式钢管脚手架与满堂扣件式钢管支撑架

1. 满堂扣件式钢管脚手架

（1）定义

在纵、横方向由不少于三排立杆并与水平杆、水平剪刀撑、竖向剪刀撑、扣件等构成的脚手架。该架体顶部作业层施工荷载通过水平杆传递给立杆，顶部立杆呈偏心受压状态，简称满堂脚手架。

满堂脚手架搭设高度不宜超过 36m。满堂脚手架施工层不得超过 1 层，立杆接长接头必须采用对接扣件连接，剪刀撑应用旋转扣件固定在与之相交的水平杆或立杆上，旋转扣件中心线至主节点的距离不宜大于 150mm。

（2）构造

满堂脚手架应在架体外侧四周及内部纵、横向每 6m 至 8m 由底至顶设置连续竖向剪刀撑。当架体搭设高度在 8m 以下时，应在架顶部设置连续水平剪刀撑；当架体搭设高度在 8m 及以上时，应在架体底部、顶部及竖向间隔不超过 8m 处分别设置连续水平剪刀撑。水平剪刀撑宜在竖向剪刀撑斜杆相交平面设置。剪刀撑宽度应为 6～8m。

满堂脚手架的高宽比不宜大于 3，当高宽比大于 2 时，应在架体的外侧四周和内部水平间隔 6～9m，竖向间隔 4～6m 设置连墙件与建筑结构拉结，当无法设置连墙件时，应采取设置钢丝绳张拉固定等措施。

2. 满堂扣件式钢管支撑架

（1）定义

在纵、横方向由不少于三排立杆并与水平杆、水平剪刀撑、竖向剪刀撑、扣件等构成的承力支架。该架体顶部的钢结构安装等（同类工程）施工荷载通过可调托撑轴心传力给立杆，顶部立杆呈轴心受压状态，简称满堂支撑架。立杆伸出顶层水平杆中心线至支撑点的长度 a 不应超过 0.5m。满堂支撑架搭设高度不宜超过 30m。

（2）构造

满堂支撑架应根据架体的类型设置剪刀撑，并应符合下列规定：

1）普通型

在架体外侧周边及内部纵、横向每 5～8m，应由底至顶设置连续竖向剪刀撑，剪刀撑宽度应为 5～8m（图 14-26）。

在竖向剪刀撑顶部交点平面应设置连续水平剪刀撑。当支撑高度超过 8m，或施工总荷载大于 15kN/m^2，或集中线荷载大于 20kN/m 的支撑架，扫地杆的设置层应设置水平剪刀撑。水平剪刀撑至架体底平面距离与水平剪刀撑间距不宜超过 8m（图 14-26）。

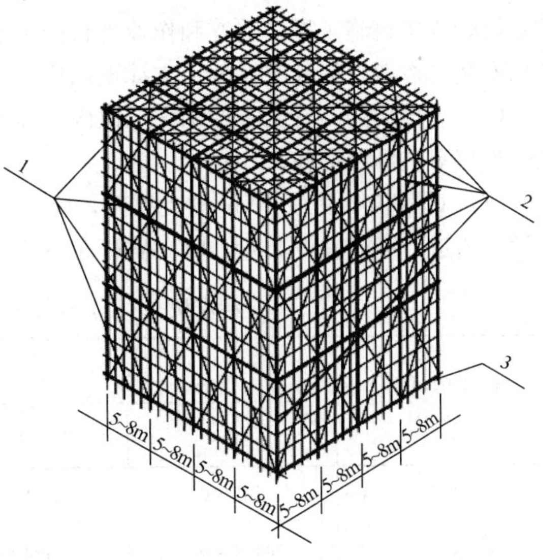

图 14-26 普通型水平、竖向剪刀撑布置图

1—水平剪刀撑；2—竖向剪刀撑；3—扫地杆设置层

2）加强型

① 当立杆纵、横间距为 0.9m×0.9m～1.2m×1.2m 时，在架体外侧周边及内部纵、横向每 4 跨（且不大于 5m），应由底至顶设置连续竖向剪刀撑，剪刀撑宽度应为 4 跨。

② 当立杆纵、横间距为 0.6m×0.6m～0.9m×0.9m（含 0.6m×0.6m，0.9m×0.9m）时，在架体外侧周边及内部纵、横向每 5 跨（且不小于 3m），应

由底至顶设置连续竖向剪刀撑，剪刀撑宽度应为5跨。

③ 当立杆纵、横间距为0.4m×0.4m～0.6m×0.6m（含0.4m×0.4m）时，在架体外侧周边及内部纵、横向每3～3.2m应由底至顶设置连续竖向剪刀撑，剪刀撑宽度应为3～3.2m。

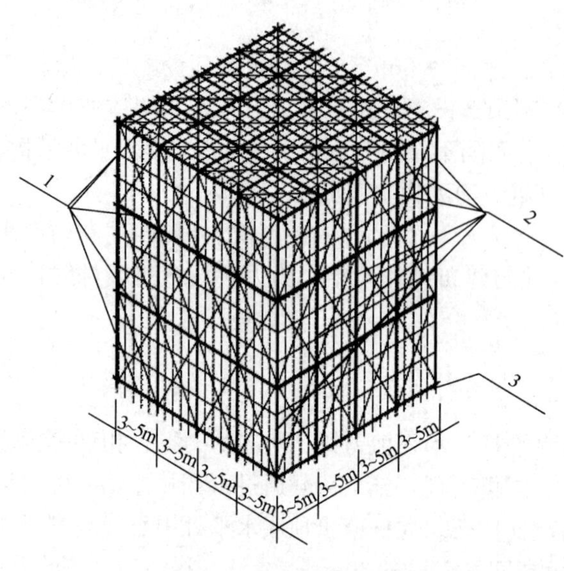

图14-27 加强型水平、竖向剪刀撑构造布置图

1—水平剪刀撑；2—竖向剪刀撑；3—扫地杆设置层

④ 在竖向剪刀撑顶部交点平面应设置水平剪刀撑，当支撑高度超过8m，或施工总荷载大于15kN/m²，或集中线荷载大于20kN/m的支撑架，扫地杆的设置层应设置水平剪刀撑，水平剪刀撑至架体底平面距离与水平剪刀撑间距不宜超过6m，剪刀撑宽度应为3～5m（图14-27）。

竖向剪刀撑斜杆与地面的倾角应为45°～60°，水平剪刀撑与支架纵（或横）向夹角应为45°～60°。当满堂支撑架高宽比高宽比大于2或2.5时，满堂支撑架应在支架的四周和中部与结构柱进行刚性连接，连墙件水平间距应为6～9m，竖向间距应为2～3m。在无结构柱部位应采取预埋钢管等措施与建筑结构进行刚性连接，在有空间部位，满堂支撑架宜超出顶部加载区投影范围向外延伸布置2～3跨。支撑架高宽比不应大于3。

14.2.5 承插型盘扣式钢管支撑脚手架

承插型盘扣式钢管支撑脚手架是支承于地面或结构上，可承受各种荷载，具有安全防护功能，为建筑施工提供支撑和作业平台的脚手架，包括混凝土施工用模板支撑脚手架和结构安装支撑架，简称支撑架。支撑架的构造要求如下：

（1）支撑架的高宽比宜控制在3以内，高宽比大于3的支撑架应采取与既有结构进行刚性连接等抗倾覆措施。

（2）对标准步距为1.5m的支撑架，应根据支撑架搭设高度、支撑架型号及立杆轴向力设计值进行竖向斜杆布置，竖向斜杆布置形式选用应符合表14-4、表14-5的要求。

标准型（B型）支撑架竖向斜杆布置形式 **表14-4**

立杆轴力设计值 N（kN）	搭设高度 H（m）			
	$H\leqslant8$	$8<H\leqslant16$	$16<H\leqslant24$	$H>24$
$N\leqslant25$	间隔3跨	间隔3跨	间隔2跨	间隔1跨
$25<N\leqslant40$	间隔2跨	间隔1跨	间隔1跨	间隔1跨
$N>40$	间隔1跨	间隔1跨	间隔1跨	每跨

重型（Z型）支撑架竖向斜杆布置形式 **表 14-5**

立杆轴力设计值 N（kN）	搭设高度 H（m）			
	H≤8	8<H≤16	16<H≤24	H>24
N≤40	间隔3跨	间隔3跨	间隔2跨	间隔1跨
40<N≤65	间隔2跨	间隔1跨	间隔1跨	间隔1跨
N>65	间隔1跨	间隔1跨	间隔1跨	每跨

注：1. 立杆轴力设计值和脚手架搭设高度为同一独立架体内的最大值；
2. 每跨表示竖向斜杆沿纵横向每跨搭设（图 14-28）；间隔1跨表示竖向斜杆沿纵横向每间隔1跨搭设（图 14-29）；间隔2跨表示竖向斜杆沿纵横向每间隔2跨搭设（图 14-30）；间隔3跨表示竖向斜杆沿纵横向每间隔3跨搭设（图 14-31）。

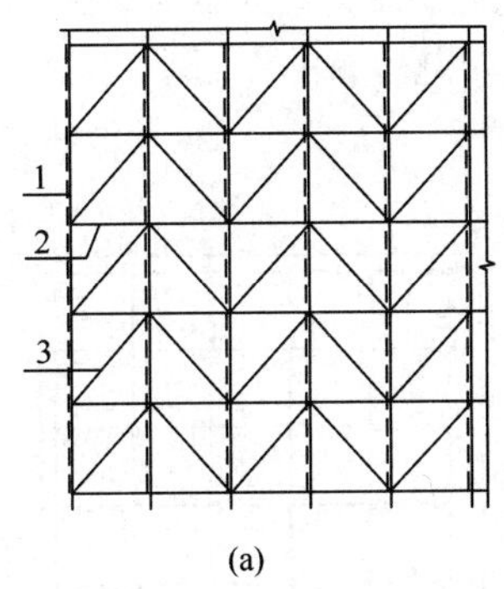

(a)

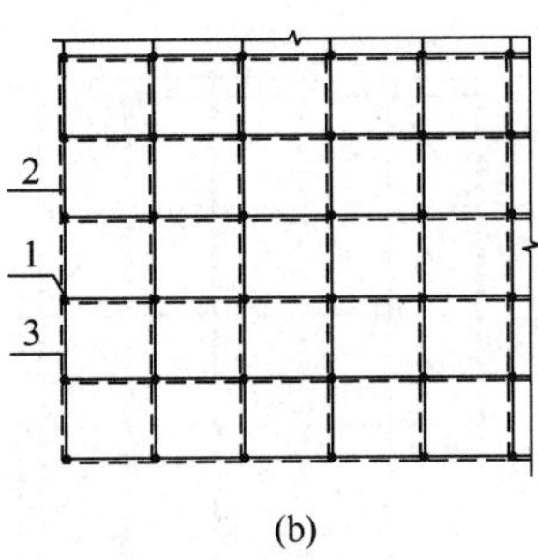

(b)

图 14-28 每跨形式支撑架斜杆设置
（a）立面图；（b）平面图
1—立杆；2—水平杆；3—竖向斜杆

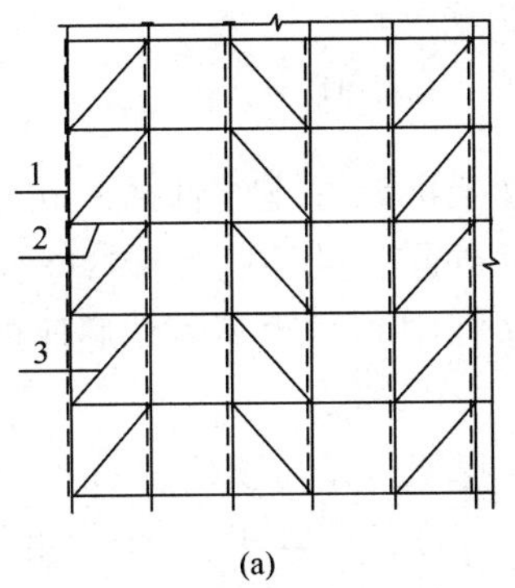

(a)

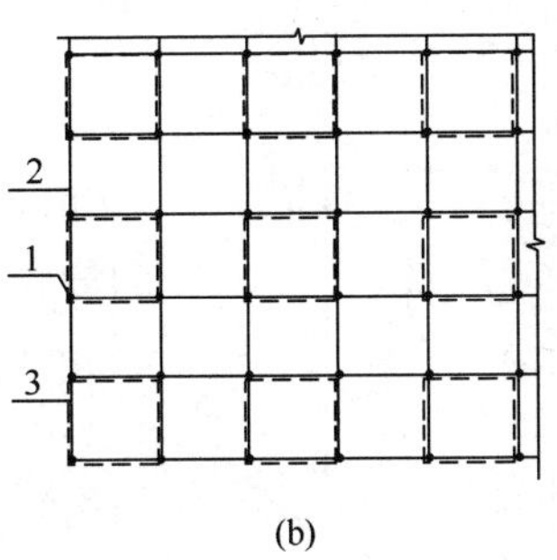

(b)

图 14-29 间隔1跨形式支撑架斜杆设置
（a）立面图；（b）平面图
1—立杆；2—水平杆；3—竖向斜杆

（3）当支撑架搭设高度大于16m时，顶层步距内应每跨布置竖向斜杆。

（4）支撑架可调托撑伸出顶层水平杆或双槽托梁中心线的悬臂长度（图 14-32）不应超过650mm，且丝杆外露长度不应超过400mm，可调托撑插入立杆或双槽托梁长度不得小于150mm。

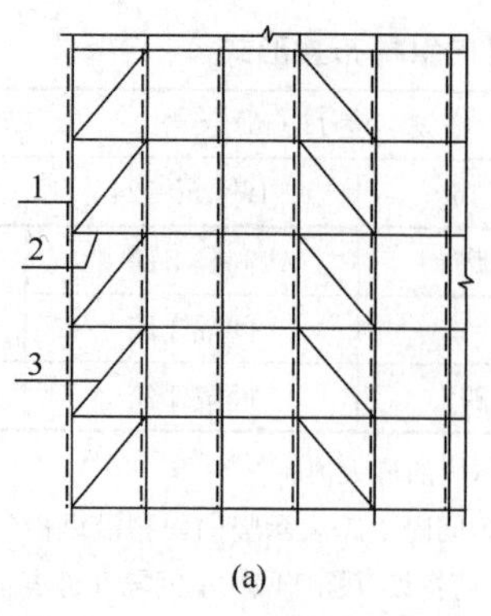

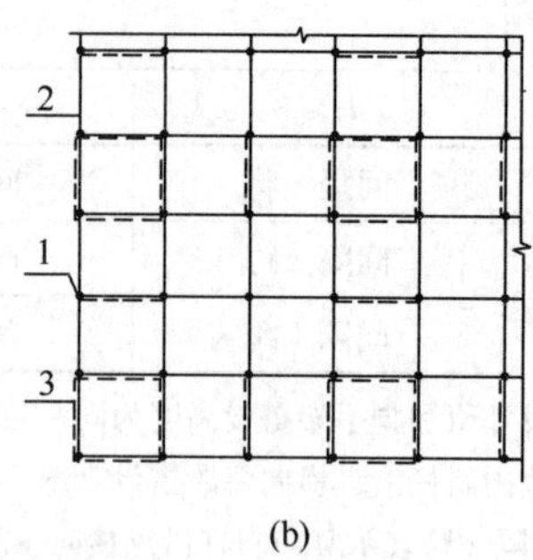

图 14-30　间隔2跨形式支撑架斜杆设置

(a) 立面图；(b) 平面图

1—立杆；2—水平杆；3—竖向斜杆

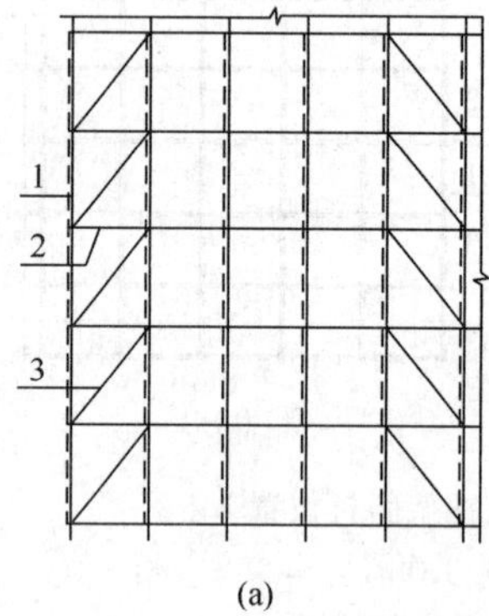

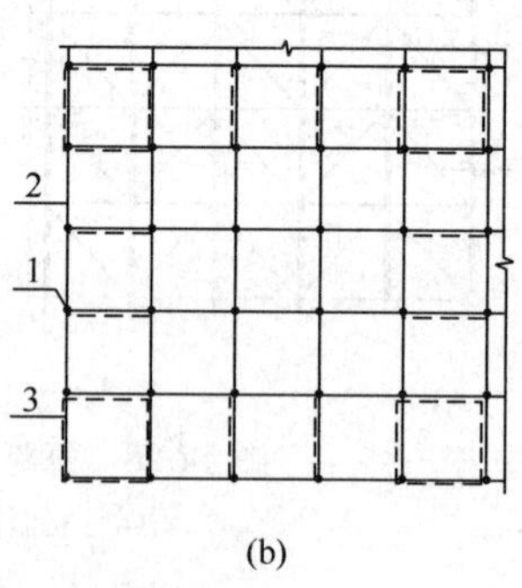

图 14-31　间隔3跨形式支撑架斜杆设置

(a) 立面图；(b) 平面图

1—立杆；2—水平杆；3—竖向斜杆

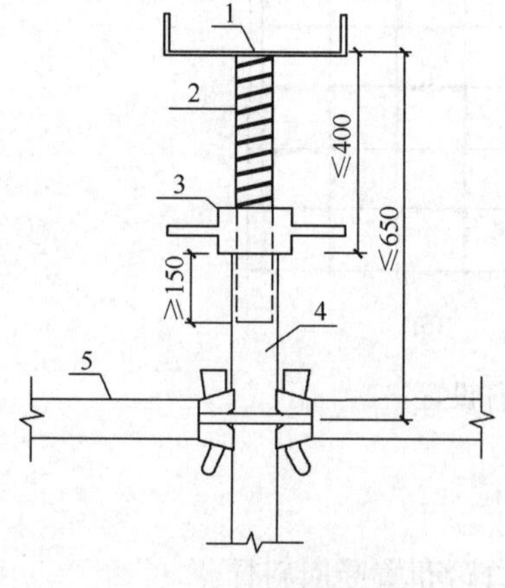

图 14-32　可调托撑伸出顶层水平杆的悬臂长度

1—可调托撑；2—螺杆；3—调节螺母；4—立杆；5—水平杆

(5) 支撑架可调底座丝杆插入立杆长度不得小于150mm，丝杆外露长度不宜大于300mm，作为扫地杆的最底层水平杆中心线距离可调底座的底板不应大于550mm 。

(6) 当支撑架搭设高度超过8m、周围有既有建筑结构时，应沿高度每间隔4～6个步距与周围已建成的结构进行可靠拉结。

(7) 支撑架应沿高度每间隔4～6个标准步距应设置水平剪刀撑，并应符合现行行业标准《建筑施工扣件式钢管脚手架安全技术标准》JGJ 130—2011中钢管水平剪刀撑的有关规定。

(8) 当以独立塔架形式搭设支撑架时，应沿高度每间隔2～4个步距与相邻的独立塔架水平拉结。

(9) 当支撑架架体内设置与单支水平杆同宽的人

行通道时，可间隔抽除第一层水平杆和斜杆形成施工人员进出通道，与通道正交的两侧立杆间应设置竖向斜杆；当支撑架架体内设置与单支水平杆不同宽人行通道时，应在通道上部架设支撑横梁（图 14-33），横梁的型号及间距应依据荷载确定。通道相邻跨支撑横梁的立杆间距应根据计算设置，通道周围的支撑架应连成整体。洞口顶部应铺设封闭的防护板，相邻跨应设置安全网。通行机动车的洞口，应设置安全警示和防撞设施。门洞搭设参数应根据计算确定，图 14-34 为某工程门洞构造大样图。

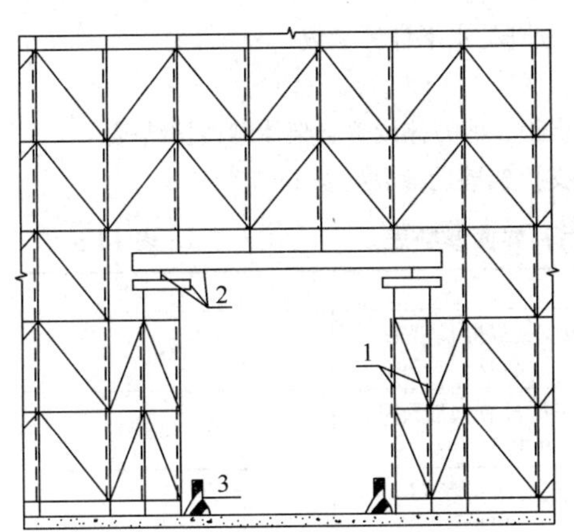

图 14-33 支撑架人行通道设置

1—立杆；2—支撑横梁；3—防撞设施

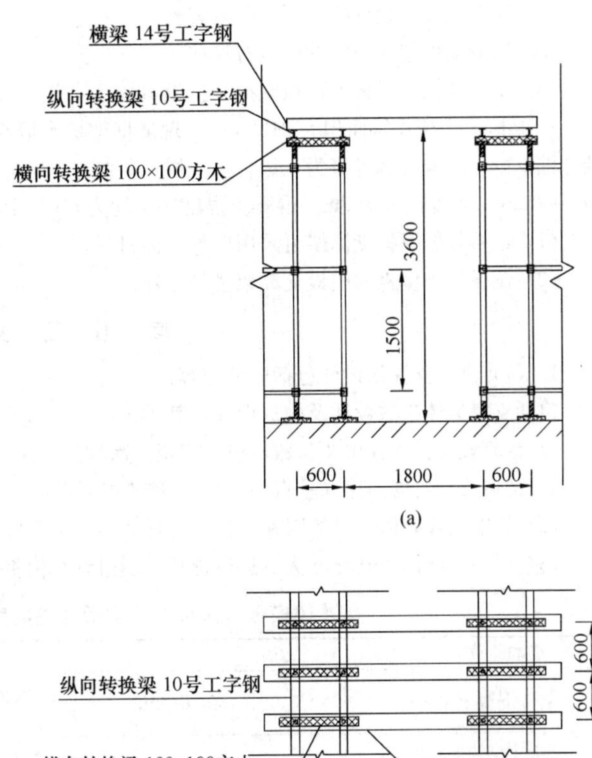

图 14-34 门洞构造大样图

（a）立面图；（b）平面图

思 考 题

1. 外脚手架包含的脚手架种类有哪些？里脚手架包括哪些脚手架？
2. 扣件式钢管脚手架、碗口式脚手架、承插型盘扣式脚手架的搭设具有哪些特点？
3. 扣件式脚手架的基本组成有哪些？
4. 脚手架钢管管件包括哪些种类？各自具有哪些作用？
5. 扣件式脚手架与碗口式脚手架的组成部分和搭接方式有什么区别？
6. 各种不同的外、里脚手架分别的适用范围是什么？
7. 简述附着式升降脚手架的基本组成。
8. 什么是满堂扣件式钢管支撑架？简述普通型和加强型剪刀撑的构造要求。
9. 扣件钢管悬挑脚手架构造有何要求？

10. 某住宅地处市中心，地上25层，建筑高度为80m，要求建筑外立面封闭施工，简述外脚手架的做法。

练 习 题

1. 某厂房建筑面积为18500m^2，现浇框架剪力墙结构，地下1层，地上3层，基础为独立基础和桩基础，结构抗震等级为四级。一、二、三层的层高分别为10m、7m、6m，框架梁的尺寸为300mm×900mm、400mm×1600mm、400mm×1800mm等，最大跨度为18m，楼板厚度均为130mm，梁板混凝土强度等级均为C30。施工单位拟采用扣件式脚手架搭设满堂支撑架。请回答以下问题：

(1) 满堂支撑架设计的包括哪些内容?

(2) 影响支撑架体稳定的因素有哪些?

(3) 试设计框架梁板的模板支撑架搭设参数。

2. 某医院大楼建筑面积为21300m^2，现浇框架剪力墙结构，地下1层，地上10层，基础为独立基础和桩基础，结构抗震等级为三级。在一层（层高6.30m）设计有一个检测室，面积300m^2，顶板厚度为3000mm，跨度最大为8m，混凝土强度等级均为C30。请回答以下问题：

(1) 该楼板的模板支撑架可采用何种架体材料?

(2) 试设计该楼板的模板支撑架搭设参数。

参 考 答 案

1. (1) 满堂支撑架设计包括以下内容：

包括支撑架体参数设计及构造设计，其中：

1) 计算设计：支撑架体参数，包括模板、次楞、主楞、立杆、水平杆等参数。

2) 构造设计：剪刀撑（垂直和水平）、刚性拉结等。

(2) 影响支撑架体稳定的因素包括：立杆间距、水平杆步距、剪刀撑设置、架体刚性拉结等。

(3) 以400mm×1800mm为例进行计算，通过计算模板支撑架搭设参数见表14-5。

梁模板（扣件式，梁板立柱共用）界面参数表 **表14-5**

1. 基本参数			
新浇混凝土梁名称	400×1800框架梁	模板支架纵向长度 L (m)	20
模板支架横向长度 B (m)	15	混凝土梁计算截面尺寸 (mm×mm)	400×1800
梁侧楼板计算厚度 (mm)	130	模板支架高度 H (m)	10
2. 支撑体系参数			
新浇混凝土梁支撑方式	梁两侧有板，梁底小梁平行梁跨方向	梁跨度方向立杆间距 l_a (mm)	450
梁两侧立杆间距 l_b (mm)	1000	步距 h (mm)	1500
新浇混凝土楼板立杆间距 l'_a (mm)	900	新浇混凝土楼板立杆间距 l'_b (mm)	900
混凝土梁居梁两侧立杆中的位置	居中	梁左侧立杆距梁中心线距离 (mm)	500
梁底增加立杆根数	2	梁底增加立杆布置方式	按梁两侧立杆间距均分
梁底增加立杆依次距梁左侧立杆距离 (mm)	333667	梁底支撑小梁根数	4
梁底支撑小梁最大悬挑长度 (mm)	200	每纵距内附加梁底支撑主梁根数	0
结构表面的要求	结构表面外露	模板及支架计算依据	《建筑施工扣件式钢管脚手架安全技术规范》JGJ 130—2011

续表

3. 荷载参数			
模板及其支架自重标准值 G_{1k}（kN/m²）	0.1，0.3，0.5，0.75	新浇筑混凝土自重标准值 G_{2k}（kN/m³）	24
混凝土梁钢筋自重标准值 G_{3k}（kN/m³）	1.5	混凝土板钢筋自重标准值 G_{3k}（kN/m³）	1.1
当计算支架立杆及其他支承结构构件时 Q_{1k}（kN/m²）	1	振捣荷载 Q_{2k}（kN/m²）	2
省份	重庆	地区	重庆
基本风压 ω_0（kN/m²）	0.3	地基粗糙程度	C类（有密集建筑群市区）
模板支架顶部距地面高度（m）	7	风压高度变化系数 μ_z	0.65
风荷载体型系数 μ_s	1.3	风荷载标准值 ω_k（kN/m²）	0.254
4. 面板参数			
面板类型	覆面木胶合板	面板厚度 t（mm）	15
面板抗弯强度设计值 [f]（N/mm²）	15	面板抗剪强度设计值 [τ]（N/mm²）	1.4
面板弹性模量 E（N/mm²）	10000		
5. 小梁参数			
小梁材质及类型	方木	方木宽（mm）	40
方木高（mm）	80	小梁抗弯强度设计值 [f]（N/mm²）	15.444
小梁抗剪强度设计值 [τ]（N/mm²）	1.782	小梁截面抵抗矩 W（cm³）	42.667
小梁弹性模量 E（N/mm²）	9350	小梁截面惯性矩 I（cm⁴）	170.667
计算方式	二等跨连续梁		
6. 主梁参数			
主梁材质及类型	钢管	主梁截面类型（mm）	ϕ48.3×3.6
主梁计算截面类型（mm）	ϕ48×2.7	主梁抗弯强度设计值 [f]（N/mm²）	205
主梁抗剪强度设计值 [τ]（N/mm²）	125	主梁截面抵抗矩 W（cm³）	4.12
主梁弹性模量 E（N/mm²）	206000	主梁截面惯性矩 I（cm⁴）	9.89

续表

7. 可调托座参数			
可调托座内主梁根数	1	可调托座承载力设计值 [N] (kN)	30
扣件抗滑移折减系数 k_c	0.85		
8. 立杆参数			
立杆钢管截面类型 (mm)	ϕ48.3×3.6	立杆钢管计算截面类型 (mm)	ϕ48×2.7
钢材等级	Q235	立杆截面面积 A (mm^2)	384
立杆截面回转半径 i (mm)	16	立杆截面抵抗矩 W (cm^3)	4.12
立杆抗压强度设计值 [f] (N/mm^2)	205	支架自重标准值 q (kN/m)	0.15
9. 地基参数			
模板支架作用位置	地基基础	地基土类型	岩石
地基承载力特征值 f_{ak} (kPa)	200	立杆垫木地基土承载力折减系数 m_f	1
垫板底面面积 A (m^2)	0.15		

2. (1) 由于钢筋混凝土板厚达 3000mm，对架体承载力要求较高，因此可采用承插型盘扣式钢管脚手架搭设支撑架体。

(2) 通过计算，楼板的模板支撑架搭设参数见表 14-6。

板模板（盘扣式）界面参数表　　**表 14-6**

1. 基本参数			
新浇混凝土楼板名称	3m 厚钢筋混凝土板	新浇混凝土楼板计算厚度 (mm)	3000
模板支架纵向长度 L (m)	20	模板支架横向长度 B (m)	15
脚手架安全等级	Ⅰ级	结构重要性系数 γ_0	1
模板支架高度 (m)	6.3		
2. 支撑体系参数			
主梁布置方向	平行立杆纵向方向	步距 h (mm)	1500
立杆纵向间距 l_a (mm)	600	立杆横向间距 l_b (mm)	600
顶层步距 h' (mm)	1000	支架可调托座支撑点至顶层水平杆中心线的距离 a (mm)	650

续表

小梁间距 l (mm)	100	小梁最大悬挑长度 l_1 (mm)	150
主梁最大悬挑长度 l_2 (mm)	100	承载力设计值调整系数 γ_R	1
模板及支架计算依据	《建筑施工承插型盘扣式钢管脚手架安全技术标准》JGJ/T 231—2021		
3. 荷载参数			
楼板模板自重标准值 G_{1k} (kN/m^2)	0.1，0.3，0.5	混凝土自重标准值 G_{2k} (kN/m^3)	24
钢筋自重标准值 G_{3k} (kN/m^3)	1.1	施工人员及设备荷载标准值 Q_{1k} (kN/m^2)	3
泵送、倾倒混凝土等因素产生的水平荷载标准值 Q_{2k} (kN/m^2)	1.516	模板工程支拆环境	考虑风荷载
基本风压 ω_0 (kN/m^2)	0.3	地基粗糙程度	D类（有密集建筑群且房屋较高市区）
模板支架顶部距地面高度 (m)	9	风压高度变化系数 μ_z	0.51
风荷载体型系数 μ_s	0.5	风荷载作用方向	沿模板支架横向作用
4. 面板参数			
面板类型	覆面木胶合板	面板厚度 t (mm)	15
面板抗弯强度设计值 [f] (N/mm^2)	15	面板抗剪强度设计值 [τ] (N/mm^2)	1.4
面板弹性模量 E (N/mm^2)	10000	计算方式	简支梁
5. 小梁参数			
小梁材质及类型	方钢管	小梁截面类型 (mm)	ϕ40×40×2.5
小梁抗弯强度设计值 [f] (N/mm^2)	205	小梁抗剪强度设计值 [τ] (N/mm^2)	125
小梁截面抵抗矩 W (cm^3)	4.11	小梁弹性模量 E (N/mm^2)	206000
小梁截面惯性矩 I (cm^4)	8.22	计算方式	二等跨连续梁
6. 主梁参数			
主梁材质及类型	工字钢	主梁截面类型	10号工字钢
主梁抗弯强度设计值 [f] (N/mm^2)	205	主梁抗剪强度设计值 [τ] (N/mm^2)	125
主梁截面抵抗矩 W (cm^3)	49	主梁弹性模量 E (N/mm^2)	206000
主梁截面惯性矩 I (cm^4)	245	计算方式	三等跨连续梁

续表

7. 可调托座参数			
可调托座内主梁根数	1	可调托座承载力设计值 [N]（kN）	100
8. 立杆参数			
立杆钢管截面类型（mm）	ϕ48.3×3.2	立杆钢管计算截面类型（mm）	ϕ48×3.2
钢材等级	Q345	立杆截面面积 A（mm^2）	450
立杆截面回转半径 i（mm）	15.9	立杆截面抵抗矩 W（cm^3）	4.73
立杆抗压强度设计值 f（N/mm^2）	300	支架自重标准值 q（kN/m）	0.15
钢管支架立杆计算长度修正系数 η	1.05	悬臂端计算长度折减系数 k	0.6
9. 地基参数			
模板支架作用位置	地基基础	地基土类型	岩石
地基承载力特征值 f_{ak}（kPa）	300	立杆垫木地基土承载力折减系数 m_f	1
垫板底面面积 A（m^2）	0.25		

15　危险性较大的分部分项工程安全管理

15.1　危险性较大的分部分项工程范围

根据《危险性较大的分部分项工程安全管理规定》（住房城乡建设部令第 37 号），危险性较大的分部分项工程（以下简称“危大工程”）是指房屋建筑和市政基础设施工程在施工过程中，容易导致人员群死群伤或者造成重大经济损失的分部分项工程。

2018 年住房城乡建设部办公厅颁发《关于实施〈危险性较大的分部分项工程安全管理规定〉有关问题的通知》（建办质〔2018〕31 号），对《危险性较大的分部分项工程安全管理规定》进行补充，明确了危大工程范围、专项施工方案内容、专家论证会参会人员、专家论证内容、专项施工方案修改、监测方案内容、验收人员、专家条件、专家库管理九个方面的内容。

15.1.1　危大工程的范围

危险性较大的分部分项工程范围包括：

1. 基坑工程

（1）开挖深度超过 3m（含 3m）的基坑（槽）的土方开挖、支护、降水工程。

（2）开挖深度虽未超过 3m，但地质条件、周围环境和地下管线复杂，或影响毗邻建、构筑物安全的基坑（槽）的土方开挖、支护、降水工程。

2. 模板工程及支撑体系

（1）各类工具式模板工程：包括滑模、爬模、飞模、隧道模等工程。

（2）混凝土模板支撑工程：搭设高度 5m 及以上，或搭设跨度 10m 及以上，或施工总荷载（荷载效应基本组合的设计值，以下简称设计值）$10kN/m^2$ 及以上，或集中线荷载（设计值）15kN/m 及以上，或高度大于支撑水平投影宽度且相对独立无联系构件的混凝土模板支撑工程。

（3）承重支撑体系：用于钢结构安装等满堂支撑体系。

3. 起重吊装及起重机械安装拆卸工程

（1）采用非常规起重设备、方法，且单件起吊重量在 10kN 及以上的起重吊装工程。

（2）采用起重机械进行安装的工程。

（3）起重机械安装和拆卸工程。

4. 脚手架工程

（1）搭设高度 24m 及以上的落地式钢管脚手架工程（包括采光井、电梯井脚手架）。

（2）附着式升降脚手架工程。

（3）悬挑式脚手架工程。

（4）高处作业吊篮。

（5）卸料平台、操作平台工程。

（6）异型脚手架工程。

5. 拆除工程

拆除工程为可能影响行人、交通、电力设施、通信设施或其他建、构筑物安全的拆除工程。

6. 暗挖工程

暗挖工程采用矿山法、盾构法、顶管法施工的隧道、洞室工程。

7. 其他

（1）建筑幕墙安装工程。

（2）钢结构、网架和索膜结构安装工程。

（3）人工挖孔桩工程。

（4）水下作业工程。

（5）装配式建筑混凝土预制构件安装工程。

（6）采用新技术、新工艺、新材料、新设备可能影响工程施工安全，尚无国家、行业及地方技术标准的分部分项工程。

15.1.2　超过一定规模的危大工程的范围

超过一定规模的危险性较大的分部分项工程范围包括：

1. 深基坑工程

开挖深度超过5m（含5m）的基坑（槽）的土方开挖、支护、降水工程。

2. 模板工程及支撑体系

（1）各类工具式模板工程：包括滑模、爬模、飞模、隧道模等工程。

（2）混凝土模板支撑工程：搭设高度8m及以上，或搭设跨度18m及以上，或施工总荷载（设计值）$15kN/m^2$及以上，或集中线荷载（设计值）20kN/m及以上。

（3）承重支撑体系：用于钢结构安装等满堂支撑体系，承受单点集中荷载7kN及以上。

说明：

（1）施工总荷载（设计值）$15kN/m^2$折算成混凝土楼板厚度约为320mm，集中线荷载（设计值）$20kN/m^2$折算成混凝土梁截面积$0.52m^2$。

（2）各地区可根据情况，明确超过一定规模梁板的尺寸。

3. 起重吊装及起重机械安装拆卸工程

（1）采用非常规起重设备、方法，且单件起吊重量在100kN及以上的起重吊装工程。

（2）起重量300kN及以上，或搭设总高度200m及以上，或搭设基础标高在200m及以上的起重机械安装和拆卸工程。

4. 脚手架工程

（1）搭设高度50m及以上的落地式钢管脚手架工程。

（2）提升高度在150m及以上的附着式升降脚手架工程或附着式升降操作平台工程。

（3）分段架体搭设高度20m及以上的悬挑式脚手架工程。

5. 拆除工程

（1）码头、桥梁、高架、烟囱、水塔或拆除中容易引起有毒有害气（液）体或粉尘扩散、易燃易爆事故发生的特殊建、构筑物的拆除工程。

(2) 文物保护建筑、优秀历史建筑或历史文化风貌区影响范围内的拆除工程。

6. 暗挖工程

采用矿山法、盾构法、顶管法施工的隧道、洞室工程。

7. 其他

(1) 施工高度 50m 及以上的建筑幕墙安装工程。

(2) 跨度 36m 及以上的钢结构安装工程，或跨度 60m 及以上的网架和索膜结构安装工程。

(3) 开挖深度 16m 及以上的人工挖孔桩工程。

(4) 水下作业工程。

(5) 重量 1000kN 及以上的大型结构整体顶升、平移、转体等施工工艺。

(6) 采用新技术、新工艺、新材料、新设备可能影响工程施工安全，尚无国家、行业及地方技术标准的分部分项工程。

地方建设行政主管部门也可以根据实际情况，对危大工程的内容和范围进行补偿和完善，表 15-1 即为某项目危大工程全面判定表，根据该表可进行危大工程的全过程管理，如图 15-1 所示。

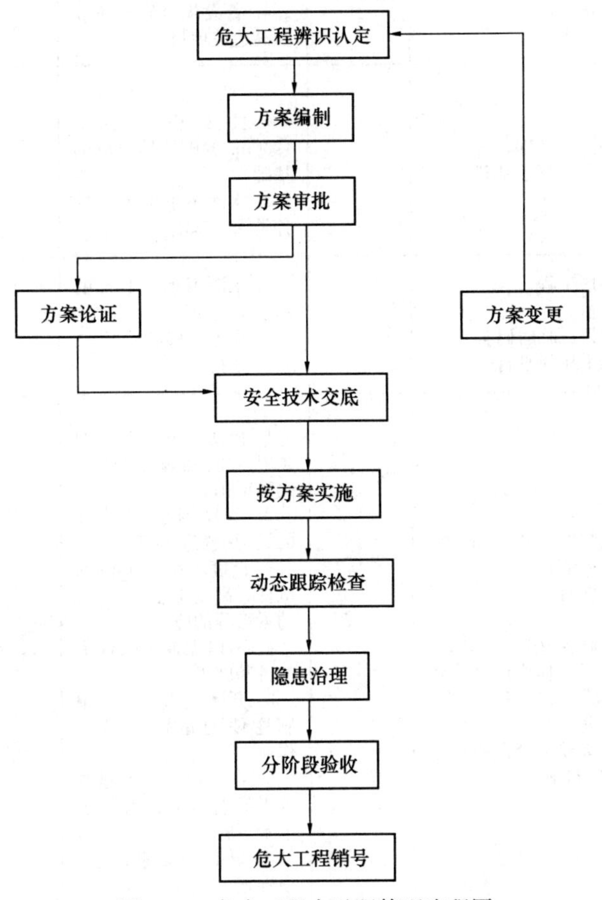

图 15-1　危大工程全过程管理流程图

×××项目危大工程全面判定表　　**表 15-1**

序号	类别	危大工程范围	具体类别（填序号）	超过一定规模的危大工程范围	具体类别（填序号）	工程部位	预计周期	
							开始日期	结束日期
1	基坑工程	1. 开挖深度超过3m（含3m）的基坑（槽）的土方开挖、支护、降水工程。 2. 开挖深度虽未超过3m，但地质条件、周围环境和地下管线复杂，或影响毗邻建、构筑物安全的基坑（槽）的土方开挖、支护、降水工程		开挖深度超过5m（含5m）的基坑（槽）的土方开挖、支护、降水工程				
2	滑坡处理和填、挖方路基工程	1. 滑坡处理。 2. 岩质边坡高度≥15m，岩土混合边坡高度≥12m且土层厚度≥4m，土质边坡高度≥8m。 3. 填方边坡高度≥8m		1. 中型及以上滑坡体处理。 2. 岩质边坡高度≥30m；岩土混合边坡高度≥25m且土层厚度≥4m；土质边坡高度≥15m。 3. 填方边坡高度≥12m。 4. 曾发生过安全事故的高边坡项目				
3	基础工程	1. 挡土墙基础。 2. 沉井等深水基础		1. 平均高度不小于6m且面积不小于$1200m^2$的砌体挡土墙的基础。 2. 水深不小于20m的各类深水基础				
4	大型临时工程	1. 围堰工程。 2. 挂篮。 3. 栈桥、临时码头。 4. 水上作业平台		1. 水深不小于10m的围堰工程。 2. 猫道、移动模架。 3. 栈桥				
5	桥涵工程	1. 桥梁工程中的梁、拱、柱等构件施工。 2. 打桩船作业。 3. 施工船作业。 4. 边通航边施工作业。 5. 水下工程中的水下焊接、混凝土浇筑等。 6. 顶进工程。 7. 上跨或下穿既有市政道路、铁路施工		1. 长度不小于40m的预制梁的运输与安装，钢箱梁吊装。 2. 跨度不小于150m的钢管拱安装施工。 3. 高度不小于40m的墩柱、高度不小于100m的索塔等的施工。 4. 离岸无掩护条件下的桩基施工。 5. 开敞式水域大型预制构件的运输与吊装作业。 6. 在三级及以上通航等级的航道上进行的水上水下施工。 7. 转体、缆索吊装、顶推施工				

续表

序号	类别	危大工程范围	具体类别（填序号）	超过一定规模的危大工程范围	具体类别（填序号）	工程部位	预计周期	
							开始日期	结束日期
6	模板工程及支撑体系	各类工具式模板工程：包括滑模、爬模、飞模、翻模、隧道模等工程		各类工具式模板工程：包括滑模、爬模、飞模、翻模、隧道模等工程				
		混凝土模板支撑工程 1. 搭设高度 5m 及以上。 2. 搭设跨度 10m 及以上。 3. 施工总荷载（荷载效应基本组合的设计值，以下简称设计值）$10kN/m^2$ 及以上。 4. 集中线荷载（设计值）15kN/m 及以上。 5. 高度大于支撑水平投影宽度且相对独立无联系构件的混凝土模板支撑工程		1. 搭设高度 8m 及以上。 2. 搭设跨度 18m 及以上。 3. 施工总荷载（设计值）$15kN/m^2$ 及以上。 4. 集中线荷载（设计值）20kN/m 及以上				
		1. 承重支撑体系：用于钢结构安装等满堂支撑体系		1. 承重支撑体系：用于钢结构安装等满堂支撑体系，承受单点集中荷载 7kN 以上				
7	起重吊装及起重机械安装拆卸工程	1. 采用非常规起重设备、方法，且单件起吊重量在 10kN 及以上的起重吊装工程。 2. 采用起重机械进行安装的工程。 3. 起重机械安装和拆卸工程		1. 采用非常规起重设备、方法，且单件起吊重量在 100kN 及以上的起重吊装工程。 2. 起重量 300kN 及以上，或搭设总高度 200m 及以上，或搭设基础标高在 200m 及以上的起重机械安装和拆卸工程。 3. 采用非常规方式进行的起重机械安装和拆卸工程				
8	脚手架工程	1. 搭设高度 24m 及以上的落地式钢管脚手架工程（包括采光井、电梯井脚手架）。 2. 附着式升降脚手架工程。 3. 悬挑式脚手架工程。 4. 高处作业吊篮。 5. 卸料平台、操作平台工程。 6. 异型脚手架工程		1. 搭设高度 50m 及以上的落地式钢管脚手架工程。 2. 提升高度在 150m 及以上的附着式升降脚手架工程或附着式升降操作平台工程。 3. 分段架体搭设高度 20m 及以上的悬挑式脚手架工程。 4. 作业面异形、复杂的或无法按产品说明书要求安装的高处作业吊篮工程				

续表

序号	类别	危大工程范围	具体类别（填序号）	超过一定规模的危大工程范围	具体类别（填序号）	工程部位	预计周期	
							开始日期	结束日期
9	拆除工程	可能影响行人、交通、电力设施、通信设施或其他建、构筑物安全的拆除工程		1. 码头、桥梁、高架、烟囱、水塔或拆除中容易引起有毒有害气(液)体或粉尘扩散、易燃易爆事故发生的特殊建、构筑物的拆除工程。 2. 文物保护建筑、优秀历史建筑或历史文化风貌区影响范围内的拆除工程				
10	暗挖工程	采用矿山法、盾构法、顶管法施工的隧道、洞室工程		采用矿山法、盾构法、顶管法施工的隧道、洞室工程				
11	其他	1. 建筑幕墙安装工程。 2. 钢结构、网架和索膜结构安装工程。 3. 人工挖扩孔桩工程。 4. 水下作业工程。 5. 装配式建筑混凝土预制构件安装工程。 6. 采用新技术、新工艺、新材料、新设备可能影响工程施工安全，尚无国家、行业及地方技术标准的分部分项工程		1. 施工高度50m及以上的建筑幕墙安装工程。 2. 跨度36m及以上的钢结构安装工程，或跨度60m及以上的网架和索膜结构安装工程。 3. 开挖深度16m及以上的人工挖孔桩工程。 4. 水下作业工程。 5. 重量1000kN及以上的大型结构整体顶升、平移、转体等施工工艺。 6. 采用新技术、新工艺、新材料、新设备可能影响工程施工安全，尚无国家、行业及地方技术标准的分部分项工程				

建设单位（盖章）　　　　施工单位（盖章）　　　　监理单位（盖章）
专家签字：　　　　　　　　　　　　　　　　　　　日期：

15.2　危大工程专项施工方案的编制及论证

15.2.1　危大工程专项施工方案编制

施工单位应在危大工程施工前组织工程技术人员编制专项施工方案。实行施工总承包的，专项施工方案应由施工总承包单位组织编制。危大工程实行分包的，专项施工方案可以由相关专业分包单位组织编制。危大工程专项施工方案的主要编制内容包括：

(1) 工程概况

工程概况包括危大工程概况和特点、施工平面布置、施工要求和技术保证条件。

(2) 编制依据

编制依据包括相关法律、法规、规范性文件、标准、规范及施工图设计文件、施工组织设计等。

(3) 施工计划

施工计划包括施工进度计划、材料与设备计划。

(4) 施工工艺技术

施工工艺技术包括技术参数、工艺流程、施工方法、操作要求、检查要求等。

(5) 施工安全保证措施

施工安全保证措施包括组织保障措施、技术措施、监测监控措施等。

(6) 施工管理及作业人员配备和分工

施工管理及作业人员配备和分工包括施工管理人员、专职安全生产管理人员、特种作业人员、其他作业人员等。

(7) 验收要求

验收要求包括验收标准、验收程序、验收内容、验收人员等。

(8) 应急处置措施。

(9) 计算书及相关施工图纸。

15.2.2 危大工程专项施工方案编制的论证

对于超过一定规模的危大工程，施工单位应组织召开专家论证会对专项施工方案进行论证。实行施工总承包的，由施工总承包单位组织召开专家论证会。专家论证前专项施工方案应通过施工单位审核和总监理工程师审查。

专家应从地方建设行政主管部门建立的专家库中选取，符合专业要求且人数不得少于5名。与本工程有利害关系的人员不得以专家身份参加专家论证会。

专家论证会后，应形成论证报告，对专项施工方案提出通过、修改后通过或者不通过的一致意见。专家对论证报告负责并签字确认。

1. 专家论证会参会人员

超过一定规模的危大工程专项施工方案专家论证会的参会人员包括：

(1) 专家；

(2) 建设单位项目负责人；

(3) 有关勘察、设计单位项目技术负责人及相关人员；

(4) 总承包单位和分包单位技术负责人或授权委派的专业技术人员、项目负责人、项目技术负责人、专项施工方案编制人员、项目专职安全生产管理人员及相关人员；

(5) 监理单位项目总监理工程师及专业监理工程师。

2. 专家论证的内容

对于超过一定规模的危大工程专项施工方案，专家论证的主要内容包括：

(1) 专项施工方案内容是否完整、可行；

(2) 专项施工方案计算书和验算依据、施工图是否符合有关标准规范；

(3) 专项施工方案是否满足现场实际情况，并能够确保施工安全。

15.3 危大工程的施工现场安全管理

危大工程的施工现场安全管理包括：

（1）施工单位应在施工现场显著位置公告危大工程名称、施工时间和具体责任人员，并在危险区域设置安全警示标志。

（2）专项施工方案实施前，编制人员或者项目技术负责人应向施工现场管理人员进行方案交底。

施工现场管理人员应向作业人员进行安全技术交底，并由双方和项目专职安全生产管理人员共同签字确认。

（3）施工单位应严格按照专项施工方案组织施工，不得擅自修改专项施工方案。

因规划调整、设计变更等原因确需调整的，修改后的专项施工方案应按照本规定重新审核和论证。涉及资金或者工期调整的，建设单位应按照约定予以调整。

（4）施工单位应对危大工程施工作业人员进行登记，项目负责人应在施工现场履职。

项目专职安全生产管理人员应对专项施工方案实施情况进行现场监督，对未按照专项施工方案施工的，应要求立即整改，并及时报告项目负责人，项目负责人应及时组织限期整改。施工单位应按照规定对危大工程进行施工监测和安全巡视，发现危及人身安全的紧急情况，应立即组织作业人员撤离危险区域。

（5）监理单位应结合危大工程专项施工方案编制监理实施细则，并对危大工程施工实施专项巡视检查。

（6）监理单位发现施工单位未按照专项施工方案施工的，应要求其进行整改；情节严重的，应要求其暂停施工，并及时报告建设单位。施工单位拒不整改或者不停止施工的，监理单位应及时报告建设单位和工程所在地建设行政主管部门。

（7）对于按照规定需要进行第三方监测的危大工程，建设单位应委托具有相应勘察资质的单位进行监测。

监测单位应编制监测方案。监测方案由监测单位技术负责人审核签字并加盖单位公章，报送监理单位后方可实施。监测单位应按照监测方案开展监测，及时向建设单位报送监测成果，并对监测成果负责；发现异常时，及时向建设、设计、施工、监理单位报告，建设单位应立即组织相关单位采取处置措施。

（8）对于按照规定需要验收的危大工程，施工单位、监理单位应组织相关人员进行验收。验收合格的，经施工单位项目技术负责人及总监理工程师签字确认后，方可进入下一道工序。

危大工程验收合格后，施工单位应在施工现场明显位置设置验收标识牌，公示验收时间及责任人员。

（9）危大工程发生险情或者事故时，施工单位应立即采取应急处置措施，并报告工程所在地建设行政主管部门。建设、勘察、设计、监理等单位应配合施工单位开展应急抢险工作。

（10）危大工程应急抢险结束后，建设单位应组织勘察、设计、施工、监理等单位制定工程恢复方案，并对应急抢险工作进行后评估。

（11）施工、监理单位应建立危大工程安全管理档案。

施工单位应将专项施工方案及审核、专家论证、交底、现场检查、验收及整改等相关资料纳入档案管理。监理单位应将监理实施细则、专项施工方案审查、专项巡视检查、验收及整改等相关资料纳入档案管理。

思　考　题

1. 危险性较大的分部分项工程范围是什么？
2. 超过危险性较大的分部分项工程范围的包括哪些分部分项工程？
3. 应在施工前单独编制安全专项施工方案的分部分项工程有哪些？
4. 建筑施工企业应组织专家组进行论证审查的工程有哪些？
5. 结合本章案例分析，思考为什么不同区域的施工安全措施不同？为什么采用该种措施？

练　习　题

1. 某住宅工程，建筑面积 13500m^2，基坑开挖深度 7.5m，地下 2 层，地上 10 层，筏板基础加桩基（挖孔桩，深度 17m），现浇钢筋混凝土框架结构，在 1 层设计了转换层，层高为 5.1m，框架梁最大尺寸为 500mm×1600mm，楼板厚度为 180mm，混凝土为 C30。工程场地狭小，基坑边坡顶南侧 5m 处有 2 栋 5 层砖混结构住宅楼，东侧 3m 处有一条埋深 2.5m 的热力管线。

工程由某总承包单位施工，基坑支护由专业分包单位承担，基坑支护施工前，专业分包单位编制了基坑支护安全专项施工方案，分包单位技术负责人审批签字后报总承包单位备案并直接上报监理单位审查：总监理工程师审核通过。随后分包单位组织了 3 名符合相关专业要求的专家，总包单位也安排总工与参建各方相关人员召开论证会，专家形成书面随即离开。

请回答以下问题：

（1）根据本工程周边环境现状，基坑工程周边环境必须监测哪些内容？

（2）本项目从基坑支护专项施工方案编制到专家论证的过程有何不妥？并说明正确做法。

（3）本工程还有哪些超过一定规模的危险性较大的分部分项工程？

2. 某综合楼，建筑面积 52600m^2，地下 1 层，地上 20 层，第一层层高为 5.1m，其余楼层层高均为 3.6m。由于设计功能需要，在外墙的标高 36.0m 处悬挑一块现浇钢筋混凝土结构板（C30），宽度 5m，悬挑长度 4m，施工单位拟采用扣件钢管脚手架搭设模板支撑架体，竖向范围从室外－0.30m（－1 层顶板）到 36.0m。请回答以下问题：

（1）试设计该高大模板支撑架体；

（2）该危大工程的安全控制要点有哪些？

参　考　答　案

1.（1）根据本工程周边环境现状，基坑周边环境必须监测的内容有：①坑外地形的变形监测；②邻近建筑物的沉降与倾斜监测；③地下管线的沉降和位移监测。

（2）不妥之处包括：

1）分包单位技术负责人审批签字后报总承包单位备案并直接上报监理单位审查：总监理工程师审查通过；

正确做法：实行施工总承包的，专项方案应由总承包单位技术负责人及相关专业承包技术负责人签字；需专家论证的专项施工方案不得直接上报监理单位审核签字。

2）分包单位组织了 3 名符合相关专业要求的专家，总包单位也安排总工与参建各方相关人员召开论证会，专家形成书面随即离开；

正确做法：超过一定规模的危险性较大的分部分项工程专项方案应由施工单位组织召开专家论证会。实行施工总承包的，由施工总承包单位组织召开专家论证。专家组成员应有 5 名及以上符合相关专业要求的专家参加，本项目参建各方的人员不得以专家身份参加专家论证会。

专家论证形成书面意见后应签字确认。

(3) 本工程还包括人工挖孔桩及高支模安全专项施工方案需要编制。

2. (1) 试设计该高大模板支撑架体。

该模板支撑体系设计包括:

1) 模板、立杆纵横间距、水平杆步距(一般不超过1500mm)、次楞、主楞。

2) 支撑架体剪刀撑(包括水平、纵横垂直剪刀撑)、与已浇筑竖向结构的刚性拉结措施。

(2) 该危大工程的安全控制要点有哪些?

1) 所用的架体材料必须进行抽检合格。

2) 架体搭设参数必须符合安全专项施工方案。

3) 剪刀撑必须符合规范及方案。

4) 设置架体变形监测点及预警值,施工过程中安排专人对架体变形进行监测。当架体发生在搭设、钢筋安装、混凝土浇捣过程中,如发现杆件变形、防护不全、拉接松动等,必须立即停止浇筑,撤离作业人员,并采取相应的加固措施。

16 建筑施工环境保护与管理

16.1 环境保护管理机构

环境保护管理机构包括了从中央到地方的各级政府环境保护部门，形成国家、省、市、县、乡（镇）的各级管理机构体系。

16.1.1 中华人民共和国生态环境部

2008年7月，国家环境保护总局升格为环境保护部，成为国务院组成部门。2018年3月根据第十三届全国人民代表大会第一次会议批准的国务院机构改革方案组建中华人民共和国生态环境部。

生态环境部的主要职责包括：负责建立健全生态环境基本制度；负责重大生态环境问题的统筹协调和监督管理；负责监督管理国家减排目标的落实；负责提出生态环境领域固定资产投资规模和方向、国家财政性资金安排的意见，按国务院规定权限审批、核准国家规划内和年度计划规模内固定资产投资项目，配合有关部门做好组织实施和监督工作；负责环境污染防治的监督管理；指导协调和监督生态保护修复工作；负责核与辐射安全的监督管理；负责生态环境准入的监督管理；负责生态环境监测工作；负责应对气候变化工作；组织开展中央生态环境保护督察；统一负责生态环境监督执法；组织指导和协调生态环境宣传教育工作；开展生态环境国际合作交流；完成党中央、国务院交办的其他任务等。

16.1.2 环境监察机构

生态环境部对全国环境监察工作实施统一监督管理。县级以上地方环境保护主管部门负责本行政区域的环境监察工作，各级环境保护主管部门所属的环境监察机构（以下简称"环境监察机构"），负责具体实施环境监察工作。环境监察机构对本级环境保护主管部门负责，并接受上级环境监察机构的业务指导和监督。各级环境保护主管部门应加强对环境监察机构的领导，建立健全工作协调机制，并为环境监察机构提供必要的工作条件。

环境监察机构的主要任务包括：监督环境保护法律、法规、规章和其他规范性文件的执行；现场监督检查污染源的污染物排放情况、污染防治设施运行情况、环境保护行政许可执行情况、建设项目环境保护法律法规的执行情况等；现场监督检查自然保护区、畜禽养殖污染防治等生态和农村环境保护法律法规执行情况；具体负责排放污染物申报登记、排污费核定和征收；查处环境违法行为；查办、转办、督办对环境污染和生态破坏的投诉、举报，并按照环境保护主管部门确定的职责分工，具体负责环境污染和生态破坏纠纷的调解处理；参与突发环境事件的应急处置；对严重污染环境和破坏生态问题进行督查；依照职责，具体负责环境稽查工作；法律、法规、规章和规范性文件规定的其他职责。

环境监察局、环境监察总队、环境监察支队、环境监察大队、环境监察中队或者环境监察所都是环境监察机构的形式。

16.1.3 环境与资源保护委员会

全国人民代表大会环境与资源保护委员会，是全国人民代表大会的专门委员会之一。其主要职责包括：

(1) 审议全国人大主席团或者全国人大常委会交付的议案。

(2) 向全国人大主席团或者全国人大常委会提出属于全国人大或者全国人大常委会职权范围内同本委员会有关的议案。

(3) 审议全国人大常委会交付的被认为同宪法、法律相抵触的国务院的行政法规、决定和命令，国务院各部、各委员会的命令、指示和规章，省、自治区、直辖市人民政府的决定、命令和规章，并提出报告。

(4) 审议全国人大主席团或者全国人大常委会交付的质询案，听取受质询机关对质询案的调和答复，必要的时候向全国人大主席团或者全国人大常委会提出报告。

16.2 建筑施工现场环境保护要求

16.2.1 建设工程各单位环境保护职责

1. 建设单位的环境保护职责

建设单位应在建设工程项目施工之前，成立相应机构或组织相关人员进行建设项目环境评估并建立环境管理体系。建设单位在选择监理单位、施工单位和材料设备供应商时，应充分考虑环境保护因素，监督各参与主体在项目实施过程中对环境管理方案落实。

2. 施工单位的环境保护职责

施工单位应制定、实施与跟踪本单位环境保护措施，组织工人进行环境安全交底，建立项目环境保护方案、作业指导以及应急响应预案，执行项目环境方针，建立健全项目各级人员的环境职责分工，负责识别和评定重大环境安全风险清单。

3. 监理单位的环境保护职责

监理单位应按照国家有关的环境保护法律法规、条例、标准及与建设单位签订的监理服务合同的要求，可委派专职监理工程师进行施工现场的环境保护管理工作。

16.2.2 建设工程施工现场环境保护要求

1. 大气污染防治

(1) 施工现场的主要道路必须进行硬化处理，裸露的场地和集中堆放的土方应覆盖、固化或绿化等。

(2) 施工现场土方作业应采取防止扬尘措施，主要道路应定期清扫、洒水。

(3) 拆除建筑物、构筑物时，应采用隔离、洒水等降噪、降尘措施，并及时清理废弃物。

(4) 土方和施工垃圾运输采用密闭式运输车辆或采取覆盖措施，施工现场出口处应设置车辆冲洗设施，并应对驶出车辆进行清洁。

(5) 施工现场的材料和大模板等存放场地必须平整坚实。

(6) 采用现场搅拌混凝土或砂浆的场所应采取封闭、降尘、降噪等措施，水泥和其他易飞扬的细颗粒建筑材料应密闭存放或采取覆盖措施。

（7）建筑物内施工垃圾的清运，应采用相应容器或管道运输，严禁高空抛掷。

（8）施工现场应设置密闭式垃圾站，施工垃圾、生活垃圾应分类存放并及时清运出场。

（9）城镇、旅游景点、重点文物保护地及人口密集区的施工现场应使用清洁能源。

（10）施工现场的机械设备及车辆的尾气排放应符合国家环保排放标准的要求。

（11）施工现场严禁焚烧各类废弃物。

2. 水土污染防治

（1）施工现场应设置排水沟及沉淀池，施工污水经沉淀后方可排入市政污水管网或河流。

（2）施工现场存放的油料和化学溶剂等物品应设置专用库房，地面应做防渗漏处理。

（3）废弃的降水井应及时回填，应封闭井口，防止污染地下水。

（4）施工现场临时住所的化粪池应进行防渗漏处理。

（5）施工现场的危险废物应按国家有关规定进行处理，严禁填埋。

3. 施工噪声污染防治

（1）施工现场场界噪声排放应符合现行国家标准《建筑施工场界环境噪声排放标准》GB 12523—2011 规定。施工现场应对场界噪声排放进行监测、记录和控制，并应采取降低噪声的措施。

（2）施工现场应选用低噪声、低振动的设备。强噪声设备宜设置远离居民区的一侧，并应采用隔声、吸声材料搭设防护棚或屏障。

（3）因生产工艺要求或其他特殊需要，确需在夜间进行施工的，施工单位应加强噪声控制，并减少人为噪声。

（4）进入施工现场的车辆严禁鸣笛，装卸材料应做到轻拿轻放。

（5）施工现场应对强光作业和照明灯具采取遮挡措施，减少对周边居民和环境的影响。

16.2.3 建设工程施工现场环境卫生要求

1. 临时设施

（1）施工现场应设置办公室、宿舍、食堂、厕所、盥洗设施、淋浴间、开水房、文体活动室、职工夜校等临时设施，尚未竣工的建筑内严禁设置宿舍。

（2）施工现场应设封闭式建筑垃圾站，办公区和生活区应设置封闭式垃圾容器，生活垃圾分类存放，并及时清运、消除。

（3）办公室布局合理，文件资料应归类存放，应保持室内清洁卫生。

（4）施工现场应配备常用药及绷带、止血带、颈托、担架等急救器材。

（5）宿舍内应保证必要的生活空间，室内净高不得小于 2.5m，通道宽度不得小于 0.9m，住宿人员面积不得小于 2.5m^2，每间宿舍居住人员不得超过 16 人。宿舍应有专人负责管理，床头应设置姓名卡。

（6）施工现场生活区宿舍、休息室必须设置可开启式窗户，床铺不得超过 2 层，不得使用通铺。

（7）施工现场宜采用集中供火，使用炉火取暖时应采取防止一氧化碳中毒的措施。彩钢板活动房严禁使用炉火或明火取暖。

(8) 宿舍内应有防暑降温措施。宿舍应设置生活用品专柜、鞋柜或鞋架、垃圾桶等生活设施，生活区应提供晾晒衣物的场所和晾衣架。

(9) 宿舍照明电源宜选用安全电压，采用强电照明的宜使用限流器。生活区宜单独设置手机充电柜或充电房间。

(10) 食堂应设置在远离厕所、垃圾站、有毒有害场所等有污染源的地方。

(11) 食堂应设置隔油池，并应定期清理。

(12) 食堂应设置独立的制作间，储藏间。门扇下方应设不低于 0.2m 的防鼠挡板，墙面处理高度应大于 1.5m，地面应做硬化和防滑处理，并应保持墙地面整洁。

(13) 食堂应配备必要的排风和冷藏设施，宜设置通风天窗和油烟净化装置，油烟净化装置应定期清洗。

(14) 食堂宜使用电炊具。使用燃气的食堂，燃气罐应单独设置存放间并应加装燃气报警装置，存放间应通风良好并严禁存放其他物品；供气单位应资质齐全，气源具有可追溯性。

(15) 食堂制作间的炊具宜存放在封闭的橱柜内，刀、盆、案板等炊具应生熟分开。

(16) 食堂制作间、锅炉房、可燃材料库房及易燃易爆危险品库房等应采用单层建筑，应与宿舍和办公用房分别设置，并应按照相关规定保持安全距离。临时用房内设置的食堂、库房和会议室应设在首层。

(17) 易燃易爆危险品库房应采用不燃材料搭建，面积不应超过 $200m^2$。

(18) 施工现场应设置水冲式或移动式厕所，厕所地面应硬化，门窗应齐全并通风良好，厕位宜设置门及隔板，高度不应小于 0.9m。

(19) 厕所面积应根据施工人员数量设置。厕所应设专人负责，定期清扫、消毒。化粪池应及时清掏。高层建筑施工超过 8 层时，宜每隔 4 层设置临时厕所。

(20) 淋浴间内应设置满足需要的淋浴喷头，并应设置储衣柜或挂衣架。

(21) 现场应设置满足施工人员使用的盥洗设施。盥洗设施的下水管口应设置过滤网，并应与市政污水管线连接，排水应通畅。

(22) 生活区应设置开水炉、电热水器或保温水桶，施工区应配备流动保温水桶。开水炉、电热水器、保温水桶应上锁并由专人负责管理。

(23) 未经施工总承包单位批准，施工现场和生活区不得使用电热器具。

2. 卫生防疫

(1) 办公区和生活区应设专职或兼职保洁员，并应采取灭鼠、灭蚊蝇、灭蟑螂等措施。

(2) 食堂应取得相关部门颁发的许可证，并悬挂在制作间醒目位置。炊事人员必须经体检合格并持证上岗。

(3) 炊事人员上岗应穿戴洁净的工作服、工作帽和口罩，并应保持个人卫生。非炊事人员不得随意进入食堂制作间。

(4) 食堂的炊具、餐具和公用饮水器具应及时清洗并定期消毒。

(5) 施工现场应加强食品、原料的进货管理，建立食品、原料采购台账，保存原始采购单据，严禁购买无照、无证的食品和原料，食堂应按许可范围经营，严禁制售易导致食物中毒食品和变质食品。

（6）生熟食品应分开加工和保管，存放成品或半成品的器皿应有耐冲洗的生熟标识。成品或半成品应遮盖，遮盖物品应有正反面标识。各种佐料和副食应存放在密闭器血内，并应有标识。

（7）存放食品原料的储存间或库房应通风，有防潮、防虫、防鼠等措施，库房不得兼作他用。粮食存放台距墙和地面应大于0.2m。

（8）当施工现场遇突发疫情时，应及时上报，并应按卫生防疫部门相关规定进行处理。

16.3 建设工程施工现场环境管理

16.3.1 建设工程施工现场噪声管理

噪声按照其来源可分为交通噪声（如汽车、火车和飞机等）、工业噪声（如鼓风机、汽轮机、冲压设备等）、建筑施工噪声（如打桩机、推土机、混凝土搅拌机等发出的噪声）、社会生活噪声（如喇叭、收音机等）。根据《建筑施工场界环境噪声排放标准》GB 12523—2011，建筑施工场界环境噪声排放限值昼间为70dB/A，夜间为55dB/A。

建设工程施工现场噪声管理可以从声源、传播途径、接收者防护等方面来管理。

1. 声源的管理

（1）尽量采用低噪声的施工机械设备与加工工艺。

（2）减少施工现场加工制作，如施工现场设计产生噪声的成品、半成品加工、制作作业（如预制构件、木门窗制作等），尽量放在工厂完成。

2. 传播途径的管理

（1）吸声。利用吸声材料（大多由多孔材料制成）或由吸声结构形成的共振结构（金属或木质薄板钻孔制成的空腔体）吸收声能，降低噪声。

（2）隔声。采用隔声结构，阻碍噪声向空间传播，将接受者与噪声声源分隔。隔声结构包括隔音室、隔声罩、隔声屏障、隔声墙等。施工现场的强噪声机械包括搅拌机、电锯、电刨、砂轮机等，应设置封闭的降噪棚以减轻噪声的扩散。

（3）消声。利用消声器阻止噪声传播，如在通风机、鼓风机、压缩机、燃气机、内燃机及各类排气装置等进出风管的适当位置设置消声器。

3. 接收者的防护管理

处于噪声管理环境下的人员应使用耳塞、耳罩等防护用品，减少相关人员在噪声环境中的暴露时间，减轻噪声对人体的伤害。

4. 人为噪声的管理

进入施工现场后，不得高声喊叫、吹哨等。应建立相应的噪声管理制度，增强施工人员防治噪声的意识。

5. 噪声作业时间的管理

在人口稠密地区进行噪声作业时，应严格控制作业时间。遇到特殊情况，确实需要在夜间施工时，应尽量采取降噪措施，经相关部门同意后方可施工。

16.3.2 建设工程施工现场废水管理

施工现场废水管理是将施工现场污水中的有害物质清理出来。

1. 废水处理方法

废水处理方法包括化学处理法、物理处理法和生物处理法。

(1) 化学处理法，包括混凝法、氧化还原法、电解法、中和法等。

1) 混凝法：水质胶体状态的污染物质通常带有负电荷，胶体颗粒之间互相排斥形成稳定的混合液，如若水中带有相反电荷的电介质（即混凝剂）可使污水中的胶体颗粒变为中性体，并在分子引力作用下凝聚成大颗粒下沉。

2) 氧化还原法：通过在废水中投放氧化剂或还原剂，使水中的污染物质发生氧化或还原反应，产生氢气，使废水转化为无毒害的清洁水。

3) 电解法：在废水中插入电极，通过电流使阳极上发生氧化反应，产生氧气，阴极上发生还原反应，产生氢气，有毒有害的污染物在两极析出。

4) 中和法：在酸性废水中加入石灰、石灰石、氢氧化钠等碱性物质，在碱性废水中则加入酸性物质或混入 CO_2 等酸性气体，利用酸碱中和的原理使废水中和还原。

(2) 物理处理法，包括沉淀法、浮选法、筛选法、反渗透法等。

1) 沉淀法：利用污水中的悬浮物和水的密度不同的原理，借助悬浮物的重力沉降作用，通过沉淀池和隔油池去除污水中的悬浮物。

2) 浮选法：将空气混入水中，使其以微小气泡的形式由水中析出，并使污水中密度接近于水的微小颗粒污染物与空气气泡黏附，同时随气泡上升至水面，形成泡沫浮渣，然后将泡沫浮渣除去。

3) 筛滤法：筛滤法所用的设备有栅格、过滤机、压滤机、沙滤池等。

4) 反渗透法：在压力作用下将水分子压过一种特殊的半渗透膜，溶解于水中的污染物被渗透膜截留，从而去除水中的污染物。

(3) 生物处理法，包括活性污泥法、生物膜法、厌氧消化法等。

1) 活性污泥法：向废水中连续注入空气，经一定时间后因好氧性微生物繁殖而形成污泥状絮凝物，其上栖息的以菌胶团为主的微生物群具有很强的吸附与氧化有机物的能力，最终达到废水净化。

2) 生物膜法：使污水连续不断地流经固定的透水填料，在填料上形成污泥状的生物膜，生物膜上繁殖着大量微生物来吸附与降解水中的有机质，最终使污水得到净化。

3) 厌氧消化法：利用兼性厌氧菌的新陈代谢功能来净化污水的方法，可用来处理高浓度的有机污水和混合污泥。

2. 建设工程施工现场废水管理

(1) 施工污水管理

施工现场的搅拌机前台及运输车清洗处应设立沉淀池。经过沉淀的污水可排入市政污水管网，沉淀池内的泥沙定期清理干净，并妥善处理。

(2) 生活废水管理

食堂污水的排放管理。施工现场临时食堂应尽量使用无磷洗涤剂清洗餐具，应按规定设立隔油池，产生的污水经下水管道排放要经过隔油池，并定期清理，防止污染。

施工现场的临时厕所采用水冲式厕所，并有防蝇、灭蛆措施，防止污染水体和环境。

(3) 其他废水管理

施工现场设置专用的油漆油料库及化学用品储存库等，严禁库内放置其他物资。库房地面和墙面要做防渗处理，防止油料、化学用品、添加剂等跑、冒、滴、漏，污染水体。

禁止将有毒有害废弃物作土方回填使用，以免污染地下水和周围环境。

16.3.3 建设工程施工现场大气污染管理

大气污染物的种类有数千种，已发现的具有危害作用的有100多种，其中大部分是有机物。大气污染物通常以气体状态和粒子状态存在于空气中。

1. 大气污染物种类

（1）气体状态污染物

气体状态污染物包括分子状态污染物和蒸汽状态污染物。分子状态污染物指在常温常压下以气体分子形式分散于大气中的物质，如燃料燃烧过程中产生的二氧化硫、一氧化碳、氮氧化物等。蒸汽状态污染物指在常温常压下易挥发的、以蒸汽状态进入大气的物质，如机动车尾气、沥青烟中含有的碳氢化合物等。

（2）粒子状态污染物

粒子状态污染物是分散在大气中的微小液体和固体颗粒，粒径在100μm之间，是一个复杂的非均匀体。根据颗粒物在重力作用下的沉降特性将其分为降尘和飘尘。粒径大于10μm、能够较快地沉降到地面上的固体颗粒称为降尘。粒径小于10μm、可长期漂浮在大气中的固体颗粒称为飘尘。

2. 施工现场大气污染的防治措施

（1）施工现场垃圾渣土应及时清理出现场。

（2）高大建筑物清理施工垃圾时，应使用封闭式的容器或者采取其他措施处理高空废弃物，严禁凌空随意抛撒。

（3）施工现场道路应指定专人定期洒水清扫，形成制度，防止道路扬尘。

（4）对于细颗粒散体材料（如水泥、粉煤灰、白灰等）的运输、储存应注意遮盖、密封，防止和减少扬尘。

（5）车辆开出工地应做到不带泥沙，做到不洒土、不扬尘，减少对周围环境污染。

（6）除设有符合规定的装置外，禁止在施工现场焚烧油毡、橡胶、塑料、皮革、树叶、枯草、各种包装物等废弃物品以及其他会产生有毒、有害烟尘和恶臭气体的物质。

（7）机动车均应安装减少尾气排放的装置，确保符合国家标准。

（8）工地茶炉应尽量采用电热水器。若只能使用烧煤茶炉和锅炉时，应选用消烟除尘型茶炉和锅炉，大灶应选用消烟节能回风炉灶，使烟尘降至允许排放范围为止。

（9）城市市区的建设工程不得使用自拌混凝土。在允许设置搅拌站的工地，应将搅拌站封闭严密，并在进料仓上方安装除尘装置，采用可靠措施控制工地粉尘污染。

（10）拆除旧建筑物时，应适当洒水，防止扬尘。

16.3.4 建设工程施工现场固体废物管理

1. 建设工程施工现场常见固体废物的分类

（1）建筑渣土：包括砖瓦、碎石、渣土、混凝土碎块、废钢铁、碎玻璃、废屑、废弃装饰材料等；

（2）废弃的散装大宗建筑材料：包括水泥、石灰等；

（3）生活垃圾：包括炊厨废物、丢弃食品、废纸、生活用具、废电池、废日用品、玻璃、陶瓷碎片、废塑料制品、煤灰渣、废交通工具等；

(4) 设备、材料等的包装材料及粪便等。

2. 施工现场固体废物的处理

施工现场固体废物处理的基本思想是：采取资源化、减量化和无害化的处理，对固体废物产生的全过程进行控制。固体废物的主要处理方法如下：

(1) 回收利用

回收利用是对固体废物进行资源化的重要手段之一，建筑垃圾中的许多废弃物经分拣、剔除或粉碎后，多数可作为再生资源重新利用，如：

1) 废弃建筑混凝土和砖石可生产粗细骨料，用于生产相应强度等级的混凝土、砂浆或制备诸如砌块、墙板、地砖等建材制品，粗细骨料添加固化类材料后，也可用于公路路面基层。

2) 利用废砖瓦生产骨料，用于生产再生砖、砌块、墙板、地砖等建材制品。

3) 废弃道路混凝土可加工成再生骨料用于配制再生混凝土。

4) 废钢材、废钢筋及其他废金属材料可直接再利用或回炉加工。

(2) 减量化处理

减量化是对已经产生的固体废物进行分选、破碎、压实浓缩、脱水等减少其最终处置量，减低处理成本，减少对环境的污染。在减量化处理的过程中，也包括和其他处理技术相关的工艺方法，如焚烧、热解、堆肥等。

(3) 焚烧

焚烧用于不适合再利用且不宜直接予以填埋处置的废物，除有符合规定的装置外，不得在施工现场熔化沥青和焚烧油毡、油漆，亦不得焚烧其他可产生有毒有害和恶臭气体的废弃物。垃圾焚烧处理应使用符合环境要求的处理装置，避免对大气的二次污染。

(4) 稳定和固化

稳定和固化处理是利用水泥、沥青等胶结材料，将松散的废物胶结包裹起来，减少有害物质从废物中向外迁移、扩散，使得废物对环境的污染减少。

(5) 填埋

填埋是固体废物经过无害化、减量化处理的废物残渣集中到填埋场进行处置。禁止将有毒有害废弃物现场填埋，填埋场应利用天然或人工屏障，尽量使需处置的废物与环境隔离，并注意废物的稳定性和长期安全性。

思考题

1. 建设项目各责任主体对环境保护各有哪些职责？
2. 简述建设工程施工现场环境保护要求。
3. 简述建设工程施工现场噪声控制要求。
4. 简述建设工程施工现场环境卫生要求。
5. 施工现场如何进行污水和废水管理？
6. 施工现场如何进行空气污染管理？
7. 简述施工现场固体废物处理方法。

练习题

施工单位承接了某综合楼项目，建筑面积30100m^2，地上20层，地下1层，现浇钢筋混凝土结构，监理工程师在现场检查时，发现以下事件：

事件一：支撑架体钢管和楼板模板拆除后随意堆放，无交底记录。

事件二：地下室回填土中有建筑垃圾，部分为有毒有害废弃物。

事件三：在5层结构拆模后，劳务分包方作业人员直接从窗口向外乱抛建筑垃圾造成施工扬尘，工程周围居民因受扬尘影响，纷纷向有关部门投诉。

请回答以下问题：

(1) 事件一：施工项目部做法是否妥当？说明原因。

(2) 事件二：是否妥当？如何处理？

(3) 事件三：针对本次扬尘事件，项目经理应如何协调和管理？

参 考 答 案

(1) 事件一：不妥当。

脚手架、模板、木材等各种材料应码放整齐，各级工程技术人员逐级交底，并形成交底记录。

(2) 事件二：不妥当。

回填土不得采用建筑垃圾，应予以清除，并使用合格的回填土回填并夯实。

回填土严禁使用有毒有害废弃物，必须予以清除，并运送到城市有毒有害废弃物中心进行消纳。

(3) 事件三：项目经理应按以下方法进行处理：

1) 向居民做好解释工作。避免以后施工过程中类似事件发生，取得居民谅解。

2) 及时和当地环保部门、建设行政主管部门等有关单位联系沟通，取得其理解和支持。

3) 加强劳务分包作业队伍管理。教育提高劳务队伍环保意识；按分包合同规定对劳务分包方进行处罚。

4) 要求分包采取袋装措施，垃圾装运下楼。

5) 加强对本单位项目管理人员教育，提高现场监管力度。

17 案 例 分 析

17.1 工 程 概 况

17.1.1 工程基本情况

1. 项目概况

工程名称：桃源镇公路升级改造工程桥梁。

工程地点：略。

监理单位：略。

设计单位：略。

施工单位：略。

地勘单位：略。

质量目标：符合设计和国家现行有关施工质量验收规范要求，并达到合格标准，且一次性通过验收。

安全目标：杜绝死亡和重伤事故，轻重伤频率低于 0.5‰。

本工程起点梅溪河大桥桥头与现状道路顺接，途经堰沟村、袁良村、龙坡村，终点顺接康乐镇，全长约 18.325km。本段为项目二标段起点 K778+100 邬家沟，途经新城乡、袁良村，终点 K784+400 顺接长堰塘，全长约 6.3km。

本项目原则上采用二级公路标准，设计时速 40km/h，路基宽度 8.5m。本着充分利用既有道路的原则，对困难路段降低标准，进行升级改造。

2. 桥梁基本设计信息

箱梁结构设计信息见表 17-1。

桥梁设计为 2 联，第一联为 3 跨，跨度均为 20m；第二联为 2 跨，跨度均为 20m。

新建桥梁设置情况一览表 **表 17-1**

序号	中心桩号	上部结构	下部结构（桥墩）	下部结构（桥台）	桥梁全长（m）	桥梁全宽（m）
1	K778+331.00	钢筋混凝土箱梁	柱式墩、桩基础	重力式桥台、扩大基础	112	10.5

（1）新建桥梁为连续箱梁。新建桥梁桥面宽度：0.5m（防撞护栏）+0.75m（侧向宽度）+8m（行车道）+0.75m（侧向宽度）+0.5m（护栏）=10.5m（弯道加宽）；拼宽桥梁宽度：0.5m（护栏）+3.5m（行车道）=4.0m；两侧桥头均设 8m 长搭板。

（2）新建桥梁上部构造采用钢筋混凝土箱梁，中心梁高 1.5m，箱梁顶底板平行，桥面横坡通过箱梁结构调整，箱梁顶板厚 0.25m，底板厚 0.25m，腹板厚 0.5m；桥梁宽度为10.5m的箱梁，底板宽7.5m，悬臂1.5m，采用单箱双室；桥梁宽度为11.0m的箱梁，底板宽7.5m，悬臂1.75m，采用单箱双室。拼宽桥梁上部结构采用钢筋混凝土空心板梁，空心板顶板宽4m，底板宽3.4m，悬臂长0.30m，梁高1.0m，如图17-1所示。

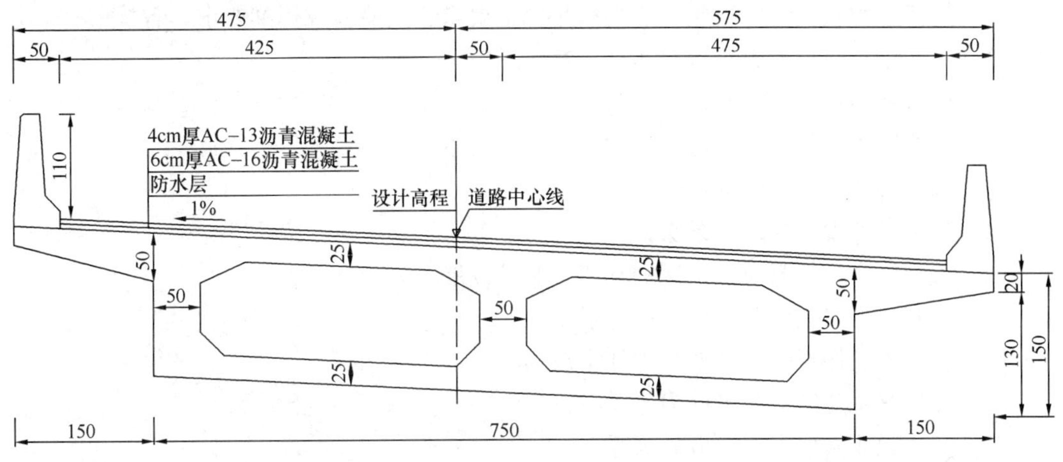

图17-1 箱梁断面图

（3）桥面铺装：细粒式沥青混凝土上面层4cm（AC-13C）＋乳化沥青粘层＋中粒式沥青混凝土下面层6cm（AC-16C）＋防水层。

17.1.2 周边环境概况

项目有市政道路直通现场，交通条件较方便，周边有一座既有桥梁，距离10m左右，如图17-2所示。

图17-2 箱梁模板施工环境工况图

17.1.3 本分部工程目标及管理要求

1. 安全管理目标

（1）生产安全事故死亡率为零；生产安全事故重伤率为零。

（2）一般等级及以上生产安全责任事故为零。

（3）一般及以上交通责任事故为零。

（4）火灾责任事故为零。

（5）机械设备责任事故为零。

（6）环境责任事件为零。

2. 质量管理目标

（1）施工过程或实体工程质量必须满足以下要求：按照验收标准要求，各检验批、分项、分部工程施工质量检验合格率达到 100％。

（2）监督部门年度一次性抽检合格率不低于 98％；

（3）杜绝工程质量事故，遏制工程质量问题发生。

3. 职业健康安全生产目标

（1）重大安全责任事故零案次；

（2）关爱生命、健康安全、保护环境、和谐发展；

（3）达到“平安工地”目标；

（4）发生人员伤亡的生产安全责任事故为零；

（5）发生突发环境责任事件为零；

（6）发生职业病危害责任事故为零；

（7）杜绝因未履行《建设工程安全生产管理条例》所规定的“施工单位安全责任”而造成的安全事故。

17.1.4　施工平面布置

施工平面布置图详见附图。

17.1.5　施工要求和技术保证条件

1. 施工要求

（1）桥体系必须保证足够的刚度和稳定性；

（2）桥体系钢管桩必须保证足够的承载力、稳定性。

2. 技术保证条件

（1）管理措施

对施工员、安全员、质检员进行技术培训，使其对施工合同、设计图纸、施工现场、施工工艺流程、质量要求、技术标准等有详细的了解，对工人进行劳动技能培训、安全教育培训等，了解工人的技术水平，提高工人的质量意识，提高工人的劳动技能。对施工技术管理人员及工人进行技术交底。随时组织管理人员对施工现场进行检查，依据专项施工方案、相关规范、施工设计图纸对施工实物进行测量、检查，发现问题立即整改，并落实到位。完工后立即组织相关人员验收，验收不合格不能进入下一道工序。

（2）组织措施

选择具有丰富经验的管理人员和技术人员，包括项目经理、项目技术负责人、安全员、质量员等进行施工管理，选择有施工经验的施工工人进行现场作业，确保按照施工图纸、相关规范、专项方案进行施工，确保施工安全。

（3）技术措施

严格按照国家和地方的法律法规、设计文件、地勘报告、施工组织设计等施工，保证有据可依，在技术上保证安全。

17.2 编制依据及说明

17.2.1 编制范围

本方案针对本工程桥梁施工工艺进行编制。其中对工程的施工部署、主要施工方法、主要施工机械进场计划、劳动力安排计划；确保工程质量的技术组织措施、确保安全生产的技术组织措施、确保文明施工的技术组织措施、确保工期的技术组织措施、施工进度计划等做了详细的阐述，力求做到科学性、适用性及针对性。

17.2.2 编制依据

1. 企业外部文件

(1)《建设工程安全生产管理条例》(国务院令第 393 号)；

(2)《生产经营单位生产安全事故应急预案编制导则》GB/T 29639—2020；

(3)《企业职工伤亡事故分类》GB 6441—1986；

(4)《生产过程危险和有害因素分类与代码》GB/T 13861—2009；

(5)《市政工程施工安全检查标准》CJJ/T 275—2018；

(6) 本工程《施工图设计文件》及地勘报告；

(7)《建筑施工扣件式钢管脚手架安全技术规范》JGJ 130—2011；

(8)《建筑施工高处作业安全技术规范》JGJ 80—2016；

(9)《公路桥涵地基与基础设计规范》JTG 3363—2019；

(10)《建筑施工脚手架安全技术统一标准》GB 51210—2016；

(11)《钢管满堂支架预压技术规程》JGJ/T 194—2009；

(12)《公路桥涵施工技术规范》JTG/T 3650—2020；

(13) 计算软件；

(14) 其他(略)。

2. 企业内部文件

(1) 本项目设计文件；

(2) 本工程地质勘查报告；

(3) 本工程施工组织设计；

(4) 其他文件。

17.3 施 工 计 划

17.3.1 施工总体部署

根据本地区气温、气候条件，结合本工程实际情况。计划在桥梁两端分别设立现场指挥部，配置管理人员、技术人员对桥梁及道路进行现场管理工作。

本合同段根据实际工期安排，拟安排 9 个月完成施工任务，即自 2020 年 12 月 18 日至 2021 年 9 月 18 日，具体计划如下：

1. 第一阶段——施工准备阶段

安排 1 个月，时间为 2020 年 12 月 18 日—2021 年 1 月 18 日。主要组织人员、机械设备进场，交接桩和进行复测，核对设计文件资料，完成施工便道，连接给水管道、供电线路，修建生产及生活用房，办理征地拆迁等工作。

2. 第二阶段——主体工程施工阶段

第二阶段——主体工程施工阶段。计划安排7个月施工期（2021年1月18日—2021年8月18日）。主要完成桥台、主拱、拱柱、箱形梁、桥梁附属设施、路基开挖与填筑、路基防护、排水、涵洞及通道、排水、路面结构层、交通工程等工程项目。

主要工程项目施工顺序及时间安排如下：

（1）路基工程施工：工期110d。

（2）涵洞及通道工程施工：工期55d。

（3）防护及排水工程施工：工期81d。

（4）桥梁工程施工：

桥台：工期25d。

主拱：工期66d。

拱柱：工期30d。

箱形梁：工期35d。

附属设施：工期30d。

路面结构层施工：

水泥稳定碎石基层：工期61d。

沥青混凝土面层：工期20d。

交通工程：工期31d。

3. 第三阶段——收尾配套阶段

时间10天，2021年9月8日—2021年9月18日。主要完成工程整理，设备、人员转场、场地恢复、竣工资料编制及验交等工作。

17.3.2　施工进度计划

本高支模工期共计40d，本项目施工进度计划详见附图2。

17.3.3　材料与设备计划

1. 材料与设备

（1）材料准备

结合工程的工程特点及工程量，以经济实用的原则，对主要的周转材料作如下选择，具体详见表17-2。

桥主要材料数量表　　**表17-2**

序号	材料名称	规格型号	单位	总用量	备注
1	扣件钢管立杆	ϕ48.3×3.6mm（实际壁厚不小于2.7mm）	m	1300	拟投入量
2	扣件钢管水平杆	ϕ48.3×3.6mm（实际壁厚不小于2.7mm）	m	1900	拟投入量
3	骑马螺栓	U形	个	504	拟投入量
4	方木	松木，40×80mm	m^3	20	拟投入量
5	混凝土	Q235A材质	m^3	51	拟投入量
6	钢材	HRB400	t	3.2	拟投入量
7	扣件式钢管——用于水平剪刀撑	ϕ48×3.6mm（壁厚不小于2.7mm）	m	1000	拟投入量
8	扣件式钢管——用于垂直剪刀撑	ϕ48×3.6mm（壁厚不小于2.7mm）	m	1085	拟投入量

（2）机具计划

本项目机具计划详见表 17-3。

主要施工机械设备表 **表 17-3**

序号	设备名称	型号	单位	计划进场
1	汽车吊	25t	辆	1
2	汽车吊	50t	辆	1
3	发电机	200kW	台	1
4	导向架		套	1
5	圆钢套丝机	Y-90L-4	台	2
6	钢筋切割机	GQ40	台	2
7	锯木机	Y100L2-4	台	4
8	电焊机	BX1-400	台	4
9	压路机	20T	台	1
10	挖掘机	330	台	1
11	游泳圈	合格	个	3

2. 主要检测计量用具计划

计划详见表 17-4。

主要检测计量用具 **表 17-4**

序号	仪器名称	规格型号	单位	数量	备注
1	力矩扳手	DB100N-S	把	2	合格
2	全站仪	BTS-812CA	台	1	
3	水准仪	SETL-DS3	台	2	
4	钢卷尺	5m	把	10	
5	大钢卷尺	50m	把	2	
6	游标卡尺	合格	把	2	

3. 安全防护用品

防护用品详见表 17-5。

安全防护用品计划表 **表 17-5**

序号	材料名称	单位	数量
1	安全帽	顶	40
2	安全带	条	40
3	防坠器	个	30
4	防滑鞋	双	50
5	密目网	m^2	3000
6	安全标志标牌	块	50
7	救生圈	个	8
8	N95 口罩	个	100
9	消毒酒精	瓶	20

17.4 施工工艺技术

17.4.1 技术参数

箱梁根据不同部位，按照不同板厚进行计算，包括500mm、1000mm、1500mm，腹板梁则按照700mm×1500mm计算，本节仅列出700mm×1500mm腹板梁计算内容。

箱梁700mm×1500mm梁模板界面参数表见表17-6。

700mm×1500mm梁模板（扣件式、梁板立柱共用）界面参数表 **表17-6**

1. 基本参数			
新浇混凝土梁名称	箱梁	模板支架纵向长度 L（m）	20
模板支架横向长度 B（m）	20	混凝土梁截面尺寸（mm×mm）	700×1500
模板支架高度 H（m）	4	梁侧楼板厚度（mm）	1000
2. 支撑体系参数			
新浇混凝土梁支撑方式	梁两侧有板，梁底小梁平行梁跨方向	梁跨度方向立杆间距 l_a（mm）	600
梁两侧立杆间距 l_b（mm）	1200	步距 h（mm）	1500
新浇混凝土楼板立杆间距 l'_a（mm）	300	新浇混凝土楼板立杆间距 l'_b（mm）	600
混凝土梁居梁两侧立杆中的位置	居中	梁左侧立杆距梁中心线距离（mm）	600
梁底增加立杆根数	3	梁底增加立杆布置方式	按梁两侧立杆间距均分
梁底增加立杆依次距梁左侧立杆距离（mm）	300，600，900	梁底支撑小梁根数	6
梁底支撑小梁最大悬挑长度（mm）	200	每纵距内附加梁底支撑主梁根数	0
结构表面的要求	结构表面外露	模板及支架计算依据	《建筑施工扣件式钢管脚手架安全技术规范》JGJ 130—2011
3. 荷载参数			
模板及其支架自重标准值 G_{1k}（kN/m²）	0.1，0.3，0.5，0.75	新浇筑混凝土自重标准值 G_{2k}（kN/m³）	24
混凝土梁钢筋自重标准值 G_{3k}（kN/m³）	1.5	混凝土板钢筋自重标准值 G_{3k}（kN/m³）	1.1
当计算支架立杆及其他支承结构构件时 Q_{1k}（kN/m²）	1	振捣荷载 Q_{2k}（kN/m²）	2

续表

省份	重庆	地区	奉节县
基本风压 ω_0（kN/m^2）	0.35	地基粗糙程度	C类（有密集建筑群市区）
模板支架顶部距地面高度（m）	24	风压高度变化系数 μ_z	0.796
风荷载体型系数 μ_s	1.3	风荷载标准值 ω_k（kN/m^2）	0.362
4. 面板参数			
面板类型	覆面木胶合板	面板厚度 t（mm）	15
面板抗弯强度设计值［f］（N/mm^2）	15	面板抗剪强度设计值［τ］（N/mm^2）	1.5
面板弹性模量 E（N/mm^2）	5400		
5. 小梁参数			
小梁材质及类型	方木	方木宽（mm）	40
方木高（mm）	80	小梁抗弯强度设计值［f］（N/mm^2）	15.444
小梁抗剪强度设计值［τ］（N/mm^2）	1.782	小梁截面抵抗矩 W（cm^3）	42.667
小梁弹性模量 E（N/mm^2）	9350	小梁截面惯性矩 I（cm^4）	170.667
计算方式	二等跨连续梁		
6. 主梁参数			
主梁材质及类型	钢管	主梁截面类型（mm）	ϕ48.3×3.6
主梁计算截面类型（mm）	ϕ48×2.7	主梁抗弯强度设计值［f］（N/mm^2）	205
主梁抗剪强度设计值［τ］（N/mm^2）	125	主梁截面抵抗矩 W（cm^3）	4.12
主梁弹性模量 E（N/mm^2）	206000	主梁截面惯性矩 I（cm^4）	9.89
7. 可调托座参数			
可调托座内主梁根数	2	可调托座承载力设计值［N］（kN）	30
扣件抗滑移折减系数 k_c	0.85	主梁受力不均匀系数	0.6
8. 立杆参数			
立杆钢管截面类型（mm）	ϕ48.3×3.6	立杆钢管计算截面类型（mm）	ϕ48×2.7
钢材等级	Q235	立杆截面面积 A（mm^2）	384
立杆截面回转半径 i（mm）	16	立杆截面抵抗矩 W（cm^3）	4.12
立杆抗压强度设计值［f］（N/mm^2）	205	支架自重标准值 q（kN/m）	0.15
9. 地基参数			
模板支架作用位置	地基基础	地基土类型	素填土
地基承载力特征值 f_{ak}（kPa）	200	立杆垫木地基土承载力折减系数 m_f	1
垫板底面面积 A（m^2）	0.15		

17.4.2　工艺流程

现浇连续箱梁施工工艺流程如下：

地基处理及场地硬化→支架安装→底模及侧模安装→支架预压→调整底模标高→绑扎箱梁底筋及梁腹板筋（同时安装波纹管）→安装箱梁腹板模板→底板及腹板混凝土浇筑→安装箱梁芯模→绑扎箱梁顶板筋及预埋筋→浇筑箱梁顶板混凝土→养护→预应力张拉→管道压浆→支架拆除→完成桥面设施，如图 17-3 所示。

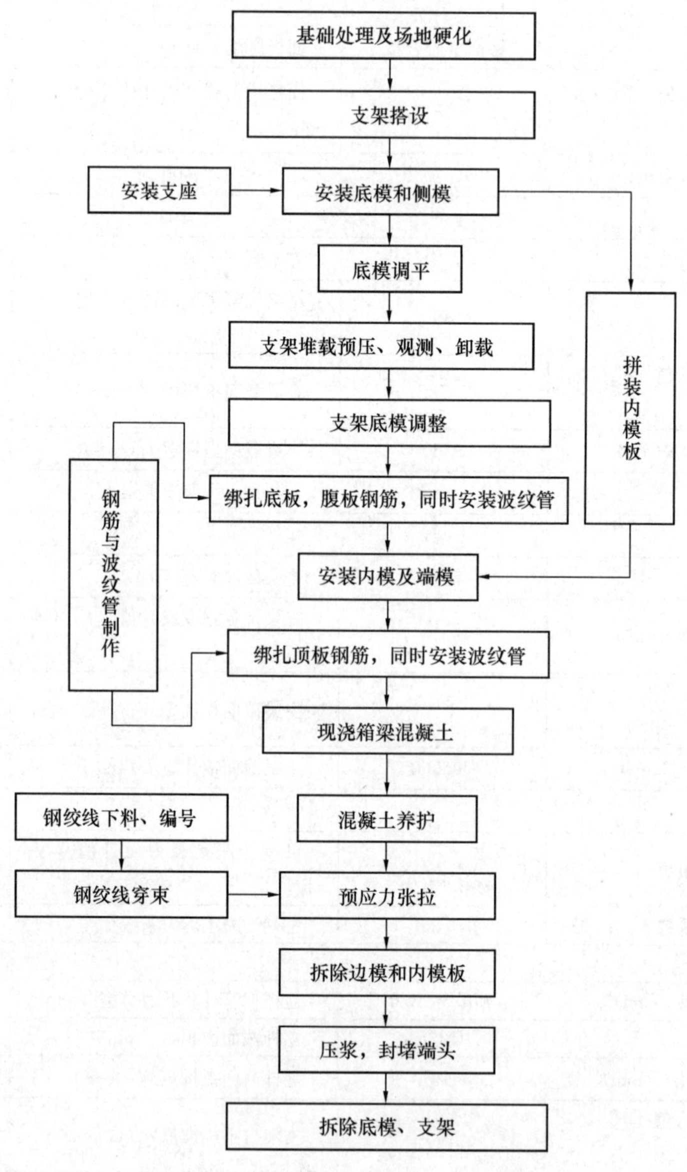

图 17-3　现浇连续箱梁施工工艺流程图

17.4.3　施工方法

1. 施工准备

施工前，要求每一个工作班组的施工人员熟悉图纸，结合施工现场的实际情况，了解设计意图，认真学习施工技术规范及质量验收标准。现场施工技术人员进行技术交底，要求施工人员严格按照施工技术规范和设计要求进行施工。

2. 场地及支架地基处理

为减少支架加载之后的沉降量，尽量消除地基的不均匀沉降，保证支架的整体稳定性及安全性，对地基进行彻底有效的处理。并设置横向双向横坡，便于及时排除雨水，并设置 0.6m×0.4m 纵向排水沟。

局部回填土区域的地基处理方法为：①回填土夯实，密实度需达到 94%，特征值达到 200kPa。②铺设 300mm 厚手摆片石，面上铺 100mm 碎石。③浇筑 200mm 厚 C20 混凝土，宽度为箱梁宽度＋1000mm×2。

3. 支架搭设

根据测放的支架范围，先在地面测设放样布点，然后进行支架的搭设。搭设前，根据箱梁自重考虑施工荷载和安全系数，根据计算决定支架的搭设形式。支架要有足够的刚度、强度和整体稳定性，杆件的结合要紧密，并设纵横连杆和剪刀撑。支架的搭设方案经过监理的认可。

箱梁腹采用扣件式脚手架搭设，在桥梁的实心板、实心横隔板、支座以及支座两侧 3m 范围内立杆布置为：横向立杆间距 300mm，纵向立杆间距 400mm 布置；其余区域立杆按 600mm × 600mm 布置，在腹板梁下加密 1 根立杆。木枋为纵向布置，间距为 200mm，在腹板梁处间距为 100mm。

（1） 支架架搭设

支架采用扣件式脚手架。立杆基本结构形式为 600mm×600mm。横桥向在结构外侧留出 900mm 的工作面。高度方向，紧贴地面设置一层水平扫地杆，每隔 1.5m 设置一层纵横水平连杆，在支架立面设连续剪刀撑。

（2） 测量放样

支架立杆采用放线定位，底座和垫板准确的放置在定位线上；在模板立好后，根据导线控制点和加密控制点，利用水准仪与钢尺采用多次测量，精度控制达到四等水准测量，高程的测量要利用附近的两个以上的控制点进行联测，取其平均值，经过一段时间后，要对该水准点进行复核，避免由于沉降引起错误，从而保证该高程点的准确性。

（3） 支架验收

1） 模板工程经施工单位技术负责人、监理工程师是否审批；

2） 搭设模板系统搭设前是否进行技术交底；

3） 材料选用是否符合专项施工方案设计的要求；

4） 是否设置立柱底部垫板、顶部可调支托等；

5） 立柱的间距、排距是否符合施工组织设计的要求；

6） 立柱接长是否全部采用对接；

7） 是否设置纵横向扫地杆；

8） 扣件拧紧力矩是否达到要求；

9） 是否设置剪刀撑；

10） 是否与桥梁墩柱进行牢固连接；

11） 作业面孔洞及临边是否有防护措施。

4. 模板安装

支架经过验收后铺设底模，为保证底模的标高，首先用水准仪沿控制线纵、横方向每4m测量一点，并标出控制标高的位置，测量过程中，对标高不满足要求的木方进行铅垂方向的调整，使其达到设计要求为止，测量结束后，挂线控制施工高度。待上述工作结束后，进行底模的铺设工作，根据施工准备过程中加工底模的编号进行底模铺设，在横向边缘处，底模和方木比设计宽度多100mm，以便安装侧模。底模用铁钉固定于方木上，底模的拼缝位于方木上。

底模拼装要求平顺均匀，模板拼缝采用腻子抹嵌封闭。底模铺设按中心线对称排列，余量留在两侧，并且全部底模的排列采用统一形式，做到标准统一。

底模铺设完毕后，根据导线控制点和加密控制点，对底模进行复核，复核内容包括：中心线、底横向的变化起止点、纵向竖曲线的起止点。对以上复核内容中的高程进行测量，严格控制误差，使其满足规范规定。

5. 支架预压

(1) 支架预压的目的

1) 检查支架的安全性，确保施工安全。

2) 消除地基、支架自身非弹性变形的影响，有利于桥面线形控制。

3) 测量预压时支架产生的弹性变形，根据其测量结果对满堂架进行预拱度调整。

(2) 预压准备工作

1) 支撑体系预压前，应对施工区域内的不良地质的分布情况初步了解，发现不合格地基，要及时处理。

2) 支撑体系基础应设置排水措施，不得被雨水浸泡。

3) 支撑体系预压前，支撑体系必须具有足够的强度、刚度和稳定性，支撑体系应经过验收合格，方可进行预压。

(3) 支架预压方案

1) 压重材料的选用

压重荷载选用砂袋，用等重量的编织袋装好沙子，便于压重时记录。

2) 测点布置情况

支架的沉降监测点的布置应符合下列规定：

① 沿混凝土结构纵向每隔1/4跨径应布置一个监测断面；

② 每个监测断面上的监测点不宜少于3个，并应对称布置；

③ 监测点布置详见附图

3) 吊装设备的选用

桥梁压重吊装设备采用1台25t和1台50t汽车吊，以加快施工进度，施工时可根据具体情况增加吊车台数。

4) 压重顺序

压重顺序理论应按照混凝土的浇筑顺序进行，先浇筑混凝土的部位先压重，后浇筑混凝土的部位后压重，根据混凝土浇筑顺序，压重的顺序应为：预压首先采用预压总高度的1/4，然后依次为预压总高度的1/2、3/4，最终达到预压总高度。

5) 支架预压

① 预压材料选用砂袋，砂袋的堆码按设计梁体的结构自重和分布形式堆放，加载时对称等载预压布置，防止支架偏压失稳。加载顺序按混凝土浇筑的顺序进行，加载时分级进行。

② 本方案预压方法依据桥梁钢筋混凝土重量分布情况，在搭好的支架上堆放砂袋（砂袋的荷载取支架承受的混凝土结构恒载与模板重量之和的1.2倍）。施工前，每袋砂石按标准重进行分包准备好，然后用汽车吊进行吊装就位，并按桥梁结构形式合理布置砂袋数量。

③ 当支架稳定后，即可卸掉砂袋。卸压完成后，要再次复测各控制点标高，以便得出支架和地基的弹性变形量（等于卸压后标高减去持荷稳定后所测标高），用总沉降量（即支架持荷后稳定沉降量）减去弹性变形量为支架和地基的非弹性变形（即塑性变形）量。预压完成后要根据预压成果通过可调顶托调整支架的标高。模板调整完成后，再次检查支架和模板是否牢固。

④ 预压流程：支架验收→标高测量→砂袋就位→加载30%→沉降变形观测→加载60%→沉降变形观测→加载100%→沉降变形观测→加载120%→沉降变形观测→表面覆盖→卸载→标高调整。

安装好底模后，可对支架进行预压，用砂袋进行支架预压。砂袋的堆积高度按拱体自重分布变化取值，从而使预压荷载的分布与拱体荷载的分布相吻合。加载时按照30%、60%、100%、120%预压荷载分四级加载，加载时加载重量的大小和加荷速率与地基的强度增长相适应，待地基在前一级荷载作用下，达到一定条件后，再施加下一级荷载，特别是在加载后期，必须严格控制加载速率，防止因整体或局部加载量过大、过快而使地基发生剪切破坏。

支架预压过程中，要有专人负责观察预压过程中支架的变化情况，如在预压过程中，出现变化急剧时，必须立即停止预压加载，查明情况分析原因后，才能继续预压。

（4）标高测量方法

根据以上的预压荷载计算和测点布置设计，上层测点用安装标杆的方法设置测量点，下层测点直接在第二层方木上钉铁钉设点测量。

标高测量标杆用直径25mm的钢筋制作，长度大于堆码高度30cm，标杆底部加焊30cm×30cm×10mm钢板，以便吨袋压住，保证位置准确，高度稳定。标杆顶部用砂轮切割机切割平整，以便测量准确。

用水准仪定期观测：加载前作一次系统的观测，作为原始数据。加载过程中，每级加载完成后，应先停止下一级加载，并应每间隔12h对支架沉降量进行一次监测。当支架顶部监测点12h的沉降量平均值小于2mm时，可进行下一级加载。全部加载结束后，应监测并记录各监测点标高。每间隔24h应监测一次，直到预压结束。预压结束后，进行卸载，卸载6h后，监测各监测点的标高，并计算支架基础各监测点的弹性变形量。

（5）卸载

加载至120%时所测数据与连续24h后的数据变化平均小于1mm时，或连续72h的沉降量平均值小于5mm时，表明支架和地基已基本沉陷到位，经监理工程师确认后，即可进行卸载工作，卸载时采取均匀分层拆除，保证支架在拆除过程中受力均匀。

卸压完成6h后，要再次复测各控制点标高，计算出支架的弹性变形量（等于卸压后标高减去持荷稳定后所测标高），用总沉降量（即支架持荷后稳定沉降量）减去弹性变形量为支架的非弹性变形（即塑性变形）量。预压完成后要根据预压成果通过可调顶托调整支架的标高。

（6）支架模板系统预压

为保证箱梁混凝土结构的质量，检验支架及地基的强度及稳定性、安全性，确保施工安全；支架搭设完毕铺设底模后必须进行预压处理，以消除模板、方木、支架的非弹性变形和地基的压缩沉降影响；同时取得支架及地基的弹性变形的实际数值，作为梁体立模的预拱度数据设置的参考。预压方法依据箱梁混凝土重量分布情况，在搭设好的支架上拖放预压块或沙袋，预压采用编织袋装砂，每袋重1.6t，预压荷载按箱梁混凝土总重的120％进行超载预压。

支架预压采用砂袋进行预压，预压范围：箱体、翼板。箱体范围预压分三级预压：50％～100％～120％；翼板位置待箱体进行第三次预压时一次进行120％超载预压。预压时间视支架地面沉降量确定，支架沉降稳定。

本方案中支架设计按照以桥梁横向宽度为支架宽度，高度为实心板桥梁高度设计。

按照等效荷载计算，端部楼板厚度为1000mm，混凝土容重为$26kN/m^3$，采用砂袋（容重为$15kN/m^3$）预压，则砂袋的高度为26/15＝1.73m，实心段沙袋高度为26×1.5/15＝2.6m。

现浇支架在浇注混凝土前必须进行预压，通过预压时测量出的有关沉降数据，计算出预拱度，在支架模板安装时预留标高，以实现浇注完成面标高符合设计要求。

（7）砂袋布置

支架预压时砂袋摆放分三种情况：

1）墩顶、空心部分过渡段及跨中横隔梁部分：按中横梁重量计算单位面积荷载，根据该荷载分三级布置砂袋超载120％预压。

2）箱体位置：跨中箱体标准断面计算单位面积荷载，根据该荷载分三级布置砂袋超载120％预压。

3）翼板位置：根据混凝土重量计算平均单位面积荷载，根据该荷载一次超载120％预压。

6.混凝土浇筑

箱梁混凝土竖向分两次浇筑，第一次地板及腹板梁（上部加腋处以下），第二次顶板及腹板梁（上部加腋处以上）。水平方向，混凝土由中间向两边浇筑。浇筑所用混凝土由搅拌站供应商品混凝土，采用2台泵车浇筑，混凝土按设计要求进行配合比设计及搅拌。

（1）混凝土灌注时有关要求

为避免商品混凝土有时因故不能及时运到，应在现场附近准备另一家混凝土拌和站备用。混凝土运输线路的选择确保混凝土运输迅速、顺利、方便，并尽量缩短运输距离，同时避开塞车高峰。

混凝土拌制前，对各类衡器进行检查，使其保持灵敏、准确，在使用过程中注意保管、检查，使各类衡器始终保持良好的工作状态。

拌制混凝土时，严格按签发的混凝土级配通知单所规定的各类材料及其配合比例进行配料，不得随意变更。

所用粗、细骨料应分别堆放，并按级配要求分级称量，使骨料保持合理级配，确保混凝土的均匀性。

混凝土拌制期间，保持骨料具有稳定的含水率。遇有雨大时，及时测定骨料的含水量，并及时调整砂、石、水的用量，确保混凝土配合比符合要求。

混凝土搅拌车在装第一车混凝土前应向滚筒内加水滚动，再将水倾倒出去，使其滚筒、叶片湿润，以免吸浆。

搅拌车运送过程中应以 2～4 转/min 慢速滚动，出料前应快速转动 1min，以保持混凝土的和易性。

搅拌车到达混凝土灌筑地点时，及时测定混凝土坍落度，发现问题及时同拌和厂联系采取措施，严禁任意加水来调整坍落度。

搅拌车到达混凝土灌筑地点时，及时灌筑，不准停留时间过长，同时及时振捣，避免蜂窝、麻面、漏捣。

尽量加快混凝土的浇筑速度，使次一层的浇筑能在先浇筑的一层混凝土初凝以前完成。

注意倒角处的振捣。倒角处宜先抽掉部分模板，从缺口处插入振捣，必须小心操作，避免漏捣。

加强混凝土的养护。混凝土浇筑初凝后立即进行养护。在养护期间，应使其保持湿润，防止雨淋、日晒和受冻。因此，对混凝土外露面，待其表面收浆、凝固后即用土工布或草帘等物覆盖，并应经常在模板及土工布或草帘上洒水，洒水养护的时间，应不少于《公路桥涵施工技术规范》JTG/T 3650—2020 所规定的时间。一般在常温下，对于硅酸盐水泥应不少于 7 昼夜。混凝土在养护期间或未达到一定强度之前，防止遭受振动。因此，在强度未达到 2.5MPa 以前，禁止行人通行，并禁止安装其上层结构的模板及支撑物等设施。当日平均气温低于＋5℃或日最低气温低于 0～3℃时，按冬季施工要求进行办理。考虑到结构物对徐变挠度的较高要求，洒水养护时间要尽量延长，以减少环境对徐变挠度的影响。

（2）质量控制措施

切实做好商品混凝土连续供应的一切组织工作，含配置足够的运输车、备用泵车。商品混凝土现场严禁加水稀释，坍落度测试不合格予以退回；做好同条件养护试块，并做好混凝土养护工作，确保混凝土质量。

浇混凝土之前，清理干净模板面上的所有垃圾（钢筋头、木料、铁钉、木屑、电焊渣等），用工业吸尘器及高压气泵冲吸。并用高压水冲洗干净，确保混凝土表面质量。

垫块采用高强度混凝土垫块或穿 PVC 套管钢筋，严格控制钢筋垫块数量及排放位置，防止露筋及发锈迹，防止垫块乱散而影响外观质量。

7. 模板支架拆除

（1）支架拆除要求

1）拆模板前先进行针对性的安全技术交底，并做好记录，交底双方履行签字手续。模板拆除前必须办理拆除模板审批手续，经技术负责人、监理审批签字后方可拆除。

2）支拆模板时，2m 以上高处作业设置可靠的立足点，并有相应的安全防护措施。拆模顺序应遵循先支后拆、后支先拆、从上往下的原则。

3）模板拆除前必须有混凝土强度检测报告，强度达到规定要求后方可拆模。本项目模板的拆除需使得混凝土强度达到设计强度标准值100%并进行预应力张拉灌浆达到设计要求后，后方可拆模。侧模在混凝土强度能保证构件表面及棱角不因拆除模板而受损坏后方可拆除。

（2）模板拆除的工序要求

1）拆除应按一定的顺序进行，一般是“后支的先拆，先支的后拆；先拆非承重部分，后拆承重部分，由上而下；先拆侧向支撑，后拆竖向支撑”。拆除时不要用力过猛，拆下来的材料应整理好及时运走，做到工完场地清。为了便于管理，利于前道工序为后工序创造条件，混凝土模板拆除后，立即做好现场清理和成品保护工作。

2）在拆除模板过程中，如发现混凝土有影响结构安全的质量问题时，应暂停拆除，并报项目部及监理，待出处理方案后，再拆除模板。

3）模板应加强保护，拆除后逐块传递下来，不得抛掷，拆下后，即清理干净，按规格分类放整齐，以利再用。

4）模板的拆除对结构混凝土表面、强度要求应符合《混凝土结构工程施工规范》GB 50666—2011的规定。

5）梁板拆除：应先拆除侧模，再拆除底模，刚性拉结杆件后拆除，模板全部脱落后，集中运出集中堆放，木模的堆放高度不超过2m。

（3）模板拆除安全要求

1）本工程使用的钢管架，在材料运输时，不得随意乱丢，以免伤人。

2）凡超过2m以上的操作部位，必须搭设操作平台，不得违章临边、临空施工。

3）上班时必须戴好安全帽、穿防滑胶底鞋，严禁酒后上班。

4）搭设满堂架时，必须随工作面的展开紧固钢管扣件，防止不知情人员发生意外。

5）禁止垂直交叉作业，特殊要求必须上下同时作业时，要做好交叉作业的安全防护措施后进行。

6）拆模时，必须设警戒标志，必要时派专人看守，禁止他人入内。

7）拆模时，禁止将模板大块撬下，以免发生意外。

8）模板拆除后，在及时归堆清理的同时要避免出现朝天钉。

8. 支撑架体立柱

（1）搭接要求：本工程所有部位立柱接长均采用对接扣件连接，严禁搭接。

（2）严禁将上段的钢管立柱与下端钢管立柱错开固定或固定在水平拉杆上。

（3）立杆的对接扣件应交错布置，相邻两立杆的接头不应设置在同步内，同步内隔一根立杆的两个相隔接头在高度方向错开的距离不宜小于500mm，各接头中心至主节点的距离不宜大于步距的1/3。

9. 水平杆

（1）每步纵横向水平杆必须拉通；

（2）水平杆件接长应采用对接扣件连接。

（3）当架体高度在8～20m时，应在顶部增加一道水平杆。

10. 剪刀撑

（1）支撑结构在的剪刀撑需均匀对称布置。

（2）在架体顶部、扫地杆处、中间竖向每间隔 6m 各设置一道水平剪刀撑。

（3）横向和纵向每间隔 3～5m 设置一道。

11. 一般规定

（1）保证结构和构件各部分形状尺寸，相互位置的正确。

（2）具有足够的承载能力、刚度和稳定性，能可靠地承受施工中所产生的荷载。

（3）现浇钢筋混凝土板，当跨度大于 4m，模板应起拱，起拱高度为全跨长度的 1/1000～3/1000。本工程为预应力箱梁，设计不要求起拱。

（4）拼装高度为 2m 以上的竖向模板，不得站在下层模板上拼装上层模板。安装过程中应设置临时固定措施。

（5）当支架立柱成一定角度倾斜，或其支架立柱的顶表面倾斜时，应采取可靠措施确保支点稳定，支撑底脚必须有防滑移的可靠措施。

（6）板的立柱，其纵横向间距应与梁下立杆纵距相等或成倍数。

（7）在立柱底距地面 200mm 高处，应设扫地杆。可调支托底部的立柱顶端应沿纵横向设置一道水平拉杆。扫地杆与顶部水平拉杆之间的距离，在满足模板设计所确定的水平拉杆步距要求条件下，进行平均分配确定步距后，在每一步距处纵横向各设一道水平拉杆。

（8）支撑架体应与桥墩进行刚性拉结，竖向间距为 2 倍步距。

（9）钢管立柱的扫地杆、水平拉杆、剪刀撑应采用 ϕ48.3×3.6mm（以实际壁厚为准）扣件式钢管。钢管扫地杆、水平拉杆应采用对接，剪刀撑应采用搭接，搭接长度不得小于 1000mm，并应采用不少于 3 个旋转扣件分别在离杆端不小于 150mm 处进行固定。

（10）支架搭设按本模板设计，不得随意更改。

12. 周边拉结

（1）竖向结构（桥梁墩柱）与水平结构分开浇筑，以便利用其与支撑架体连接，形成可靠整体；

（2）当支架立柱高度 5m 时，应在立柱周边外侧和中间有结构柱的部位，按水平间距 6～9m、竖向间距两个步距与建筑结构设置一个固结点，同时架体水平杆应与桥台结构顶紧。

13. 高支模施工注意事项

（1）具体布置立杆时，需对支撑立杆间距整体考虑，使立杆纵、横方向均在同一条直线上。调整平分立杆间距时，以上述立杆间距为最大极限值，间距只能调小，不能调大；

（2）立杆之间必须按每步距满设双向水平杆，确保其在两个方向均具有足够的强度和刚度；

（3）满堂支撑架底部距基础面 200mm 以内必须设双向扫地杆；

（4）确保每一扣件的拧紧力矩控制在 40～65N·m 内；

（5）立杆接长除顶层顶步外使用对接扣件进行对接，并确保立杆的对接端头平整；且立杆和水平杆的接头均应错开，在不同的框格中设置。如顶层采用搭接，搭接长度不应小于 1m，应采用不少于 3 个旋转扣件固定，端部扣件盖板的边缘至杆端距离不应小于 100mm。

17.4.4　操作要求

（1）严格按支撑架相关要求进行操作。

（2）施工现场安全责任人负责施工全过程的安全工作，应在高支模搭设、拆除和混凝土浇筑前向作业人员进行安全技术交底。

（3）支模完毕，组织建设各方进行现场检查、验收，合格后方能进行钢筋安装。

（4）严格按设计尺寸和要求搭设。搭设前在施工员、测量员参与下先弹出纵、横立杆位置线，再据此搭设立杆。

（5）支撑支架系统必须连为一体，不得随意断开。

（6）施工材料，特别是钢管和扣件不满足要求的严禁使用。采购、租赁的钢管及扣件必须有产品合格证和法定检测单位的检测检验报告，生产厂家必须具有技术质量监督部门颁发的生产许可证，无质量证明或质量证明材料不齐全的钢管、扣件不得进入施工现场。搭设的主要材料在进场堆放前，必须根据《建筑施工扣件式钢管脚手架安全技术规范》JGJ 130—2011要求，逐一进行验收。经验收合格的钢管、扣件按规格、种类，分类整齐堆放、堆稳。堆放地不得有积水。施工现场应建立钢管、扣件使用台账，详细记录钢管、扣件的来源、数量和质量检验等情况。

（7）设计混凝土浇筑方案，确保模板支架施工过程中均衡受载，采用由中部向两边扩展的浇筑方式。水平结构混凝土应尽可能均匀对称浇注。采用泵送混凝土时，混凝土输送管口距水平模板的垂直高度不超过1.2m。混凝土在板模板的堆积高度要严格控制，不得超过150mm。

（8）严格控制实际施工荷载不超过设计荷载，对出现的超过最大荷载要有相应的控制措施，钢筋等材料不能集中在支架上方堆放。

（9）浇筑过程中，派人检查支架和支承情况，发现下沉、松动和变形情况及时解决。

（10）模板混凝土浇筑连续浇筑完成，达到一定强度，剔打混凝土施工缝，再进行钢筋绑扎。

（11）混凝土浇筑由中间向两边扩展浇筑混凝土的方式，以确保模板支架在混凝土浇筑过程中均匀受荷，要求混凝土输送泵管等不得固定在模板支撑架上。

（12）模板施工质量管理

模板工程是保证混凝土外形的重要环节，应精心设计、制作及施工。模板在设计过程中，对拉螺栓的数量、覆膜板的排列配制，除满足强度、刚度要求外，按照均匀、对称、有规律的原则进行设置。在施工过程中，严禁随意更改变动。顶板模板铺设前，经拉线校正以保证顶板面的平整。

模板支撑、对拉螺栓要设专人检查是否支稳、牢固、拧紧，不得有漏设、漏拧现象发生，以免发生胀模。

在混凝土施工过程中发生下挠情况，现场应立即停止混凝土浇筑，在混凝土初凝前采用千斤顶顶起下挠的部分，同时对该部分支撑体系进行加强，方可进行下一步混凝土浇筑。

采用不影响结构性能和妨碍装饰工程施工材料的水性脱模剂，不得使用粉质或油性脱模剂。

拆完模时的板构件应加强保护，禁止因钢筋、管件等撞击预留洞口的边角棱边，拆模后应钉条状覆膜板进行保护，以免造成混凝土表面和棱角损伤。

17.4.5 检查要求

1. 验收内容：

(1) 模板的支承点及支撑系统是否可靠和稳定，连接件中的紧固螺栓及支撑扣件紧固情况是否满足要求。

(2) 预埋件：预留件的规格、数量、位置和固定情况是否正确可靠，应逐项检查验收。

(3) 必须按《建筑施工扣件式钢管脚手架安全技术规范》JGJ 130—2011 的规定，进行逐项评定验收。

(4) 支架模板上施工荷载是否符合要求。

(5) 在模板上运输混凝土或操作是否搭设符合要求的走道板。

(6) 作业面孔洞及临边是否有防护措施。

(7) 垂直作业是否有隔离防护措施。

验收合格后方可浇筑混凝土，并作好模板验收记录。

2. 现浇结构模板安装的允许偏差及检查方法见表 17-7。

现浇结构模板安装的允许偏差及检查方法 **表 17-7**

项目		允许偏差（mm）	检查方法
轴线位置		5	钢尺检查
底模上表面标高		±5	水准仪或拉线、钢尺检查
截面内部尺寸	基础	±10	钢尺检查
	其余构件	+4，−5	钢尺检查
垂直高度	不大于 5m	6	经纬仪或吊线、钢尺检查
	大于 5m	8	经纬仪或吊线、钢尺检查
相临两板表面高低差		2	钢尺检查
表面平整度		5	2m 靠尺和塞尺检查

3. 支撑架搭设的技术要求与允许偏差

立杆、纵横向水平拉杆、剪刀撑等重要杆件的垂直偏差、水平偏差、质量等应满足《建筑施工扣件式钢管脚手架安全技术规范》JGJ 130—2011，详见表 17-8。

支撑架搭设的技术要求与允许偏差 **表 17-8**

序号	项目	一般质量要求		
1	构架尺寸偏差	纵距	±30mm	
		横距	±30mm	
		步距	±20mm	
2	立杆的垂直偏差	架高	2m	±7mm
			10m	±30mm
			20m	±60mm
			30m	±90mm

续表

<table>
<tr><th>序号</th><th colspan="3">项目</th><th colspan="2">一般质量要求</th></tr>
<tr><td rowspan="2">3</td><td colspan="3" rowspan="2">纵向水平杆的水平偏差</td><td>一根杆的两端</td><td>±20mm</td></tr>
<tr><td>同跨内两根纵向水平杆</td><td>±10mm</td></tr>
<tr><td>4</td><td colspan="3">横向水平杆的水平偏差</td><td colspan="2">±10mm</td></tr>
<tr><td>5</td><td colspan="3">节点处相交杆件的轴线距节点中心距离</td><td colspan="2">≤150mm</td></tr>
<tr><td>6</td><td colspan="3">相邻立杆接头位置</td><td colspan="2">相互错开，设在不同的步距内，相邻接头的高度差应>500mm</td></tr>
<tr><td>7</td><td colspan="3">上下相邻纵向水平杆接头位置</td><td colspan="2">相互错开，设在不同的立杆纵距内，相邻接头的水平距离应>500mm，接头距立杆应小于立杆纵距的 1/3</td></tr>
<tr><td rowspan="5">8</td><td rowspan="5">杆件搭接</td><td colspan="4">1）搭接部位应跨过与其相接的纵向水平杆或立杆，并与其连接（绑扎）固定</td></tr>
<tr><td colspan="4">2）搭接长度和连接要求应符合以下要求：</td></tr>
<tr><td>类别</td><td>杆别</td><td>搭接长度</td><td>连接要求</td></tr>
<tr><td rowspan="2">扣件式钢管脚手架</td><td>立杆</td><td rowspan="2">>1m</td><td>连接扣件数量依承载要求确定，且不少于 2 个</td></tr>
<tr><td>纵向水平杆</td><td>不少于 2 个连接扣件</td></tr>
<tr><td rowspan="2">9</td><td rowspan="2">节点连接</td><td>扣件式钢管脚手架</td><td colspan="3">拧紧扣件螺栓，其拧紧力矩应不小于 40N·m，且不大于 65N·m</td></tr>
<tr><td>其他脚手架</td><td colspan="3">按相应的连接要求</td></tr>
</table>

4. 扣件螺栓的紧固力矩检查数目及质量判定标准

本工程采用扣件式钢管搭设，还要对扣件螺栓的紧固力矩进行抽查，抽查数量应符合《建筑施工扣件式钢管脚手架安全技术规范》JGJ 130—2011 规定，见表 17-9。

扣件拧紧抽样检查数目及质量判定标准 **表 17-9**

项次	项目	安装扣件数量（个）	抽检数量（个）	允许不合格数量（个）
1	连接立杆与纵（横）向水平杆或剪刀撑的扣件；接长立杆、纵向水平杆或剪刀撑的扣件	51～90 91～150 151～280 281～500 501～1200 1201～3200	5 8 13 20 32 50	0 1 1 2 3 5
2	连接横向水平杆与纵向水平杆的扣件（非主节点处）	51～90 91～150 151～280 281～500 501--1200 1201～3200	5 8 13 20 32 50	1 2 3 5 7 10

17.4.6 成品（半成品）保护

(1) 吊装钢筋时，应轻起轻放，不得冲撞，严禁堆放过重，防止模板下沉或变形。

(2) 对于已经固定的预应力波纹管不得冲击和损坏。

(3) 外脚手架严禁与支撑体系连接在一起。

(4) 与混凝土接触的模板表面应认真涂刷脱模剂，不得漏涂，涂刷后如被雨淋，应补刷。

(5) 拆模时应禁锤打或撬棍猛撬，以免损坏模板。拆除下的模板应及时清理干净，涂刷脱模剂，暂时不用时应遮阴覆盖，防止暴晒。

17.5 施工安全保障措施

17.5.1 组织机构设置及岗位职责

建立以项目经理为首的安全生产组织机构，层层管理抓好施工现场的生产安全。项目安全生产组织机构如图 17-4 所示。

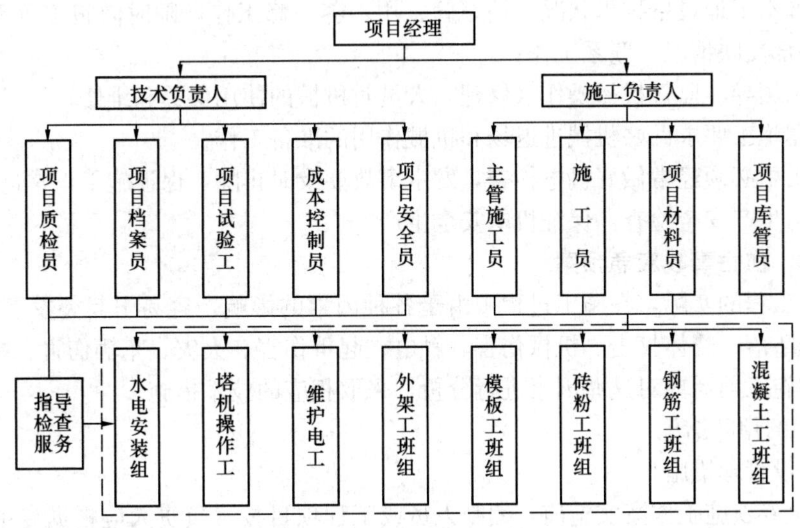

图 17-4 项目安全组织机构图

人员主要安全职责：

(1) 项目经理主要安全职责

1) 项目经理对项目施工安全负全面责任，是安全生产第一责任人；

2) 精心安排施工，实现安全生产目标。

(2) 项目副经理主要安全职责

1) 主管施工生产的项目副经理是项目施工安全的主要负责人；

2) 合理安排施工生产，定期组织安全生产检查，发现隐患及时组织整改。

(3) 项目技术负责人主要安全职责

1) 制订各工种安全生产岗位责任制、操作规程及大型机械装拆方案；

2) 负责安全保证计划运行过程中技术措施的制定和执行过程中的修正；

3）施工组织设计和专项施工方案的编制和审核。

（4）项目安全员主要安全职责

1）项目安全员是项目施工安全的直接责任人；

2）负责本项目所管辖工程的安全检查、监督和管理，直接对项目经理负责；

3）负责检查、监督施工组织设计或施工方案中的安全保证措施，严格贯彻执行《安全操作规程》；

4）深入工地勤巡、勤检，发现安全事故隐患，能及时采取排除隐患的有力措施，对违章操作或违章指挥的现象要坚决制止或即令停工；

5）发生安全事故，应及时按规定上报，并保护好现场，参加事故的调查工作，及时将事故的调查分析报告上报。

（5）施工员主要安全职责

负责分部分项工程的安全、文明施工，向生产班组进行书面技术交底，随时进行安全生检查，发现隐患马上自觉整改，重大隐患及时上报施工负责。

（6）机械管理员主要安全职责

1）掌握本工地设备技术状况，搞好管、用、养、修工作，随时向施工负责人和公司的动力设备部反映情况，联系工作；

2）组织领导、监督机械操作（修理）人员对机械的使用保养和维修；

3）根据施工要求做好机械进退场和机械作用的准备工作；

4）施工中必须经常做好机电检查，发生事故要及时排除，保证施工正常进行；

5）参与生产安全检查，保证机电安全生产。

17.5.2　伤亡事故应急预案

根据本工程的实际，在施工过程中由于各种因素的影响，容易引起突发事件，包括：坍塌、高处坠落、物体打击、机械伤害、触电、起重伤害、火灾、车辆伤害、中暑、新冠疫情等，在施工前需要对这些因素进行分析，采取相应的技术措施。

1. 坍塌的预防措施

（1）搭设管理措施

1）安全专项施工方案实施前，编制人员或工程项目技术负责人应根据专项施工方案和有关规范、标准的要求，对现场管理人员、作业人员进行安全技术交底，并履行签字手续。

2）搭设模板支撑架体的作业人员必须取得建筑施工架子工特种作业操作资格证书，持证上岗。作业人员应严格按规范、专项施工方案和安全技术交底书的要求进行操作，并正确佩戴相应的劳动防护用品。

3）高大模板支撑系统的地基承载力、沉降等应能满足方案设计要求。如遇松软土、回填土，应根据设计要求进行平整、夯实，并采取防水、排水措施，按规定在模板支撑立柱底部采用具有足够强度和刚度的垫板。

4）对于高大模板支撑体系，其高度与宽度相比大于两倍的独立支撑系统，应加设保证整体稳定的构造措施。

5）高大模板工程搭设的构造要求应当符合相关技术规范要求，支撑系统立柱接长严禁搭接；应设置扫地杆、纵横向支撑及水平垂直剪刀撑，并与主体结构的墙、柱牢固拉接。

6）搭设高度2m以上的支撑架体应设置作业人员登高措施。作业面按有关规定设置安全防护设施。

7）模板支撑系统应为独立的系统，禁止与物料提升机、施工升降机、塔吊等起重设施钢结构架体机身及其附着设施相连接；禁止与施工脚手架、物料周转平台等架体连接。

（2）验收管理措施

1）高大模板支撑系统搭设前，应由项目技术负责人组织对需要处理或加固的地基、基础进行验收，并留存记录。

2）高大模板支撑系统的结构材料应按相关要求进行验收、抽检和检测，并留存记录、资料。

3）对进场的承重杆件、连接件等材料的产品合格证、生产许可证、检测报告进行复核，并对其表面观感、重量等物理指标进行抽检。

4）对承重杆件的外观抽检数量不得低于搭设用量的30%，发现质量不符合标准、情况严重的，要进行100%的检验，并随机抽取外观检验不合格的材料（由监理见证取样）送法定专业检测机构进行检测。

5）采用钢管扣件搭设高大模板支撑系统时，还应对扣件螺栓的紧固力矩进行抽查，抽查数量应符合《建筑施工扣件式钢管脚手架安全技术规范》JGJ 130—2011的规定，对梁底扣件应进行100%检查。

6）高大模板支撑系统应在搭设完成后，由项目负责人组织验收，验收人员应包括施工单位和项目两级技术人员，项目安全、质量、施工人员，监理单位的总监和专业监理工程师。验收合格，经施工单位项目技术负责人及项目总监理工程师签字后，方可进入后续工序的施工。

（3）使用与检查措施

1）模板、钢筋及其他材料等施工荷载应均匀堆置，放平放稳。施工总荷载不得超过模板支撑系统设计荷载要求。

2）模板支撑系统在使用过程中，立柱底部不得松动悬空，不得任意拆除任何杆件，不得任意拆除任何杆件，不得松动扣件，也不得用作缆风绳的拉接。

3）施工过程中检查项目应符合下列要求：

① 立柱底部基础应回填夯实；

② 垫木应满足设计要求；

③ 底座位置应正确，顶托螺杆伸出长度应符合规定；

④ 立柱的规格尺寸和垂直度应符合要求，不得出现偏心荷载；

⑤ 扫地杆、水平拉杆、剪刀撑等设置应符合规定，固定可靠；

⑥ 安全网和各种安全防护设施符合要求。

（4）混凝土浇筑管理措施

1）混凝土浇筑前，施工单位项目技术负责人、项目总监确认具备混凝土浇筑的安全生产条件后，签署混凝土浇筑令，方可浇筑混凝土。

2）浇筑过程应符合专项施工方案要求，并确保支撑系统受力均匀，避免引起高大模板支撑系统的失稳倾斜。

3）浇筑混凝土时要派专人进行监测、监控。当发现支架沉陷、松动、变形或变形超过预定值等情况，应当立即停止作业，组织作业人员撤离到安全区域，工程技术人员应当立即研究解决措施并进行处置，确认安全可靠后方可继续施工作业。

（5）高大模板支撑系统拆除管理措施

1）浇筑混凝土达到拆模条件后方可拆除，并履行拆模审批签字手续。

2）高大模板支撑系统的拆除作业必须自上而下逐层进行，严禁上下层同时拆除作业，设有附墙连接的模板支撑系统，附墙连接必须随支撑架体逐层拆除，严禁先将附墙连接全部或数层拆除后再拆支撑架体。

3）高大模板支撑系统拆除时，严禁将拆卸的杆件向地面抛掷，应有专人传递至地面，并按规格分类均匀堆放。

4）高大模板支撑系统搭设和拆除过程中，地面应调协围栏和警戒标志，并派专人看守，严禁非操作人员进入作业范围。

2. 高处坠落的预防措施

（1）临边洞口防护

1）临边防护栏杆应按规定要求搭设防护栏杆并刷红白相间警示色。需要临时拆除或变动安全设施的，由施工单位项目经理、安全员及监理单位项目总监进行联合审批，履行签字手续，经检查验收合格后，方可实施。

2）桥面预留洞口应按规定进行防护，并采取有效措施加以固定。对短边尺寸大于 1.5m 的孔洞周边应设置符合要求的防护栏杆，底部加设安全平网。

3）所有临边、洞口防护设施未经批准不得随意拆除和移动。

（2）脚手架

1）脚手架搭设前，项目部技术负责人应当编制脚手架专项施工方案，提请施工单位技术负责人、监理单位总监理工程师审核批准后实施。

2）项目部技术负责人应以书面形式进行安全技术交底，并履行签字手续。安全管理员应参加安全技术交底并进行监督检查。

3）作业层脚手架的脚手板应铺设严密、采用定型卡带进行固定。

4）脚手架必须按规定张挂首层网、层间网（每隔 10m 设置一道）和随层网。

5）脚手架外侧应采用 2000 目密目式安全网进行全封闭。

6）操作层处的脚手架必须高出 1.5m，设置两道防护栏杆及挡脚板。

7）操作层脚手板与桥梁边缘之间的空隙不得大于 15cm，超过时应采取措施，进行封闭，防止人员和物料坠落。

8）作业人员上下应有专用通道，不得攀爬架体。

9）脚手架搭设人员必须持证上岗，操作时必须系好安全带。

（3）模板工程分项

1）项目部技术负责人应当编制模板安全专项施工方案，提请施工单位技术负责人、监理单位总监理工程师审核批准后实施。

2）模板工程在绑扎钢筋、支拆模板时应保证作业人员有可靠立足点，作业面应按规定设置安全防护设施。

3）桥面边缘的模板施工应加强外边的防护，增设平网和立网进行设防。

4）从事模板作业的人员，应经常组织安全技术培训。从事高处作业人员，应定期体检，不符合要求的不得从事高处作业。

5）安装和拆除模板时，操作人员应佩戴安全帽、系安全带、穿防滑鞋。安全帽和安全带应定期检查，不合格者严禁使用。

6）支模过程中如遇中途停歇，应将已就位模板或支架连接稳固，不得浮搁或悬空。拆模中途停歇时，应将已松扣或已拆松的模板、支架等拆下运走，防止构件坠落或作业人员扶空坠落伤人。

3. 物体打击的预防措施

（1）管理方面的预防措施

1）文明施工。按照《市政工程施工安全检查标准》CJJ/T 275—2018 中文明施工的各项要求进行施工。

2）设置警戒区。下述作业区应设置警戒区：架体搭设或拆除、钢模板安装拆除、预应力钢筋张拉处周围以及建筑物拆除处周围等。设置的警戒区应由专人负责警戒，严禁非作业人员穿越警戒区或在其中停留。

3）避免交叉作业。施工计划安排时，尽量避免或减少同一垂直线内的立体交叉作业。无法避免交叉作业时，必须设置能阻挡上面坠落物体的隔离层，否则不准施工。

4）模板安装与拆除。模板的安装与拆除应按照施工方案进行作业。高处作业应有可靠立足点，不要在被拆模板垂直下方作业，拆除时不准留有悬空的模板，防止掉下砸伤人。

（2）预防物体坠落或飞溅的措施

1）脚手架。施工层应设 1.5m 高的防护栏杆和 18cm 高的挡脚板。脚手架外侧设置密目式安全网、扣件、钢丝绳等材料，应向下传递或用绳吊下，禁止投扔。

2）材料堆放。材料、构件、料具应按施工组织设计规定的位置堆放整齐，做到工完场清。

3）起重运输。运送易滑的钢材，绳结必须系牢。起吊物件应使用交互捻制的钢丝绳。钢丝绳如有扭结、变形、断丝、锈蚀等异常现象，应降级使用或报废。严禁用麻绳起吊重物。吊装不易放稳的物件或大模板应用卡环，不得用吊钩。禁止将物体放在板形构件上起吊。在平台上吊运大模板时，平台上不准堆放无关料具，以防滑落伤人。禁止在吊臂下穿行和停留。

4）现场清理。清理各楼层的杂物，集中放在斗车或桶内，及时吊运到地面，严禁从窗内往外抛掷。

5）工具袋。高处作业人员应佩戴工具袋，装入小型工具、小材料和配件等，防止坠落伤人。高处作业所用的较大工具，应放在楼层的工具箱。

6）拆除工程。除设置警戒的安全围栏外，拆下的材料要及时清理运走，散碎材料应用溜放槽顺槽溜下。

7）防飞溅物伤人。圆盘锯上必须设置分割刀和防护罩，防止锯下木料被锯齿弹飞伤人。

（3）防护措施

1）防护棚。施工工程邻近必须通行的道路上方施工工程出口下方，均应搭设坚固、密封的防护棚。

2）防护隔离层。垂直交叉作业时，必须设置有效的隔离层，防止坠落物伤人。

3）起重机械和桩工机械下不准站人或穿行。

4）安全帽。戴好安全帽，是防止物体打击的可靠措施。因此，进入施工现场的所有人员都必须戴好符合安全标准、具有检验合格证的安全帽，并系牢帽带。

4. 触电事故预防措施

（1）完善电气设备“五防”功能，电气设备、设施安全接地、接零牢固可靠，经常检查，全面消除装置性违章。

（2）电气设备检修前，工作负责人应向全体作业人员宣读工作票，并认真讲解安全措施和邻近带电部位。变电所清扫予试或部分停电作业时，工作负责人不能亲自参加作业，要按规定认真做好监护工作。有两个以上工作组同时工作时，每组应分别设合格的监护人。

（3）加强检修施工电源管理，严禁乱拉、乱接电源，检修施工电源必须从检修电源箱或经安检人员验收合格的临时电源箱接取，且接线规范，箱门关好。机组大修中，必须建立临时接、拆电源审批制度，完善现场临时电源安全管理，组织电工人员进行接拆线工作。

（4）非电气人员进入带电的变电所、配电室工作时，要按规定办理工作票手续，并由电气检修或运行单位派合格人员进行监护。

（5）停电作业时，严格执行操作监护制，严格按规程规定进行验电和装设接地线，地线和接地端必须合格，严禁用缠绕法装设接地线，禁止攀登设备构架装拆地线或验电。

（6）在室内配电装置上工作，电源侧刀闸或触头要加装绝缘隔板或其他装置，与作业人员隔开。

（7）配电装置的柜门必须加锁，同一配电盘前后标志名称、编号清楚一致，严禁单人打开柜门进行拆装接地线工作。

（8）高压试验时在施加电压的范围内要设临时围栏，禁止无关人员进入，并设专人监护，工作人员必须穿绝缘鞋。变更结线或试验结束时，应首先断开试验电源，放电，并将升压设备的高压部分短路接地。试验电源要设专人看守。

（9）电气作业以及有触电危险作业时，工作人员必须佩戴合格的个体防护用品，使用合格的工器具。个体防护用品、电气绝缘工具、手持式电动工具、移动式电动工具应根据不同类别、性能和用途使用，不可滥用。使用前要按规定进行检查，同时必须定期检查及做绝缘试验。电动工具的防护装置（如防护罩、盖）不得任意拆卸。

（10）使用合格的插头、插座，禁止将电线直接插入插座内，也不能任意调换电源线的插头。拔出插头时，应以手紧握插头，严禁拉扯电线。

（11）临时电源线必须使用胶皮电缆，严禁使用花线或塑料线。临时电源线应绝缘良好无破损，接头处要作可靠绝缘处理。临时电源线不准缠绕在护栏、管道及脚手架上，或不加绝缘子捆绑在护栏、管道及脚手架上。临时电源线应按规定高度敷设，必须在地面敷设时，应加可靠保护，不准任意拖拉或横在过道上。

（12）在每路施工临时电源开关上，或移动式电缆盘上必须装合格的漏电保护器，否则使用手持式、移动式电动工器具必须单独加装漏电保护器。电气专业人员要每年定期或不定期地对漏电保护器进行检验，随时处于安全可用状态。

(13) 每个开关只准接一路电源或一个用电器，电源箱开关数量不能满足要求时，可装设临时配电盘。工作人员收工后或长时间离开现场或遇临时停电时，应切断用电设备电源。

(14) 电气设备和线路必须绝缘良好，应定期检修，裸露的带电体应安装在碰不着的地方或设置安全围栏和明显的警告标志。所有临时使用的电器开关必须是合格产品，电气各部件完整、无破损、动作可靠、绝缘良好。

(15) 各种电焊机一、二次线符合要求，严禁使用裸漏电焊线，电焊线接头必须做可靠绝缘处理。二次侧有快速插头的电焊机，必须使用快速插头。

(16) 电焊工在纯金属容器或在其他受限空间内（如沟、井内）焊接作业时，必须使用专用的作业服、手套、绝缘鞋和绝缘垫，并做好监护工作，监护人必须密切注视电焊工的作业情况，电焊工应采用轮换休息的方式，严禁疲劳作业，确保人身安全。

(17) 运行人员在做变电所停电措施时，应将安全围栏（围绳）布置好，并设出入口，挂好明显的警告标志，需要在构架上工作时要指定上、下标志，严禁跨越围栏，以防走错间隔，误入带电区域。

(18) 在变压器上作业时，高低压侧必须有明显的断开点，并设专人监护及保持足够的安全距离，操作跌落式保险，必须使用绝缘用具在地面上操作，禁止登台操作。换低压侧保险时，高压侧必须停电。

(19) 在受限空间内使用手提照明灯、行灯进行局部照明时，应采用 36V 安全电压。在特别潮湿或金属容器内使用手提照明灯或行灯时，应采用 12V 安全电压。使用的电动工器具应绝缘良好，装设漏电保护器，漏电保护器、行灯变压器、配电箱（电源开关）应放在受限空间的外面。

(20) 电气设备着火时，应立即切断有关设备的电源，然后进行救火，对可能带电设备，应使用干式灭火器、二氧化碳灭火器、1211 灭火器灭火。

5. 机械伤害的预防措施

(1) 实现本质安全性

这是指采用直接安全技术措施，选择最佳设计方案，并严格按照标准制造、检验；合理地采用机械化、自动化和计算机技术，最大限度地消除危险或限制风险，实现机械本身应具有的本质安全性能。

(2) 采用安全防护装置

若不能或不完全能由直接安全技术措施实现安全时，可采用间接安全技术措施即为机械设备设计出一种或多种安全防护装置，最大限度地预防、控制事故发生。要注意，当选用安全防护措施来避免某种风险时，要警惕可能产生的另一种风险。

(3) 使用信息

若直接安全技术措施和间接安全技术措施都不能完全控制风险，就需要采用指示性安全技术措施，通知和警告使用者有关某些遗留风险。例如在机床上粘贴警示标志，在使用说明书中做出安全方面的提示等。

(4) 附加预防措施

附加预防措施包括紧急状态的应急措施，如急停措施、陷入危险时的躲避和援救措施，安装、运输、贮存和维修的安全措施等。

（5）安全管理措施

这是指建立、健全安全管理组织，制定有针对性的安全规章制度，对机械设备实施有计划的监管，特别是对安全有重要影响的关键机械设备和零部件的检查和报废处理等，选择、配备个人防护用品。

（6）人员的培训和教育

绝大多数意外事故与人的行为过失有直接或间接的联系，所以，应加强对员工的安全教育，包括安全法规教育、风险意识教育、安全技能教育、特种工种人员的岗位培训和持证上岗，并掌握必要的施救技能。

6.起重伤害的预防措施

1）起重机械必须按期由具有检验资质的机构进行检验。

2）起重机械应设有能从表面辨别额定荷重的铭牌，严禁超负荷作业。

3）埋设于建筑物上的安装检修设备或运送物料用吊钩、吊梁等，设计时应考虑必要的安全系数，并在醒目处标出许吊的极限载荷量。

4）塔式起重机应安装以下安全装置并保证良好有效：超载限制器、升降限位器和运行限位器、联锁保护装置、缓冲器等。

5）每班第一次工作前，应认真检查吊具是否完好，并进行负荷试吊，即将额定负荷的重物提升离地面0.5m的高度，然后下降以检查起升制动器工作的可靠性。起重机车运行前，应先鸣铃，运行中禁止吊物从人头上经过，严格执行“十不吊”。

6）起重机械电气设备金属外壳、电线保护金属管、金属结构等按电气安全要求，必须连接成连续的导体，可靠接地（接零），通过车轮和轨道接地（接零）的起重机轨道两端应采取接地或接零保护，轨道的接地电阻，以及起重机上任何一点的接地电阻均不得大于4Ω。

7）一般情况下不得使用2台起重机共同起吊同意重物。在特殊情况下，确实需要2台起重机起吊同一重物时，重物及吊具的总重量不得超过较小一台的起吊额定重量的2倍，并应有可靠的安全措施，工厂技术负责人须在场监督。

8）作业前应检查绳索、卡具、模板上的吊环，必须完整有效，在升降过程中应设专人指挥，统一信号，密切配合。

9）吊运大块或整体模板时，竖向吊运不应少于2个吊点，水平吊运不应少于4个吊点。吊运必须使用卡环连接，并应稳起稳落，待模板就位连接牢固后，方可摘除卡环。

10）吊运散装模板时，必须码放整齐，待捆绑牢固后方可起吊。

11）严禁起重机在架空输电线路下面工作。

12）5级及以上大风应停止一切吊运作业。

7.火灾事故的预防措施

（1）建立健全和落实消防安全责任制

施工现场必须建立健全消防安全责任制，并成立领导小组。施工企业、工程项目部和施工班组要层层签订消防安全责任书，履行各自消防安全管理职责。项目部还必须建立防火制度、动火审批制度、消防安全检查制度、危险品登记保管制度、职工消防安全教育制度等，并认真贯彻落实。

（2）认真编制和执行消防专项安全方案

项目部要根据工程的情况，确定防火重点部位和重点环节，制定相应的措施和火灾事故应急预案，编制消防专项安全方案，绘制消防设施平面布置图，明确消防设施的位置、类型和数量，还应标明疏散通道。在进入施工前，还应制订防火、防爆安全计划，划分防火责任区，并落实到各班组。项目部在进行安全教育和安全技术交底时，应当将消防专项安全方案的内容和消防制度也作为培训和交底的内容，传达到每一个施工人员。

（3）严格火源管理

加强现场火源的管理，严格动火审批制度。在食堂、仓库、材料堆场、木工制作场地等重点部位应设立明显的防火、防爆等警示标志；易燃、易爆物品应专人负责管理，并建立台账资料；氧气瓶、乙炔发生器等受压易爆器具，要按规定放置在安全场所，严加保管，严禁曝晒和碰撞；氧、气焊场所应远离料库、宿舍；施工现场应禁止在具有火灾、爆炸危险的场所动用明火，因特殊情况需动用明火作业的，应根据动火级别按规定办理审批手续，并应在动火证上注明动火的地点、时间、动火人、现场监护人、批准人和防火措施等内容；施工现场还应设置固定的吸烟室，杜绝游烟现象。

（4）消防设施的配备和保养

项目部在对灭火器配置的设计计算时，应先确定配置场所的危险等级、火灾种类以及要保护面积所需的总灭火级别，然后根据各设置点的具体要求、准备选用的灭火器种类、灭火器规格来确定配置数量，根据配置场所的固定消防设施情况进行修正。

除了正确配置灭火设施外，还应指定经过培训的专人进行定期检查和保养。如干粉灭火器，应定期检查压力显示表。

（5）强对消防重点环节的防范

1）焊割作业

在进行焊割作业前，除按规定办理动火审批手续，并根据要求对作业环境进行检查，采取相应的防护措施外，还必须对作业人员进行针对性的安全技术交底和班前教育。

2）油漆、木工作业

应在油漆、木工作业部位设置防火标志：该处的施工机械、照明设备和配电线路均应符合防火、防爆要求，并应通风良好。在作业时，严禁动用明火，并应严格控制室内温度、粉尘浓度（木工作业）和有毒、可燃蒸气浓度（油漆作业）。

3）电气设备的防火

施工现场的电气设备应做到防雨、防潮，并根据安装部位的特点采取相应的措施。一是要正确选用电气设备，在具有爆炸危险的场所应按规范要求选择防爆电气设备，在食堂、试块养护室等潮湿场所应采用防潮灯具。二是应选择合理的安装位置，保持必要的安全距离；三是应按规范要求对电气设备的金属外壳等部位，做可靠的接零或接地保护，防止漏电导致火灾危险；四是要加强日常维护保养，保证电气设备的电压、电流、温升等参数不超过允许值，电气设备保持足够的绝缘能力，电气连接良好，确保电气设备的正常运行。

4）木料应堆放于下风向，离火源不得小于 30m，且料场四周应设置灭火器材。

8. 高温中暑预防措施

1）认真落实防暑降温责任制。认真贯彻落实项目部有关抓好建筑工地防暑降温工作的一系列要求，完善落实责任制，制定应急预案，狠抓防范措施落实，防止因高温天气引发的工人中暑和各类生产安全事故。

2）合理安排作息时间。要密切关注有关高温天气的气象预报。可根据实际情况，实行避高温措施，适当调整夏季高温作业劳动和休息时间制度，减轻劳动强度，严格控制室外作业时间，避免高温时段作业，确保劳动者身体健康和生命安全，如作息时间可调整为：早上 7：30—11：30，下午 15：00—19：00，在保证施工作业人员健康的前提之下，保障施工进度要求。

3）加强工作中的轮换休息。在夏季根据施工的工艺流程，尽可能调整劳动组织，采取勤倒班的方式，缩短一次连续作业时间，加强工作中的轮换休息。要求现场施工人员工作 2h 内必须休息一次，待体表温度降至正常方可继续施工作业。

4）保证施工现场饮水充足。施工现场应供给足够的符合卫生要求的饮用茶水、绿豆汤等，有效地防暑降温，避免发生中暑事件。

5）落实防暑降温物品。要切实关心在高温天气下坚持施工的广大一线施工人员，加强对防暑降温知识和中暑急救知识宣传，提高全面安全防范意识。要求施工人员随身携带防暑药品，且要落实每一位工人的防暑降温物品。

6）积极改善建筑工地生产生活环境。要认真落实建筑施工现场管理规定，积极采取措施，加强通风降温，确保施工人员宿舍、食堂、厕所、淋浴间等临时设施满足防暑降温需要。建筑工地施工现场的宿舍和食堂必须安装电扇，有条件的应在宿舍安装空调。

7）做好夏季防火工作。针对夏季炎热，天气干燥，火灾事故易于发生的实际情况，进一步加强预防火灾措施，对配电室、仓库、油漆房，木工房等易燃场所进行定期检查，发现问题立即处理，同时按规定配备灭火器材。

9. 车辆伤害的预防措施

1）在施工现场设工地防护员。施工人员听到防护员发出的预报信号后，应做撤离准备。当施工负责人发出停工命令时，应立即撤除妨碍行车的一切障碍物。人员和设施必须撤离接近建筑限界以外。

2）人员在站场、区间及其附近施工或行走，应听从指挥，注意防护人员所发信号，及时避让列车。不得在线路行走，且宜避开路肩。

3）人员不得在道路限界以内的地方坐、卧、休息，不得钻车、扒车、跳车及从车底下传递工具。

4）施工用的工具、器材在线路旁临时堆放时，不得侵入建筑限界，且要堆码整齐牢固。

17.5.3　应急设备与物质

必须保证预警及应急救援预案所需资源的支持保障，要明确各类抢救抢险所需设备设施和材料、安全环保防护用品、必需的药品、食品的储存和保管，在数量和质量上得到保证。其他各类资源包括通信器材、交通工具等都应得到应有的保证。

1. 施工现场物资

医疗器材：担架、氧气袋、氧气瓶、塑料袋、急救箱等；

抢救设备：一般工地常备工具、吊车、工地所有车辆；

电力器材：电焊机、电气切割机、备用发电机、电缆电线、应急灯、手电应急灯、大功率探照灯具等；

通信器材：电话、手机、对讲机、报警器等；

交通工具：工地常备值班救护急用车辆；

灭火器材：灭火器日常按要求就位、紧急情况下集中使用、消防水管；

2. 交通运输保障

发生事故后，工程项目部根据救援需要及时通报当地交通管理部门提供交通运输保障。对事故现场进行道路交通管制，根据需要开设应急救援特别通道，道路受损时应迅速组织抢修，确保救灾物资、器材和人员运送及时到位，满足应急处置工作需要。

3. 医疗卫生保障

工程项目部加强急救人员培训和适量准备医疗急救物资，提高现场医疗急救人员的医疗急救水平。联系附近医院，与医院签订医疗急救服务协议。

4. 资金保障

工程项目部应当做好事故应急救援必要的资金准备。安全生产事故灾难应急救援资金首先在本工程安全保障资金中支出，工程项目部暂时无力承担的，由公司（局）协调解决。启动了地方政府应急救援响应的，由地方政府协调解决。

5. 技术储备与保障

工程项目部启动应急响应后，根据情况成立应急救援专家组，为应急救援提供技术支持和保障。要充分利用公司的技术专家和安全机构，研究应急救援重大问题，为正确决策提供技术支持。

17.5.4 安全宣传、培训和演习

1. 员工及作业工人宣传

工程项目部安全部负责组织应急法律法规和应急救援预案、事故预防、避险、避灾、自救、互救常识的宣传工作，各部门和协作队伍提供相关支持并积极参加。应急救援各小组成员以及总指挥应熟悉应急救援预案，掌握救援职责，负责本部门内部相关宣传、教育工作，提高全员的危机意识和应急抢险能力。

2. 培训

工程项目部安全部、工程部组织应急救援人员以及义务抢险人员参加的应急知识培训。作业工班应根据自身实际情况，做好兼职应急救援队伍的培训。

3. 演习

预警及应急救援机制建立、确定并经有效的培训后，工程项目部应适时组织预警及应急救援演练，以使员工熟悉并掌握预案有关要求、提高应急反应协调能力、改进预案存在的缺陷与不足。

4. 监督检查

（1）公司安全管理部门、技术管理部门对事故应急预案实施的全过程进行监督检查。全生产中确保各种应急资源处于良好备战状态，指挥应急有序进行，防止应急反应行动组织不力和救援混乱出现延误的事故，本着安全第一，预防为主、统一指挥、综合治理的原则和方针，有效避免施工相关人员的职业安全健康。

（2）医疗救治方面，因驻地距离城镇较近，可以保证15min时间内护送伤员到医院救治，且已跟当地医院达成协议，当出现紧急事故时，能提供快捷的医疗服务。现场值班室内设一个小型的医务室，医务室内常备跌打损伤和感冒的药品、防暑降温药品，保证能及时进行初步的医疗救治。

(3) 紧急情况发生后，项目部现场人员指挥做好警戒和疏散工作，保护现场，及时抢救伤员和财产，视情况采取急救处置措施，并立即电话通报到有关人员，如需可直接拨打120、110等求救电话。事故发生30分钟内项目部安全部必须以小组名义打电话向上一级有关部门报告，主要说明紧急情况性质、地点、发生时间、有无伤亡、是否需要相关部门到现场实施抢救，防止事故进一步扩大。

17.5.5 监测监控

在支架搭设后预压和通车过程中需要对支架进行监测监控，保证桥施工安全和使用安全。

1. 监测目的

在施工过程中，支撑架体的变形监测十分重要，通过堆载预压监控，可以消除支架的非弹性变形影响，掌握支架的弹性变形变化；通过桥监测，可以保证桥结构在施工使用过程中的稳定性和安全性。因此在支架预压和施工过程中进行实时监测，应用监测所得的信息指导施工，及时掌握桥的稳定状况，对于确保桥通车安全、信息化管理桥具有十分重要的意义。

2. 监测技术的依据

以《建筑施工扣件式钢管脚手架安全技术规范》JGJ 130—2011、《钢管满堂支架预压技术规程》JTG/T 194—2009、《建筑施工临时支撑结构技术规范》JGJ 300—2013等规范中的有关规定为技术依据。

3. 监测内容和方法

监测内容是支撑架的预压变形监测，内容包括：前后两次观测的沉降差、支架弹性变形量及非弹性变形量。支架使用过程中需监测：基础沉降变形、支撑架竖向位移、支撑架顶面水平位移、横梁和纵梁的挠度、节点连接和近邻结构物变形等。

4. 监测点的布置及监测频率

架体应进行位移检测，位移监测点的布置可分为基准点和位移监测点，其布设应符合下列规定：在架体的顶层、底层及不超过5步设置位移监测点；监测点宜设置在架体角部和四边的中部位置。

观测点采用轧丝吊重物设置，地基沉降观测点用水泥钉钉在支架变形观测点正下方基础位置。在附近已完工的墙（柱）身上作一临时水准点，采用三等水准测量观测水泥钉标高。用直尺或钢尺量测水泥钉与吊点的相对距离，即可得到相应的地基变形和支架变形。也可以按水准测量方法由一稳固的后视点观测，然后计算分析。

架体使用过程中，位移检测频率不应少于每日1次，内力监测频率不应少于2h/次。监测数据变化量较大或速率加快时，应提高监测频率。

在浇筑混凝土过程中要实时监测，一般监测频率不宜超过20～30min一次，在混凝土实凝前后及混凝土终凝前至混凝土7d龄期要实施实时监测，终凝后的监测频率为每天一次。

5. 监测预警值

监测报警值应采用监测项目的累积变化量和变化速率值进行控制，并应满足表17-10

的规定。当超出预警值范围时，立即进行加固处理，监测数据超过预警值时必须启动应急预案，立即停止浇筑混凝土，疏散人员，并及时进行加固处理。

监测报警值 **表 17-10**

监测指标	限值
水平位移	设计计算值
	近3次读数平均值的1.5倍
	水平位移量：$H/300$
垂直位移	10mm

注：H 为支撑结构高度。

6. 监测工作要求

（1）施工前，根据现场实际情况及施工进度，编制详细的监测方案报监理工程师审核批准，所有观测点均现场按设计方案选择，绘制平面图并加以编号，以便观察记录。

（2）成立专业监测小组，按既定日期、方法认真设点监测，严禁少测、漏则及缓测现象发生，现场数据要求准确真实，并符合精度要求，记录要清晰规范。监测日志里要对当时的施工情况和天气情况进行记录。

（3）对观测结果要去伪存真，舍粗取精，及时整理分析。各个观测点之间要进行对照分析，并结合对上部结构变形的分析，正确判断，准确表达，将监测分析结果及时汇报质量、技术负责人及驻地监理，以便指导施工。

（4）施工过程中应加强支架的检查、观测，发现异常情况及时停止作业，特别是下雨天气和下雨过后施工前观测频率应加密。

（5）监测点设在可靠、稳定且易长期保留的地方，并设置醒目标志，施工中教育施工人员采取切实有效措施，防止一切观察设备、观测桩点受到机械和人为损坏。

（6）为了确保桥施工及使用安全，在桥搭设及使用过程中对桥进行监控及监测。

（7）在监测过程中，如果发现桥桥梁板变形值超过允许的偏差范围，停止施工、禁止车辆通行，并撤离施工人员，向主管领导汇报，研究处理方案对桥加固。

7. 监测人员

检测小组成员：

组　长：×××（项目经理）　　电话：×××

副组长：×××（技术负责人）　电话：×××

组　员：×××（技术员）　　　电话：×××

17.6 施工管理及作业人员配备和分工

施工管理及作业人员包括施工管理人员、专职安全生产管理人员、特种作业人员、其他作业人员等，应明确人员名单、证书编号及有效日期。

具体信息略。

17.7 验收要求

17.7.1 验收标准

验收相关标准包括：

(1)《公路桥涵地基与基础设计规范》JTG 3363—2019；

(2)《建筑施工脚手架安全技术统一标准》GB 51210—2016；

(3)《钢管满堂支架预压技术规程》JGJ/T 194—2009；

(4)《公路桥涵施工技术规范》JTG/T 3650—2020；

(5)《建筑施工模板安全技术规范》JGJ 162—2008；

(6)《公路工程施工安全技术规范》JTG F90—2015；

(7)《建筑施工扣件式钢管脚手架安全技术规范》JGJ 130—2011；

(8)《市政工程施工安全检查标准》CJJ/T 275—2018。

17.7.2 验收程序

脚手架的检查与验收应有项目经理组织，项目经理带队组织项目技术负责人及项目部主要施工、技术、质量、安全、作业班组负责人等有关人员参加，按照相关技术规范，施工方案，技术交底等有关技术文件，对脚手架进行分段验收，在确认符合要求后，由监理单位组织验收，验收合格的，经项目技术负责人及总监理工程师签字确认后，方可进入下一道工序投入使用。危大工程验收合格后，项目部应当在施工现场明显位置设置验收标识牌，公示验收时间及责任人员。

17.7.3 验收内容

模板支架应在下列阶段进行检查与验收：

(1) 施工准备阶段，对进场构配件进行检查验收；

(2) 在基础完工后模板支架搭设前，对基础进行检查验收；

(3) 在搭设完成后，对模板支架进行检查验收；

(4) 在模板施工完成后混凝土浇筑前，对安全防护设施、临时用电进行检查验收；

架子搭设和组装完毕，使用前必须由项目经理、技术负责人、项目安全负责人、建设单位项目负责人、设计单位技术负责人，必要时可邀请参与论证的专家等人员组成验收小组，进行验收，并填写验收单。

验收内容见表17-11。

高大模板施工验收表　　　　**表17-11**

序号	验收项目	搭设要求	验收结果
1	施工方案	1）模板支架搭设应编制专项施工方案，结构设计应进行计算，并应按规定进行审核、审批； 2）模板支架搭设高度8m及以上；跨度18m及以上，施工总荷载15kN/m^{2}及以上；集中线荷载20kN/m^{2}及以上的专项施工方案，应按规定组织专家论证	

续表

序号	验收项目	搭设要求	验收结果
2	架体基础	1）基础应坚实、平整，承载力应符合设计要求，并应能承受支架部全部荷载； 2）支架底部应按规范要求设置底座、垫板，垫板规格应符合规范要求； 3）支架底部纵、横向扫地杆的设置应符合规范要求； 4）基础应采取排水设施，并应排水畅通； 5）当支架设在楼面结构上时，应对楼面结构强度进行验算，必要时应对楼面结构采取加固措施	
3	支架构造	1）立杆间距应符合设计和规范要求； 2）水平杆步距应符合设计和规范要求，水平杆应按规范要求连续设置； 3）竖向、水平剪刀撑或专用斜杆、水平斜杆的设置应符合规范要求	
4	支架稳定	1）当支架高宽比大于规定值时，应按规定设置连墙杆或采用增加架体宽度的加强措施； 2）立杆伸出顶层水平杆中心线至支撑点的长度应符合规范要求； 3）浇筑混凝土时应对架体基础沉降、架体变形进行监控，基础沉降、架体变形应在规定允许范围内	
5	施工荷载	1）施工均布荷载、集中荷载应在设计允许范围内； 2）当浇筑混凝土时，应对混凝土堆积高度进行控制	
6	杆件连接	1）立杆应采用对接、套接或承插式连接方式，并应符合规范要求； 2）水平杆的连接应符合规范要求； 3）当剪刀撑斜杆采用搭接时，搭接长度不应小 1m； 4）杆件各连接点的紧固应符合规范要求	
7	底座与托撑	1）可调底座、托撑螺杆直径应与立杆内径匹配，配合间隙应符合规范要求； 2）螺杆旋人螺母内长度不应少于 5 倍的螺距	
8	构配件材质	1）钢管壁厚应符合规范要求； 2）构配件规格、型号、材质应符合规范要求； 3）杆件弯曲、变形、锈蚀量应在规范允许范围内	
9	安全防护	1）作业面边沿应设置连续的临边防护栏杆； 2）临边防护栏杆应严密、连续； 3）在建工程的预留洞口、楼梯口、电梯井口应有防护措施；防护措施、设施应铺设严密，符合规范要求	
10	临时用电	略	
11	起重吊装	略	
12	机械设备	略	

17.7.4 验收人员

（1）项目经理、项目副经理、项目总工、项目技术和质量相关人员、项目专职安全生产管理人员；

（2）监理单位项目总监理工程师及专业监理工程师；

（3）设计单位技术负责人；

（4）建设单位项目负责人；

（5）专家。

17.8 应急处置措施

17.8.1 应急救援小组

项目部成立事故应急处理领导小组，以确保发生意外事故时能有序进行应急指挥。应急处理领导小组由项目经理担任组长，生产经理担任副组长，现场由专职安全员负责，其他成员由现场管理人员及施工班组长等组成，并履行相应职责（图17-5）。

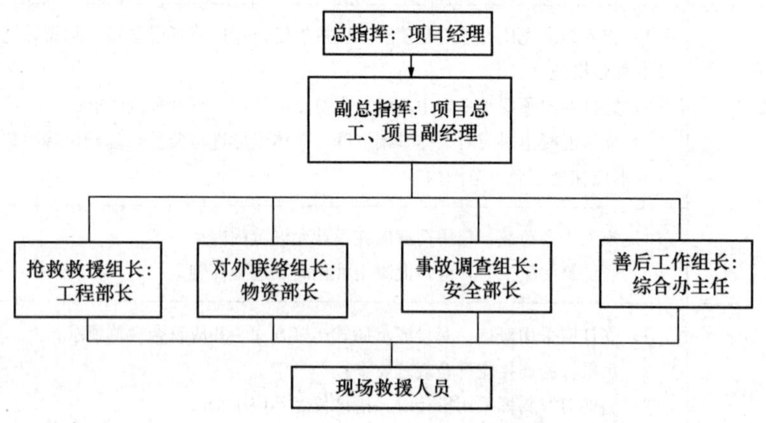

图17-5　应急救援小组机构图

17.8.2 应急救援物资

1. 应急救援设备配备计划

（1）特种防护品：如绝缘鞋、绝缘手套、吊车、切割机；

（2）一般防救护品：安全带、安全帽、安全网、防护网、救护担架、医药箱等；

（3）专用装备：

1）医疗器材：担架、氧气袋、氧气瓶、塑料袋、小药箱；

2）抢救工具：一般工地常备工具即基本满足使用；

3）照明器材：手电筒、应急灯、36V以下安全线路、灯具；

4）通信器材：电话、手机、对讲机、报警器；

5）交通工具：越野车1辆。

6）灭火器材：消防栓、消防水带、灭火器等。

2. 应急救援药品配备计划

创可贴（1包）、万花油（1支）、碘酊（1瓶）、红药水（1瓶）、棉垫（2包）、绷带（1卷）、紫药水（1瓶）、酒精（1瓶）、止血胶带若干及常备急救药品等，保证本工程应急救援需要。以上药品存放在工地办公室，所有药品必须有出品合格证，并在有效期内使用；过期的药品必须更换，药品应由组长或副组长定期检查，及时补充，确保现场存放足够数量药品。

17.8.3 处置程序

1. 事故报告

模板坍塌事故发生后，事故单位必须以最快捷的方法，立即将所发生的事故的情况按“分级管理、分级响应”的原则，在规定的时间内报告项目部主管部门、项目业主，同时还要按照规定报告当地政府相关部门。事故报告应包括以下内容：

（1）事故发生的时间、地点；

（2）事故的简要经过、伤亡人数、直接经济损失和初步估计；

（3）事故原因、性质的初步判断；

（4）事故抢救处理的情况和采取的措施；

（5）需要有关部门和单位协助事故抢救和处理的有关部门事宜；

（6）事故的报告单位、签发人和时间。

模板坍塌事故发生后，必须分事故情况严重程度按照以下相关要求上报：

1）现场发生未构成人员死亡的一般性紧急事故（事件），项目部均要在 24h 内以电话、传真、书面等速报形式，报告公司主管部门，并通过当月相关报表报告。

2）现场发生死亡、多人伤亡的紧急事故（事件），项目部均应在 1h 内以电话、传真、书面等速报形式，报至公司安全质量部和主管部门，并通过当月相关报表报告。

3）现场发生重、特大紧急事故（事件），项目部均要在 1h 内以电话、传真、书面等速报形式，报至公司安全质量部和主管部门，并通过当月相关报表报告。

4）事故（事件）报告内容，必须按照《××事故处理办法》的有关规定执行。

5）对于报告的重、特大事故，项目部安全质量部要立即报告项目部经理。同时，项目部安全质量部还要立即报告公司主管部门和当地政府有关部门。

2. 应急响应的原则

紧急情况发生后，发现人应立即向应急救援小组成员报警：

内部报警需要——出事地点、出事情况、报警人姓名；

外部报警需要——出事地点、单位、电话、事态现状、报告人姓名、单位、地址和电话。

3. 应急响应

（1）当重大事故发生后，应急救援小组组长或成员接到通知后，立即通知其他相关的领导，控制事故扩大，应急救援小组成员应在第一时间内立即赶赴现场。

（2）应急小组应有条不紊、正确有效地组织相关的人员进行救援、现场人员的疏散、事故现场的保护、事故情况的控制，立即组织自救队伍，实施自救。

（3）应急小组组长应组织相关人员，对现场的受伤者或受到严重危险源的人员进行救援，若事发部门不能控制事故的扩大或抢救伤者，应立即拨打 119 及 120 报警，并派人到路口接警。

（4）在急救过程中，遇到威胁人身安全情况时，应首先确保人身安全，迅速组织人员脱离危险区域/场所，再采取紧急措施；密切配合专业救护人员做好急救工作。

（5）在紧急情况下，疏通事发道路，保障救援的顺利进行；现场负责人应派专人保护好现场。

（6）应急小组成员及其他管理人员应协助小组组长进行现场的指挥、救援、通信、车辆使用等工作。

17.8.4　应急处置措施

本工程可能发生的安全事故有：坍塌、高处坠落、物体打击、触电、机械伤害、起重伤害、火灾、高温中暑、新冠肺炎等，特制定以下应急处置措施：

1. 坍塌事故应急处置措施

（1）坍塌事故发生时，安排专人及时切断有关闸门，并对现场进行声像资料的收集。发生后立即组织抢险人员在半小时内到达现场。根据具体情况，采取人工和机械相结合的方法，对坍塌现场进行处理。抢救中如遇到坍塌巨物，人工搬运有困难时，可调集大型的吊车进行调运。在接近边坡处时，必须停止机械作业，全部改用人工扒物，防止误伤被埋人员。现场抢救中，还应安排专人对边坡、架料进行监护和清理，防止事故扩大。

（2）事故现场周围应设警戒线。

（3）统一指挥、密切协同的原则。坍塌事故发生后，参战力量多，现场情况复杂，各种力量需在现场总指挥部的统一指挥下，积极配合、密切协同、共同完成。

（4）以快制快、行动果断的原则。鉴于坍塌事故有突发性，在短时间内不易处理，处置行动必须做到接警调度快、到达快、准备快、疏散救人快、达到以快制快的目的。

（5）讲究科学、稳妥可靠的原则。解决坍塌事故要讲科学，避免急躁行动引发连续坍塌事故发生。

（6）救人第一的原则。当现场遇有人员受到威胁时，首要任务是抢救人员。

（7）伤员抢救立即与急救中心和医院联系，请求出动急救车辆并做好急救准备，确保伤员得到及时医治。

（8）事故现场取证救助行动中，安排人员同时做好事故调查取证工作，以利于事故处理，防止证据遗失。

（9）自我保护，在救助行动中，抢救机械设备和救助人员应严格执行安全操作规程，配齐安全设施和防护工具，加强自我保护，确保抢救行动过程中的人身安全和财产安全。

2. 高处坠落事故应急处置措施

（1）救援人员首先根据伤者受伤部位立即组织抢救，促使伤者快速脱离危险环境，送往医院救治，并保护现场。察看事故现场周围有无其他危险源存在。

（2）在抢救伤员的同时迅速向上级报告事故现场情况。

（3）抢救受伤人员时几种情况的处理：

1）如确认人员已死亡，立即保护现场。

2）如发生人员昏迷、伤及内脏、骨折及大量失血：①立即联系 120、999 急救车或距现场最近的医院，并说明伤情。为取得最佳抢救效果，还可根据伤情送往专科医院。②外伤大出血：急救车未到前，现场采取止血措施。③骨折：注意搬运时的保护，对昏迷、可能伤及脊椎、内脏或伤情不详者一律用担架或平板，禁止用搂、抱、背等方式运输伤员。

（4）一般性伤情送往医院检查，防止破伤风。

3. 触电事故应急处置措施

（1）截断电源，关上插座上的开关或拔除插头。如果够不到插座开关，就关上总开关，不得试图关上该电器用具开关，因为该开关存在漏电安全隐患。

（2）若无法关上开关，可站在绝缘物上，如一叠厚报纸、塑料布、木板之类，用扫帚或木椅等将伤者拨离电源，或用绳子、裤子或任何干布条绕过伤者腋下或腿部，将伤者拖离电源。切勿用手触及伤者，也不得用潮湿的工具或金属物质将伤者拨开，严禁使用潮湿的物件拖动伤者。

（3）如果患者呼吸心跳停止，开始人工呼吸和胸外心脏按压，不得给触电的人注射强心针。若伤者昏迷，则将其身体放置成卧式。

（4）若伤者曾经昏迷、身体遭烧伤，或感到不适，必须立即打电话叫救护车，或立即送伤者到医院急救。

（5）高空出现触电事故时，应立即截断电源，把伤者抬到附近平坦的地方，立即对伤者进行急救。

（6）现场抢救触电者的原则：现场抢救触电者的经验原则是：迅速、就地、准确、坚持。迅速——争分夺秒时触电者脱离电源；就地——必须在现场附近就地抢救，病人有意识后再就近送医院抢救。

4. 火灾事故应急处置措施

（1）紧急事故发生后，发现人应立即报警。一旦启动本预案，相关责任人要以处置重大紧急情况为压倒一切的首要任务，绝不能以任何理由推诿拖延。各部门之间、各单位之间必须服从指挥、协调配合，共同做好工作。因工作不到位或玩忽职守造成严重后果的，要追求有关人员的责任。

（2）项目在接到报警后，应立即组织自救队伍，按事先制定的应急方案立即进行自救；若事态情况严重，难以控制和处理，应立即在自救的同时向专业队伍救援，并密切配合救援队伍。

（3）疏通事发现场道路，保证救援工作顺利进行；疏散人群至安全地带。

（4）在急救过程中，遇有威胁人身安全情况时，应首先确保人身安全，迅速组织脱离危险区域或场所后，再采取急救措施。

（5）切断电源、可燃气体（液体）的输送，防止事态扩大。

（6）安全总监为紧急事务联络员，负责紧急事物的联络工作。

（7）紧急事故处理结束后，安全总监应填写记录，并召集相关人员研究防止事故再次发生的对策。

5. 机械伤害事故应急处置措施

（1）发生各种机械伤害时，应先切断电源，再根据伤害部位和伤害性质进行处理。

（2）根据现场人员被伤害的程度，一边通知急救医院，一边对轻伤人员进行现场救护。

（3）对重伤者不明伤害部位和伤害程度的，不要盲目进行抢救，以免引起更严重的伤害。

（4）迅速确定事故发生的准确位置、可能波及的范围、设备损坏的程度、人员伤亡等情况，以根据不同情况进行处置。

（5）划出事故特定区域，非救援人员、未经允许不得进入特定区域。迅速核实塔式起重机上作业人数，如有人员被压在倒塌的设备下面，要立即采取可靠措施加固四周，然后拆除或切割压住伤者的杆件，将伤员移出。

6. 物体打击事故应急处置措施

(1) 立即抢救受伤害者;

(2) 检查事故现场,消除隐患,疏散无关人员,防止事故后续发生;

(3) 设立警戒线,保护事故现场,若为抢救受伤害者需要移动现场某些物体时,必须做好现场标志;

(4) 立即报告。

7. 起重伤害事故应急处置措施

(1) 发生物体打击事故,应马上组织抢救伤者,首先观察伤者的受伤情况、部位、伤害性质,如伤员发生休克,应先处理休克。遇呼吸、心跳停止者,应立即进行人工呼吸,胸外心脏按压。处于休克状态的伤员要让其安静、保暖、平卧、少动,并将下肢抬高约20°,尽快送往就近医院进行抢救治疗。

(2) 出现颅脑损伤,必须维持呼吸道通畅。昏迷者应平卧,面部转向一侧,以防舌根下坠或分泌物、呕吐物吸入,发生喉阻塞。有骨折者,应初步固定后再搬运。遇有凹陷骨折、严重的颅底骨折及严重的脑损伤症状出现,创伤处用消毒的纱布或清洁布等覆盖伤口,用绷带或布条包扎后,及时送往就近有条件的医院治疗。

(3) 起重机、塔吊超负荷起吊、支撑不稳,导致倾覆,应立即组织抢救司机,如司机受伤,则应采取应对的处置措施。

(4) 在确保人员安全情况下,救援工作组长组织其他人员清理损坏设备,如发生火灾和爆炸事故须按照"火灾和爆炸事故专项应急救援预案"实施现场救助。

8. 高温中暑应急处理措施

将中暑人员移至阴凉的地方,解开衣服让其平卧,头部不要垫高。用凉水或50%酒精擦其全身,直至皮肤发红,血管扩张以促进散热,降温过程中要密切观察。及时补充水分和无机盐,及时处理呼吸、循环衰竭,医疗条件不完善时,及时送医院治疗。

9. 车辆伤害应急处理措施

发生车辆伤害人员伤亡时,医疗救护组应立即对人员进行固定、包扎、止血、紧急救护等。

伤势严重、呼吸中断或心脏停止跳动:医疗救护组人员应立即进行人工呼吸和胸外挤压急救。根据伤情情况、救护组依照先重后轻的原则分批送往指定医院进行救治。

10. 新冠肺炎应急处置措施

(1) 当参建人员出现发热、咳嗽等症状时,一律不得进入施工区域、办公区域,并立即送到卫生健康部门指定的发热门诊就诊,并按照疾病防控部门要求做好应急处置。

(2) 经医疗机构确认为疑似病例或确诊后,工地应立即停工并封锁场地,配合疾病防控部门开展疫情防治,并及时向属地行业主管部门报告,经属地疾病防控部门评估合格后方可复工。

17.8.5 应急疏散及救援路线

略。

17.9 计算书及相关图纸

限于篇幅,仅列出1500mm混凝土板计算。

17.9.1 箱涵1500mm厚端部板计算

计算依据如下：

(1)《建筑施工模板安全技术规范》JGJ 162—2008；

(2)《建筑施工扣件式钢管脚手架安全技术规范》JGJ 130—2011；

(3)《混凝土结构设计规范》GB 50010—2010；

(4)《建筑结构荷载规范》GB 50009—2012；

(5)《钢结构设计标准》GB 50017—2017。

计算输出结果见表17-12～表17-14。

工程属性 **表17-12**

新浇混凝土楼板名称	16m高	新浇混凝土楼板板厚（mm）	1500
模板支架高度 H（m）	16	模板支架纵向长度 L（m）	20
模板支架横向长度 B（m）	11		

荷载设计参数表 **表17-13**

模板及其支架自重标准值 G_{1k}（kN/m²）	面板		0.1
	面板及小梁		0.3
	楼板模板		0.5
混凝土自重标准值 G_{2k}（kN/m³）	24	钢筋自重标准值 G_{3k}（kN/m³）	1.1
施工人员及设备荷载标准值 Q_{1k}	当计算面板和小梁时的均布活荷载（kN/m²）		2.5
	当计算面板和小梁时的集中荷载（kN）		2.5
	当计算主梁时的均布活荷载（kN/m²）		1.5
	当计算支架立杆及其他支承结构构件时的均布活荷载（kN/m²）		1
风荷载标准值 ω_k（kN/m²）	基本风压 ω_0（kN/m²）	0.3	0.199
	地基粗糙程度	D类（有密集建筑群且房屋较高市区）	
	模板支架顶部距地面高度（m）	9	
	风压高度变化系数 μ_z	0.51	
	风荷载体型系数 μ_s	1.3	

模板体系设计参数表 **表17-14**

主梁布置方向	平行立杆纵向方向	立杆纵向间距 l_a（mm）	300
立杆横向间距 l_b（mm）	400	步距 h（mm）	1500
小梁间距 l（mm）	200	小梁最大悬挑长度 l_1（mm）	150
主梁最大悬挑长度 l_2（mm）	100	结构表面的要求	结构表面外露

模板设计简图如图17-6所示。

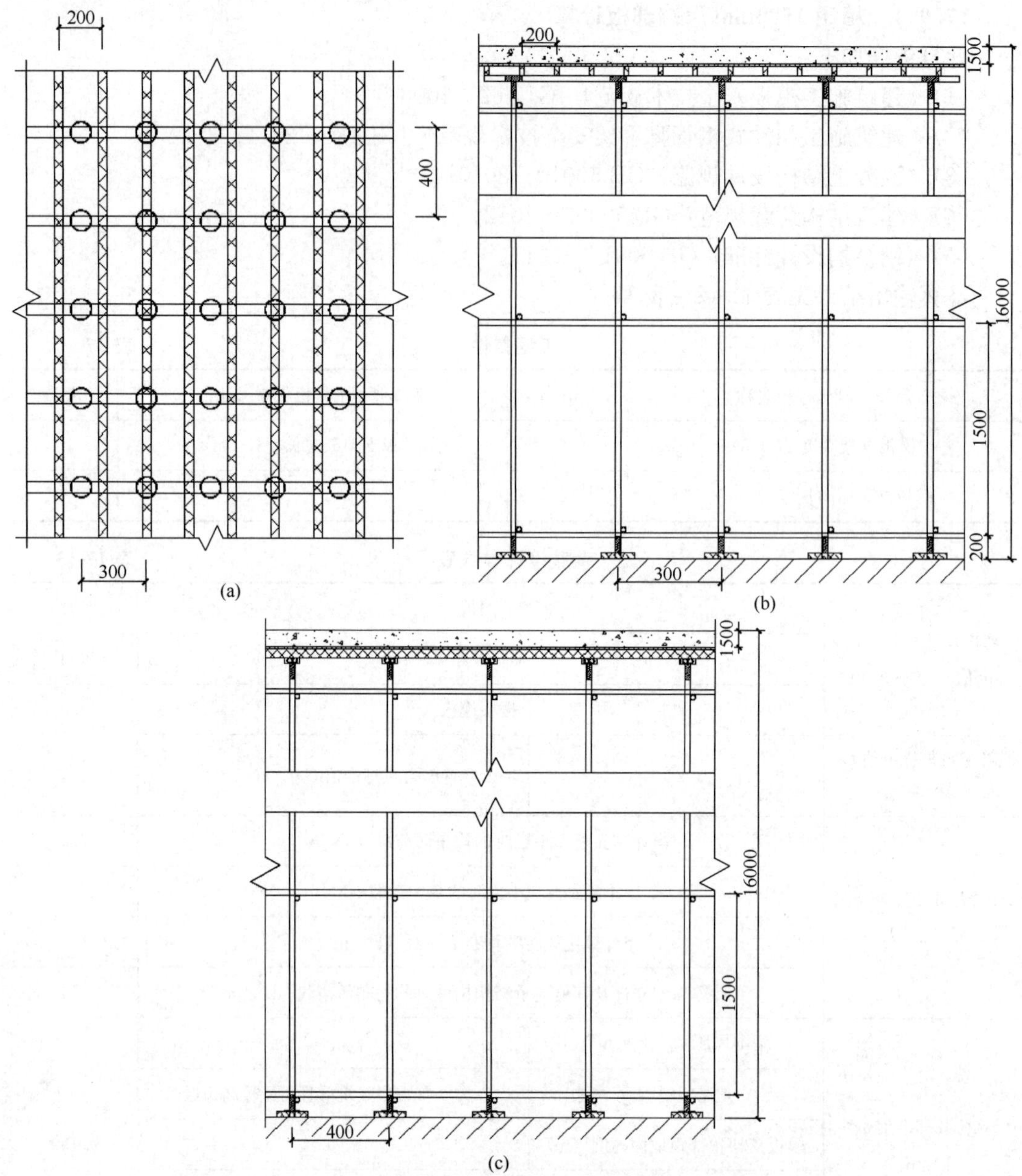

图 17-6　模板设计简图

（a）平面图；（b）剖面图（模板支架纵向）；（c）剖面图（模板支架横向）

1. 面板验算

面板参数见表 17-15。

面板参数表　　**表 17-15**

面板类型	覆面木胶合板	面板厚度 t（mm）	15
面板抗弯强度设计值［f］（N/mm²）	15	面板抗剪强度设计值［τ］（N/mm²）	1.4
面板弹性模量 E（N/mm²）	10000	面板计算方式	简支梁

楼板面板应搁置在梁侧模板上，本例以简支梁，取1m单位宽度计算。

$W=bh^2/6=1000\times15\times15/6=37500\text{mm}^3$，$I=bh^3/12=1000\times15\times15\times15/12=281250\text{mm}^4$

承载能力极限状态：

$q_1=\gamma_0\times\{1.3\times[G_{1k}+(G_{2k}+G_{3k})\times h]+1.5\times\gamma_L\times Q_{1k}\}\times b=1\times\{1.3\times[0.1+(24+1.1)\times1.5]+1.5\times0.9\times2.5\}\times1=52.45\text{kN/m}$

$q_2=1\times1.3\times G_{1k}\times b=1\times1.3\times0.1\times1=0.13\text{kN/m}$

$p=1\times1.5\times0.9\times Q_{1k}=1\times1.5\times0.9\times2.5=3.375\text{kN}$

正常使用极限状态：

$q=\{\gamma_G[G_{1k}+(G_{2k}+G_{3k})\times h]\}\times b=\{1\times[0.1+(24+1.1)\times1.5]\}\times1=37.75\text{kN/m}$

面板计算简图如图17-7所示。

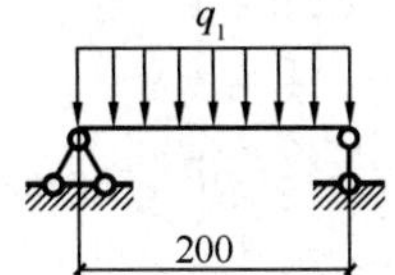

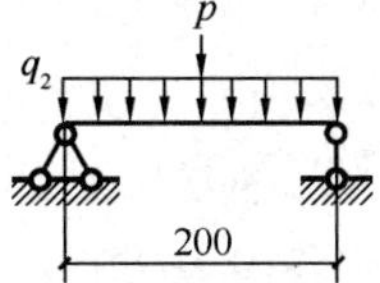

图17-7 面板计算简图

(1) 强度验算

$M_1=q_1L^2/8=52.45\times0.2^2/8=0.262\text{kN}\cdot\text{m}$

$M_2=q_2L^2/8+pL/4=0.13\times0.2^2/8+3.375\times0.2/4=0.169\text{kN}\cdot\text{m}$

$M_{max}=\max[M_1, M_2]=\max[0.262, 0.169]=0.262\text{kN}\cdot\text{m}$

$\sigma=M_{max}/W=0.262\times10^6/37500=6.993\text{N/mm}^2\leqslant[f]=15\text{N/mm}^2$

满足要求!

(2) 挠度验算

$\nu_{max}=5ql^4/(384EI)=5\times37.75\times200^4/(384\times10000\times281250)=0.28\text{mm}$

$\nu=0.28\text{mm}\leqslant[\nu]=L/400=200/400=0.5\text{mm}$

满足要求!

2. 小梁（次楞）验算

小梁参数见表17-16。

小梁参数表 **表17-16**

小梁类型	方木	小梁截面类型（mm）	40×80
小梁抗弯强度设计值 $[f]$（N/mm^2）	15.444	小梁抗剪强度设计值 $[\tau]$（N/mm^2）	1.782
小梁截面抵抗矩 W（cm^3）	42.667	小梁弹性模量 E（N/mm^2）	9350
小梁截面惯性矩 I（cm^4）	170.667	小梁计算方式	二等跨连续梁

$q_1=\gamma_0\times\{1.3\times[G_{1k}+(G_{2k}+G_{3k})\times h]+1.5\times\gamma_L\times Q_{1k}\}\times b=1\times\{1.3\times[0.3+(24+1.1)\times1.5]+1.5\times0.9\times2.5\}\times0.2=10.542\text{kN/m}$

因此，$q_{1静}=\gamma_0\times1.3\times[G_{1k}+(G_{2k}+G_{3k})\times h]\times b=1\times1.3\times[0.3+(24+1.1)\times1.5]\times0.2=9.867\text{kN/m}$

$q_{1活}=\gamma_0\times1.5\times\gamma_L\times Q_{1k}\times b=1\times1.5\times0.9\times2.5\times0.2=0.675$kN/m

$q_2=1\times1.3\times G_{1k}\times b=1\times1.3\times0.3\times0.2=0.078$kN/m

$p=1\times1.5\times0.9\times Q_{1k}=1\times1.5\times0.9\times2.5=3.375$kN

计算简图如图 17-8 所示。

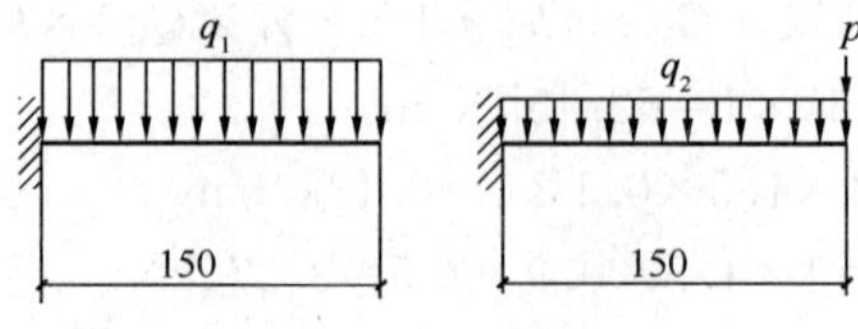

图 17-8　小梁计算简图

（1）强度验算

$M_1=0.125q_{1静}L^2+0.125q_{1活}L^2=0.125\times9.867\times0.4^2+0.125\times0.675\times0.4^2=0.211$kN·m

$M_2=\max[0.07q_2L^2+0.203pL,\ 0.125q_2L^2+0.188pL]=\max[0.07\times0.078\times0.4^2+0.203\times3.375\times0.4,\ 0.125\times0.078\times0.4^2+0.188\times3.375\times0.4]=0.275$kN·m

$M_3=\max[q_1L_1{}^2/2,\ q_2L_1{}^2/2+pL_1]=\max[10.542\times0.15^2/2,\ 0.078\times0.15^2/2+3.375\times0.15]=0.507$kN·m

$M_{max}=\max[M_1,\ M_2,\ M_3]=\max[0.211,\ 0.275,\ 0.507]=0.507$kN·m

$\sigma=M_{max}/W=0.507\times10^6/42667=11.886N/mm^2\leqslant[f]=15.444$N/mm^2

满足要求！

（2）抗剪验算

$V_1=0.625q_{1静}L+0.625q_{1活}L=0.625\times9.867\times0.4+0.625\times0.675\times0.4=2.636$kN

$V_2=0.625q_2L+0.688p=0.625\times0.078\times0.4+0.688\times3.375=2.341$kN

$V_3=\max[q_1L_1,\ q_2L_1+p]=\max[10.542\times0.15,\ 0.078\times0.15+3.375]=3.387$kN

$V_{max}=\max[V_1,\ V_2,\ V_3]=\max[2.636,\ 2.341,\ 3.387]=3.387$kN

$\tau_{max}=3V_{max}/(2bh_0)=3\times3.387\times1000/(2\times40\times80)=1.588N/mm^2\leqslant[\tau]=1.782$N/mm^2

满足要求！

（3）挠度验算

$q=\{\gamma_G[G_{1k}+(G_{2k}+G_{3k})\times h]\}\times b=\{1\times[0.3+(24+1.1)\times1.5]\}\times0.2=7.59$kN/m

挠度，跨中 $\nu_{max}=0.521qL^4/(100EI)=0.521\times7.59\times400^4/(100\times9350\times170.667\times10^4)=0.063mm\leqslant[\nu]=L/400=400/400=1$mm；

悬臂端 $\nu_{max}=ql_1^4/(8EI)=7.59\times150^4/(8\times9350\times170.667\times10^4)=0.03mm\leqslant[\nu]=2\times l_1/400=2\times150/400=0.75$mm

满足要求！

3. 主梁验算

主梁参数见表 17-17。

主梁参数表 表 17-17

主梁类型	钢管	主梁截面类型(mm)	ϕ48.3×3.6
主梁计算截面类型(mm)	ϕ48×2.7	主梁抗弯强度设计值[f](N/mm^2)	205
主梁抗剪强度设计值[τ](N/mm^2)	125	主梁截面抵抗矩 W(cm^3)	4.12
主梁弹性模量 E(N/mm^2)	206000	主梁截面惯性矩 I(cm^4)	9.89
主梁计算方式	三等跨连续梁	可调托座内主梁根数	2
主梁受力不均匀系数	0.6		

(1) 小梁最大支座反力计算

$q_1=\gamma_0\times\{1.3\times[G_{1k}+(G_{2k}+G_{3k})\times h]+1.5\times\gamma_L\times Q_{1k}\}\times b=1\times\{1.3\times[0.5+(24+1.1)\times1.5]+1.5\times0.9\times1.5\}\times0.2=10.324$kN/m

$q_{1静}=\gamma_0\times1.3\times[G_{1k}+(G_{2k}+G_{3k})\times h]\times b=1\times1.3\times[0.5+(24+1.1)\times1.5]\times0.2=9.919$kN/m

$q_{1活}=\gamma_0\times1.5\times\gamma_L\times Q_{1k}\times b=1\times1.5\times0.9\times1.5\times0.2=0.405$kN/m

$q_2=\gamma_G\times[G_{1k}+(G_{2k}+G_{3k})\times h]\times b=1\times[0.5+(24+1.1)\times1.5]\times0.2=7.63$kN/m

承载能力极限状态:

按二等跨连续梁,$R_{max}=1.25q_1L=1.25\times10.324\times0.4=5.162$kN

按二等跨连续梁按悬臂梁,$R_1=(0.375q_{1静}+0.437q_{1活})L+q_1L_1=(0.375\times9.919+0.437\times0.405)\times0.4+10.324\times0.15=3.107$kN

主梁 2 根合并,其主梁受力不均匀系数=0.6

$R=\max[R_{max},R_1]\times0.6=3.097$kN

正常使用极限状态:

按二等跨连续梁,$R'_{max}=1.25q_2L=1.25\times7.63\times0.4=3.815$kN

按二等跨连续梁悬臂梁,$R'_1=0.375q_2L+q_2L_1=0.375\times7.63\times0.4+7.63\times0.15=2.289$kN

$R'=\max[R'_{max},R'_1]\times0.6=2.289$kN;

计算简图如图 17-9、图 17-10 所示。

(2) 抗弯验算

$\sigma=M_{max}/W=0.31\times10^6/4120=75.17\text{N/mm}^2\leqslant[f]=205\text{N/mm}^2$

满足要求!

(3) 抗剪验算

主梁剪力图如图 17-11 所示。

$\tau_{max}=2V_{max}/A=2\times3.097\times1000/384=16.13\text{N/mm}^2\leqslant[\tau]=125\text{N/mm}^2$

满足要求!

(4) 挠度验算

挠度挠度如图 17-12 所示。

跨中 $v_{max}=0.020\text{mm}\leqslant[v]=300/400=0.75\text{mm}$

悬挑段 $v_{max}=0.091\text{mm}\leqslant[v]=2\times100/400=0.5\text{mm}$

满足要求!

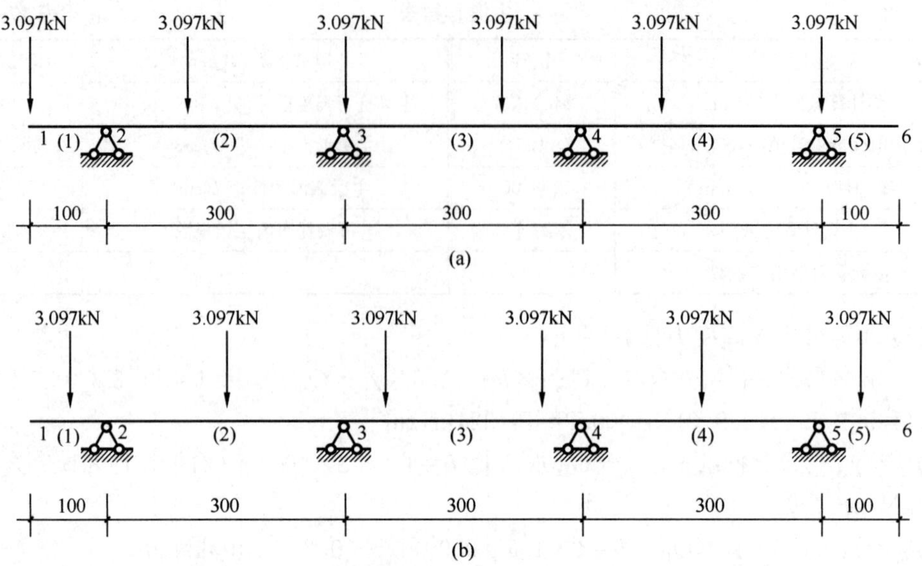

图 17-9　主梁计算简图

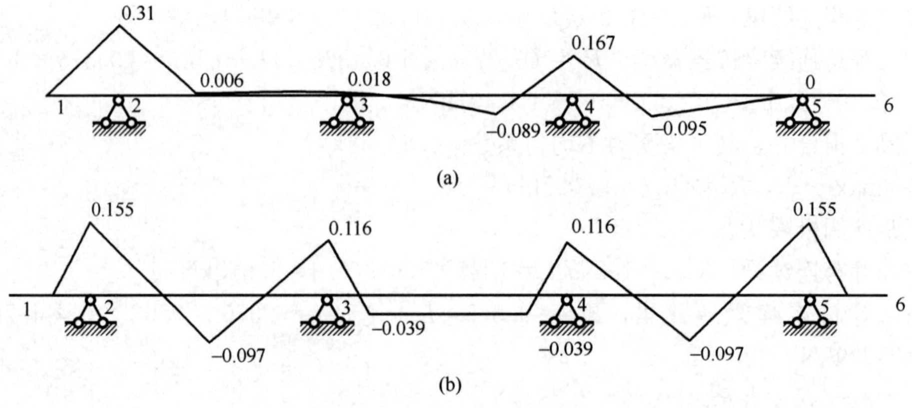

图 17-10　主梁弯矩图（kN·m）

（5）支座反力计算

根据图 17-11（a），计算出各支座反力分别为：

支座反力依次为 R_1＝6.134kN，R_2＝3.691kN，R_3＝5.187kN，R_4＝3.57kN

根据图 17-11（b），计算出各支座反力分别为：

支座反力依次为 R_1＝4.774kN，R_2＝4.517kN，R_3＝4.517kN，R_4＝4.774kN

4. 可调托座验算

可调托座参数见表 17-18。

可调托座参数表　　**表 17-18**

荷载传递至立杆方式	可调托座	可调托座承载力设计值［N］（kN）	30

按上节计算可知，可调托座受力 N＝6.134/0.6＝10.224kN≤［N］＝30kN

满足要求！

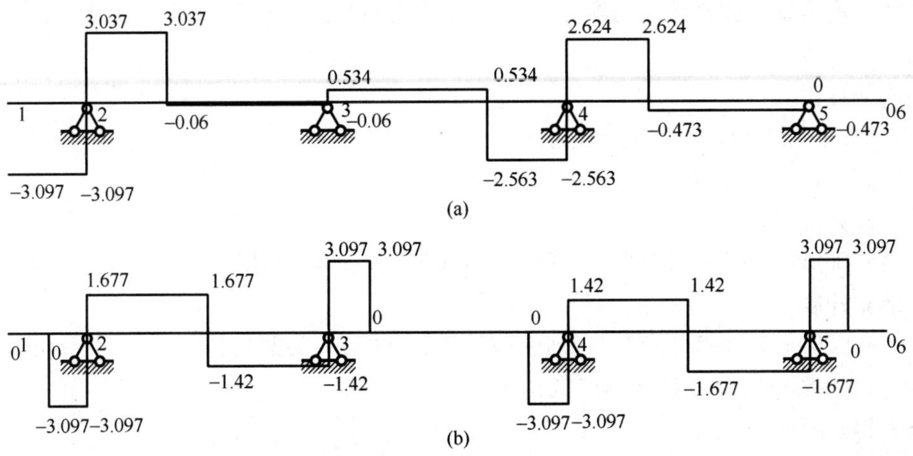

图 17-11 主梁剪力图（kN·m）

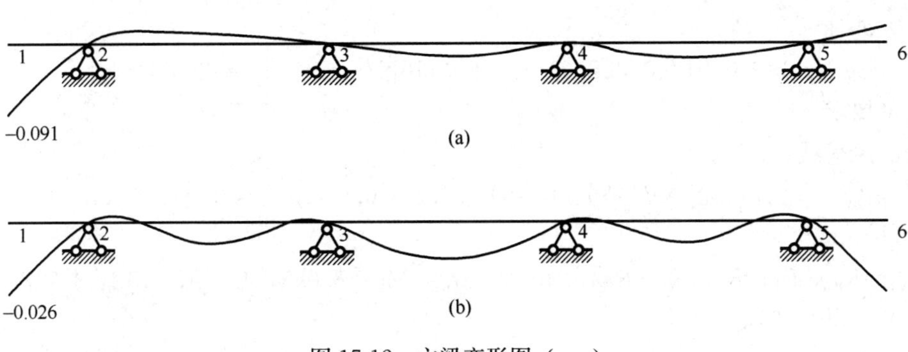

图 17-12 主梁变形图（mm）

5. 立杆验算

立杆参数表见表 17-19。

立杆参数表 **表 17-19**

剪刀撑设置	加强型	立杆顶部步距 h_d（mm）	750
立杆伸出顶层水平杆中心线至支撑点的长度 a（mm）	500	顶部立杆计算长度系数 μ_1	1.091
非顶部立杆计算长度系数 μ_2	1.755	立杆钢管截面类型（mm）	ϕ48.3×3.6
立杆钢管计算截面类型（mm）	ϕ48×2.7	钢材等级	Q235
立杆截面面积 A（mm^2）	384	立杆截面回转半径 i（mm）	16
立杆截面抵抗矩 W（cm^3）	4.12	抗压强度设计值［f］（N/mm^2）	205
支架自重标准值 q（kN/m）	0.15		

（1）长细比验算

顶部立杆段：$l_{01}=k\mu_1(h_d+2a)=1\times1.091\times(750+2\times500)=1909$mm

非顶部立杆段：$l_0=k\mu_2 h=1\times1.755\times1500=2632$mm

$\lambda=\max[l_{01},\ l_0]/i=2632/16=164.531\leqslant[\lambda]=210$

满足要求！

（2）立杆稳定性验算

根据《建筑施工扣件式钢管脚手架安全技术规范》JGJ 130—2011，荷载设计值 q_1 有所不同：

小梁验算：

$q_1=\gamma_0\times\{1.3\times[G_{1k}+(G_{2k}+G_{3k})\times h]+1.5\times0.9\times Q_{1k}\}\times b=1\times\{1.3\times[0.5+(24+1.1)\times1.5]+1.5\times0.9\times1\}\times0.2=10.189\text{kN/m}$

同上计算过程，可得：

$R_1=6.055\text{kN}$，$R_2=4.459\text{kN}$，$R_3=5.12\text{kN}$，$R_4=4.712\text{kN}$

顶部立杆段：

$l_{01}=k\mu_1(h_d+2a)=1.217\times1.091\times(750+2\times500)=2323.557\text{mm}$

$\lambda_1=l_{01}/i=2323.557/16=145.222$

查表得，$\varphi=0.328$

不考虑风荷载：

$N_1=\text{Max}[R_1, R_2, R_3, R_4]/0.6=\text{Max}[6.055, 4.459, 5.12, 4.712]/0.6=10.091\text{kN}$

$f=N_1/(\varphi A)=10091/(0.328\times384)=80.118\text{N/mm}^2\leqslant[f]=205\text{N/mm}^2$

满足要求！

考虑风荷载：

$M_w=\gamma_0\times\gamma_Q\gamma_L\varphi_w\omega_k\times l_a\times h^2/10=1\times1.5\times0.9\times0.9\times0.199\times0.3\times1.5^2/10=0.016\text{kN}\cdot\text{m}$

$N_{1w}=\text{Max}[R_1, R_2, R_3, R_4]/0.6+M_w/l_b=\text{Max}[6.055, 4.459, 5.12, 4.712]/0.6+0.016/0.4=10.131\text{kN}$

$f=N_{1w}/(\varphi A)+M_w/W=10131/(0.328\times384)+0.016\times10^6/4120=84.318\text{N/mm}^2\leqslant[f]=205\text{N/mm}^2$

满足要求！

非顶部立杆段：

$l_0=k\mu_2h=1.217\times1.755\times1500=3203.753\text{mm}$

$\lambda=l_0/i=3203.753/16=200.235$

查表得，$\varphi_1=0.18$

不考虑风荷载：

$N=\text{Max}[R_1, R_2, R_3, R_4]/0.6+1\times\gamma_G\times q\times H=\text{Max}[6.055, 4.459, 5.12, 4.712]/0.6+1\times1.3\times0.15\times16=13.211\text{kN}$

$f=N/(\varphi_1A)=13.211\times10^3/(0.180\times384)=191.131\text{N/mm}^2\leqslant[\sigma]=205\text{N/mm}^2$

满足要求！

考虑风荷载：

$M_w=\gamma_0\times\gamma_Q\gamma_L\varphi_w\omega_k\times l_a\times h^2/10=1\times1.5\times0.9\times0.9\times0.199\times0.3\times1.5^2/10=0.016\text{kN}\cdot\text{m}$

$N_w=\text{Max}[R_1, R_2, R_3, R_4]/0.6+1\times\gamma_G\times q\times H+M_w/l_b=\text{Max}[6.055, 4.459, 5.12, 4.712]/0.6+1\times1.3\times0.15\times16+0.016/0.4=13.251\text{kN}$

$f=N_w/(\varphi_1A)+M_w/W=13.251\times10^3/(0.180\times384)+0.016\times10^6/4120=$

195.593N/mm^2≤[σ]=205N/mm^2

满足要求！

(3) 高宽比验算

根据《建筑施工扣件式钢管脚手架安全技术规范》JGJ 130—2011 第 6.9.7：支架高宽比不应大于 3。

$H/B=16/11=1.455\leq 3$

满足要求，不需要进行抗倾覆验算！

(4) 立杆地基基础验算（表 17-20）

立杆地基基础验算参数 表 17-20

地基土类型	碎石土	地基承载力特征值 f_{ak}（kPa）	200
立杆垫木地基土承载力折减系数 m_f	0.9	垫板底面面积 A（m^2）	0.1

立杆底垫板的底面平均压力 $p=N/(m_f A)=13.251/(0.9\times 0.1)=147.233\text{kPa}\leq f_{ak}=200\text{kPa}$

满足要求！

17.9.2 附图

附图 1 施工平面布置图

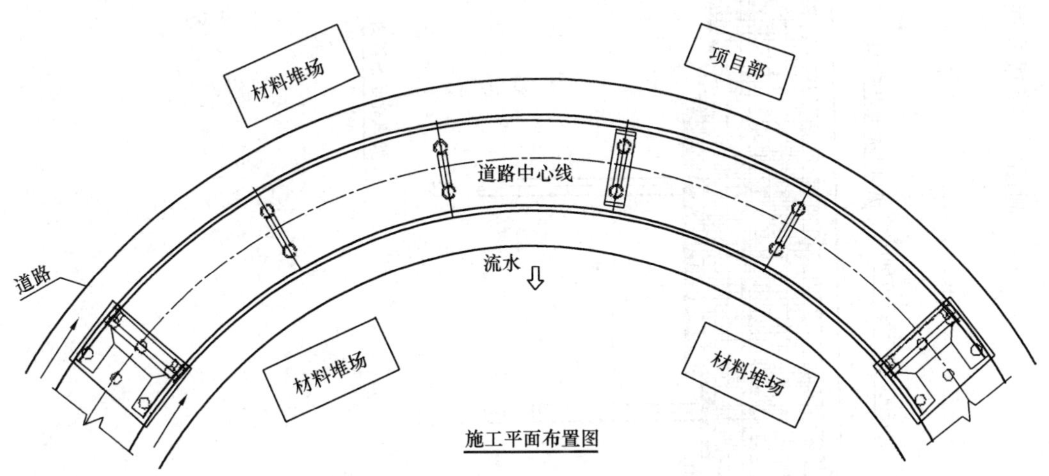

附图 2 进度计划表（相对时间进度计划）

序号	工作名称	持续时间(d)	40d									
			4	8	12	16	20	24	28	32	36	40
1	架体基础硬化	10										
2	架体搭设	8										
3	预压	5										
4	混凝土浇筑及养护	15										
5	拆模	2										

附图3 桥梁立面布置图

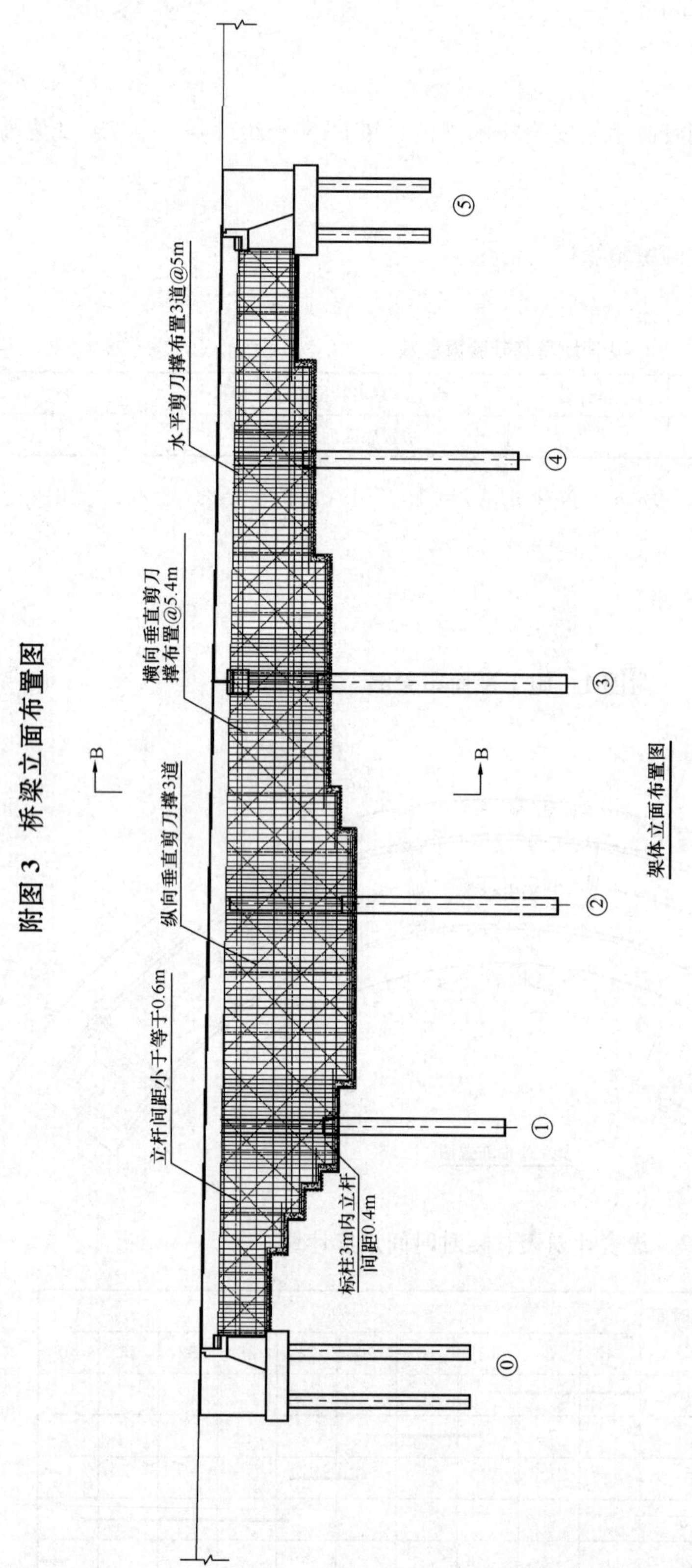

架体立面布置图

附图4 桥 梁 剖 面 图

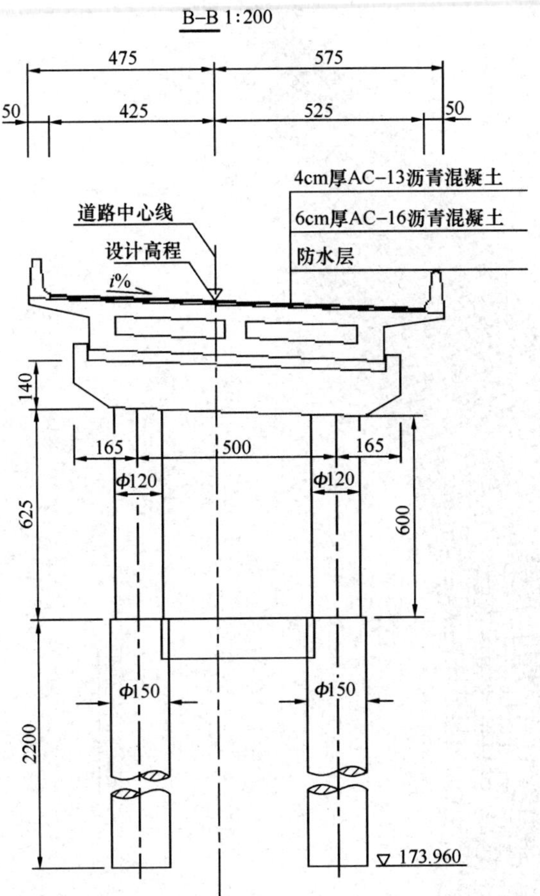
B-B 1:200
475
575
50
425
525
50
4cm厚AC-13沥青混凝土
6cm厚AC-16沥青混凝土
防水层
道路中心线
设计高程
i%
140
165
500
165
Φ120
Φ120
625
600
Φ150
Φ150
2200
173.960

附图 5　架体平面布置图

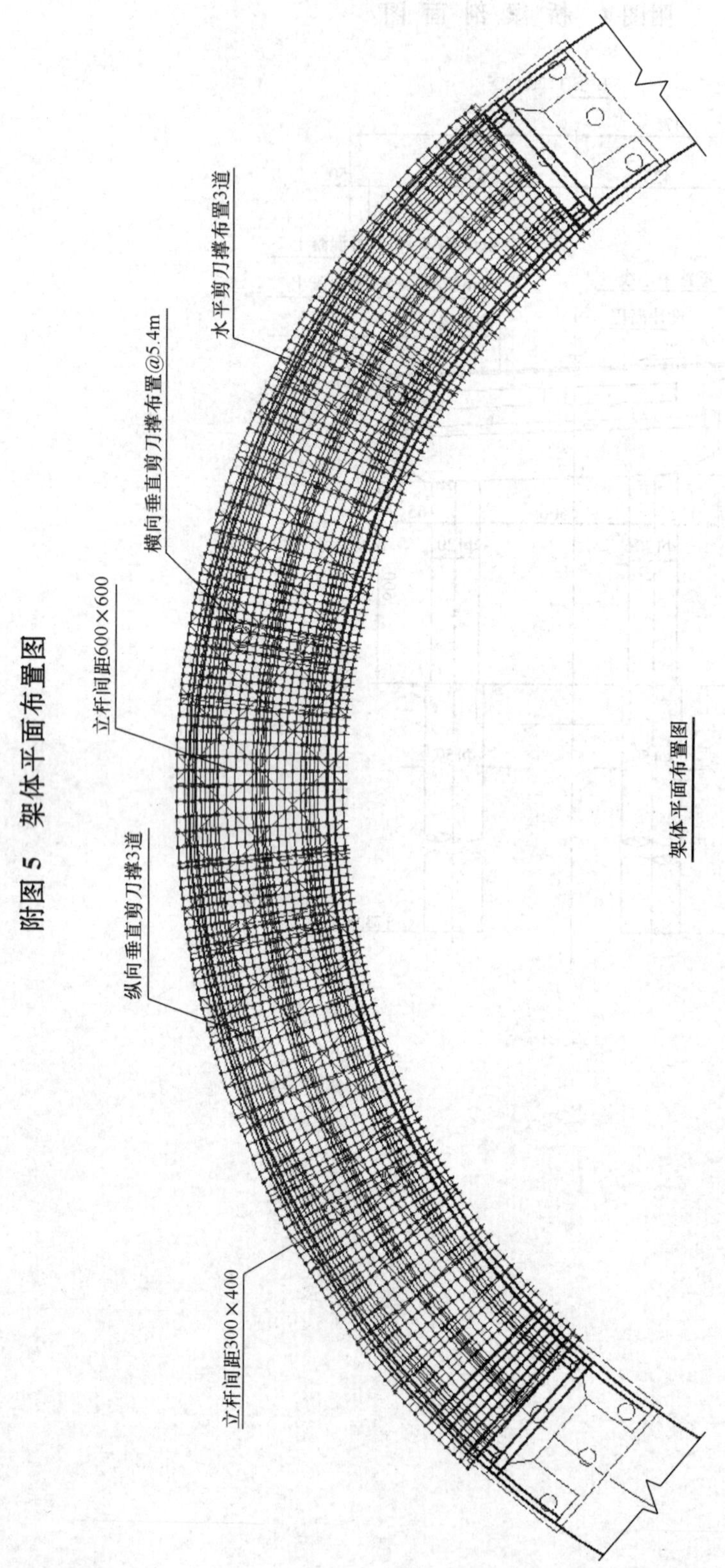
水平剪刀撑布置3道
横向垂直剪刀撑布置@5.4m
立杆间距600×600
纵向垂直剪刀撑3道
立杆间距300×400
架体平面布置图

附图6 架体剖面布置图

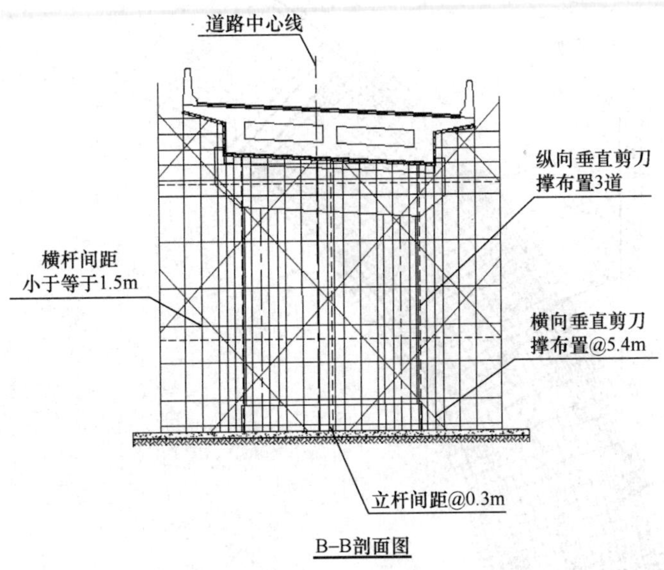

B-B剖面图

附图7 基础做法详图

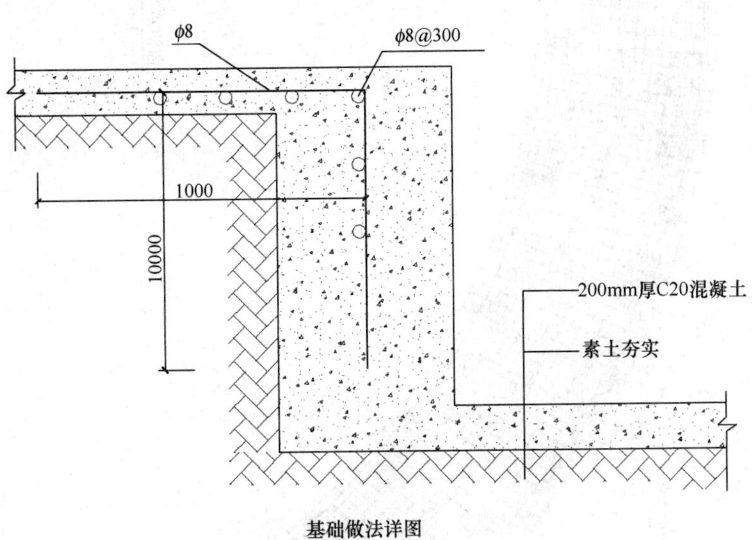

基础做法详图

附图 8　监测点位图

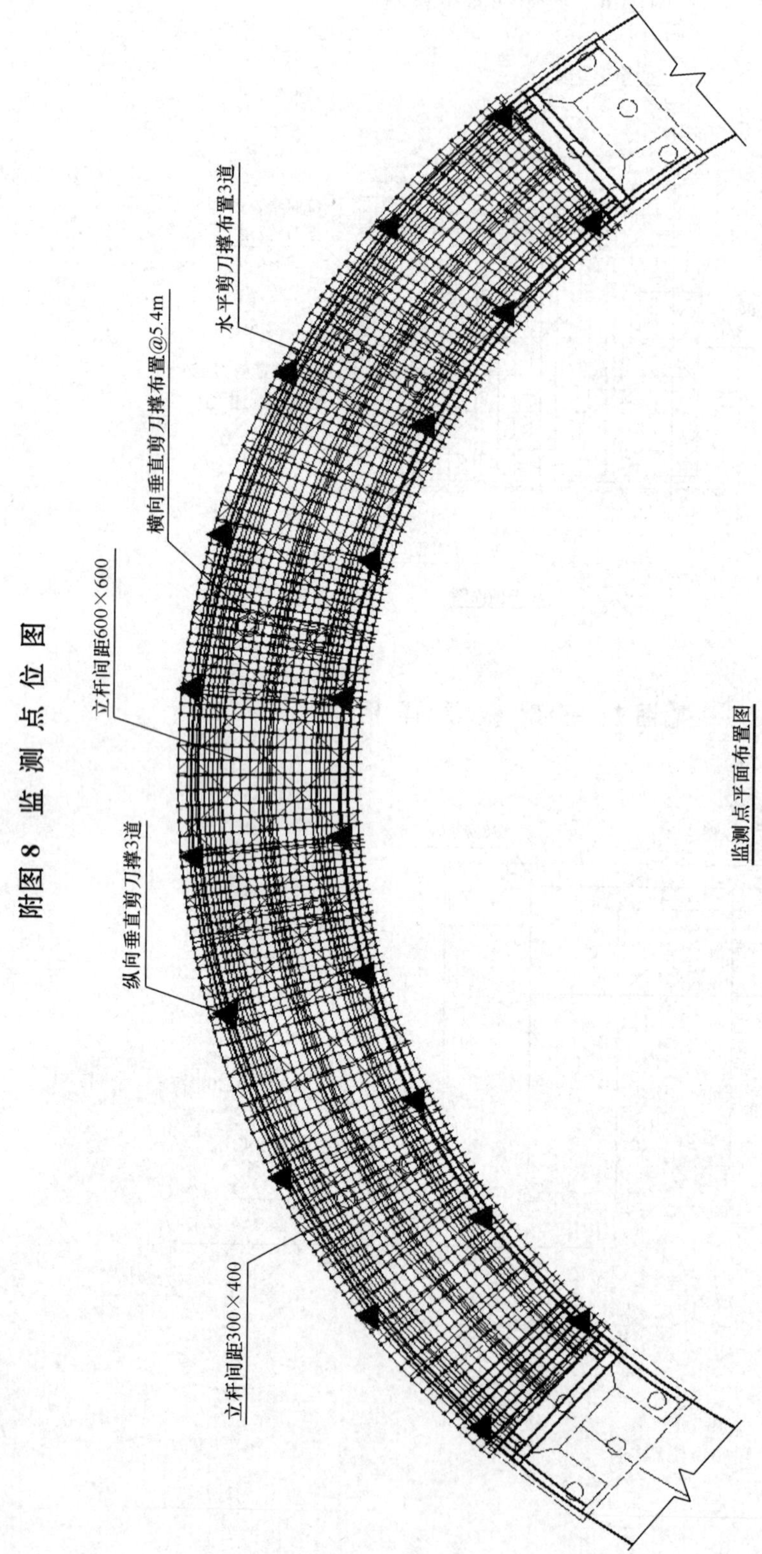

监测点平面布置图

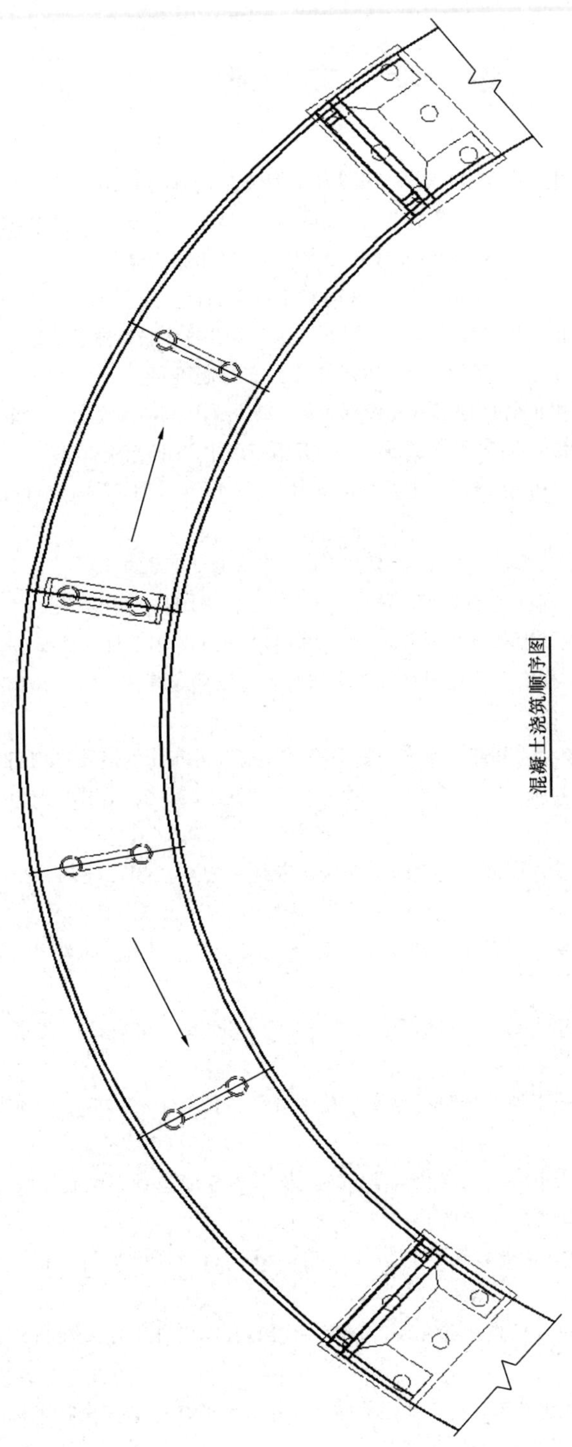

附图 9　混凝土浇筑顺序图

参 考 文 献

[1] 《中华人民共和国建筑法》(主席令第46号)，1998年3月1日起施行，2019年4月23日修正.

[2] 《中华人民共和国城乡规划法》(主席令第74号)，2008年1月1日起施行，2019年4月23日修正.

[3] 《中华人民共和国安全生产法》(主席令第88号)，2021年9月1日起施行.

[4] 《安全生产许可证条例》(国务院令第397号)，2004年1月13日起施行，2014年7月29日修订.

[5] 《建设工程安全生产管理条例》(国务院令第393号)，2004年2月1日起施行.

[6] 《中华人民共和国劳动法》(主席令第28号)，1995年1月1日起施行.

[7] 《建筑施工企业安全生产许可证管理规定》(建设部令第128号)，2004年7月5日起施行.

[8] 《中华人民共和国环境保护法》(主席令第22号)，1989年12月26日起施行.

[9] 《中华人民共和国消防法》(2008年修订)(主席令第6号)，2009年5月1日起施行，2019年4月23日修订.

[10] 《建筑业企业资质管理规定》(建设部令第22号)，2015年3月1日起施行.

[11] 《建设工程质量管理条例》(国务院令第279号)，2000年1月30日起施行.

[12] 《生产安全事故报告和调查处理条例》(国务院令第493号)，2007年6月1日起施行.

[13] 《危险性较大的分部分项工程安全管理规定》(住房和城乡建设部令第37号)，2018年6月1日起施行.

[14] 《住建部关于实施危险性较大的分部分项工程安全管理规定有关问题的通知》建办质〔2018〕31号.

[15] 住房和城乡建设部定额研究所. 建筑施工安全检查标准：JGJ 59—2011[S]. 北京：中国建筑工业出版社，2012.

[16] 中华人民共和国住房和城乡建设部. 建筑施工安全技术统一规范：GB 50870—2013[S]. 北京：中国计划出版社，2014.

[17] 中华人民共和国住房和城乡建设部. 建筑施工高处作业安全技术规范：JGJ 80—2016[S]. 北京：中国建筑工业出版社，2016.

[18] 全国安全生产标准化技术委员会. 高处作业分级：GB/T 3608—2008[S]. 北京：中国标准出版社，2009.

[19] 中华人民共和国建设部. 施工现场临时用电安全技术规范：JGJ 46—2005[S]. 北京：中国建筑工业出版社，2005.

[20] 全国安全生产标准化技术委员会. 生产经营单位生产安全事故应急预案编制导则：GB/T 29639—2020[S]. 北京：中国标准出版社，2020.

[21] 国家安全生产监督管理局. 企业职工伤亡事故分类：GB 6441—1986[S]. 北京：中国标准出版社，1986.

[22] 中国标准化研究院. 生产过程危险和有害因素分类与代码：GB/T 13861—2009[S]. 北京：中国标准出版社，2009.

[23] 中华人民共和国住房和城乡建设部. 建筑施工承插型盘扣式钢管脚手架安全技术标准：JGJ/T231—2021[S]. 北京：中国建筑工业出版社，2021.

[24] 中华人民共和国住房和城乡建设部. 建筑施工模板安全技术规范：JGJ 162—2008[S]. 北京：中国建筑工业出版社，2008.

[25] 中华人民共和国住房和城乡建设部．建筑施工碗扣式钢管脚手架安全技术规范：JGJ 166—2016[S]. 北京：中国建筑工业出版社，2017.
[26] 中华人民共和国住房和城乡建设部．建筑施工工具式脚手架安全技术规范：JGJ 202—2010[S]. 北京：中国建筑工业出版社，2010.
[27] 中华人民共和国住房和城乡建设部．建筑边坡工程技术规范：GB 50330—2013[S]. 北京：中国建筑工业出版社，2014.
[28] 中华人民共和国住房和城乡建设部．建筑基坑工程监测技术标准：GB 50497—2019[S]. 北京：中国计划出版社，2020.
[29] 中华人民共和国住房和城乡建设部．建筑机械使用安全技术规程：JGJ 33—2012[S]. 北京：中国建筑工业出版社，2012.
[30] 中华人民共和国住房和城乡建设部．建筑施工起重吊装工程安全技术规范：JGJ 276—2012[S]. 北京：中国建筑工业出版社，2012.
[31] 廖奇云，李兴苏．建筑工程监理[M]. 北京：机械工业出版社，2021.
[32] 廖奇云．重庆市建设工程施工现场安全管理资料编写示例[M]. 重庆：重庆出版社，2012.